层状土质边坡稳定性态与锚固机制

郭双枫　张　鹏　李　宁　著

中国石化出版社

图书在版编目(CIP)数据

层状土质边坡稳定性态与锚固机制/郭双枫，张鹏，李宁著. —北京：中国石化出版社，2022. 10
ISBN 978-7-5114-6865-9

Ⅰ. ①层… Ⅱ. ①郭… ②张… ③李… Ⅲ. ①层状土-边坡稳定性-研究 ②边坡-锚固-研究 Ⅳ. ①TV698. 2 ②TV223. 3

中国版本图书馆 CIP 数据核字(2022)第 178126 号

中国石化出版社出版发行
地址:北京市东城区安定门外大街 58 号
邮编:100011 电话:(010)57512500
发行部电话:(010)57512575
http://www. sinopec-press. com
E-mail:press@ sinopec. com
北京力信诚印刷有限公司印刷
全国各地新华书店经销

*

787×1092 毫米 16 开本 16. 25 印张 353 千字
2022 年 12 月第 1 版 2022 年 12 月第 1 次印刷
定价:79. 00 元

前　言

在水利工程、岩土工程、道路和桥梁工程中，常常会遇到天然边坡和人工边坡（如堤防、土坝、路堑、基坑）的失稳破坏问题。由层状堆积而成的土质边坡的稳定性分析是岩土工程中最经典的难题之一，也是工程实践中重点聚焦的研究领域之一。由于层状边坡的非均匀性，土、水、气的多相性，水力条件的复杂多变性，外荷载作用的多样性以及边界条件和影响范围的形态效应等特性，层状边坡的稳定性态、失稳机理、锚固机制成为边坡工程中，如分析方法、计算条件和模型实验研究等的核心问题。

基于系统的数值实验方法，通过引入双层边坡的不同强度参数比 c_{u2}/c_{u1}、不同黏聚力 c 和内摩擦角 φ，评价边坡土体特性及其不均匀性；通过引入不同的地基深度比 D（总坡高与堤坝层高度的比值）及边坡坡角 β，评价边坡的几何特征；采用边坡的安全系数 FS、稳定数 N_c 及临界强度比 $(c_{u2}/c_{u1})_{\text{crit}}$ 等数值计算结果综合评价土体特性、不均匀性、几何特征及水力特性（排水与不排水条件）等多因素对边坡稳定性态和失稳机理的影响；采用通过一点施加反方向的节点力与均布力，精细化模拟边坡锚固措施，准确模拟预应力锚固的施作过程与作用机制。

本书以不同排水情况为研究条件，以层状岩土边坡为研究对象，以有限元分析理论为研究手段，开展了理论推导、程序优化、数值分析、图解绘制、工程应用等研究工作，全面系统地剖析了层状岩土边坡的稳定性态与锚固机制等关键问题。首先，研究了不同排水条件下强度参数和几何形态对层状边坡稳定性态、失稳机理及临界滑动面位置的影响规律；推导了双层非均质边坡地基深度比 D 及坡角 β 与稳定数 N_c 的内在函数关系式；提出了双滑面破坏模式及临界强度比的概念；揭示了层状不排水边坡的破坏机制。其次，分析了排水边坡的对数螺旋型破坏机构，探究了排水层状边坡的安全系数与滑动面位置随不同地基深度比 D 和坡角 β 的变化规律；推导了层状非均质边坡安全系数和不同影响因素之间的理论关系式；构建了层状边坡的稳定性态和失稳机理的设计图表法。再次，分析了土体参数的空间变异性和空间相关性对层状边坡稳定性态的影响；研究了概率分析中变量参数对层状边坡失稳概率的影响规律以及在失稳机理演化过程中的作用；探究了稳定数、安全系数和失稳概率及失稳机理之间的内在关系；分析了 c' 和 $\tan\varphi'$ 之间的相关系数 ρ 对评价边坡失稳风险的影响规律。然后，研究了地震荷载和地下水作用下层状非均质边坡的稳定性态和失稳机理，分析了外界条件和内在因素共同作用下对边坡的安全系数、稳定数和临界滑动面位置变化的影响规律，揭示了排水和不排水边坡在外荷载作用下的失稳机理；提出了一套综合因素影响下能够快速查阅和计算安全系数的稳定性图解法。最后，研究了平面圆弧型滑坡在渐进破坏中的滑动破坏机制；揭示了预应力锚固方法的精确模拟边坡锚固的施作过程与工作机理。

本书共分为10章，第1章介绍了层状边坡稳定性态的分析方法；第2章介绍了层状边坡稳定性态及破坏机理数值仿真分析；第3章研究了不排水条件下层状边坡的稳定性态、失稳机理、临界滑动面位置与强度特性与几何形态等之间的关系，揭示了安全系数与上下土层临界强度比值之间的内在关系；第4章研究了均质排水层状边坡稳定性态、失稳机理、临界滑动面位置与强度特性与几何形态之间的关系，建立了多种层状边坡的稳定性设计图表；第5章研究了强度参数的空间变异性和空间相关性对层状边坡失稳概率与失稳机理的影响规律，构建了确定性和不确定性、安全系数和失稳概率之间的内在关系；第6章研究了多重因素与地震荷载联合作用下层状边坡的稳定性图解法和失稳破坏模式；第7章研究了水力效应影响下层状边坡的稳定性态与破坏机制；第8章研究了刚体极限平衡法的误差根源，建立了层状结构特性与抗剪强度参数、稳定性态和失稳机理之间的关系；第9章研究了预应力锚固的工作机理，揭示在各种状态下的破坏机制，分析了锚固时安全度的阈值；第10章总结了本书的主要成果和认识。

本书的出版得到了中国博士后科学基金（NO. 2021M701688）和江苏省卓越博士后人才项目的资助（博士后编号：283762），江苏省碳达峰碳中和科技创新专项资金（重大科技示范）（BE2022605），在此表示衷心感谢。特别感谢美国科罗拉多矿业大学 D V Griffiths 教授为本书中的计算程序和程序优化提供全程指导和帮助，衷心地感谢 Griffiths 教授作为指导老师为本书的撰写所付出的辛勤劳动和汗水。

由于作者自身的知识局限性和精力有限，书中难免存在错漏之处，谨向读者表示歉意，恳请各位专家、学者、同行以及工程技术人员不吝赐教和批评指正。

目　录

第1章　绪　论

1.1　研究背景及选题意义

中国幅员辽阔，山地众多，地质构造复杂多变，灾害频发，其中滑坡是众多地质灾害中发生最频繁，规模最大，对人类生命财产危害最严重的自然灾害(Duncan J M，2014；陈祖煜，2007；谭捍华，2011；李宁，2007，2012)。据资料统计，世界上发生的一些大规模滑坡灾害给人类带来了惨痛的教训，造成成千数万的人员伤亡，直接经济损失不可估量。1903 年 4 月发生在加拿大 Alberta 的 Frank 大型滑坡，滑坡高度达 640m，宽度为 915m，总方量达 $3000\times10^4m^3$，滑坡体造成 70 人死亡，坡下村庄被掩埋。1919 年爪哇发生的泥石流灾害造成 5100 人丧生，140 个村庄悉数被毁。1925 年 5 月，美国怀俄明州约发生 $3800\times10^4m^3$ 的顺层边坡失稳，堵塞河道导致 60m 高的大坝发生溃坝。1963 年，震惊世界的大坝失事案例——意大利 Vaiont 水库近坝地段的巨型顺层滑坡致使双曲拱坝坝基失稳，短短 30s 内巨大的深层滑动从左岸滑入库底，激发的 260m 巨浪越过坝顶，造成下游大量房屋被毁，近 3000 人死亡(刘才华，2006；黄润秋，2007；谭尧升，2015)。

20 世纪 80 年代以来，我国处于工程建设和经济高速发展的上升期，人类对自然环境不断地进行改造和利用，加之自然边坡受外界气候变化的影响，滑坡灾害发生的次数越来越多，范围越来越广，以西南山区最为严重，如重庆、云南、四川、贵州、宁夏及甘肃等区域。据不完全统计，我国至少有 10000 多个村落遭受滑坡灾害的严重侵扰，遍布在 400 多个市区，有迹可寻的滑坡灾害发生地多达 41×10^4 处，总面积为 $173.52\times10^4km^2$。截至 2000 年，滑坡灾害约占全国总面积的 18.10%，经济损失 60 多亿元，伤亡人数约 2246 人，将近 700 人失踪(黄润秋，2007)。例如，2015 年 6 月 24 日，重庆巫山大宁河江东寺北岸突发大面积滑坡，$2.4\times10^4m^3$ 山体坠入长江，引发巨大涌浪，56 户共 196 人受影响，如图1-1(a_1)所示。2008 年 5 月 12 日，5.12 汶川 8.0 级地震引发的四面山体大面积滑坡，房屋建筑尽数被毁，交通中断，河道阻塞，如图 1-1(a_2)所示。1989 年 1 月云南漫湾水电站坝肩边坡开挖过程中发生较大滑坡，导致 150×10^4kW 的水电站暂停施工，耗巨资进行治理，给国民经济带来了惨重的损失。2010 年 9 月 1 日，云南省保山市隆阳区因强降雨引发山体滑坡，总滑坡体体积为 $120\times10^4m^3$，厂房和地面出现较大裂缝，造成 12 人死亡、36 人失踪，如图 1-1(a_3)所示。熟知的滑坡灾害，如甘肃洒勒山滑坡、重庆鸡尾山滑坡、长江鸡趴子滑坡、雅砻江塘古栋滑坡、四川丹巴滑坡、湖北新滩滑坡等。大型滑坡灾害无时无刻不给国内外的社会发展和国民经济建设带来巨大的亏损和人员伤亡，如图 1－1 所示。

(a)国内典型大型滑坡灾害实例

(b)国外典型大型滑坡灾害实例

图 1－1　国内外典型大型滑坡灾害实例

在山区铁路、公路、机场高填方、土木工程和水利水电工程等基础建设中，人类活动、工程开挖、路基填筑及隧道开挖均可能形成层状土质边坡，且分布广泛。由于其土体自身的性质、分层结构特性及排水情况等诸多问题，使得层状边坡存在较多的稳定性难题。因此，当前层状土质边坡稳定性评价和失稳模式的判断及临界滑动面位置的确定仍然是土木工程中一个具有挑战性的重要且难解的课题。正确认识触发层状边坡失稳的外界条件和影响因素与稳定性态、失稳机理和临界滑动面位置之间的关系，对国家工程建设和工程运营的安全性及经济效益具有推进性的社会经济价值和实践意义。

滑坡所涉及的材料可由自然沉积的土壤、人造填料或两者组合构成的单层或者多层边坡。无论是天然边坡、路堑边坡或者人造填土边坡(如路堤、土坝、堤防)在土木工程中均为常见的边坡类型。这类层状堆积而成的边坡的稳定性问题通常由地质、水文和土体特性的综合作用造成，还有工程施工作业，如公路改造、为商业发展进行削坡、在斜坡上填土或将斜坡暴露在水库的水中等都可能会在先前稳定的基础上引起滑动，或重新激活旧的滑动体。层状土质边坡的类型多种多样，可能是低强度的均质黏土边坡，或者是高度较高且强度不均匀的边坡，也有可能是由于地质条件使得上下两层分别属于两种不同类型的水平层，如由砂层和黏土层以及含有其他黏性土壤组成的层状非均质边坡。岩土工程人员须首先判断此类边坡失稳的可能性、范围及后果，并在必要时设计防护措施以防止滑坡灾害造成的损伤或减轻其影响。因此，单层均质或者双层非均质边坡的稳定性评价引起了众多研究者的关注(Chang，2002；Baker 等，2006；Michalowski 等，2011)。特别是在不同排水条件下层状土质边坡的稳定性态在国内外学者的研究中得到了充分的调查和研究(Li 等，2009；Griffiths 等，2009；Li 等，2010；Qian 等，2015；Lim 等，2015；Lee 等，2016；Li 等，2017)。

每一块位于倾斜地面或明挖斜坡上的土体在重力作用下都有向下和向外移动的趋势。如果这一趋势被土体的抗剪强度抵消，则边坡稳定，否则会发生滑动。边坡发生失稳的机理和失稳模式，国内外诸多学者和研究人员在不断地研究和探索。过去几十年中进行了广泛的滑坡灾害的探究和对土体复杂行为的剖析，在不断完善边坡稳定性分析方法的基础上，边坡渐进失稳的过程、模式及滑坡机理成为研究的重心和焦点。

天然边坡历经数次的更新变换后形成，在此过程中不仅受地形地貌、地质构造等内在因素的影响，更受到降雨、侵蚀、风化和地震等多种外在自然因素的干扰。其土体物理特性与附近相关的土体属性具有一定的关联，因此，会呈现出特有的变异性能。土体物理力学参数决定着能否准确获取坡体分层和参数分布，更直接关联着岩土结构设计与施工方案是否可行。提高对土体力学原理的认识，将土体特性与边坡稳定性联系起来，可以更好地分析边坡的失稳过程和破坏机理。对土体特性全面剖析及其力学行为合理解析以提高对边坡系统的观察、认知和评价是边坡稳定性分析中不可或缺的前提。

边坡稳定性分析理论和方法的研究在国内外学者的共同努力下不断地推进和发展(Griffiths 等，1999；崔政权等，1999；刘艳章，2007；郑颖人等，2004；李宁等，2010；李宁等，2018)，尽管取得了一些进展，但评估边坡稳定性方法仍然是一项挑战。针对排水和不排水条件下均质或者非均质的土质边坡而言，探索一个更适合和更便捷的稳定性评估方法以达到事半功倍的成效。目前边坡稳定性分析的方法有：简化计算分析方法、图解法、电子表格软件法、边坡稳定性有限元分析方法和有限元极限平衡分析方法。在很多情况下，可以选择使用多种方法综合评估特定边坡的稳定性。例如，使用简单的方程式或图解来初步估计边坡稳定性，然后应用有限元计算机程序进行详细分析。笔者试图通过结合几种稳定性分析方法的优点，综合评价排水和不排水条件下土质边坡的稳定性和失稳机理。

岩土构筑物常常存在多种失稳模式和不同的失稳机理，并且任何一种潜在失稳模式的发生都将可能导致整体岩土系统的失稳(Ang 等, 1984)。不同失稳模式常见于各种岩土研究对象中，包括土质边坡稳定性(Fenton 等, 2008)、挡土墙(Li 等, 2015)、桩(Fan 等, 2014)和基础(Li 等, 2015b)。在众多的文献中，双层不排水岩土系统的稳定性受到了极大地关注，笔者调研了与承载力相关的代表性研究(Florkiewicz, 1989; Merifield 等, 1999; Goss 等, 2001; Wang 等, 2002; Huang 等, 2009; Yu 等, 2011; Rao 等, 2015), 以及与边坡稳定性有关的研究(Li 等, 2009; Qian 等, 2014; Lim 等, 2015)。基于已有的研究，笔者对不排水和排水的层状边坡的稳定性进行了系统性地研究，其中一层土是堤坝层，另一层属于地基层。根据抗剪强度、边坡高度、地基深度比、坡角以及外荷载等参数之间的多种组合，研究层状非均质边坡的稳定性态、失稳模式、临界滑动面深度以及失稳机理的演变规律，常用的边坡稳定性分析方法属于确定性分析，基于确定性的有限元分析，对主体研究对象进行了不确定性概率分析，将评价边坡稳定性的两个指标：安全系数和失稳概率及其确定性和不确定性分析联系起来，深入全面评价层状非均质边坡的稳定性态。

岩质和土质层状边坡滑动面的确定和模拟完全不同。因此，作者主要针对顺层岩质高边坡潜在滑动面的确定和模拟以及边坡稳定性开展研究。基于引进的奥地利大型岩土工程仿真平台编程思想及应用(李宁等, 2000; 李宁等, 2007; 曲星等, 2012)对层状边坡中的潜在滑动面的确定和模拟进行了详尽地研究(李宁等, 2016), 发现直接采用滑动面的黏聚力和内摩擦角以及临界接触面两边的弹性模量的变化体现法向刚度和切向刚度的影响，以此更好地模拟潜在滑动面的滑动、张开和闭合等状态。在潜在滑动面中摩擦-接触型界面单元用于模拟滑动面的接触非常符合边坡的变形规律和工程实际，较为真实地展示了边坡在渐进滑动过程中滑动面的形成和受力情况。那么层状土质边坡临界滑动面位置的确定及形状属于边坡稳定性分析当中至关重要的关键性因素。影响层状土质边坡临界滑动面位置及其形状的因素和精度问题的探讨，以及在地震荷载或者水荷载等作用下滑动面的失稳模式和破坏机理都是层状边坡工程中需要解决和探讨的系统性难题。

1.2 边坡稳定性态及锚固机理研究内容

1.2.1 边坡稳定性分析理论与方法研究

经济建设过程中，人类工程活动向更高更深更广的层次发展，大量的边坡工程随之出现，工程规模也越来越大，重要程度也逐渐提高。如何利用有效的方法预测和防治边坡失稳带来的灾害一直是科研工作者不断探索的方向和目标。近几十年来，许多学者对边坡的稳定性进行了评价，并逐渐探索出一系列先进有效的方法观察边坡的行为和失稳模式。常用的边坡稳定性分析方法大体上包括简单的公式计算方法、图解法、极限平衡方法(LEM)，有限元分析方法和离散元分析方法等。稳定性分析方法的研究最先采用极限平衡在土力学中的概念，根据静力平衡条件分析边坡处于极限状态下的稳定性。其次是从边坡的影响因素、地质历史条件等方面进行对比分析。随着计算机技术的飞速发展，数值分析方法在岩土工程中得到了推广和应用。传统意义上，极限平衡方法[如通用条分法(Fellenius,1939)、Bishop 法(Bishop，1960)、Morgenstern 和 Price 法(Morgenstern 等，1965)、Spencer 法(Spencer，1967)]，Janbu 的广义条分方法(Janbu，1968)，Duncan(Duncan,1996)提前假定一个滑动面，将滑动面的土体分为若干个竖向的土条，也被统称为通用条分法。这些传统方法中的多数假定需要定义条块之间的侧向力方向以及连续滑动面的形状。边坡从局部到整体的破坏是一个渐进的破坏过程，在此过程中，拉应力和剪应力逐渐释放和转移，而不是滑动面上所有的点同时破坏。然而，极限平衡方法的破坏准则根据滑动面同时发生破坏而非渐进破坏过程制定。传统方法模拟边坡问题具有高度的均匀性和线性，但实际边坡往往是各向异性、非均匀和非线性的。此外，传统方法不能揭示边坡复杂的失稳机理和逐渐演变过程，仅通过一个安全系数评价边坡的稳定性会导致一定的盲目性和保守性。由此，数值分析方法得到了长足地发展与推进，加之计算机的快速发展也为数值模拟提供了良好的条件。实验手段、勘察和大型商业有限元程序拓展非常成熟，多方面的有利条件为数值模拟方法提供了绝对优势。岩土体中的应力-应变的变化规律、应力分布及边坡的稳定数均可以通过数值分析方法真实地体现出来。在数值方法中岩土材料的本构关系发展较为完善，其中常用且发展最为完善的方法是有限元分析方法(赵尚毅等，2003)。边坡中岩土体的不均匀性、各向异性、材料不连续性等复杂的工程问题在有限元方法中均可得到很好的解决。

20 世纪 60 年代以后，有限元方法的理论体系得以飞速发展且变得更加完善，成为分析边坡稳定性态、变形和失稳机理的一种趋势，并在近几十年的岩土工程实践中得到越来越多地推广和应用(Griffiths 等，1999；Potts 等，1990；Chen 等，2003)。学者们全面地总结了有限元方法进行边坡稳定性分析的优越性、适用性和简便性。作为 LEM 的替代方法，Zienkiewicz 等早在 1975 年首次提出了有限元强度折减法(FEM-SRM)计算边坡安全系数的概念：在有限元分析中将岩土体抗剪强度进行折减，使边坡正好达到临界破坏状态，用抗剪强度折减的系数计算岩土材料的安全系数和极限情况。潘家铮(1980)对强度折减法计算的安全系数的定义进行进一步的分析和论证。更多的学者深入探讨和验证了 FEM-SRM 的合理性和适用性(Ugai，1989；Matsui 等，1992；Ugai 等，1995；Griffiths 等，2007；Nian 等，2012)。例如，Ugai(1989)将土体简化为理想弹塑性材料，使用 FEM-SRM 对陡峭边坡、土体各向异性边坡以及渗流作用下的边坡进行了稳定性研究，得出有限元强度折减法的适用范围较广。Matsui 等(1992)命名了强度折减技术(SRT)，对多个人工填坡和开挖边坡实例进行稳定性评价，采用剪切应变评判边坡失稳，把非线性有限元方法和 SRF 相结合即为强度折减技术。这些学者推动和促进了有限元强度折减方法在岩土工程实践中的相关发展，随后促进了国内外更多相关知识理论的探索和研究。Griffiths 等(1999)详尽地论证了理想弹塑性有限元与强度折减方法(SRM)相结合的方法评估边坡的稳定性，分别对均质无地基层排水土坡、非均质双层不排水土坡、含软弱夹层的不排水边坡、水平自由水位面不同的均质边坡以及不同边界条件的双侧均质堤坝等不同类型的的边坡进行了全面的分析和评价。有限元强度折减方法的计算结果与极限平衡方法进行对比分析，从安全系数而言，结果一致，充分展示了有限元强度折减方法在边坡稳定性分析中的可靠性和有效性。

近几十年来，我国学者同样对有限元强度折减方法展开了大量的探究。宋二祥(1997)在土工结构中应用有限元强度折减方法求解结构的安全系数，将其定义为土工结构自身拥有的承载力与抵抗荷载必须的承载力的比值。同时采用有限元方法和 Bishop 法分析同一土坝算例的稳定性，将二者结果进行对比，其结果较为接近，进一步证明了有限元强度折减方法的适用性和广泛性。张培文等(2004)研究了岩土体材料的剪胀角和不同的屈服准则分别对边坡的稳定性和安全系数的影响及程度，认为岩土材料的屈服准则对边坡安全系数的影响较大，不同的屈服准则得到的安全系数不同。连镇营等(2011)用 FEM－SRM 对开挖边坡进行了全面的稳定性分析和研究，采用剪应变作为边坡失稳判据，随着折减系数的增大，边坡的滑动带从坡脚处开始呈现应变区域，坡顶随后出现类似剪应变区域，继续增大折减系数，坡脚和坡顶两个位置的剪应变带迅速扩大，贯通形成连通滑动面。将强度折减系数看做边坡的安全系数，发现开挖边坡的失稳模式与天然边坡较为相似。郑颖人等(2002～2005)学者将研究强度折减方法的浪潮推向了最高点，运用 FEM－SRM 对土质和岩质边坡的三维和二维模型均开展了系统的研究和深入的探讨。从 FEM－SRM 的最基本理论着手，讨论了强度折减方法在计算模型、网格大小、流动法则、计算时间等方面的精度问题。将 SRM－FEM 拓展到不同类型边坡的适用范围，由均质的土坡发展到不同断面的各向异性的复杂土质边坡以及含结构面或者施加支护措施的岩质边坡。滑动面也由仅一个潜在滑动面上升到对多潜在滑动面并存的边坡的求解。对于强度折减方法中的失稳判据作了系统性的研究，阐述了不同的失稳判定指标对应的具体的物理意义和潜在关联性。张鲁渝等(2002，2003)通过结合 FEM－SRM 分析原理和计算结果图形实时显示技术，探索了非线性迭代收敛条件作为失稳判据的 FEM－SRM 与广义塑性应变及塑性开展区作为边坡失稳判据的差异性。除此之外，国内仍有大批学者在继续地研究和探讨有限元强度折减方法相关工作，如迟世春等(2004)、吴春秋(2005)、吕擎峰(2004)、宗全兵等(2008)、林杭等(2010)、宋琨等(2012)。

综上所示，有限元强度折减方法与传统极限平衡方法相比，其既可以定性也可以定量地分析边坡的稳定性。相较传统刚体极限平衡方法其优越性包括以下几点：该法充分发挥了数值计算的优势，比传统方法更加快捷、方便、准确；复杂的地形地貌和地质条件下边坡几何形状不规则、岩土材料不均匀的边坡不受局限；无需预先假定条间力、设定假定条件，可根据具体的受力情况计算实际的应力应变和变形问题；不需要提前预设和确定潜在滑动面的位置和形状，而是通过分析真实的地质力学机制，搜寻临界滑动面和形成的失稳机制；可以得出不同开挖工序边坡的位移场、应变场和应力场，重现边坡随强度退化而逐渐破坏和失稳的过程；针对计算和评估的临界滑动面位置和失稳机理，做到及时了解，及时指导和及时加固；可以模拟不同的工程工况及复杂的外界环境因素的影响(降雨、地震、动力扰动等)，施工加固措施以及非线性力学本构模型等问题；还可以考虑边坡在开挖和加固过程中与支护和锚固结构的相互作用效应和协调变形情况等。

1.2.2 边坡的不同排水机制及失稳判据研究

排水和不排水是土力学行为中的重要基础，通常与水在土体中移入或者移出的容易程度和速度有关，与土体的承载和卸载时间有关。问题的关键在于荷载的变化是否会引起土体中孔隙水压力的变化。当土体承载或者卸载时，水能够快速流入或者流出土体的状态认为是排水状态。在排水的条件下，荷载的变化不会引起土体中孔隙水压力的变化；加载后，随着加载引起的孔隙水压力的消散，土体可以在一段时间后达到排水状态。在荷载变化的情况下，不排水的条件是土体中不存在水的流入或者流出，因此，荷载在变化时则会引起孔隙水压力的变化。不排水的状态可能会持续几天、几周或者几个月，取决于土体的性质和尺寸。经过时间的推移，荷载变化停止后，荷载引起的孔隙压力消散，大量土体从不排水状态转移为排水状态。

排水和不排水的情况可以通过一个例子解释说明，如图1－2所示，图中展示在一个直剪试样装置中进行黏土试样实验。黏土渗透性低，压缩性高。当法向应力 P 和剪切荷载 T 同时增大时，黏土的体积有减小的趋势。由于黏土颗粒本身不可压缩，因此，黏土体积的减少将完全通过孔隙体积的减少实现。然而，为了减少黏土中孔隙的体积，水必须从黏土中流出，因为水也不可压缩。

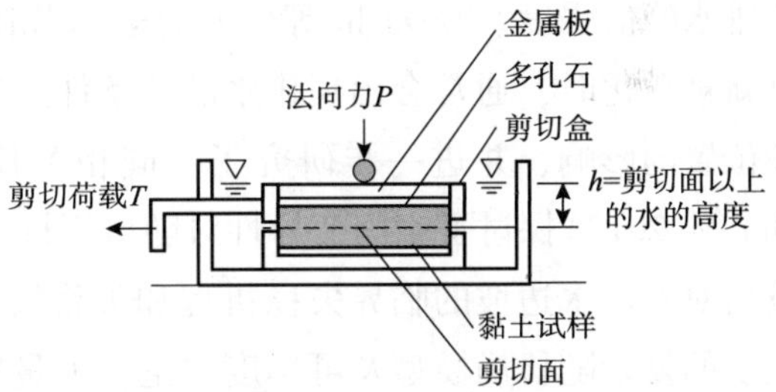

图1－2 直剪实验装置

如果 P 和 T 迅速增加，比如说在一秒钟内，黏土样本将在一段时间内处于不排水状态。因为在一秒钟的时间内，当 P 和 T 增加时，没有足够的时间让大量的水流出黏土。事实上，即使在一秒钟内有少量的水流出，也是微不足道的。对于实际情况而言，当外界荷载改变后，黏土体中即刻出现的是不排水的情况。如果 P 和 T 在长时间内保持不变，比如一天时间，黏土试样的状态将会从不排水变为排水状态。这是因为在这一天内有足够的时间让水从黏土中流出。在这期间，孔隙的体积会减小，基本上达到平衡状态。实际上，两种排水条件之间的平衡是逐渐接近且无限逼近，但永远无法完全达到相同。

从这个例子可以清楚地看出不排水和排水的区别，正如这两者的区别在土力学中使用是时间概念。每一块土体的特性决定了从不排水状态过渡到排水状态所需的时间。这一时间的一个实际度量是 t_{99}，即达到99%平衡体积变化所需的时间，从实际的角度认为是平衡的。使用一维固结的太沙基理论可以评价 t_{99}，其表达式(Duncan 等，2014)为：

$$t_{99}=4\frac{D^2}{c_v} \tag{1-1}$$

式中，t_{99}为达到99%平衡体积变化所需的时间，h；D为水必须从土体中流出的最长距离，m；c_v为土体的固结系数，cm^2/h。

对于图1－2中的试样，D为试样厚度的一半，约为1.0cm，c_v则约为$2cm^2/h$。据式(1－1)可以估算出t_{99}约为2h。当新的荷载施加的第一秒，试样处于不排水状态，当2h后，或者更长时间之后，试样将处于排水状态。

直接剪切实验适用于土体排水剪切实验。排水直接剪切实验使用较薄试样进行，使得厚度D较小，并且采用缓慢的剪切速率，以至于在整个实验过程中试样基本上是排水的状态。对于不排水实验，直接剪切实验不是最佳的选择，是因为防止排水的唯一方法是快速施加荷载，由于应变率效应，会导致较高的测量强度。三轴实验是不排水实验的更好选择，因为将试样密封在不透水膜中可以完全防止排水，因此，不排水三轴实验可以以足够缓慢的速率进行，以消除不良的速率效应且达到不排水状态。

国内外有一些学者对排水和不排水边坡的稳定性和失稳机理开展了诸多相关研究。Timothy等(2005)提出了边坡分析中排水抗剪强度参数类型和大小选择的建议。采用的扭转环剪切实验结果表明，预先存在的剪切表面表现出自我愈合的行为，从而增大了抗剪强度。Skempton(1964，1985)研究表明对于完全软化的抗剪强度在数值上等于正常固结试样的排水峰值强度。Terzaghi等(1996)表示若在已达到残余强度条件的预先存在的剪切表面重新被激化时，通常会出现排水破坏条件。Fenton等(2013)研究了边坡倾角对临界失稳机理位置的影响，并进一步研究了不同相关长度和不排水剪切强度变异系数的失稳概率。Zhu等(2017)探讨了空间变异性对随机不排水边坡滑动面位置的影响，研究了随机强度和坡角对不排水边坡的临界失稳机理和失稳概率的影响。Jiang等(2018)分析了不排水抗剪强度的复杂随机场模型及可靠度理论，大量的现场数据表明，土体特性(如土体的不排水抗剪强度)的平均值和标准差随着深度的变化而变化，提出采用非平稳随机场模型描述土体不排水抗剪强度的空间变异性和深度依赖性。Wilson等(2011，2013)，Griffiths等(2015)，Keawsawasvong等(2017)分别量化了随深度变化的土体不排水抗剪强度对隧道平面、土质边坡和活板门稳定性的影响。

层状土质边坡的失稳判据是FEM－SRM中研究边坡稳定性态的一个关键性问题，用于判别边坡是否处于极限状态且判定需要加固的位置所在。学者在失稳判据方面展开了大量研究，给出了很多不同的判定标准。通常来说，常用的边坡失稳判据主要有以下几方面。

(1)塑性区连通作为边坡的失稳判据(Matsui等，1992；Kanungo等，2013)，即塑性区域从边坡的坡脚贯通至坡顶。对坡体内剪应变或者塑性应变的分布和变化进行判断，当坡体中形成一条某个物理量如塑性应变贯通带的情况下，此时所有的单元均处于塑性状态，则坡体可能发生失稳破坏。栾茂田等(2003)认为采用数值计算不收敛判断边坡失稳破坏的判据人为因素较大，提出了以等效塑性应变及塑性贯通带的发展来评判边坡失稳的指标和状态。依据塑性贯通的情况及其范围计算安全系数，确定潜在临界滑动面。连镇营等(2001)依据强度折减方法分析的成果表明，当折减系数达到某一数值时，边坡中某个状态值的剪应变位置从坡脚至坡顶形成贯通，此时认为边坡失稳。

(2)数值计算的算法收敛性作为失稳判据(Ugai K，1989；1995，赵尚毅等，2005；Dawson 等，1999；龙绪健等，2008)。如果在人为指定的收敛准则下，算法不能收敛，即表示发生坡面失稳，此时应力的重新分布不能同时满足土体材料的破坏准则和整体平衡条件，人为因素在迭代次数的限值方面占很大比重。Ugai K 认为迭代算法的不收敛要求是非线性迭代次数大于500 次还是不能达到位移收敛的条件。Dawson 等将最大节点的不平衡力与附加荷载的比是否超出某一定值(如 10^{-3} 或 10^{-5})看做迭代算法的不收敛条件，该条件需提前假定某一个定值的迭代次数作为收敛准则。郑颖人等(2004，2005)认为数值计算中有塑性应变和位移突变，如果在突变前收敛，在突变后算法不收敛说明滑动面上岩土体塑性流动。因此，把数值计算是否收敛和有限元平衡方程组是否有解作为边坡失稳判据。龙绪健等(2008)认为潜在滑动面的剪应变增大逐渐形成剪切滑移带，继而致使有限元算法不收敛诱发边坡失稳破坏，同时指出单以塑性区是否贯通的判别标准不能准确反映边坡的稳定性态。数值计算不收敛失稳判据对于允许公差标准和最佳迭代次数的选择没有给出更好的指导对策。

(3)边坡某特征部位的位移发生突变作为失稳判据(Zienkiewicz，1975；Griffiths 等，1999；刘金龙等，2005；林杭等，2007，2008；施建勇等，2013；孙超伟，2017)。特征部位的位移发生突变的依据在算法的区域内坡体中的某一个特征点或者某一个位置的位移和试折减系数的关系曲线的变化情况判定临界失稳机理。选取的特征点可能在坡脚、坡体内或者坡顶中的某一点。1975 年，Zienkiewicz 首次提出有限元强度折减概念时判断边坡是否破坏就是通过某最大节点位移与试折减系数之间的变化特征进行的。Griffiths 等认为当折减系数突然增大时出现无量纲位移 $E\delta_{max}/\gamma H^2$，运算在迭代限制内无法收敛，此时的边坡处于临界失稳的形态和极限平衡状态。其中 E 为弹性模量，Pa；δ_{max} 为单元节点的最大位移，mm；γ 为材料容重，kN/m^3；H 为边坡高度，m。林杭等(2007，2008)通过观测坡体内的监测点并分析总位移－试折减系数的关系曲线，发现位移突变失稳判据可得到较合理的安全系数并能反应边坡的变形过程。刘金龙等(2005)建议在边坡稳定性态的有限元分析中联合特征部位位移的突变性和等效塑性应变的塑性区贯通共同作为边坡失稳判据。这是由于单纯以数值算法的收敛性作为失稳判据在某些情况下计算得到的 *FS* 有较大误差。施建勇等(2013)认为以边坡特殊部位或某节点位移与试折减系数关系曲线的特征当作判据的优势，其物理意义比较明确，但是具体部位或节点的位置不够明确。因此，依据位移突变失稳判据，由能量积分与试折减系数关系曲线的变化趋势线确定边坡的安全系数，可以得到修正的边坡滑动失稳判据。

塑性区贯通并不一定会引起边坡失稳，即使塑性区贯通后，如果面积较小，边坡本身具有的承载能力仍然存在，因此，其为边坡破坏的必要条件，但不是充分条件，且塑性区贯通判据得到的 *FS* 往往偏小。算法不收敛失稳判据得到的 *FS* 无法反映边坡的变形过程，而且存在一定的人为因素，但计算所得的 *FS* 与位移突变判据结果非常接近。位移突变判据明确了边坡稳定性态与试强度折减系数之间的一个定量关系，安全系数可以通过双曲线方程拟合发出方便地计算得出，该判据的求解精度较高，物理意义较为明确，因此，采用计算收敛与位移突变相结合的判据确定边坡的临界失稳状态。

1.2.3 边坡动力稳定性分析及加固措施研究

对于岩质边坡，由于其体内存在许多不规则的结构面，因此，岩体是非连续、非均质、各向异性的介质。岩质边坡在开挖前受地应力(构造应力、温度应力、自重应力)和地下水等的作用，此外岩质边坡还受自身岩石类型、自然界风化侵蚀等影响，因此，岩质边坡稳定与否不仅取决于岩体内部地质结构，也取决于外部环境的影响，是多种因素的综合作用。但总体而言，岩质边坡的稳定性很大程度上取决于岩体内破坏面和不连续面的存在和性质，所以其稳定性主要通过分析岩体中结构面进行评价。常见的岩质边坡的静力破坏形式可以分为简单破坏模式和复杂破坏模式，简单破坏模式又可以分为崩塌破坏、平移滑动破坏、楔形破坏、倾倒破坏和弧形破坏等模式，复杂破坏模式则可以是多种简单破坏模式的组合(李宁，1993)。

目前，岩质边坡动力稳定性问题的研究仍简单地借助静力分析手段：边坡发生失稳的位置，即破坏面的位置及形状；动力作用下边坡失稳判据等，均沿用静力分析的思路与方法；针对关键的特殊动力问题，动力荷载的考虑和破坏面的位置和形状及动稳定性评价标准等问题的研究尚未见报道。地震荷载对岩质边坡稳定性的影响主要是由于动荷载引起的惯性力和因循环加载引起的抗剪强度降低，导致边坡整体下滑力加大，降低了边坡的安全性。因此，将动荷载下边坡失稳分为惯性失稳(Inertial Instability)和衰减失稳(Weakening Instability)(李宁，1994)。边坡动力稳定性分析方法主要采用静力极限平衡理论和应力－变形分析(李宁，1994)的方法。惯性失稳常采用的分析方法有：拟静力法(Pseudostatic Analysis)、Newmark 滑块分析法(Newmark Sliding Block Analysis)、Makdisi Seed 法及有限元方法。而衰减失稳常采用流动破坏分析法(Flow Failure Analysis)和变形破坏分析方法(Deformation Failure Analysis)

边坡的破坏模式、分布、规模等取决于动荷载(主要是地震及爆破地震)能量以及边坡的几何和物理特征。据此，在过去的几十年中，国内外研究人员针对地震荷载作用下边坡安全进行了大量的工程经验总结。例如，部分学者(Jones 等，1967；Schoenberg，1967；李夕兵，1967；王明洋等，1967)根据地震滑坡统计数据分析了地震滑坡数量、影响面积与地质构造、气候情况、震中距与震级等之间的关系。部分学者(李夕兵，1967；王明洋等，1967)初步建立了评价地震滑坡危险性的综合指数法(综合指数包括坡高系数、岩性条件、坡角影响、地震强度以及降水系数)。与此同时，应用拟静力的极限平衡法、Newmark 法以及有限元和离散模拟。国内外研究人员也对地震作用下边坡的响应以及稳定性分析分析方面做了一些研究工作(卢文波等，1996；Zhao 等，1999；Cai 等，2000)。由于永久位移标准更准确地反映了动荷载作用下边坡的响应，同时避免了复杂的数值模拟分析工作，Newmark 法比较广泛地应用于研究动荷载作用下边坡安全评价(Frazer，1995；Pyrak Nolte，1988；Pyrak Nolte 等，1990；Zhao 等，2001；Cai 等，2000)的工作。然而，值得指出的是，Newmark 法实际上是一个很粗略的计算方法，在分析边坡永久位移时未考虑岩体自身变形，动荷载作用下岩体动态强度以及变形特性与静态特性之间的差异。同时，Newmark 法计算的永久位移实际上是一个平均位移概念，不能反映具有复杂滑动面的节理边坡在动荷载作用下各点的位移分布情况。另外，也未给出地震荷载作用下边坡瞬时稳定系数，给实际工程应用中进行评价地震荷载作用下的稳定性造成不便。因此，应用 Newmark 法提出的永久位移概念，结合数值模拟(如 FAC、DDA 等)，考虑地震荷载的峰值和时程特征，分析其作用下岩体边坡的稳定系数以及永久位移，并以上述两个参量评价地震荷载作用下边坡的稳定性，分析动态稳定系数和永久位移同地震、边坡的几何和物理特性之间的定量关系是其研究方向(Chen，1998)。

地震作用下土质边坡的动力稳定性分析常采用动力有限元法，对动荷载作用下有限元网格中各单元永久应变进行积分得到边坡的永久位移。根据各单元的永久应变计算方法的不同有：应变趋势法、刚度折减法、考虑岩体非线性非弹性应力－应变特性的非线性方法(Chen，1998)。对 1971 年 San Fernando 地震期间 Fernando 大坝失稳调查，Seed(1973)从线性和等效线性分析结果探索出一种估计地震引起的边坡变形的方法。即采用动力有限元法计算各单元的循环剪应力，利用循环实验结果，将各单元中的循环剪应力表示成剪应变，则变形可通过沿垂直截面上的整个边坡和截面高度上的平均应变趋势计算。该方法隐含如下假定：现场应变的发展与相同加载条件下实验得到应变的发展相同，在所有单元中最大剪应力均为水平方向，从而应变趋势方法只能估计水平位移(赵坚，2002)。Lee(1974)和 Serff(1976)提出了另一种计算永久边坡位移的方法。在此方法中计算应变趋势时对土的刚度进行了折减。地震引起的边坡位移认为是两种静力有限元分析所得节点位移差：一种有限元利用初始剪切模量；另一种有限元利用折减的剪切模量。此法可用于线性和非线性模型。不同于应变趋势法，刚度折减法可用于估计水平和垂直向的位移，但仍是一种近似方法。永久边坡变形也可用非线性非弹性土模型的有限元分析计算，地震作用边坡常采用循环－应变模型或高等本构模型的两维或三维有限元分析。Hisakazu(1974)提出了考虑土体拉伸破坏的弹塑性本构模型，采用非线性动力有限元法对堤坝进行了分析(赵坚，2002)，应用此方法分析了堤坝模型的静力斜坡实验，在 1968 年 Tokachioki 地震中高速公路堤坝结构的破坏，结果也显示：前者分析在各种倾角的崩塌过程与实验完全一致，后者分析能反映实际情况。

预应力锚索锚固技术是加固岩土边坡工程及深基坑等工程的主要手段。由于其能为节理岩体的边坡、断层、软弱带等提供一种强有力的“主动”支护手段，自 1911 年美国首次采用岩石锚杆支护矿山巷道起，锚固技术便迅速发展普及到露天矿坡加固、地下洞室和铁路隧洞的支护、坝基加固、高边坡稳定加固、深基坑支护等多个领域。

预应力锚固技术宗旨主要在于：①充分发掘岩土材料本身固有的能量，最大限度地调度岩土介质内在的强度和潜力；②设法加强岩土体的自承和自稳能力。预应力锚索锚固机理的研究随着锚固技术的出现而在许多国家开始，迄今为止，各国已取得了不同程度的研究成果。Hanson N W 研究了预应力钢丝束表面的粗糙性对黏结力的影响。Lutz L 和 Gergeley P、Goto Y 以及 Tepfers R 等于20 世纪60 年代就研究了荷载从锚索转移到砂浆的力学机制，Goris J M 和 Gonway J P 研究了荷载钢索向砂浆传递的机理。国内程良奎等采用相似材料模型实验研究了预应力锚杆加固层状岩体的各向异性和破坏机制，并研究了裂隙岩体加固特性、加锚节理面的抗剪特性、加锚岩体的力学特性。在预应力锚索锚固的数值模拟方面，沈俊、郭兰波、H Stille 等均作出了有益的工作。

1.3 研究内容

根据层状岩土体边坡的土体强度特性和几何形态，围绕不同排水条件下层状非均质边坡的稳定性态、失稳机理和临界滑动面位置的演变规律开展了一系列相关研究工作。

(1)优化层状土质边坡的有限元程序，建立层状边坡稳定性态的数值分析实验和方案。

该方案研究对象主要是排水和不排水条件下的层状土质边坡，针对这类边坡的稳定性态和失稳机理及临界滑动面的特征，建立均质和非均质边坡的计算模型和数值实验方案，研究多层土质边坡多元层状结构与边坡失稳机理之间的关系。采用不同的强度折减策略，分析黏聚力和内摩擦角在边坡渐进失稳过程中发挥的作用。

(2)研究层状不排水土质边坡的稳定性态和失稳机理。

研究边坡几何形态(坡角和地基深度比)因素对均质不排水边坡的稳定数 N_c 和失稳机理的影响。探究 c_u 随深度线性增加的不排水边坡的稳定性态变化规律和失稳机理的演变过程。研究边坡的抗剪强度、地基深度和坡角对双层非均质边坡稳定性态和失稳机理的影响规律；提出双层非均质不排水边坡的临界强度比值$(c_{u2}/c_{u1})_{crit}$和双滑面失稳的概念；给出边坡稳定性态与失稳破坏的转折点和双滑面失稳的判别准则；探讨双层不排水边坡的临界强度比值$(c_{u2}/c_{u1})_{crit}$与边坡几何形态之间的相互关系；推导不排水条件下安全系数或稳定数与土体特性和几何参数之间的函数关系式；揭示不排水边坡的失稳机理；并在伦敦黏土边坡和 James Bay 堤坝进行验证和应用。

(3)研究层状排水土质边坡的稳定性态和失稳机理。

基于不排水边坡的理论基础和分析成果，分析均质排水边坡的对数螺旋形式的失稳机理；研究强度参数和几何形态对边坡稳定性态、失稳机理、临界滑动面位置变化规律的影响；建立安全系数和稳定数与黏聚力、内摩擦角和坡角之间的数学关系式。根据已知失稳滑动面的形状和位置，反演均质排水边坡的强度参数；建立便于设计人员快速查阅的均质排水边坡稳定性图解法；分析有无地基层及其变化对层状排水边坡失稳机理和稳定性态的影响；分析非均质层状边坡的四个强度参数和几何形态对边坡安全系数的影响规律；提出影响边坡安全系数和失稳机理的临界强度比值；研究上软下硬型排水边坡(如堆填的路堑边坡)和上硬下软型排水边坡(如地下水丰富的大型堤坝)的临界强度比值的变化情况；上层排水下层不排水及上层砂土下层排水这两种非均质层状边坡的稳定性态、失稳机理和临界滑动面位置的变化规律；建立非均质排水边坡的稳定性设计图解法，为现场判断层状边坡稳定性提供了新思路，并将研究成果应用于工程实际。

(4)采用随机有限元方法研究排水和不排水条件下层状土质边坡的失稳概率和失稳机理。

由于岩土体材料及其力学特性的不确定性，采用基于随机场理论和有限元相结合的随机有限元方法(RFEM)对排水和不排水条件下土质边坡的稳定性进行概率分析。研究强度参数变量的空间变异性和空间相关性对边坡失稳概率和失稳机理的影响；土体特性的空间变异性通过空间相关长度和变异系数进行表征，得出空间相关长度和变异系数之间的相互关系是合理评价边坡失稳概率的重要指标。建立稳定数、安全系数和失稳概率以及失稳机理之间的密切关系，得出不同几何形态下最大失稳概率对应的最差空间相关长度。研究了层状边坡的上下土层平均强度比值对失稳概率和失稳机理的影响；分析 c' 和 $\tan\varphi'$ 之间的相关系数 ρ 对评价边坡失稳风险的作用。对比五种包含确定性和不确定性的边坡稳定性分析方法的计算结果，验证分析方法和分析结果的合理性和有效性；证明采用安全系数和失稳概率联合评估层状边坡的失稳风险和可靠度的优越性。

(5)研究外荷载及多因素共同作用下层状土质边坡的稳定性态和失稳机理。

分析地震荷载和水荷载作用下不同类型边坡的稳定性态、失稳机理和临界滑动面位置的变化规律。探讨外界荷载条件和边坡自身因素共同作用对边坡稳定性态的影响；研究地震荷载系数和地下水位线及孔隙水压力在土质边坡中的影响效应和力学作用机理；揭示外荷载作用下均质和非均质边坡的失稳机理。通过稳定性图解法的表达方式给出多因素综合作用下的边坡稳定性的临界拐点及失稳机理的判别准则。提出综合影响因素作用下的一套能够快速查阅和计算边坡安全系数的稳定性图解法；研究层状边坡的加固措施和满足加固需求的解决方案，并将研究结果应用于层状土石坝中。

(6)聚焦圆弧型滑动破坏机制，对比研究刚体极限平衡与有限元方法的根源误差。

考虑滑动面的渐进破坏过程、滑体与滑床从刚性体转变为弹塑性体后，对刚体极限平衡法与有限元法的稳定性分析结果的误差范围与其根源和滑动面应力分布变化规律及滑动面应力分布特征。

(7)研究边坡预应力锚索加固的数值模拟方法及锚固作用机理。

讨论与比较刚体极限平衡法无法模拟的预应力锚索模拟方法的优缺点及其适用条件，并进一步提出新的精细分析预应力锚固模拟方法，以及适用于实际群锚作用下简便且有效的预应力锚固模拟方法。

综上所述，以层状排水和不排水边坡为研究对象，以有限元强度折减法和随机有限元概率分析方法为基础，开发和优化了适合层状土质边坡稳定性分析的有限元程序。以单层均质和双层非均质边坡的“稳定性态、失稳机理、临界滑动面位置”为主要研究内容，系统性地开展抗剪强度参数的各向异性、边坡的几何形态以及外荷载的力学特性等多种因素对土质边坡稳定性影响规律的研究。分析了层状土质边坡在排水和不排水条件下及不同影响因素共同作用下的安全系数和稳定数的变化规律，呈现了临界滑动面位置的演化过程，揭示了破坏模式的形成机理，建立了安全系数和失稳概率之间的密切关系。绘制的一系列稳定性图解和失稳机理变化规律图表，为综合分析和评价层状边坡的稳定性态和失稳机理提供了判别准则，具有一定的参考价值。探讨了刚体极限平衡法在进行岩土边坡稳定性分析时的误差根源与误差范围。总结了现有预应力锚固模拟方法及其存在的问题，并提出了一种预锚模拟的精细分析方法，为工程设计人员提出分析边坡稳定性提出科学的依据。

参考文献

[1]Duncan，J M，Wright S G. Soil Strength and Slope Stability[M]. Hoboken：John Wiley & Sons，2014.

[2]陈祖煜．土质边坡稳定分析——原理、方法、程序[M]．北京：中国水利水电出版社，2003.

[3]谭捍华．类土质边坡稳定性及其控制技术研究[D]．重庆：重庆大学，2011.

[4]李宁，张鹏，于冲，等．锦屏左岸拱肩槽边坡稳定性及预应力锚索加固措施研究[J]．岩石力学与工程学报，2007，(1)：36－43.

[5]李宁，姚显春，张承客．岩质边坡动力稳定性分析的几个要点[J]．岩石力学与工程学报，2012，31(5)：873－881.

[6]刘才华．岩质顺层边坡水力特性及双场耦合研究[D]．武汉：中国科学院研究生院(武汉岩土力学研究所)，2006.

[7]黄润秋．20世纪以来中国的大型滑坡及其发生机制．岩石力学与工程学报，2007，(3)：433－454.

[8]谭尧升．边坡工程孕灾环境下灾变失稳机制与稳定性研究[D]．天津：天津大学，2015.

[9]Chang M A 3D slope stability analysis method assuming parallel lines of intersection and differential straining of block contacts[J]. Can Geotech J，2002，39(4)：799－811.

[10]Baker R，Shukha R，Operstein V，et al. Stability charts for pseudo－static slope stability analysis[J]. Soil Dyn Earthquake Eng，2006，26(9)：813－823.

[11]Michalowski R L，Martel T. Stability charts for 3D failures of steep slopes subjected to seismic excitation[J]. J Geotech Geoenviron Eng，2011，0000412：183－189.

[12]Li A J，Merifield R S，Lyamin A V. Limit analysis solutions for three dimensional undrained slopes[J]. Computers and Geotechnics，2009，36：1330－1351.

[13]Griffiths D V，Huang，J，Fenton G A. Influence of spatial variability on slope reliability using 2－D random fields[J]. Journal Geotechnical Geoenvironmental Engineering，2009，135(10)：1367－1378.

[14]Li A J，Merifield R S，and Lyamin，A V Three－dimensional stability charts for slopes based on limit analysis methods[J]. Canadian Geotechnical Journal，2010，47(12)：1316－1334.

[15]Qian Z G，Li A J，Merifield R S，et al. Slope stability charts for two－layered purely cohesive soils based on finite element limit analysis methods[J]. International Journal of Geomechanics，2015，15(3)：06014022.

[16]Lim K，Li A J，Lyamin A V. Three－dimensional slope stability assessment of two－layered undrained clay[J]. Computers and Geotechnics，2015，70：1－17.

[17] Lee J K, Jeong S, Shang J Q. Undrained bearing capacity of ring foundations on two – layered clays[J]. Ocean Engineering, 2016, 119: 47 – 57.

[18] Li X Y, Zhang L M, Gao L, et al. Simplified slope reliability analysis considering spatial soil variability [J]. Engineering Geology, 2017, 216: 90 – 97.

[19] Griffiths D V, Lane P A. Slope stability analysis by finite elements [J]. Géotechnique, 1999, 49 (3): 387 – 403.

[20] 崔政权，李宁. 边坡工程：理论与实践最新进展[M]. 北京：中国水利水电出版社，1999.

[21] 刘艳章. 边坡与坝基抗滑稳定的矢量和分析法研究[D]. 武汉：中国科学院武汉岩土力学研究所，2007.

[22] 郑颖人，杨明成. 边坡稳定安全系数求解格式的分类统一[J]. 岩石力学与工程学报，2004，23 (16)：2836 – 2841.

[23] 李宁，钱七虎. 岩质高边坡稳定性分析与评价中的四个准则[J]. 岩石力学与工程学报，2010，29 (9)：1754 – 1759.

[24] 李宁，郭双枫，姚显春. 再论岩质高边坡稳定性分析方法[J]. 岩土力学. 2018，39(2)：397 – 406.

[25] Ang A H S, Tang W H. Probability concepts in Engineering planning and design, Vol. 2: Decision, Risk, and Reliability[M]. New Jersey: John Wiley & Sons, 1984.

[26] Fenton G A, Griffiths D V. Risk assessment in Geotechnical Engineering[M]. Hoboken, New Jersey: John Wiley & Sons, 2008.

[27] Li D Q, Jiang S H, Zhou W, et al. A multiple response – surface method for slope reliability analysis considering spatial variability of soil properties[J]. Engineering Geology, 2015, 187: 60 – 72.

[28] Fan H, Huang Q, Liang R. Reliability analysis of piles in spatially varying soils considering multiple failure modes[J]. Computers and Geotechnics, 2014, 57(Supplement C): 97 – 104.

[29] Li J H, Tian Y H, Cassidy Mark J. Failure mechanism and bearing capacity of footings buried at various depths in spatially random soil[J]. Journal of Geotechnical and Geoenvironmental Engineering, 2015, 141 (2): 04014099.

[30] Florkiewicz A. Upper bound to bearing capacity of layered soils[J]. Canadian Geotechnical Journal, 1989, 26(4): 730 – 736.

[31] Merifield R S, Sloan S W, Yu H S. "Rigorous plasticity solutions for the bearing capacity of two – layered clays[J]. Géotechnique, 1999, 49(4): 471 – 490.

[32] Goss C M, Griffiths D V. Discussion on 'Rigorous plasticity solutions for the bearing capacity of two – layered clays' by Merifield RS et al[J]. Géotechnique, 2001, 51(2): 179 – 183.

[33] Wang C X, Carter J P. Deep penetration of strip and circular footings into layered clays[J]. International Journal of Geomechanics, 2002, 2(2): 205 – 232.

[34] Huang M S, Qin H L. Upper – bound multi – rigid – block solutions for bearing capacity of two – layered soils [J]. Computers and Geotechnics, 2009, 36: 525 – 529.

[35] Yu L, Liu J, Kong X J, Hu Y. Three – dimensional large deformation FE analysis of square footings in two – layered clays[J]. Journal of Geotechnical and Geoenvironmental Engineering, 2011, 137(1): 52 – 58.

[36] Rao P P, Liu Y, Cui J F. Bearing capacity of strip footings on two – layered clay under combined loading [J]. Computers and Geotechnics, 2015, 69: 210 – 218.

[37]李宁，陈波，陈飞熊，等．奥地利岩土工程软件 FINAL 的应用与开发[J]．西安公路交通大学学报，2000，(1)：27－33.

[38]李宁，张鹏，于冲．边坡预应力锚索加固的数值模拟方法研究[J]．岩石力学与工程学报，2007，26(2)：254－261.

[39]曲星，李宁，周钟，等．锦屏一级水电站 f5 断层置换硐及其交叉硐段稳定性及支护结构设计研究[J]．岩石力学与工程学报，2012，31(S2)：3571－3578.

[40]李宁，郭双枫，姚显春．边坡潜在滑动面模拟方法研究[J]．岩石力学与工程学报，2016，35(12)：2377－2387.

[41] Fellenius W. Erdstatische Berechnungen (Calculation of stability of slopes) [M]. Berlin: Ernst & Sohn, 1927.

[42]Bishop A W, Morgenstern N. Stability coefficients for earth slopes[J]. Géotechnique, 1955, 10(4): 129－150.

[43]Morgenstern N R, Price V E. The analysis of the stability of general slip surfaces[J]. Géotechnique, 1965, 15(1): 79－93.

[44]Spencer E. A method of analysis of the stability of embankments assuming parallel interslice forces[J]. Géotechnique, 1967, 17(1): 11－26.

[45]Janbu N. Slope stability computations. Soil Mechanics and Foundation Engineering Report[M]. TronDeim: Technical University of Norway, 1968.

[46]Duncan J M. State of the art: limit equilibrium and finite－element analysis of slopes[J]. Journal Geotechnical Geoenvironmental Engineering, 1996, 122(7): 577－596.

[47]赵尚毅，郑颖人，邓卫东．用有限元强度折减法进行节理岩质边坡稳定性分析[J]．岩石力学与工程学报，2003，22(2)：254－260.

[48]赵尚毅，郑颖人，邓卫东．岩质边坡破坏机制有限元数值模拟分析[J]．岩石力学与工程学报，2003，22(12)：1943－1952.

[49]Potts D M, Dounias G T, Vaughan P R. Finite element analysis of progressive failure of Carsington embankment[J]. Géotechnique, 1990, 40(1): 79－102.

[50]Chen J, Yin J H, Lee C F. Upper bound limit analysis of slope stability using rigid finite elements and nonlinear programming[J]. Canadian Geotechnical Journal, 2003, 40(4): 742－752.

[51]Zienkiewicz O C, Humpheson C, Lewis R W. Associated and non－associated visco－plasticity and plasticity in soil mechanics[J]. Géotechnique, 1975, 25(4): 671－689.

[52]潘家铮．建筑物的抗滑稳定和滑坡分析[M]．北京：水利出版社，1980：156－157.

[53]Ugai K. A method of calculation of total factor of safety of slope by elasto－plastic FEM[J]. Soils and Foundations, 1989, 29(2): 190－195.

[54]Matsui T, San K C. Finite element slope stability analysis by shear strength reduction technique[J]. Soils and Foundations, 2015, 32(1): 59－70.

[55]Ugai K, Leshchinsky D. Three－dimensional limit equilibrium and finite element analysis[J]. Soils and Foundations, 1995, 35(4): 1－7.

[56]Griffiths D V, Marquez R M. Three－dimensional slope stability analysis by elasto－plastic finite elements [J]. Géotechnique, 2007, 57(6): 537－546.

[57]Nian T K, Huang R Q, Wan S S, et al. Three - dimensional strength - reduction finite element analysis of slopes: Geometric effects[J]. Canadian Geotechnical Journal, 2012, 49(5): 574 - 588.
[58]宋二祥. 土工结构安全系数的有限元计算[J]. 岩土工程学报, 1997, 19(2): 4 - 10.
[59]张培文, 陈祖煜. 剪胀角对求解边坡稳定的安全系数的影响[J]. 岩土力学, 2004, 25(11): 1757 - 1760.
[60]连镇营, 韩国城, 孔宪京. 强度折减有限元法研究开挖边坡的稳定性[J]. 岩土工程学报, 2001, 23(4)4: 407 - 411.
[61]赵尚毅, 郑颖人, 时卫民, 等. 用有限元强度折减法求边坡稳定安全系数[J]. 岩土工程学报, 2002, 24(3): 343 - 346.
[62]郑颖人, 赵尚毅, 张鲁渝. 用有限元强度折减法进行边坡稳定分析[J]. 中国工程科学, 2002, 10(4): 57 - 61.
[63]赵尚毅, 郑颖人, 邓卫东. 用有限元强度折减法进行节理岩质边坡稳定性分析[J]. 岩石力学与工程学报, 2003, 22(2): 254 - 260.
[64]郑颖人, 赵尚毅. 有限元强度折减法在土坡与岩坡中的应用[J]. 岩石力学与工程学报, 2004, 23(19): 3381 - 3388.
[65]郑颖人, 赵尚毅, 孔位学, 等. 岩土工程极限分析有限元法[J]. 岩土力学, 2005, 26(1): 163 - 168.
[66]赵尚毅, 郑颖人, 张玉芳. 有限元强度折减法中边坡失稳的判据探讨[J]. 岩土力学, 2005, 26(2): 332 - 336.
[67]郑颖人, 赵尚毅. 岩土工程极限分析有限元法及其应用[J]. 土木工程学报, 2005, 38(1): 91 - 99.
[68]张鲁渝, 时卫民, 郑颖人. 平面应变条件下土坡稳定有限元分析[J]. 岩土工程学报, 2002, 24(4): 487 - 490.
[69]张鲁渝, 郑颖人, 赵尚毅. 有限元强度折减系数法计算土坡稳定安全系数的精度研究[J]. 水利学报, 2003, 12(1): 21 - 27.
[70]栾茂田, 武亚军, 年廷凯. 强度折减有限元法中边坡失稳的塑性区判据及其应用[J]. 防灾减灾工程学报, 2003, 23(3): 1 - 8.
[71]迟世春, 关立军. 基于强度折减的拉格朗日差分方法分析土坡稳定性[J]. 岩土工程学报, 2004, 26(1): 42 - 46.
[72]吴春秋. 非线性有限单元法在土体稳定分析中的理论及应用研究[D]. 武汉: 武汉大学博士学位论文, 2004.
[73]吕擎峰. 土坡稳定性分析方法研究[D]. 南京: 河海大学博士学位论文, 2005.
[74]宗全兵, 徐卫亚. 基于广义 Hoek - Brown 强度准则的岩质边坡开挖稳定性分析[J]. 岩土力学, 2008, 29(11): 3071 - 3076.
[75]林杭, 曹平, 李江腾, 等. 层状岩质边坡破坏模式及稳定性的数值分析[J]. 岩土力学, 2010, (10): 3300 - 3304.
[76]宋琨, 晏鄂川, 毛伟, 等. 广义 Hoek - Brown 准则中强度折减系数的确定[J]. 岩石力学与工程学报, 2012, 31(1): 106 - 112.
[77]Timothy D, Stark Hangseok Choi, Sean McCone. Drained Shear Strength Parameters for Analysis of Landslides[J]. J Geotech Geoenviron Eng, 2005, 131(5): 575 - 588.

[78]Skempton A W. Longterm stablity of clay slopes[J], Géotechnique, 1964, 14(2): 75 - 101.

[79] Skempton A W. Residual strength of clays in landslides, flooded strata and the laboratory [J], Géotechnique, 1985, 35(1): 3 - 18.

[80]Terzaghi K. Mechanics of landslides, Engineering geology(Berkley)volume[M]. Geological Society of America, Berkeleg, 1950.

[81]Fenton G A, Hicks M A, Wang X, et al. Effect of slope height and gradient on failure probability[C]. In Proceedings of Geo - Congress 2013, San Diego, California, United States, Reston, ASCE, 2013, 972 - 981.

[82]Zhu H, Griffiths D V, Huang J S, et al. Effect of spatial variability on failure mechanism location in random undrained slopes[C]. Computer Methods and Recent Advances in Geomechanics - Proceedings of the 14th Int. Conference of International Association for Computer Methods and Recent Advances in Geomechanics, IACMAG, 2014.

[83]Jiang S H, Huang J. Modeling of non - stationary random field of undrained shear strength of soil for slope reliability analysis[J]. Soils & Foundations, 2018, 58: 185 - 198.

[84]Wilson D W, Abbo A J, Sloan S W, et al. Undrained stability of a circular tunnel where the shear strength increases linearly with depth[J]. Can Geotech J, 2011, 48(9): 1328 - 1342.

[85]Wilson D W, Abbo A J, Sloan, S W, et al, Undrained stability of a square tunnel where the shear strength increases linearly with depth[J]. Comput Geotech. 2013, 49: 314 - 325.

[86]Griffiths D V, X Yu. Another look at the stability of slopes with linearly increasing undrained strength[J]. Géotechnique, 2015, 65(10): 824 - 830.

[87]Keawsawasvong S, Ukritchon B. Undrained stability of an active planar trapdoor in non - homogeneous clays with a linear increase of strength with depth[J]. Comput Geotech, 2017, 81: 284 - 293.

[88]Kanungo D P, Pain A, Sharma S. Finite element modeling approach to assess the stability of debris and rock slope: a case study from the Indian Himalayas[J]. Hazards 2013, 69: 1 - 24.

[89] Dawson E M, Roth W H, Drescher A. Slope stability analysis by strength reduction [J]. Géotechnique, 1999, 49(6): 835 - 840.

[90]龙绪健，黄晓燕，张春宇，等．有限元强度折减法中的刚度退化及边坡失稳判据[J]．岩土工程学报，2008，30(12)：1910 - 1914.

[91]刘金龙，栾茂田，赵少飞，等．关于强度折减有限元方法中边坡失稳判据的讨论[J]．岩土力学，2005，26(8)：1345 - 1348.

[92]林杭，曹平，赵延林，等．强度折减法在 Hoek - Brown 准则中的应用[J]．中南大学学报：自然科学版，2007，38(6)：1219 - 1224.

[93]林杭，曹平，李江腾，等．基于广义 Hoek - Brown 准则的边坡安全系数间接解法[J]．煤炭学报，2008，33(10)：1147 - 1151.

[94]施建勇，曹秋荣，周璐翡．修正有限元强度折减法与失稳判据在边坡稳定分析中的应用[J]．岩土力学，2013，34(2)：238 - 241.

[95]孙超伟．基于有限元强度折减法的土质边坡稳定图表法研究[D]．西安：西安理工大学，2017.

[96]Li Ning. Wave Propagation Problems in the Jointed Rock Mass[J]. Austrian Empire, Press of Northwest University of Technology, 1993.

[97]李宁，G Swoboda. 岩体节理在动荷作用下的有限元分析[J]. 岩土工程学报，1994(1)：29－38.

[98]Jones J P，Whittier J S. Wave at a flexibly bonded interface[J]. J Appl Mech，1967，34(4)：905－909.

[99]Schoenberg M. Transmission and reflection of plane wave at an elastic－viscoelastic interface[J]. Geophys J Roy Astr Soc，1971，25.

[100]李夕兵. 论岩体软弱结构面对应力波传播的影响[J]. 爆炸与冲击，1993(4)：334－342.

[101]王明洋，钱七虎. 爆炸应力波通过节理裂隙带的衰减规律[J]. 岩土工程学报，1995(2)：42－46.

[102]卢文波，陶振宇. 界面摩擦滑动引起的透反射波幅瞬变研究[J]. 武汉水利水电大学学报，1996(06)：35－39.

[103]Zhao J，Zhou Y X，Hefny A M，et al. Rock dynamic research related to cavern development for ammunition storage[J]. nnelling and Underground Space Technology，1999，14(4)：513－526.

[104]Cai J G，Zhao J. Effects of multiple parallel fractures on apparent attenuation of stress waves in rock masses[J]. International Journal of Rock Mechanics and Mining Sciences，2000，37(4)：661－682.

[105]Frazer L N. SH propagation in rocks with planar fractures[J]. Geophysical Journal International，1995，122(1)：33－62.

[106]Pyrak Nolte L J. Seismic visibility of fractures[D]. Department of Materials Science and Mineral Engineering，University of California，Berkeley，C A，1988.

[107]Pyrak Nolte L J，Myer LR，Cook NGW. Anisotropy in Seismic velocities and amplitudes from multiple parallel fractures[J]. Journal of Geophysical Reseach，1990，95(7)：11345－11358.

[108]Zhao J，Cai J G. Transmission of elastic P－wave across single fracture with a nonlinear normal deformation behavior[J]. Rock Mechanics and Rock Engineering，2001，34：3－22.

[109]Cai J G，Zhao J. A study of UDEC modeling on effects of nonlinear deformational behavior of a fracture on P－Wave attenuation[A]. International Conference on Geotech－nical & Geological Engineering[C]. Melbourne，2000.

[110]Chen S G，Zhao J. A study of UDEC modeling for blast Propagation in jointed rock masses[J]. International Journal of Rock Mechanics and Mining Sciences，1998，35(1)：93－99.

[111]赵坚，陈寿根，蔡军刚等. 用 UDEC 模拟爆炸波在节理岩体中的传播[J]. 中国矿业大学学报，2002，31(2)：4－8.

[112]程良奎. 岩土锚固的现状与发展[J]. 土木工程学报，2001，34(3)：7－12.

[113]朱维申，白世伟，等. 岩质高边坡开挖及加固技术研究预应力锚索加固机理研究[R]. 武汉："八五"国家科技攻关报告，中国科学院武汉岩土力学研究所. 1995：3.

第 2 章　层状边坡稳定性态及破坏机理数值仿真分析

2.1　引言

为了分析和研究不同排水条件下层状土质边坡的稳定性态，失稳机理和临界滑动面位置的变化规律和演变过程，以数值实验方法为主，解析方法、极限平衡方法为辅开展从边坡的稳定性到失稳机理的研究工作。数值实验方法的优势是不受几何不规则形状和材料不均匀性的限制，被用于模拟各种复杂工况下边坡的应力 - 应变本构关系、变形破坏和失稳机制分析。数值分析作为理论体系全面且严格的边坡的稳定性分析方法，更重要的优势在于可以在复杂的外界条件下展示临界滑动面的形状和形成的路径且监测边坡渐进失稳过程直到边坡发生整体剪切破坏，进而指导加固位置和锚固措施。

2.2　边坡稳定性的数值分析方法及实验方案

2.2.1　数值分析建模思路及数值方法

数值实验分析可以模拟各种复杂的边界条件和多样的力学特性，能全面且直观地展示数值模型的土体特性、物理力学参数和几何形态。分析数值模型的计算结果可以详细地呈现不同因素影响下的应力 - 应变关系、变形机制、稳定性态、失稳机理和失稳阶段的全过程。数值建模遵循边坡物理力学参数和边界条件及外部荷载与实际工程相吻合的原则，模型形状和几何尺寸按照相似原理进行建模。数值模型选取范围的原则是确保应力扰动不会波及边坡边界，尽量使边坡周围能够保持初始应力状态，保证边坡的失稳机理有足够的变形空间、充足的深度和宽度满足临界滑动面位置的变化。

采用的方法是有限元强度折减法，其思想是通过降低原始剪切强度参数，使边坡恰好处于临界不稳定状态，将此时的强度折减系数 *SRF* 作为边坡的安全系数 *FS*。引起边坡恰好失稳的最小 *SRF* 及经过折减的强度参数定义为：

$$c_f = c/ SRF \qquad (2-1)$$

$$\varphi_f = \arctan(\tan\varphi/ SRF) \qquad (2-2)$$

式中，c 为实际的黏聚力，kPa；φ 为实际的内摩擦角，(°)；c_f 为折减后的黏聚力，kPa；

φ_f 为折减后的内摩擦角，(°)；*SRF* 为试折减系数。当 *SRF* 的值逐渐增长至边坡恰好发生失稳时，称为临界 *SRF*，该值被称为边坡的安全系数 *FS*。

2.2.2 数值分析实验方案

拟通过系统且全面的数值实验分析排水和不排水条件下层状土质边坡在不同的土体强度特性、不同的几何形态、不同的强度随机变量以及外荷载影响下的稳定性态、失稳机理和滑动面位置的变化规律及演化过程。因此，通过大量的地质调查搜集边坡工程中各个影响因素可能出现的范围和情况，具体拟定以下几种数值实验方案。

(1)不同的研究对象(坡体方案)。

考虑单层均质和双层非均质的不排水边坡，c_u 随着深度线性增加的不排水黏土边坡，单层均质和双层非均质排水边坡。

(2)不同的影响因素。

①边坡的坡角 β 取值分别为 5°、15°、30°、40°、48°、50°、52°、53°、55°、60°、75°、90°，从最平缓边坡到陡峭直立边坡。

②边坡的地基深度比 *D*(总坡高与堤坝层高度的比值)分别为 1.0、1.2、1.3、1.4、1.5、1.8、2.0、2.2、2.5、3.0、4.0，从无地基层一直增至足够滑弧延伸的空间高度。

③不排水黏聚力强度比值在非均质不排水边坡中的影响，c_{u2}/c_{u1} 依次取值为 0.2、0.5、0.8、1.0、1.1、1.2、1.4、1.5、1.6、1.8、2.0、2.2、2.5、3.0、3.5。从土体强度的上硬下软到上下土层强度相等再变化到上软下硬的不同土层情况。

④在单层均质排水边坡中内摩擦角 φ 取值分别为 5°、10°、15°、20°、25°、30°、35°，无量纲强度 $c/\gamma H$ 值的变化为 0.03、0.06、0.10、0.12、0.15、0.18、0.18、0.20、0.25、0.3、0.35、0.4、0.45、0.5。

⑤双层非均匀性土层之间的强度比值 $c_1/c_2=\tan\varphi_2/\tan\varphi_1$ 为 0.25、0.50、0.80、1.00、1.10、1.20、1.40、1.50、1.60、1.80、2.00、2.50、3.00、3.50。所考虑的数值实验方案中尽最大限度地涵盖了边坡工程中每个影响因素可能出现的情况。

⑥在随机有限元模型中，剪切强度参数 c_u、c 和 $\tan\varphi$ 的对数正态分布的三个随机变量：平均值 μ、标准偏差 σ 和空间相关长度 Θ，分别根据三个参数 c_u、c 和 $\tan\varphi$ 在方案①~⑤中的取值范围而定。其中，变异系数 ν 的变化范围为 0.2、0.5、1.0、1.5、2.0、3.0、5.0、8.0，空间相关长度为 0.1、0.2、0.3、0.5、1.0、2.0、3.0、5.0、10.0。

(3)不同的计算工况。

考虑三种工况：重力荷载作用下的自然工况、地震荷载作用工况、地下水荷载作用工况(孔隙水压力和水位线)。

采取上述多种影响因素组成的不同实验方案建立数值分析模型，同时在给定其中一个参数的情况下，考虑各影响因素之间的相互关系和影响。针对不同的研究对象，其选取范围会有略微变化。

2.2.3 数值建模的基本假定和边界条件

基本假定：

(1)边坡土体材料假定为各向同性的，是弹性体和理想弹塑性体。

(2)在实体有限分析中考虑材料非线性，假定土质边坡服从小变形分析理论。

(3)本文有限元分析假定岩土体的破坏遵循莫尔－库伦(Mohr－Coulomb)破坏准则。

(4)在随机有限元分析中，假定不排水黏聚力、有效黏聚力和内摩擦角分别作为独立的随机变量，服从对数正态分布的统计特征。

边界条件：数值模型的边界条件为边坡底部采用固结约束，左右侧面采用水平约束，坡面为自由边界。

2.3 边坡有限元计算准则

2.3.1 边坡有限元程序的计算条件

本构关系是在岩土材料的应力张量与应变张量之间的关系，将变形的应变张量与应力张量联系起来的一组关系式。本构模型则基于土工实验结果，通过数学模型描述某一种岩土材料力学的性质。岩土体属于摩擦材料且具有复杂多样性，与金属材料有很大差异，导致岩土材料的变形机理比金属复杂得多。当应力达到屈服应力时，岩土材料颗粒之间的滑动起诱导作用，即使应力被移除，仍然会产生宏观塑性应变，因而常用的非线性弹性本构关系不足以描述复杂的岩土材料。目前采用的岩土本构关系多从经典塑性理论出发建立有限元中的应力－应变关系，弹塑性理论将岩土体的变形分为弹性和塑性变形两部分，弹性变形部分使用虎克定律计算，塑性变形用塑性理论计算。国内外学者对岩土体的弹塑性本构关系开展了大量的研究工作(Drucker，1988；沈珠江，2000；龚晓南，2001；李广信，2004；殷宗泽，2007；郑颖人，2002，2010；Hashiguchi K，2014；姚仰平，2015)并且取得了大量的研究成果。弹塑性模型通常分为线性(理想)弹塑性模型和非线性弹塑性模型，理想弹塑性模型是弹塑性有限元分析中最简单的应力－应变关系，如图2－1所示；非线性完全弹塑性本构模型如图2－2所示。

弹塑性本构模型的关键问题在于破坏准则及其主应力空间中的屈服面(yield surface)也常称为极限破坏面(Ultimate Failure Surface)。屈服面尝试区分应力状态从弹性应变向塑性应变(不可逆)过渡的一种状态，通常用一个屈服(失效)函数 F 表示。常常选用应力不变量(ζ，ρ，θ)定义主应力空间中的某一应力状态，如图2－3所示。

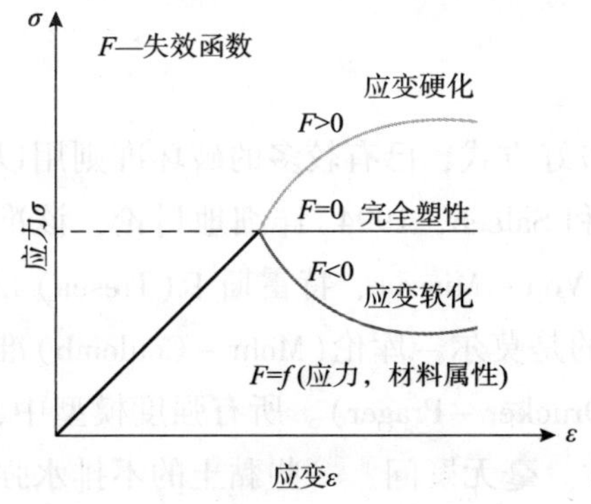

图 2－1　理想弹塑性应力－应变关系图

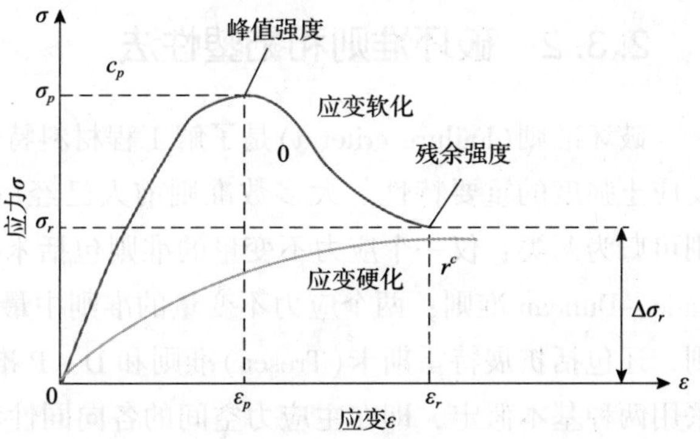

图 2－2　非线性弹塑性应力－应变关系

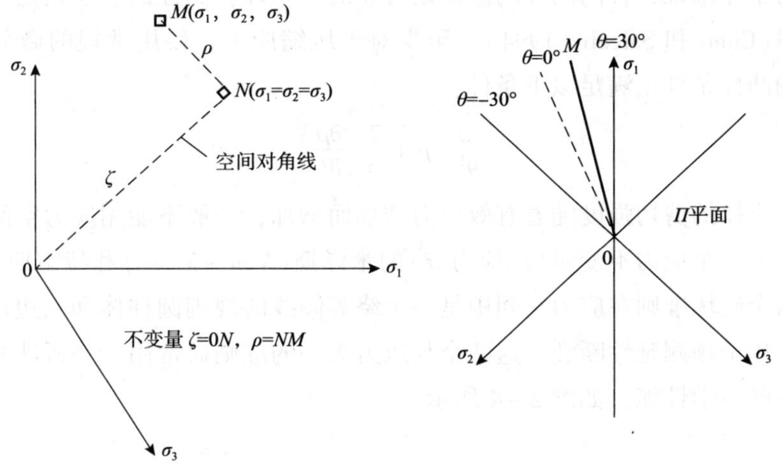

图 2－3　主应力空间的应力

$$\zeta = \frac{1}{\sqrt{3}}(\sigma_x + \sigma_y + \sigma_z)$$

$$\rho = \frac{1}{\sqrt{3}}[(\sigma_x - \sigma_y)^2 + (\sigma_y - \sigma_z)^2 + (\sigma_z - \sigma_x)^2 + 6\tau_{xy}^2 + 6\tau_{yz}^2 + 6\tau_{zx}^2]^{1/2} \tag{2-3}$$

$$\theta = \frac{1}{3}\arcsin\left(\frac{-3\sqrt{6}J_3}{\rho^3}\right)$$

其中：

$$J_3 = \zeta_x\zeta_y\zeta_z - \zeta_x\tau_{yx}^2 - \zeta_z\tau_{zx}^2 - \zeta_z\tau_{xy}^2 + 2\tau_{xy}\tau_{yz}\tau_{zx}$$

$$\zeta_x = \frac{2\sigma_x - \sigma_y - \sigma_z}{3}$$

式中，ζ 为原点到应力点所在的“π 平面”的距离，mm；ρ 为应力点到等倾线的垂直距离，mm；洛德角 θ 表示应力点在 π 平面上的方位角，(°)。

2.3.2 破坏准则和黏塑性法

破坏准则(Failure criteria)是了解工程材料特性的最好方式，已有较多的破坏准则用以反应土强度的重要特性。大多数准则前人已经(Chen 和 Saleeb，1994)详细地讨论，该准则可归为两类：仅一个应力不变量的准则包括米泽斯(Von – Mises)、特雷斯卡(Tresca)和 Lade – Duncan 准则；两个应力不变量的准则中最著名的是莫尔 – 库伦(Mohr – Coulomb)准则，还包括扩展特雷斯卡(Tresca)准则和 D – P 准则(Drucker – Prager)。所有强度模型中，采用两种基本假定，即在主应力空间的各向同性和凸性。毫无疑问，一些黏土的不排水强度具有明显的各向异性，这就要求在六维应力空间下计算破坏面而非在三维主应力空间。对于大多数的土体来说，各向同性的假设是可靠的。另外，凸性的假设则是由塑性全局稳定性论据支撑(Chen 和 Saleeb，1994)。至少对于压缩应力，使用常规的微分几何可以证明，偏平面的凸性条件须满足以下条件：

$$\frac{\partial^2\rho}{\partial\theta^2} < \rho + \frac{2}{\rho}\left(\frac{\partial\rho}{\partial\theta}\right)^2 \tag{2-4}$$

很显然，土体的剪切强度随着有效应力增加而增加，一般不能用应力空间的圆柱体描述。例如，只有一个应力不变量(偏应力 $\bar{\sigma}$)的米泽斯(Von – Mises)和特雷斯卡(Tresca)破坏准则，这两个破坏准则在应力空间中是一个绕等倾线的规则圆柱体和六边形圆柱。米泽斯和特雷斯卡用于预测延性断裂，这两个与压力无关的准则通常用于分析涉及总应力的饱和不排水土体的力学性能，如图 2 – 4 所示。

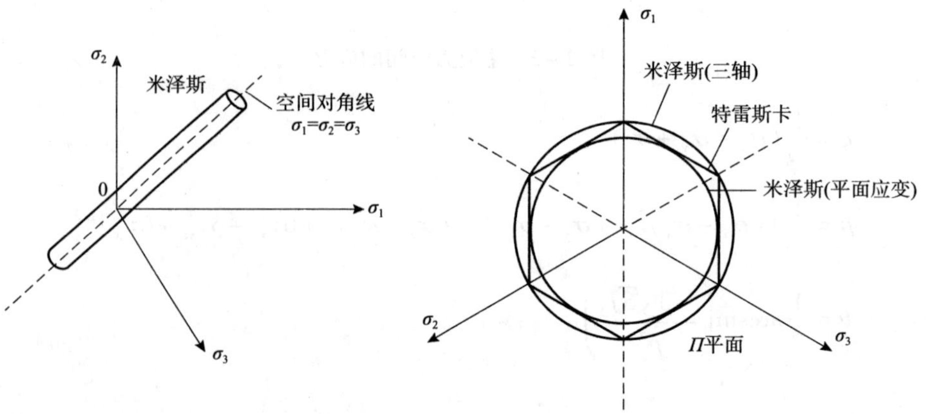

图 2 – 4　米泽斯和特雷斯卡破坏准则

由图 2 – 4 可以看出，米泽斯破坏准则是对称的，当分析不排水黏土时，应当考虑土体破坏时的第二主应力 σ_2，即：

$$\sigma_2 = \frac{\sigma_1 + \sigma_3}{2} \tag{2-5}$$

对于平面应变问题，米泽斯破坏准则的表达式为：

$$F = \bar{\sigma} - \sqrt{3}c_u \tag{2-6}$$

式中，F 表示破坏准则的屈服函数；c_u 为不排水黏土的剪切强度，kPa。

通过特雷斯卡破坏准则，当最多大剪切应力达到一个临界点时，土体的延性屈服出现。Tresca 破坏准则的表达式为：

$$F = \max\left[\frac{1}{2}|\sigma_1 - \sigma_2|,\ \frac{1}{2}|\sigma_2 - \sigma_3|,\ \frac{1}{2}|\sigma_3 - \sigma_1|\right] \tag{2-7}$$

Mohr – Coulomb 屈服准则是非线性完全弹塑性本构模型，在本文的有限元分析中主要考虑材料非线性，即小变形或者小位移分析的理想弹塑性模型。在主应力空间中，莫尔 – 库伦(Mohr – Coulomb)破坏准则是一个不规则的六边形圆锥，如图 2 – 5 所示。当土体中任何一个平面上的任意一点的剪切应力 τ 达到由黏聚力 c 和法向应力 σ 决定的量值时，出现塑性流动，材料进入屈服状态。Mohr – Coulomb 屈服准则假定土体材料的破坏属于剪切破坏。τ 和 σ 的关系式满足：

$$\tau = c + \sigma\tan\varphi \tag{2-8}$$

式中，φ 为土体的内摩擦角，(°)。

这个关系式首次被 Coulomb(1973)提出的。当 $c=0$ 时，土体材料被称为无黏性土；当内摩擦角 $\varphi=0$ 时，土体被称为纯黏性土。当 Mohr – Coulomb 中的 $\varphi=0$ 时，Tresca 破坏准则即为 Mohr – Coulomb 屈服准则的一种特殊情况被广泛应用于延性材料。

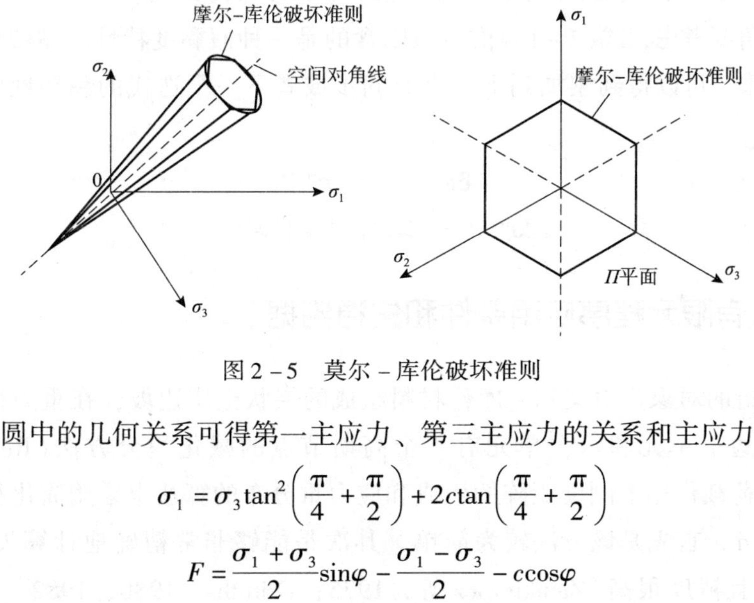

图 2 – 5 莫尔 – 库伦破坏准则

通过莫尔圆中的几何关系可得第一主应力、第三主应力的关系和主应力的表达式：

$$\sigma_1 = \sigma_3\tan^2\left(\frac{\pi}{4}+\frac{\pi}{2}\right) + 2c\tan\left(\frac{\pi}{4}+\frac{\pi}{2}\right) \tag{2-9}$$

$$F = \frac{\sigma_1+\sigma_3}{2}\sin\varphi - \frac{\sigma_1-\sigma_3}{2} - c\cos\varphi \tag{2-10}$$

结合三个应力不变量(σ_m，$\bar{\sigma}$，θ)与主应力之间的关系，Mohr – Coulomb 屈服准则的屈服函数可以表示为：

$$F = \sigma_m\sin\varphi + \bar{\sigma}\left(\frac{\cos\theta}{\sqrt{3}} - \frac{\sin\theta\sin\varphi}{3}\right) - c\cos\varphi \tag{2-11}$$

此时，若式(2 – 11)中的 $\varphi=0$，则 Tresca 破坏准则也可由式(2 – 11)得出：

$$F = \bar{\sigma}\frac{\cos\theta}{\sqrt{3}} - c_u \tag{2-12}$$

因此，屈服函数 F 对于三个破坏准则可使用以下关系解释：

①当 $F<0$ 时，应力位于屈服面或者破坏面之内；

②当 $F=0$ 时，应力位于屈服面或者破坏面之上；

③当 $F>0$ 时，应力位于屈服面或者破坏面之外。

本文程序中采用黏塑性法在常刚度迭代法中求解体荷载，常刚度迭代法通过不断改变系统上加载的荷载且重复利用弹性解获得刚度收敛，在每一个荷载增量步中，有方程组：

$$\{\boldsymbol{F}\}^i = [\boldsymbol{K}_m]\{\boldsymbol{U}\}^i \tag{2-13}$$

该方程用于求解总位移增量 $\{\boldsymbol{U}\}^i$。式中，$\{\boldsymbol{F}\}^i$ 表示总的外部和内部(体)荷载之和；$[\boldsymbol{K}_m]$ 是总刚度矩阵；i 表示迭代次数。通常，荷载增量向量包含两种类型的荷载，即：

$$\{\boldsymbol{F}\}^i = \{\boldsymbol{F}_1\} + \{\boldsymbol{F}_2\}^i \tag{2-14}$$

式中，$\{\boldsymbol{F}_1\}$表示实际加载的外部荷载增量；$\{\boldsymbol{F}_2\}^i$ 为体荷载增量，须自平衡。

黏塑性法求解体荷载$\{\boldsymbol{F}_2\}^i$ 允许材料的应力暂时承受超过破坏准则的应力，超出的破坏准则用函数 $F>0$ 表示。因此，黏塑性的表达式为：

$$\{\dot{\boldsymbol{\varepsilon}}^{vp}\} = F\left\{\frac{\partial Q}{\partial \boldsymbol{\sigma}}\right\} \tag{2-15}$$

式中，$\{\dot{\boldsymbol{\varepsilon}}^{vp}\}$表示黏塑性应变；$F$ 表示屈服函数；Q 为塑性势函数。

从空间的角度考虑，式(2-15)的右边隐含的是一种假黏度特性。黏塑性应变率与一个伪时间步相乘，可以得到累加到下一个时间步或者下一个迭代的黏塑性应变增量，因此有：

$$\{\boldsymbol{\delta\varepsilon}^{vp}\} = \Delta t\ \{\dot{\boldsymbol{\varepsilon}}^{vp}\}^i \tag{2-16}$$

$$\{\boldsymbol{\Delta\varepsilon}^{vp}\}^i = \{\boldsymbol{\Delta\varepsilon}^{vp}\}^{i-1} + \{\boldsymbol{\delta\varepsilon}^{vp}\}^i \tag{2-17}$$

2.3.3 有限元程序应用条件和失稳判据

本文所分析的对象是由莫尔-库伦材料组成的层状土质边坡，在重力荷载作用下采用8节点的四边形单元和每个单元有4个高斯节点的减化积分方法(Reduced Integration)。此外，荷载作用下刚度矩阵的生成和应力重分布的算法也采用简化积分法。之所以选用简化积分，首先是该方法较为简单，其次是能够非常精确地计算失稳荷载(Collapse Loads)并且精度很高(Zienkiewicz 等，1975；Griffiths，1980，1982，1985)。为了解决低阶单元的“锁定”问题，简化积分可以选择性地用在刚度矩阵的体积分量上(Smith I M 等，2015)。

计算程序采用黏塑性方法计算理想弹塑性材料的荷载响应，用单一增量加载方式控制荷载-位移响应，即采用常刚度迭代法求解材料非线性问题。初始土体假定为弹性，在网格内，模型在所有高斯点上生成正应力和剪应力。生成的应力大小与 Mohr-Coulomb 屈服准则对比，若位于特殊高斯点上的应力处于 Mohr-Coulomb 圆内，则该高斯点位置假定是弹性的。如果高斯点上的应力在 Mohr－Coulomb 圆上或者圆外，那么认为此高斯点已经屈服。屈服的应力通过黏弹性方法重新分布。当大量的高斯点出现屈服足以促使边坡机制发生改变时，此时边坡发生整体剪切失稳(Griffiths 等，1999；陈祖煜，2007)。

流动理论可以得出弹塑性材料的本构关系，在塑性理论中，流动法则连接了塑性应变增量与应力增量的关系，在加载过程中流动法则可以确定各塑性应变增量、分量之间的比例关系。塑性流动方向来源于应力空间的塑性势能，在应力空间中，各应力状态点的塑性应变增量方向可以与塑性势能的方向相同，即与塑性相关；也可以不同，即与塑性无关，发生屈服现象(屈服函数)。对于理想塑性材料，应变塑性可分解为：

$$\mathrm{d}\varepsilon_{ij} = \mathrm{d}\varepsilon_{ij}^{e} + \mathrm{d}\varepsilon_{ij}^{p} \tag{2-18}$$

进入塑性状态的应变增量 ε_{ij}^{p}的大小和方向与塑性势能函数 r 相关，其表达式为：

$$\mathrm{d}\varepsilon_{ij}^{p} = \mathrm{d}\lambda \frac{\partial Q}{\partial \sigma_{ij}} \tag{2-19}$$

式中，$\mathrm{d}\varepsilon_{ij}^{p}$为塑性应变增量矢量；$\mathrm{d}\lambda$ 为塑性加载过程中非负的比例系数，用于确定 $\mathrm{d}\varepsilon_{ij}^{p}$的大小；$Q$ 为塑性势能函数，$Q=f(\sigma_{ij})$。

正交流动也是势能面 $Q=0$ 在当前应力点的法线方向。当屈服面与塑性势能面具有相同的形状，即 $Q=f$，此时流动法则与屈服条件相关，称为塑性相关流动法则。Mohr－Coulomb屈服准则的应力张量和应力偏张量的主要形式为(张培文、陈祖煜，2004)：

$$f = \frac{1}{3}I_1(\sigma_{ij})\sin\varphi - (\cos\theta_\sigma \sin\varphi)\sqrt{I_2(S_{ij})} + c\sin\varphi = 0 \tag{2-20}$$

采用关联流动法则表示为：

$$\mathrm{d}\varepsilon_{ij}^{p} = \mathrm{d}\lambda \frac{\partial f}{\partial \sigma_{ij}} \tag{2-21}$$

式中，$I_1(\sigma_{ij})$为应力张量的第一不变量；$I_2(S_{ij})$为应力偏张量的第一不变量；θ_σ 为应力 Lode 角，(°)。

如果 $Q \neq f$，塑性应变增量的向量方向与屈服面或破坏面并不正交，即为非关联的流动法则，内摩擦角不等于膨胀角 $\varphi \neq \psi$。考虑塑性应变演化可以表示为如下形式：

$$\dot{\varepsilon}_{ij}^{p} = \dot{\lambda} \frac{\partial Q}{\partial \sigma_{ij}} \tag{2-22}$$

如果应力改变仅仅由弹性应变分量产生的，那么应力－应变关系有：

$$\dot{\sigma}_{ij} = [D^e](\dot{\varepsilon}_{ij} - \dot{\varepsilon}_{ij}^{p}) = [D^e]\left(\dot{\varepsilon}_{ij} - \dot{\lambda}\frac{\partial Q}{\partial \sigma_{ij}}\right) \tag{2-23}$$

$$[D^p] = \frac{[D^e]\left\{\frac{\partial Q}{\partial \sigma}\right\}\left\{\frac{\partial f}{\partial \sigma}\right\}^{\mathrm{T}}[D^e]}{\left\{\frac{\partial f}{\partial \sigma}\right\}^{\mathrm{T}}[D^e]\left\{\frac{\partial Q}{\partial \sigma}\right\}} \tag{2-24}$$

剪胀角控制塑性屈服期间的土体体积应变，当内摩擦角等于剪胀角($\varphi=\psi$)，流动法则是相关联的，速度和应力一致。对于“有限制”的一些工程问题相关流动法则导致预测的破坏荷载偏大，对于“无侧限”问题的破坏荷载影响很小。边坡的稳定性分析相对没有约束，所以剪胀角不是特别重要的因素。因此，该程序中采用非关联流动法则，假定剪胀角为零($\psi=0$)，则屈服时体积没有改变。

失稳判据：本文采用指定计算不收敛与特征点位移突变相结合确定边坡的临界失稳状态。指定的最大迭代次数 limit = 2000，若在 2000 次迭代算法中未收敛，此时应力分布既没有满足 Mohr – Coulomb 屈服准则，也没有达到整体平衡条件。当达到收敛上限时，算法不满足这两个条件，说明边坡的失稳已经出现。如果边坡失稳和算法不收敛同时发生，此时会发现有限元网格中特殊部位的最大节点位移迅速增加。

2.3.4　四边形四节点和八节点单元

平面四节点四边形单元(图 2 – 6)在计算中有很多的优势，如在平面弯曲分析中，每个节点上使用多个节点自由度(横向位移及其导数)。四节点的四边形单元是基于假设的应力场，只有五个独立的应变参数，并明确考虑了泊松效应。在四节点的四边形单元的应变参数评价中，没有独立的内在参数和数值积分，单元刚度矩阵通过显式的笛卡尔坐标计算。因此，四节点的四边形单元的公式非常简单，并且得到的单元计算效率非常高。四节点四边形单元的局部坐标和节点自由度如图 2 – 7 所示，每个节点有两个平移自由度。单元局部坐标的原点与单元的质心重合，从而消除了单元上与局部坐标相关的静态力矩，即：

$$\iint_{A_e} x\mathrm{d}x\mathrm{d}y = 0, \iint_{A_e} y\mathrm{d}x\mathrm{d}y = 0 \tag{2-25}$$

式中，A_e 为考虑单元的面积。

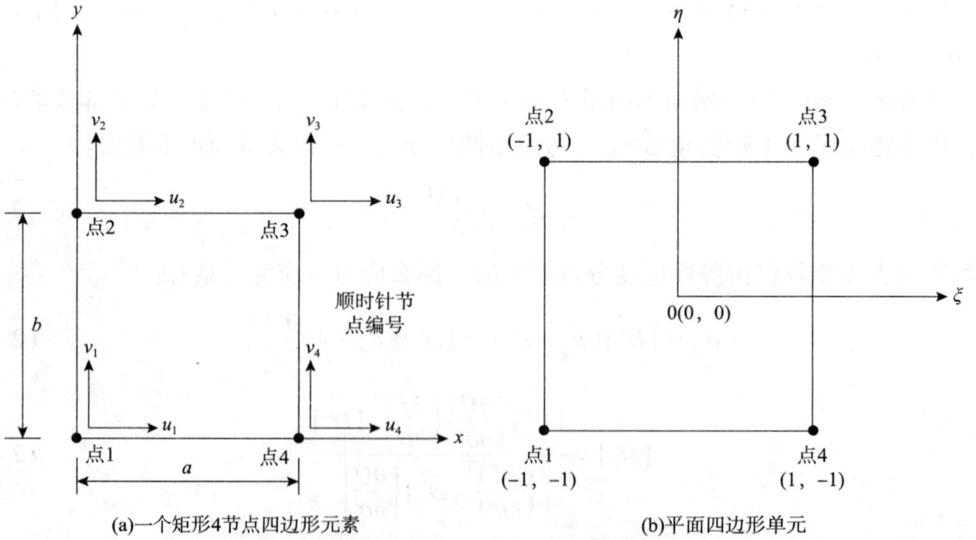

图 2 – 6　平面四节点四边形单元图

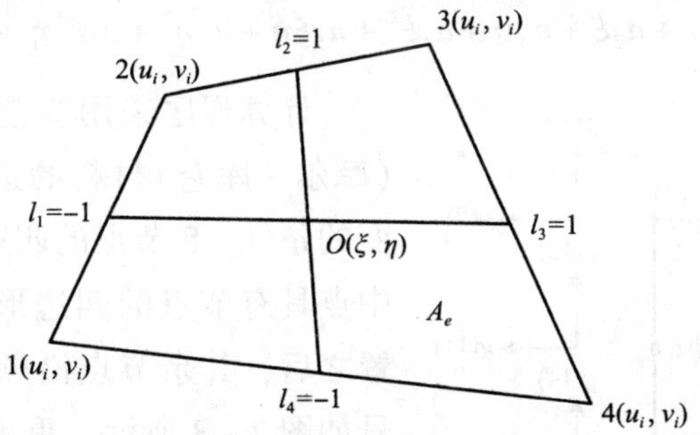

图2－7　四边形单元的局部坐标

图 2－7 所示的四节点四边形单元的节点位移矢量有如下的形式：

$$\boldsymbol{q}=\{u_1\ v_1\ u_2\ v_2\ u_3\ v_3\ u_4\ v_4\} \tag{2-26}$$

四节点四边形单元的形函数的通用表达式为：

$$N(u,\ v)=a_{1i}+a_{2i}x+a_{3i}y+a_{4i}xy$$

式中，系数 a_{1i}，a_{2i}，a_{3i}和 a_{4i}为未知数；u，v 分别为 x 和 y 方向的位移分量。

假设在 x 和 y 方向上的形函数相同，利用形函数在每个四边形单元上进行离散化，则有：

$$\tilde{u}=\sum_{i=1}^{4}N_iu_i=[N_1\ N_2\ N_3\ N_4]\begin{Bmatrix}u_1\\u_2\\u_3\\u_4\end{Bmatrix}=[\boldsymbol{N}]\{\boldsymbol{u}\} \tag{2-27}$$

$$\tilde{v}=\sum_{i=1}^{4}N_iv_i=[N_1\ N_2\ N_3\ N_4]\begin{Bmatrix}v_1\\v_2\\v_3\\v_4\end{Bmatrix}=[\boldsymbol{N}]\{\boldsymbol{v}\} \tag{2-28}$$

式中，当采用四节点四边形单元的局部坐标时，$N_i(i=1,\ 2,\ 3,\ 4)$由 Taig(1961)首次推导出的形函数，形函数的一般通用形式为：

$$N_i(x_j,\ y_j)=\begin{cases}1 & if\quad i=j\\0 & if\quad i\neq j\end{cases} \tag{2-29}$$

通过形函数将整体坐标$(x,\ y)$和局部坐标$(\xi,\ \eta)$的关系统一，四节点四边形坐标之间的转化关系可写成：

$$x=\frac{1}{4}(1-\xi)(1-\eta)x_1+\frac{1}{4}(1-\xi)(1+\eta)x_2+\frac{1}{4}(1+\xi)(1+\eta)x_3+\frac{1}{4}(1+\xi)(1-\eta)x_4$$

$$y=\frac{1}{4}(1-\xi)(1-\eta)y_1+\frac{1}{4}(1-\xi)(1+\eta)y_2+\frac{1}{4}(1+\xi)(1+\eta)y_3+\frac{1}{4}(1+\xi)(1-\eta)y_4 \tag{2-30}$$

四边形的四条边中点具有节点的四边形单元考虑为 8 节点单元，如图 2－8 所示。在二维中，通过“帕斯卡三角形”推导出局部坐标下的形函数 N_i，即 8 节点四边形单元的形函数包含的项：

$$N_i = a_1 + a_2\xi + a_3\eta + a_4\xi^2 + a_5\xi\eta + a_6\eta^2 + a_7\xi^2\eta + a_8\xi\eta^2 \tag{2-31}$$

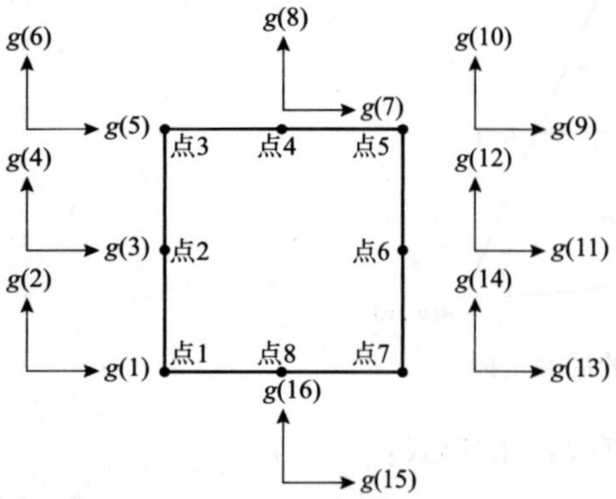

图 2-8　8 节点四边形单元局部节点和自由度编号

计算程序采用黏塑性方法分析理想弹塑性(摩尔-库仑)材料的边坡稳定性，满足平面应变的条件。8 节点的四边形单元分别在四边形的中点具有节点的四边形单元。在确定节点 1 位置之后，其余节点沿顺时针在 y 方向上进行编号如图 2-8 所示。重力荷载的生成方式是通过每个参数组读入材料属性的 6 参数(nprops=6)，即岩土体材料的强度参数：内摩擦角 φ、黏聚力 c、剪胀角 ψ、容重 γ、弹性模量 E 和泊松比 υ。并按照单一增量的方式施加在边坡单元上。

2.4　层状边坡的破坏模式及失稳机理

边坡工程中最常见的破坏模式如图 2-9 所示。在旋转滑移中，滑动面面形状可以是圆弧或非圆曲线。一般情况下，圆弧形滑动面与均质土层条件有关，如图 2-9(a)所示。非圆弧滑动面与层状或者非均质土层关系密切，如图 2-9(b)所示。当滑动面的几何形态受到相邻坚硬地层的影响时，会发生平动和复合型滑移。若滑动面相邻或邻近地层，位于坡表下方相对较浅的位置时，边坡往往会发生平移滑动。即滑动面是平面的，方向大致与坡面平行，如图 2-9(c)所示。复合滑移型破坏模式通常发生在地层密度较大、且由弯曲段和平面段组成的位置，如图 2-9(d)所示。

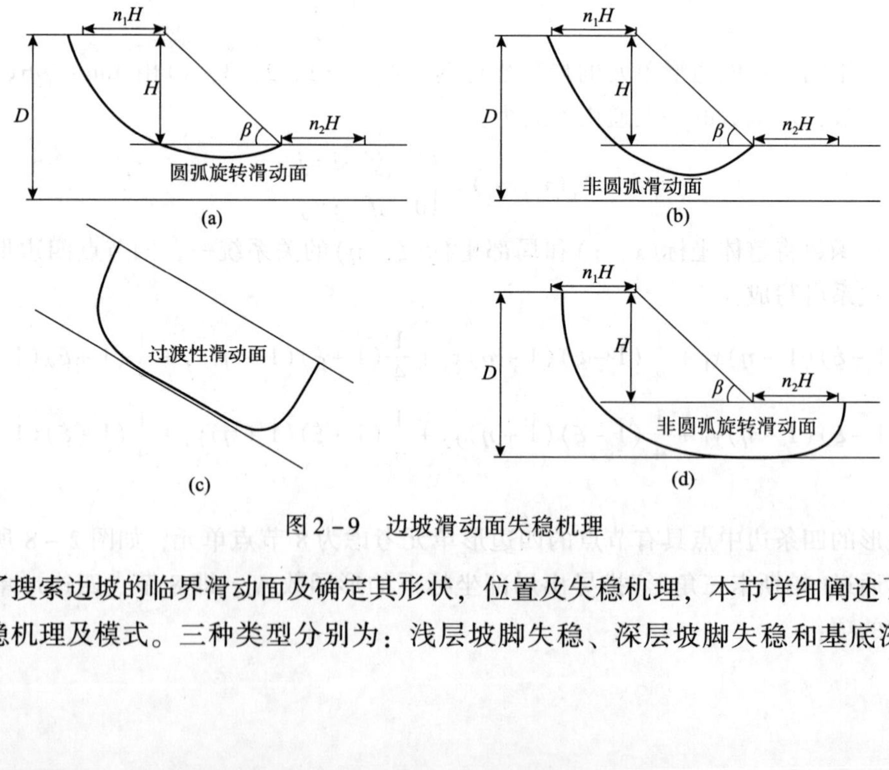

图 2-9　边坡滑动面失稳机理

为了搜索边坡的临界滑动面及确定其形状，位置及失稳机理，本节详细阐述了三种类型的失稳机理及模式。三种类型分别为：浅层坡脚失稳、深层坡脚失稳和基底深层失稳

（Guo 等，2020b；Smith 和 Griffiths，2015；Lechman 等，2000；Baker，2003；Baker，2003；Klar 等，2011；Gao 等，2013；Eid 等，2014）。Taylor（1937，1948）稳定性图解的理论结果给予了边坡失稳机理的理论支持。对于均质边坡，其失稳机理如图 2－10 所示。图 2－10 中 $Y_S(X)$ 代表边坡的表面，$Y_f(X)$ 为临界滑动面，$Y_f(X)$ 为对数螺旋滑面，在极坐标中用螺旋半径 R 表示，对数螺旋曲面的中心点位于 O 点。在笛卡尔坐标系中，$(X_O，Y_O)$ 为摩擦圆的中心位置，以螺旋半径 R 为圆的点落在边坡的坡脚或坡面上。$(X_A，Y_A)$、$(X_B，Y_B)$、$(X_D，Y_D)$ 分别为与 θ 角相关的位于边坡坡面上的点的坐标。坐标系的原点在 $(X_C，Y_C)$ 位于边坡坡面的顶部，坡面的特征分别由边坡坡角 β 和边坡高度 H 确定。边坡坡脚的定义是通过限制滑弧右侧的 $nH=0$，而边坡基底则是满足滑弧的 $nH>0$。边坡坡脚包含浅层 $[Y_{max}=\mathrm{Min}\{Y_f(X)\}=H(X_B>0)>0]$ 和深层 $[Y_{max}>H]$，这两种失稳机理分别由 ST 和 DT 表示。边坡基底总是深层失稳 $[H<Y_{max}\leqslant D]$。Taylor 推导出了对数螺旋半径 R 及 X_O 和 Y_O 的关系式。

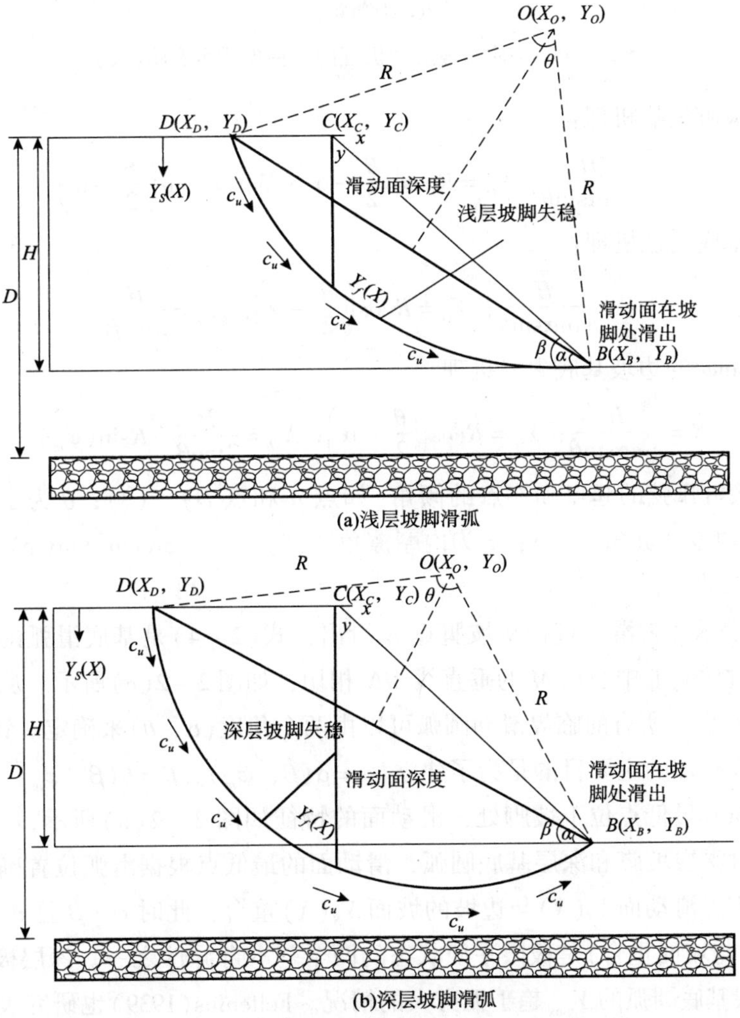

图 2－10　均质边坡失稳机理的三种模式示意图

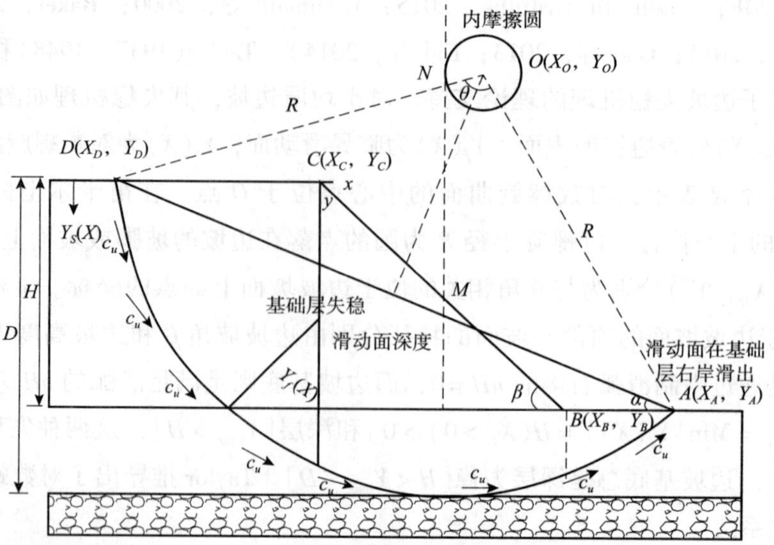

(c)基底滑弧

图 2－10　均质边坡失稳机理的三种模式示意图(续)

对于边坡坡脚失稳机理：

$$R=\frac{H}{\sin\alpha\sin\theta};\ Y_O=R\cos\left(\frac{\theta}{2}-\alpha\right);\ X_O=R\sin\left(\frac{\theta}{2}-\alpha\right) \tag{2-32}$$

对于边坡基底失稳机理：

$$R=\frac{H}{\sin\alpha\sin\theta};\ Y_O=R\cos\left(\frac{\theta}{2}-\alpha\right);\ X_O=\frac{H}{2\tan\beta} \tag{2-33}$$

对于 $c'-\tan\varphi'$ 的边坡基底失稳机理：

$$R=\frac{H}{\sin\alpha\sin\theta};\ Y_O=R\cos\left(\frac{\theta}{2}-\alpha\right);\ X_O=\frac{H}{2\tan\beta}-R\sin(\varphi_m) \tag{2-34}$$

式中，α 为连接滑弧弦的起点和终点的倾角(如点 A 和点 D)，(°)；θ 为定义滑弧的中心角，(°)；β 为边坡的坡角，(°)；φ 为内摩擦角，(°)，$\varphi_m=\arctan[\tan(\varphi)/FS_\varphi]$；$FS_\varphi$ 为代表 φ 的安全系数。

式(2－3)表示坡脚滑弧直接从坡脚点 B 滑出，式(2－4)是基底滑弧的临界情况，此时摩擦圆与通过坡面上中心点 M 的垂直线 MN 相切，如图 2－2(c)所示。从式(2－3)～式(2－5)中可以看出，所有的临界滑动圆弧可以由两个角度(α, θ)来确定。针对 $c-\tan\varphi$ 的排水边坡，失稳机理的主要目的是为了建立$\{\alpha=\alpha(\beta, \varphi_m), \theta=\theta(\beta, \varphi_m)\}$的函数。浅层坡脚失稳的滑弧其最低点位于坡脚处，滑动面的特征如图 2－2(a)所示，其中，$\theta/2=\alpha$。深层滑动面包含深层坡脚和深层基底圆弧，滑动面的最低点根据滑弧位置确定。浅层滑动的极限情况是临界滑动面 $Y_f(X)$ 与边坡的坡面 $Y_S(X)$ 重合，此时 $\alpha=\beta$ 且 $\theta=0$。浅层极限情况(即滑动面与坡面重合)是极限平衡状态的两个基本奇异性之一。深层极限状态的第二个奇异性是深层基底圆弧的 Y_{max} 趋于无穷大的情况。Fellenius(1939)也研究表明无限大的地基深度比 D 对坡角 $\beta<53°$ 和纯黏性材料($\varphi_u=0$)类型的边坡具有特殊的影响意义。

对于双层或多层边坡的失稳机理如图 2－11 所示。依据边坡不同的强度特性(c_u，φ)和几何形态的组合(β，D)，双层边坡的可能会发生三种不同类型的失稳机理：①浅层失稳，其特征是滑动面穿个边坡的表面，如图 2－11 中的#1 滑弧所示；②坡脚失稳的滑动面仅仅从边坡的坡脚出露，如图 2－11 中的#2 滑弧所示；③基底深层失稳其滑动面与边坡的地基层相切，且同时穿过边坡的上下两层土体，由 A 点出露，如图 2－11 中的#3 所示。多数情况下，边坡失稳过程中可能同时存在多种类型的破坏模式。

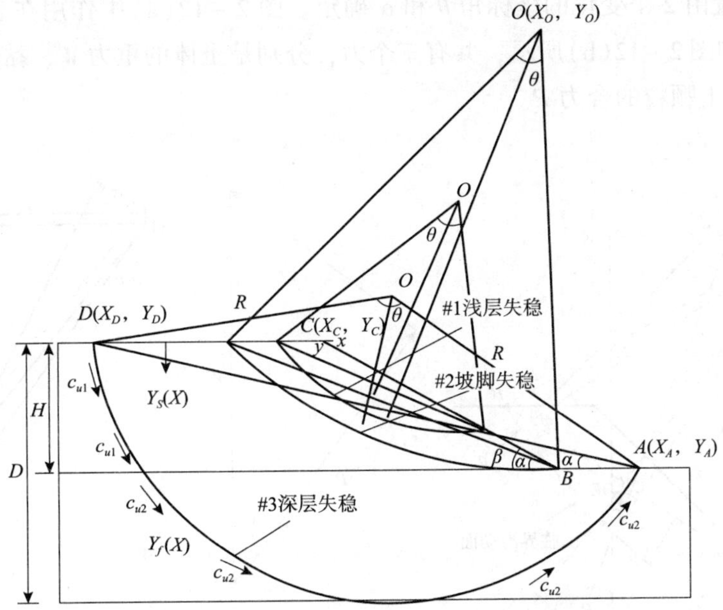

图 2－11　双层边坡失稳的三种模式示意图

2.5　边坡稳定性图解及稳定数特征

边坡稳定性图解通常用于评价具有各向同性、均质且简单的几何形状的边坡的安全性态。1937 年 Taylor 首次设计了土质边坡的稳定性图解，用于计算简单的均质不排水剪切强度边坡的稳定性态。随后二维边坡和三维边坡的稳定性图解被广泛应用且推广，这些稳定性图解以各种不同的形式出现在岩土工程教程中。同样地，Taylor(1937，1948)还提出了以图解的形成计算简单的黏性－摩擦($c-\varphi$)剪切强度边坡的稳定性态。Taylor 通过摩擦圆的方法(φ－circle 方法)分别获得了确定简单均质不排水边坡和黏性－摩擦土质边坡安全系数的稳定性图解。

φ－circle 方法求解边坡稳定性问题的基本假定是通过力的描述解释该方法的特征。φ－circle 方法由 Glennon Gilboy and Arthur Casagrande 教授提出，最初被用于边坡完全图形化的处理和发展。分析任何的滑动面圆弧采用该方法的图形化处理都可以得到矢量值，其中圆弧的长度用 $2c_1/\gamma$ 表述，c_1 表示单元土体的黏聚力；γ 表示单元土体的容重。对于任何给定的边坡坡角和内摩擦角，通过图解法按照不同的比例可以求得变化的边坡高度。因此，如果矢量的长度被任何特征线型分为两部分，例如边坡的垂直高度 H，那么稳定性结果可以用一个综合参数比值 $2c_1/\gamma H$ 表示。Taylor 通过解析的方式将抽象的系数 $2c_1/\gamma H$ 的关系式进行优化，得出的表达形式为 $c/F\gamma H$，F 为边坡的安全系数，c 为实际的单元土体黏聚力。将这个基本的无量纲表达式称之为“稳定数(Stability Number)”。图 2－12 为 φ－circle 方法求解的通过边坡坡脚的滑弧。在图 2－12(a)中，AB 是通过 A 点的任意的圆弧，中心点 O 的位置由 2 个变化的坐标角 θ 和 α 确定。图 2－12(a)中作用在土体圆弧上的力的平衡多边形如图 2－12(b)所示，共有三个力，分别是土体的重力 W、黏聚力的合力 c 和穿过 AB 滑弧的土颗粒的合力 P。

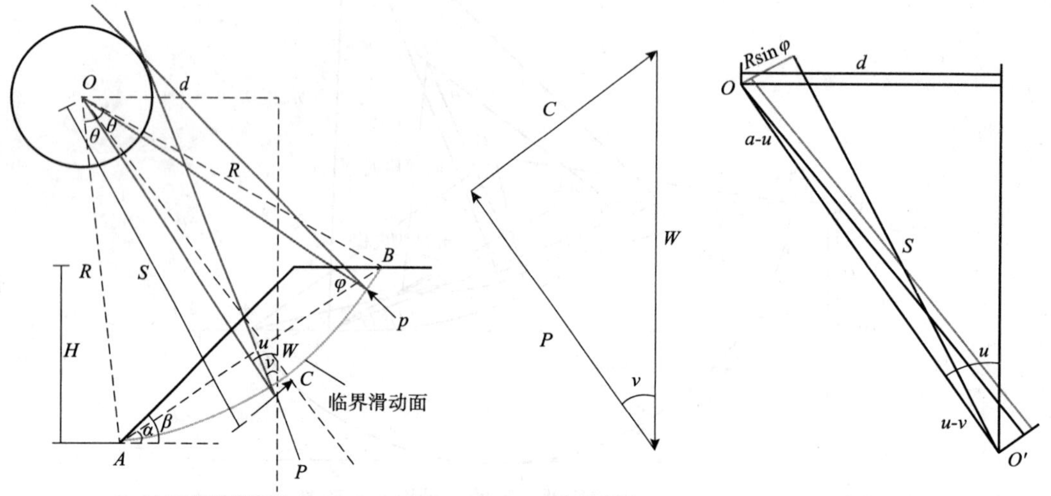

(a)边坡坡脚失稳　　(b)合力示意图　　(c)摩擦圆半径

图 2－12　φ－circle 方法求解的通过边坡坡脚的滑弧

合力 P 是由很多较小的基本的力 p 组成，这些较小的力必须作用在滑弧 AB 的 φ 倾角上。如果 p 的作用线与一个通过中心 O 的小圆相切，则可以看到圆弧 AB 上的任何力 p 的作用线与该中心点的圆相切，这个中心点 O 的小圆就是所谓的 φ－circle。任意两个 p 会在 φ－circle 外部相交，因此，合力 P 也会通过圆的外部，即合力 P 与 φ－circle 外部相切。对于圆弧通过边坡的坡脚的情况，采用解析表达式表述图 2－12(a)，可得：

$$C=\frac{2}{F}cR\sin\theta \tag{2-35}$$

$$W=wR^2\theta-wR^2\sin\theta\cos\theta+\frac{wH^2}{2}(\cot\alpha-\cot\beta) \tag{2-36}$$

$$\begin{gathered}R=\frac{H}{2}\csc\alpha\csc\theta\\ Wd=\frac{wH^3}{12}(1-2\cot^2\beta+3\cot\beta\cot\alpha-3\cot\beta\cot\theta+3\cot\theta\cot\alpha)\end{gathered} \tag{2-37}$$

从图 2－12(b)，得到下式：

$$\frac{W}{C}=\frac{\cos(\alpha-v)}{\sin v}=\cos\alpha\cot v+\sin\alpha \tag{2-38}$$

利用式(2－36)和式(2－37)，可得式(2－39)：

$$\frac{H}{2d}=\frac{\frac{1}{2}\csc^2\alpha(\theta\csc^2\theta-\cot\theta)+\cot\alpha-\cot\beta}{\frac{1}{3}(1-\cot^2\beta)+\cot\beta(\cot\alpha-\cot\theta)+\cot\alpha\cot\theta} \tag{2-39}$$

从图2－12(c)，得到式(2－40)和式(2－41)：

$$\cot u=\frac{H}{2d}\theta\sec\alpha\csc\alpha\csc^2\theta-\tan\alpha \tag{2-40}$$

$$\sin(u-v)=\frac{H}{2d}\sin u\csc\alpha\csc\theta\sin\varphi \tag{2-41}$$

联合得到式(2－35)，式(2－36)和式(2－37)可表述边坡的无量纲稳定性 N：

$$N=\frac{c}{F\gamma H}=\frac{\frac{1}{2}\csc^2\alpha(\theta\csc^2\theta-\cot\theta)+\cot\alpha-\cot\beta}{2\cot\alpha\cot v+2} \tag{2-42}$$

式(2－42)为无量纲的稳定数的表达式，H 为边坡高度，m。这个无量纲的稳定数与土体的黏聚力成正比，与边坡的高度及安全系数 FS 成反比。图2－12是针对滑动面通过边坡坡脚的情况，更复杂的情况还有 D 变化(堤坝层与坡高的比)，这种情况的滑动面可能会出现在边坡坡脚的下方，如图2－13所示。稳定数 N 可以被认为是一个综合的评价参数，将稳定方程中的变量数减少到三个，从而允许使用简单稳定性图解的形式表示边坡的稳定性关系。

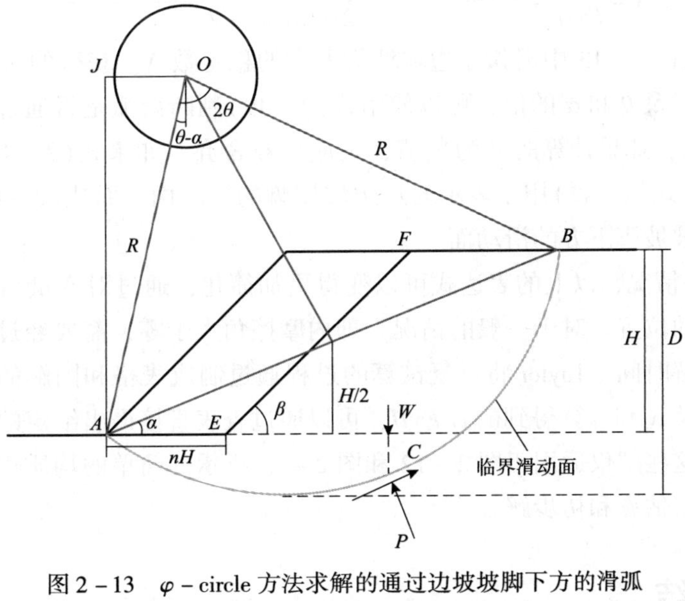

图2－13　φ－circle 方法求解的通过边坡坡脚下方的滑弧

从图2－13中可以看出，φ－circle 方法得到的是通过边坡坡脚下方的滑弧，涉及边坡坡高比 D(堤坝层与坡高的比)的一种特殊情况。根据坡脚滑弧的分析，即由图2－13可得：

$$nH + \frac{1}{2}H\cot\beta = R\sin(\theta - \alpha) + R\sin\varphi \tag{2-43}$$

根据图 2－13 中的 R 值代入式(2－43)中，有：

$$n = \frac{1}{2}(\cot\alpha - \cot\theta - \cot\beta + \sin\varphi\csc\alpha\csc\theta) \tag{2-44}$$

式(2－44)通常用于消除稳定数中的 n 值，n 须是正值，为了方便，需保持 n 值是一个独立的变量。为了与穿过边坡坡脚的滑面进行对比，图 2－13 中 W 和 Wd 可表示为式(2－45)～式(2－46)：

$$-wnH^2 = \frac{wH^2}{2}(-2n) \tag{2-45}$$

$$(-wnH^2)(R\sin\varphi - \frac{1}{2}nH) = \frac{wH^3}{4}(2n^2 - 2n\sin\varphi\csc\alpha\csc\theta) \tag{2-46}$$

将式(2－45)、式(2－46)中的 R 值代入式(2－39)～式(2－42)中，可得式(2－47)～式(2－50)：

$$\frac{H}{2d} = \frac{\frac{1}{2}\csc^2\alpha(\theta\csc^2\theta - \cot\theta) + \cot\alpha - \cot\beta - 2n}{\frac{1}{3}(1 - 2\cot^2\beta) + \cot\beta(\cot\alpha - \cot\theta) + \cot\alpha\cot\theta + 2n^2 - 2n\sin\varphi\csc\alpha\csc\theta} \tag{2-47}$$

$$\cot u = \frac{H}{2d}\theta\sec\alpha\csc\alpha\csc^2\theta - \tan\alpha \tag{2-48}$$

$$\sin(u - v) = \frac{H}{2d}\sin u\csc\alpha\csc\theta\sin\varphi \tag{2-49}$$

$$N = \frac{c}{F\gamma H} = \frac{\frac{1}{2}\csc^2\alpha(\theta\csc^2\theta - \cot\theta) + \cot\alpha - \cot\varphi - 2n}{2\cot\alpha\cot v + 2} \tag{2-50}$$

式(2－50)为图 2－13 中滑弧在边坡坡脚下方的稳定数 N。获得的 $c/F\gamma H$ 值对于任意边坡的内摩擦角以及 θ 和 α 的值，可以使用式(2－49)判断滑弧是否通过边坡的坡脚。式(2－44)须为正值，如果计算的 n 为负值，则应该被舍弃。如果式(2－44)计算结果为正值，式(2－29)～式(2－42)用于表示通过边坡坡脚的滑动面，而式(2－47)～式(2－50)用于表示通过边坡坡脚下方的滑动面。

对于 $\varphi=0$ 的情况，以上的表达式可以变得更加简化，通过对变量角 θ 和 α 求导，可以得到临界滑弧的位置。对于一般的情况，即内摩擦角大于零，需要经过计算机冗杂的反复试算并权衡求解时间。Taylor 将反复试算的过程通过制成表格和图解的形式展现，图解中涉及变量角 θ 及 α 和计算得到的 $c/F\gamma H$，可以通过查表直接得出给定的摩擦角和边坡坡脚的稳定数值。这些解仅适用于图 2－12 和图 2－13 所示的简单的均质边坡，但也适用于较复杂情况的粗略估算和初步解。

2.6 小结

研究了层状边坡的稳定性态和边坡锚固作用机理，给出了本文有限元程序中的失稳判据，建立了数值实验方案和边坡模型。主要的研究结论如下所示。

(1)根据边坡的土体强度特性、几何形态、影响因素等建立了不同类型的边坡模型和数值实验方案、数值建模过程中的基本假定、边界条件和适用条件。

(2)通过经典的边坡算例，建立了成层状边坡的失稳机理及破坏模式。根据边坡的失稳机理，推到对应的无量纲稳定数，以此判断边坡的稳定性特征。

(3)全面揭示了均质边坡和层状非均质边坡可能出现的破坏机制，分析了临界滑动圆弧与对数螺旋半径 R 及圆弧中心之间的内在关系。

参考文献

[1]Drucker D C. Conventional and unconventional plastic response and representation[J]. Appl Meek Rev，1988，41：151 -167.

[2]沈珠江．理论土力学[M]．北京：中国水利水电出版社，2000.

[3]龚晓南．土塑性力学[M]. 2 版．杭州：浙江大学出版社，2001.

[4]李广信．高等土力学[M]．北京：清华大学出版社，2006.

[5]殷宗泽．土工原理[M]．北京：中国水利水电出版社，2007.

[6]郑颖人，沈珠江，龚晓南．岩土塑性力学原理：广义塑性力学[M]．北京：中国建筑工业出版社，2002.

[7]郑颖人，孔亮．岩土塑性力学[M]．北京：中国建筑工业出版社，2010.

[8]Hashiguchi K. Constitutive Equations of Soils[C]. In：Elastoplasticity Theory. Lecture Notes in Applied and Computational Mechanics，vol 69 Springer，Berlin，Heidelberg，2014.

[9]姚仰平. UG 模型系列研究[J]．岩土工程学报，2015，37(2)：193 -217.

[10]Chen W F，Saleeb A F. Constitutive Equations for Engineering Materials. (1994). Vol. 1：Elasticity and Modeling，Revised edn. Elsevier：Amsterdam.

[11]Zienkiewicz O C，Humpheson C，Lewis，R W. Associated and non - associated visco - plasticity and plasticity in soil mechanics[J]. Géotechnique，1975，25(4)：671 -689.

[12]Griffiths D V. Finite element analyses of walls，footings and slopes[D]. Manchester：University of Manchester，1980.

[13]Griffiths D V. Computation of bearing capacity factors using finite elements[J]. Géotechnique，1982，32(3)：195 -202.

[14]Griffiths D V. The effect of pore fluid compressibility on failure loads in elasto - plastic soils[J]. J Numer Anal Methods Geomech，1985，9(3)：253 -259.

[15]Griffiths D V，Lane P A. Slope stability analysis by finite elements[J]. Géotechnique，1999，49(3)：387 -403.

[16]陈祖煜．土质边坡稳定分析——原理、方法、程序[M]．北京：中国水利水电出版社，2007.

[17]Guo S F，Li N，Liu W P，et al. Influence of Both Soil Properties and Geometric parameters on Failure Mechanisms and Stability of Two - Layer Undrained Slopes[J]. Advances in Materials Science and Engineering，2020b(3)：1 -13.

[18] Smith I M, Griffiths D V, L Margetts. Programming the Finite Element Method[M]. Chichester: John Wiley and Sons, 2015.

[19] Lechman J B, Griffiths D V. Analysis of the progression of failure of the earth slopes by finite elements[C]// Denver: Slope Stability 2000: Geo - Denver, Geotechnical special publication, 2000: 250 - 265.

[20] Baker R. Sufficient conditions for existence of physically significant solutions in limiting equilibrium slope stability analysis[J]. Int. J. Solids Struct., 2003, 40(13 - 14): 3717 - 3735.

[21] Baker R. A second look at Taylor's stability charts[J]. J Geotech Geoenviron Eng, 2003, 129(12): 1102 - 1108.

[22] Klar E, Aharonov B, Kalderon Asael. Analytical and observational relations between landslide volume and surface area[J]. J Geophys, 2011, 116, F02001: 1 - 10.

[23] Gao Y F, Zhang F, Lei G H. An extended limit analysis of three - dimensional slope stability[J]. Géotechnique, 2013, 63(6): 518 - 524.

[24] Eid H T. Stability charts for uniform slopes in soils with nonlinear failure envelopes[J]. Eng. Geol., 2014, 168, 38 - 45.

[25] Taylor D W. Stability of earth slopes[J]. J. Boston Society of Civil Engineers, 1937, 24(3): 337 - 386.

[26] Taylor D W. Fundamentals of soil mechanics[M]. New York: John Wiley and Sons Inc, 1948.

[27] Fellenius W. Erdstatische Berechnungen (Calculation of stability of slopes)[M]. Berlin: Ernst & Sohn, 1927.

第3章　层状不排水边坡的稳定性态及破坏机制的研究

3.1　引言

黏性土可采用排水(有效应力)或不排水(总应力)特性进行评估。土体在缓慢加载时，排水强度不会因施加荷载而产生过大的孔隙压力。在工程现场，当荷载缓慢施加到一块土体上或荷载持续足够长的时间，以至于土体能够充分排水并达到水压平衡时，会形成排水条件。在实验室中，排水条件通过缓慢地加载试样实现，为了防止产生过大的孔隙水压力。假设一个实验样本在直剪实验中，垂直荷载为200N的条件下达到排水强度，然后通过缓慢增加垂直荷载直至土体破坏，这样避免了孔隙压力过大。在工程现场，当荷载施加速度比土体排水速度快时，会形成不排水条件。在实验室里，不排水条件是通过在试样上快速加载使其无法排水或密封在不渗透膜中得以实现。

在不排水条件下，当剪应力增加时，正常固结和轻度超固结饱和黏土在剪切时压缩导致孔隙压力增加，是因为饱和土的体积只有在排水发生时才会改变。同样的原因，当剪切应力在不排水条件下增加时，严重超固结土体在剪切时膨胀导致孔隙压力发生负的变化。因此，当黏土在不排水条件下被剪切时，土体中的有效应力在剪切过程中发生变化，正常固结和轻度超固结土体中的有效应力减小，而重度超固结土壤中的有效应力增大。对于排水条件，由于没有多余的孔隙压力，破坏面上的有效法向应力恒定，增加剪切应力直到被破坏。对于不排水条件，孔隙压力的增加会导致破坏面上的有效应力减小，而抗剪强度降低。与正常固结黏土的典型情况相同，不排水强度通常会低于排水强度，是由于正常固结黏土在不排水剪切过程中孔隙水压力增大，有效应力减小所致。相较于严重的超固结黏土，情况正好相反，不排水强度大于排水强度，因为在剪切过程中孔隙压力降低，有效应力增加。排水和不排水条件下均带来了非常复杂的工程问题，层状土质边坡，如路堑、人工填土、及土堤坝等工程常见的二元结构的边坡的稳定性常常受到排水条件的干扰，因此，这类边坡的稳定性态、失稳机理及临界滑动面位置的变化规律及演变过程将是本章和下一章的重要研究方向和探讨内容。

3.2　均质不排水边坡计算模型和数值实验方案

在边坡工程中，当前遇到的天然边坡多数为均质边坡，没有明显的人类活动、降雨和地震等滑坡触发因素。均质边坡在岩土工程中随处可见，如山坡、江河岸坡等，边坡类型也多种多样，组成土体材料的不同，通常包括黏性土均质边坡、砂性土边坡、软土边坡、黄土边坡以及膨胀土均质边坡，天然均质滑坡的触发因素主要是因为土体强度降低和坡体几何形态变化诱发的渐进性失稳破坏。均质土坡的土体特性虽然单一，一旦发生滑坡灾害带来的损失也是灾难性的，如甘肃洒勒山的天然滑坡和共和县的查纳黄土滑坡等(陈祖煜，2007)。诱发均质土坡失稳的因素复杂多变，滑动面的失稳机理也各有不同，对应的滑动面位置深浅不一，因此，本节采用有限元程序对均质黏土边坡的稳定性态进行研究(Griffiths 等，2004，2011；Guo 等，2020，2022)。

一均质黏土边坡如图 3－1 所示，边坡的高度 $H = 10.0$m，边坡的坡角是 β，地基深度比为 D。均质边坡的土性如下：不排水剪切强度 $c_u = 30.0$kPa；内摩擦角 $\varphi_u = 0°$；容重 $\gamma = 17.0$kN/m^3；弹性模量 $E = 1 \times 10^5$Pa；泊松比 $\upsilon = 0.3$。模型的边界条件为边坡底部采用固结约束，左右侧面采用水平约束，坡面为自由边界。土体本构模型为 Mohr－Coulomb 破坏准则，不相关流动法则的理想弹塑性模型。初始应力场考虑自重应力，体荷载的产生使用黏塑性法。收敛公差 tol＝0.0001 和迭代上限为 limit＝2000。本节研究了变化的坡角 β 和地基深度比 D 对均质边坡临界失稳机理和稳定数 N_c 的影响，根据 Taylor(1937，1948)对稳定数 N_c 的定义，在均质不排水边坡中稳定数 N_c 的表达式为：

$$N_c = \frac{c_u}{\gamma HFS} \tag{3-1}$$

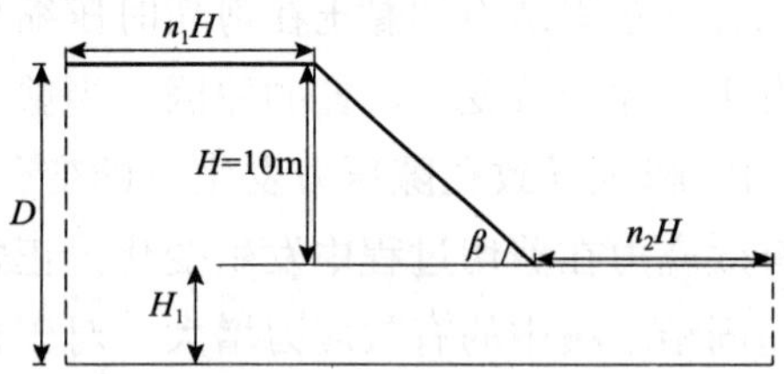

图 3－1　均质不排水边坡有限元计算模型

图 3－1 中地基深度比 D 定义为坡高 H 与总的坡高(或地基层深度 H_1)之间的关系比：

$$D = \frac{H_1}{H} + 1 \text{ 或 } D = \frac{H + H_1}{H} \tag{3-2}$$

数值计算方案：不同的边坡坡角：$\beta = 15°$、30°、40°、48°、50°、52°、53°、55°、60°、75°、90°；不同的地基深度比：$D = 1.0$、1.2、1.3、1.4、1.5、1.8、2.0、2.2、2.5、3.0、4.0.

3.3　均质边坡稳定性态和失稳机理演变规律的研究

3.3.1　几何形态对均质边坡稳定性态和破坏模式的影响规律

不同的地基深度比 D 对边坡稳定性和失稳机理的影响是不同的。应用本文的有限元程序对图 3－1 中的有限元模型及数值实验方案经过大量的数值计算和分析，得出了坡角 β 为 15°～90°的条件下，边坡稳定数与地基深度比的关系曲线，如图 3－2 所示。

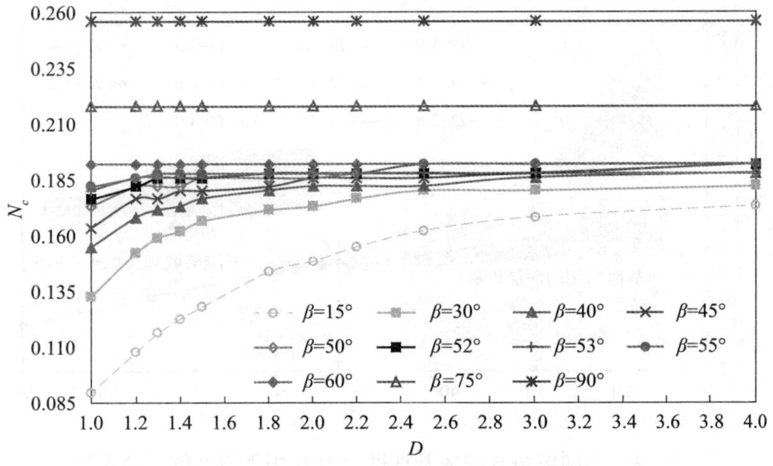

图 3－2　稳定数 N_c 与地基深度比 D 的关系曲线

从图 3－2 可以看出，稳定数 N_c 随着不同的地基深度比 D 和不同的坡角 β 的变化规律。稳定数 N_c 与坡角 β 之间呈正相关，坡角越大，边坡稳定性越差。稳定数 N_c 随着 D 的增大呈先增大随后逐渐趋于稳定的特点，$D \geqslant 2.5$ 之后对边坡稳定数的影响较小，边坡越陡峭，地基深度对稳定性的影响程度越低。当 $\beta > 53°$ 时，地基深度的增加对于较陡边坡的稳定数 N_c 基本没有影响，而坡角成为主要影响因素。不同的地基深度对平缓边坡失稳机理有较为明显的影响，例如当 $\beta = 30°$ 时，不同 D 值对应的失稳机理如图 3－3 所示。

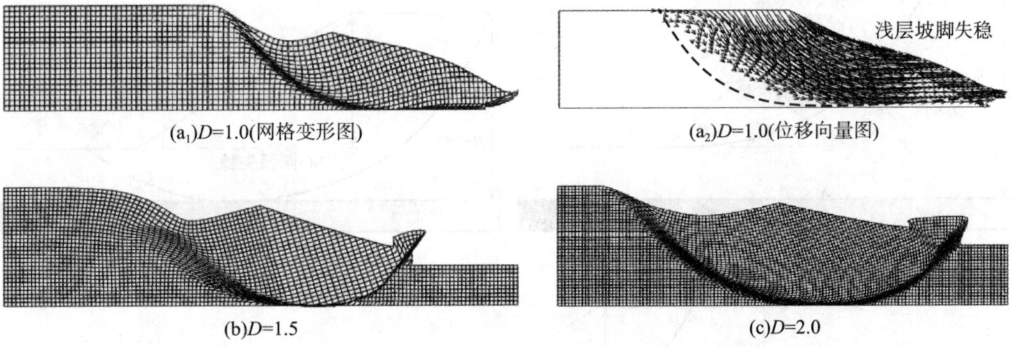

图 3－3　坡角 β 相同不同地基深度比 D 下边坡的失稳机理

从图 3－3 可以看出，地基深度越大，边坡的失稳机理由浅层坡脚失稳（Shallow Toe）[图 3－3(a)]逐渐转变为深层失稳(Deep)[图 3－3(b)～(c)]。当边坡的高度增加到一定值时，如 $D > 1.5$ 之后，边坡的失稳机理均为深层失稳。当 $\beta > 53°$ 时，地基深度比对安全系数和失稳机理的影响微乎其微，此时边坡的失稳机理主要为坡脚失稳，安全系数 FS 随着坡角的增大和坡高的增加明显减小，如图 3－4 所示，计算结果和失稳机理的变化规律与 Taylor(1948) 的稳定性图表吻合。

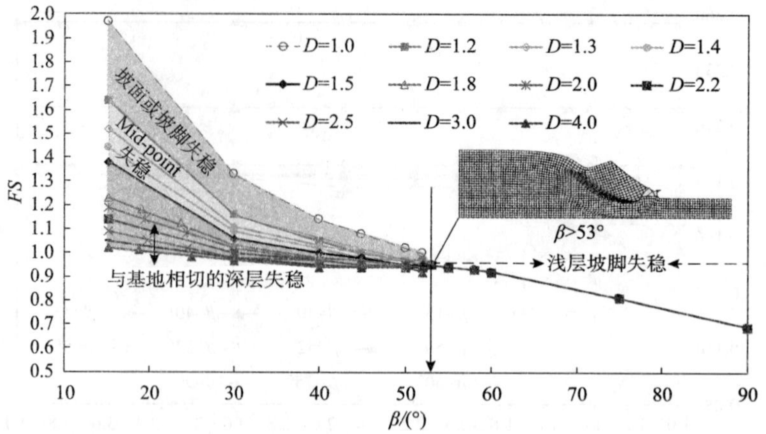

图 3－4　不同坡角 β 和地基深度比 D 作用下边坡的安全系数

总而言之，均质不排水边坡可能发生的三种失稳机理分别为坡脚失稳、坡面失稳和中心圆失稳，如图 3－5 所示。$\beta>53°$，边坡的稳定数是坡脚的函数，$N_c=f(\beta)$，失稳机理总是坡脚失稳，如图 3－5(a)所示；$\beta\leqslant 53°$，稳定数是坡角和地基深度比的函数，$N_c=f(\beta, D)$，$D>1.0$ 失稳机理可能是坡脚或中心圆弧失稳，如图 3－5(b)所示；$D=1.0$ 是坡面滑弧，$N_c=f(\beta)$，稳定数和失稳机理与坡脚有关，如图 3－5(c)所示。

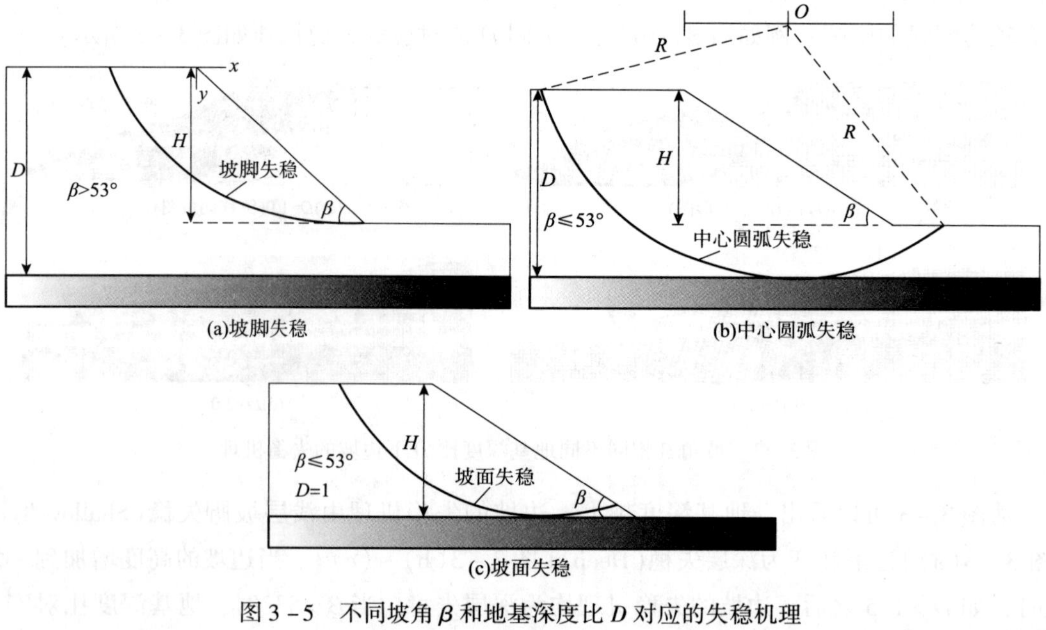

(a)坡脚失稳　(b)中心圆弧失稳　(c)坡面失稳

图 3－5　不同坡角 β 和地基深度比 D 对应的失稳机理

如果边坡失稳是沿着与基底相切的中点滑弧(当 $\beta<53°$)，临界滑动面的中心位置由地基层的水平距离 n_2H(坡脚到圆弧的距离)确定，n_2 的值可以通过不同的坡高和坡角在图 3－6 中查阅。

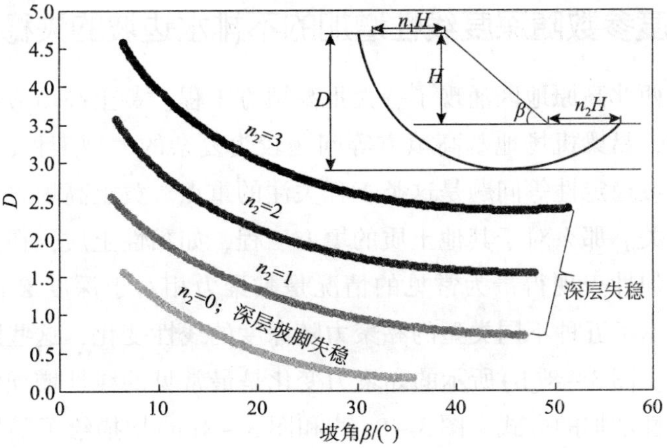

图 3-6　n 值变化时坡角 β 和地基深度比 D 的关系

验证算例 1：选取一个简单的均质不排水边坡，如图 3-7 所示。坡高 H，坡角 $\beta=56°$，$\varphi_u=0°$；不排水强度 $c_u=24\text{kN/m}^2$；重度 $\gamma=15.7\text{kN/m}^3$，弹性模量 $E=1\times10^5\text{kPa}$，泊松比 $\upsilon=0.3$。

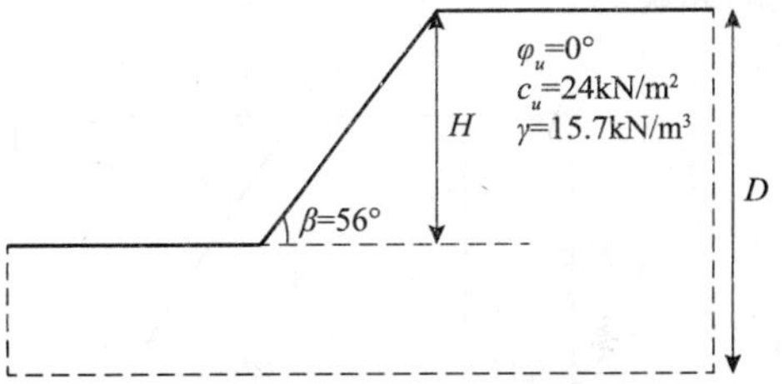

图 3-7　不排水均质边坡算例

不排水均质边坡的稳定数 N_c 的表达式为：

$$FS=\frac{\tau_f}{c_{u(\text{mob})}}=\frac{c_u}{c_{u(\text{mob})}}=\frac{c_u}{N_c\gamma H} \tag{3-3}$$

式中，N_c 为不排水边坡的稳定数；γ 为土体的容重，kN/m^3；c_u 为不排水黏聚力，kN/m^2；$c_{u(\text{mob})}$ 为启动不排水黏聚力，kN/m^2；τ_f 为土体的不排水剪切强度，kPa。

从稳定性图解中查的 $\beta=56°$，N_c 的值为 0.185，最大的临界高度 H_c 对应的安全系数 $FS=1$，那么由上式可计算得：

$$H_c=\frac{c_u}{\gamma N_c}=\frac{24}{15.7\times0.185}=8.26 \tag{3-4}$$

由于 $\beta>53°$，因此，该算例边坡的失稳机理是坡脚失稳。如得知边坡的安全系数 $FS=1.5$，通过查稳定性图解和式(3-4)可得知边坡的高度为 $H=5.5\text{m}$。

验证算例 2：若坡角 $\beta=40°$，坡高 $H=6\text{m}$；地基深度比 $D=1.5>1.0$，边坡的安全系数 $FS=1.49$。从得到图解中查的 $D=1.5$，N_c 的值为 0.17，因此由(3-3)可以得知边坡的不排水强度 c_u：

$$FS=\frac{c_u}{N_c\gamma H}=\frac{c_u}{0.17\times15.7\times6.0}=1.49 \tag{3-5}$$

$$c_u=23.86\text{kN/m}^2$$

3.3.2 强度参数随深度线性增加的不排水边坡的失稳机理研究

近年来，我国西北高原地区涌现了一大批高填方工程、黄土高填方机场，如西北地区的延安新区高填方，吕梁机场地基高填方等问题较为复杂的大型工程，长期的工后沉降、不均匀沉降、高边坡稳定性等问题是这类工程关注的重点。黄土高填方的沉降机理与黄土自身的特性密切相关。那么对于其他土质的填方工程，如黏性土质，在挖方和填方的过程中，黏聚力的非均匀性表现得最为常见的情况是黏聚力相对于深度 Z 的线性变化，如图 3-8所示。图中显示了五种不同类型的黏聚力随深度的线性变化，这些随深度变化的黏聚力均在计算中涉及。图 3-8(b)所示的黏聚力变化是最常见的线性增加的情况，在本文的分析中采用这种线性增加的方式。图 3-8(a)和图 3-8(c)均描绘了黏聚力相对于深度的不均匀性。图 3-8(d)和图 3-8(e)表述在不同深度下，由不同黏聚力增长梯度定义其相应的黏聚力。

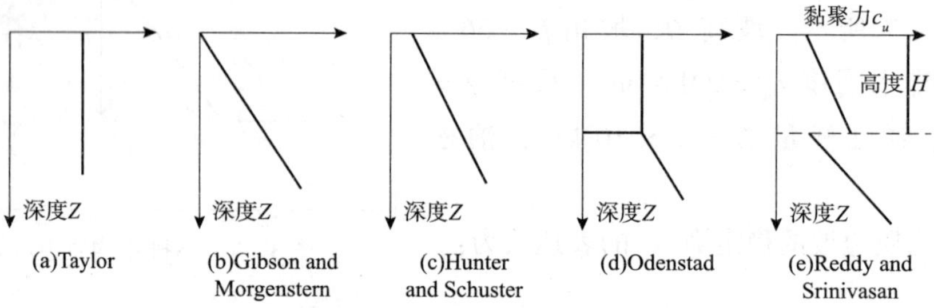

图 3-8 黏聚力随深度线性变化的几种类型

黏聚力(c_u)随着深度线性增加的不排水黏土边坡的稳定性已经被很多学者研究(Gibson 等，1962；Hunter 等，1968；Koppula，1984；Shen 等，1985；Yu 等，1998；Griffiths 等，2015)。不排水强度的变化公式定义为：

$$c_u(Z)=c_{u0}+\lambda Z \tag{3-6}$$

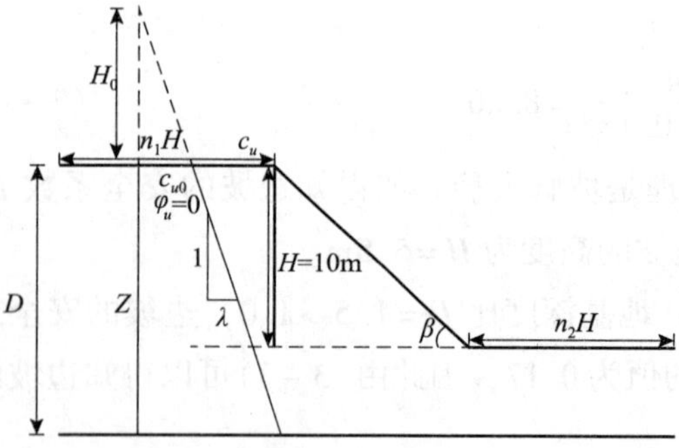

图 3-9 强度随着线性增加的不排水边坡

式中，c_{u0}为顶部水平处($Z=0$)的强度，kPa；λ 为强度随着深度 Z 增加的梯度。该问题的模型如图 3-9 所示。图中 H_0 是向外不排水抗剪强度降低为零的坡顶以上的高度。其他的边坡强度参数和物理意义与均质边坡的相同。Hunter 等(1968)提出无量纲的强度梯度参数 K，定义为：

$$K=\frac{H_0}{H} \tag{3-7}$$

结合式(3-6)和图 3-9，K 也可以改写为：

$$K=\frac{c_{u0}}{\lambda H} \tag{3-8}$$

根据边坡的几何关系，边坡的稳定数可以表述为：

$$N = f(\beta,\ D,\ K) \tag{3-9}$$

安全系数 FS 与稳定数 N 的比例关系的表达式可表示为：

$$FS = N\frac{\lambda}{\gamma}\ \text{或}\ N = FS\frac{\gamma}{\lambda} \tag{3-10}$$

稳定数 N 的变化受边坡几何参数和 K 值的影响，其对边坡的稳定性和临界失稳机理将是本节研究的重点。

c_u 随着深度线性增加的不排水黏土边坡的失稳机理根据不同的地基深度比 D 和坡角 β 会形成与基地相切的深层失稳(Base Deep Failure)、深层不相切失稳(Deep Failure)、坡脚失稳(Toe Failure)和坡面失稳(Slope Failure)。设定滑动面的圆弧半径为 R，圆弧中心为点 $O(x_0,\ y_0)$，边坡的深层失稳机理如图 3-10 所示，坡顶和坡脚的坐标分别为(0, 0)和 $(x_T,\ y_T)$。

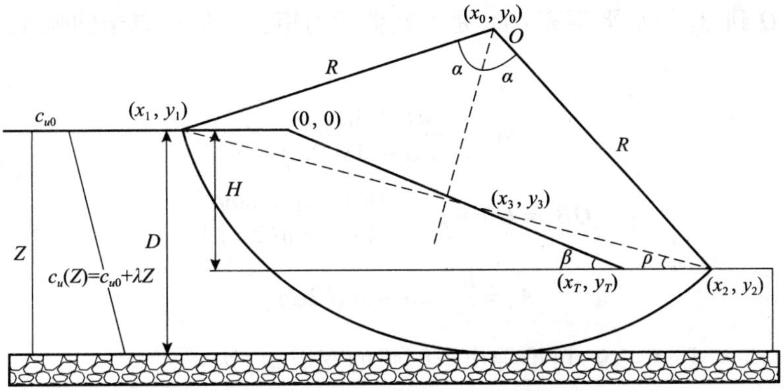

图 3-10　深层基底相切失稳机理示意图

对于深层基底失稳的情况，当地基深度比 $D>1.0$ 时，深层滑动圆弧与坡顶处的 $(x_1,\ y_1)$ 和地基层的 $(x_2,\ y_2)$ 点相交，这两点的连线与坡面相较于 $(x_3,\ y_3)$，滑动圆弧的角度为 2α。在滑动圆弧的几何关系中：

$$(x_1 - x_0)^2 + (y_1 - y_0)^2 = R^2 \tag{3-11}$$

$$y_1 = 0 \quad x_1 = x_c - \sqrt{R^2 - {y_c}^2} \tag{3-12}$$

坡脚处的坐标 $(x_T,\ y_T)$，则 $y_T = -H$，滑动圆与右岸的交点 $(x_2,\ y_2)$ 可得公式：

$$(x_2 - x_0)^2 + (y_T - y_0)^2 = R^2 \tag{3-13}$$

$$x_2 = x_0 + \sqrt{R^2 - (y_T - y_0)^2} \quad y_2 = y_T \tag{3-14}$$

连接 $(x_1,\ y_1)$ 和 $(x_2,\ y_2)$ 的弦长 S 的表达式为：

$$S = \sqrt{(x_1 - x_2)^2 + (y_1 - y_2)^2} = 2R\sin\alpha \tag{3-15}$$

$$\alpha = \sin^{-1}\frac{S}{2R} \qquad \rho = \sin^{-1}\frac{H}{S} \tag{3-16}$$

式中，ρ 为弦长 S 和水平地基层之间的夹角，(°)。

在深层基底失稳坡体中，由于无外荷载，下滑力来自坡体的自重，抗滑力是土体的抗剪强度提供。下滑体的下滑力矩有三部分土体组成，分别为 A_S，A_1 和 A_2，如图 3－11 所示。

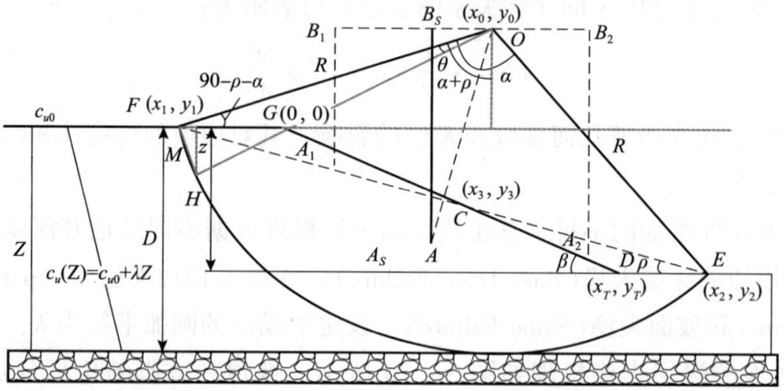

图 3－11　深层基底相切失稳中组成下滑力的三部分面积

从中心点 O 到 B_S 的水平距离 OB_S 是半圆弧的力矩，然后计算半圆弧 A_S 的面积，其表达式分别为：

$$OA=\frac{4R\ (\sin\alpha)^3}{3[2\alpha-\sin(2\alpha)]} \tag{3-17}$$

$$OB_S=OA\sin\rho=\frac{4R\ (\sin\alpha)^3\sin\rho}{3[2\alpha-\sin(2\alpha)]} \tag{3-18}$$

$$A_S=\frac{R^2}{2}[2\alpha-\sin(2\alpha)] \tag{3-19}$$

由式(3－11)～式(3－19)可推导出半圆弧的弯矩 M_A 为：

$$M_A=\frac{4R\ (\sin\alpha)^3\sin\rho}{3[2\alpha-\sin(2\alpha)]}\gamma\frac{R^2}{2}[2\alpha-\sin(2\alpha)]=\frac{2R^3\gamma}{3}(\sin\alpha)^3\sin\rho=\frac{\gamma S^2H}{12} \tag{3-20}$$

采用同样的方式计算两个三角形 A_1 和 A_2 的力矩和面积及弯矩，通过图 3－11 可推导出连接弦与坡面的交点 (x_3, y_3) 坐标为：

$$x_3=-\frac{x_1\tan\rho+y_1}{\tan\beta-\tan\rho}\quad y_3=-x_3\tan\beta \tag{3-21}$$

同样得出：

$$x_{\mathrm{T}}=\frac{H}{\tan\beta} \tag{3-22}$$

通过边坡的几何关系及各个节点的坐标可得到三角形 A_1 和 A_2 的面积分别为：

$$A_1=\frac{1}{2}(FG)(FC)\sin\rho=\frac{1}{2}(-x_1)\sqrt{(x_1-x_3)^2+(y_1-y_3)^2}\sin\rho \tag{3-23}$$

$$A_2=\frac{1}{2}(DE)(CD)\sin\rho=\frac{1}{2}(x_2-x_T)\sqrt{(x_2-x_3)^2+(y_2-y_3)^2}\sin\rho \tag{3-24}$$

那么，两个三角形的倾覆弯矩分别为：

$$M_{A1}=A_1\gamma\left[x_0-\frac{1}{3}(x_1+x_2)\right] \tag{3-25}$$

$$M_{A2} = A_2\gamma\left[x_0 - \frac{1}{3}(x_T + x_2 + x_3)\right] \tag{3-26}$$

因此，总的下滑力的弯矩为：

$$M_{下} = M_A + M_{A1} + M_{A2} \tag{3-27}$$

因为不排水的土体强度随着深度线性增加，即 $c_u(z) = c_{u0} + \lambda z$，所以边坡的抗滑弯矩是变化的抗剪强度在滑动圆弧上的积分：

$$M_{抗} = R\int_0^{2\alpha} c_u(z)R\mathrm{d}\theta \tag{3-28}$$

从图 3－11 的几何关系中，可以得出滑动圆其中一段的弯矩 M' 和深度 Z' 的表达式：

$$M' = 2R\sin\frac{\theta}{2} \tag{3-29}$$

$$Z' = M\sin\left(\alpha + \rho - \frac{\theta}{2}\right) \tag{3-30}$$

将上面式(3－29)和式(3－30)代入到式(3－28)中，沿着滑弧对土体强度进行积分得到总的抗滑弯矩表达式为：

$$\begin{aligned} M_{抗} &= R\int_0^{2\alpha} c_u(z)R\mathrm{d}\theta \\ &= R^2\int_0^{2\alpha}\left[c_{u0} + 2\lambda R\sin\frac{\theta}{2}\sin\left(\alpha + \rho - \frac{\theta}{2}\right)\right]\mathrm{d}\theta \\ &= R^2\int_0^{2\alpha}[(c_{u0} - \lambda R\cos(\alpha + \rho)]\theta + \lambda R\sin(\theta - \alpha - \rho) \\ &= R^2[2\alpha(-\lambda R\cos(\alpha + \rho) + \lambda R\cos(\alpha - \rho) + \lambda R\sin(\alpha + \rho)] \end{aligned} \tag{3-31}$$

基于几何和强度分布，通过对深层基底失稳机理的力学分析和下滑和抗滑弯矩的计算，该失稳机理的安全系数 FS 可通过 $M_{抗}$ 和 $M_{下}$ 的方程计算：

$$FS = \frac{M_{抗}}{M_{下}} \tag{3-32}$$

应用与深层基底相切失稳同样的理论和分析可得到该类型边坡其他失稳机理的安全系数 FS 计算公式，如坡面失稳的滑动面与坡体之间的交点及形成的几何关系如图 3－12 所示。

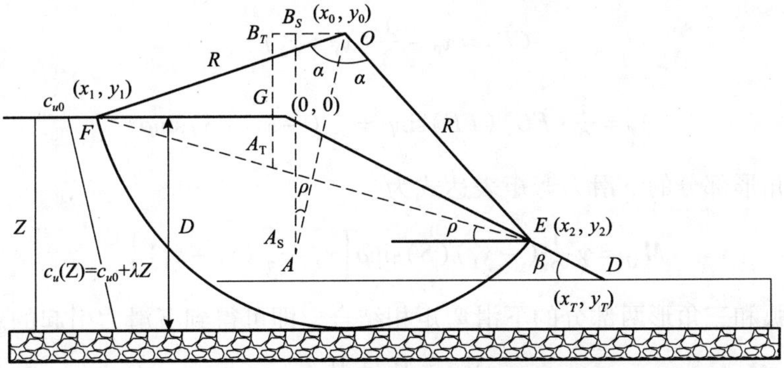

图 3－12　坡面失稳机理示意图

从边坡的几何关系求解滑动圆弧与坡面的交点坐标(x_2，y_2)为：

$$x_2=\frac{(x_0-y_0\tan\beta)+\sqrt{(x_0-y_0\tan\beta)^2-(1+(\tan\beta)^2)(x_0^2+y_0^2-R^2)}}{1+(\tan\beta)^2} \tag{3-33}$$

$$y_2=-x_2\tan\beta \tag{3-34}$$

根据连接滑弧两端的交点坐标(x_1，y_1)和(x_2，y_2)，求半圆弧的弦线 S 可得：

$$S=\sqrt{(x_1-y_2)^2+(y_1-y_2)^2}=2R\sin\alpha \tag{3-35}$$

其中：$\alpha=\sin^{-1}\dfrac{S}{2R}$；$\rho=\sin^{-1}\dfrac{y_1-y_2}{S}$。$\alpha$ 为中心角的一半，ρ 为弦与水平面的夹角。

对于下滑力矩，土体可分为两部分：半圆弧 A_S 和三角形 A_T 组成，如图 3－12 所示。下滑力矩是这两部分土体围绕圆心的力矩之和。从图中看出，OB_S 是半圆弧的力矩，其面积和重度的表达式分别为：

$$A_S=\frac{R^2}{2}[2\alpha-\sin(2\alpha)] \tag{3-36}$$

$$W_S=A_S\gamma=\frac{R^2}{2}[2\alpha-\sin(2\alpha)]\gamma \tag{3-37}$$

$$OB_S=OA\sin\rho \tag{3-38}$$

其中：

$$OA=\frac{4R\,(\sin\alpha)^3}{3[2\alpha-\sin(2\alpha)]} \tag{3-39}$$

将式(3－39)代入式(3－38)，并结合式(3－36)～式(3－37)可得下滑力的弯矩表达式为：

$$\begin{aligned}M_A&=\frac{R^2}{2}[2\alpha-\sin(2\alpha)]\gamma\frac{4R\,(\sin\alpha)^3}{3[2\alpha-\sin(2\alpha)]}\sin\rho\\&=\frac{2R^3\gamma}{3}(\sin\alpha)^3\sin\rho\\&=\frac{\gamma S^2}{12}(y_1-y_2)\end{aligned} \tag{3-40}$$

同样地，求解三角形 A_T 的面积和对应的力矩，可表示为：

$$CB_T=x_0-\frac{1}{3}(x_1+x_2) \tag{3-41}$$

$$A_T=\frac{1}{2}(FG)(FE)\sin\rho=\frac{1}{2}(-x_1)(S)\sin\rho \tag{3-42}$$

因此，三角形部分的下滑力弯矩表达式为：

$$M_{AT}=\gamma\frac{1}{2}(-x_1)(S)\sin\rho\left[x_0-\frac{1}{3}(x_1+x_2)\right] \tag{3-43}$$

将式半圆弧和三角形两部分的下滑弯矩相结合，即可得到下滑力引起的总的弯矩：

$$M_{下}=M_A+M_{AT} \tag{3-44}$$

对于抗滑力仍然是随深度线性增加的剪切强度提供，求解结果与深层基底相切的表达式相似，因此：

$$M_{抗}=R^2\left[2\alpha(-\lambda R\cos(\alpha+\rho)+\lambda R\cos(\alpha-\rho)+\lambda R\sin(\alpha+\rho)\right] \qquad (3-45)$$

那么，最终对于坡面失稳机理的安全系数 FS 公式可通过力矩表达为：

$$FS=\frac{M_{抗}}{M_{下}} \qquad (3-46)$$

数值计算中，采用高效的有限元程序可以得到不同方式的失稳机理且找到滑动圆弧的中心圆位置，从而求出边坡中的最小安全系数 FS，由式(3-10)求解边坡的稳定数 N。

3.3.3 几何形态对强度线性增加不排水边坡的影响规律

本节针对强度随深度线性增加的边坡模型(图3-9)，基于对不同失稳滑动面的机理分析，研究了强度发生变化的条件下，边坡几何参数分别对稳定性态的变化规律和失稳机理的演变过程。本节给出的稳定性态和失稳机理的结果均基于对前述机理及方程的分析。

(1)边坡几何形态对稳定性态的影响。

应用本文的有限元程序分析和计算图3-9模型中的问题，变换边坡的几何形态，地基深度比 D 的变化范围从0.5到3.0，坡角 β 的范围从5°发展到90°。经过大量的数值实验计算，可以得到边坡稳定数与地基深度比和坡角的关系曲线，如图3-13所示。

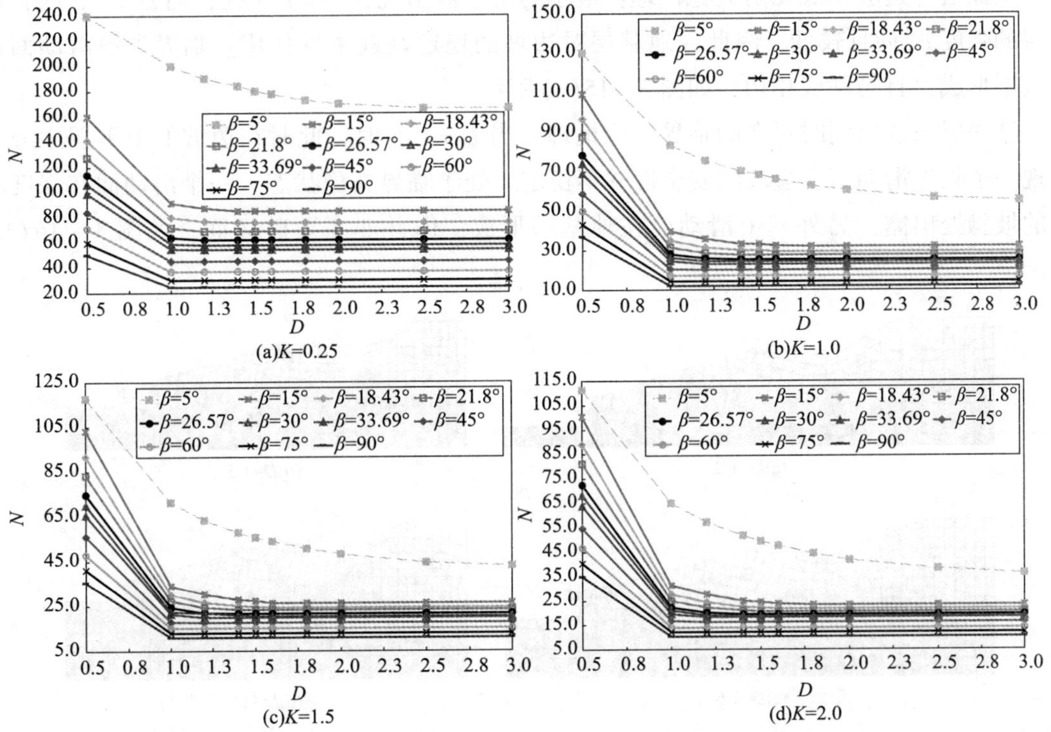

图3-13 边坡稳定数 N 与地基深度比 D 之间的关系曲线

K 与 N 呈反比关系，K 越大，N 越小。N 随着 D 的增大而逐渐降低，随之出现一个转折点约在 $D=1.0$，之后地基深度比对边坡 N 的影响甚小。但对于最为平缓的边坡（$\beta=5°$），N 随着 D 的增大减小，对于平缓边坡 D 是主导影响因素。对于所有的 M 值，边坡的稳定数随着 β 的增大逐渐降低，在失稳机理的转折点之前，β 对边坡稳定性的影响较大，坡高较低时，坡角对边坡稳定性的影响大于较高边坡。

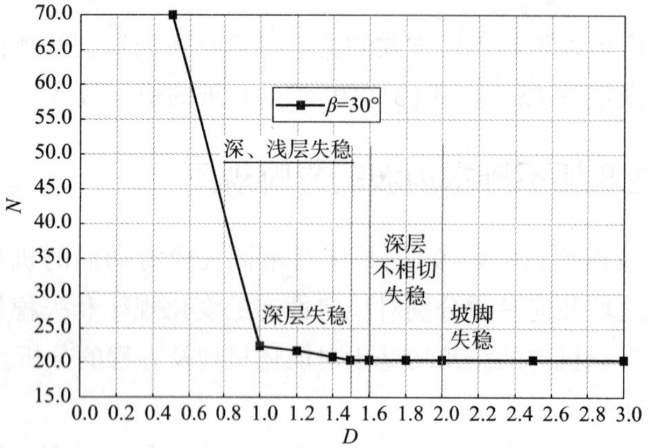

图 3－14　典型边坡 $K=1.5$ 和 $\beta=30°$ 的稳定性计算结果

（2）边坡几何形态对边坡失稳机理的影响。

为了解释边坡几何关系对临界失稳机理影响的详细情况，考虑了一个典型的边坡算例，即 $K=1.5$，$\beta=30°$，经过数值计算得到的结果如图 3－14 所示。

从图 3－14 可以看出，当地基深度比 $D>1.5$ 时，N 随着 D 的增大不再发生变化。$D\geqslant1.5$ 之后的所有边坡的稳定数相等，均为 $N=20.4$。但是不同地基深度比 D 对边坡临界失稳机理的影响却不相同，如图 3－15 所示。

①深层与边坡基底相切失稳机理：最小的稳定数出现在 $D=1.5$ 处，当 $D<1.5$ 时，地基层的强度 c_{u0} 尚且较低，因此，地基层对边坡的稳定性起主导作用。临界失稳滑动面在地基层形成，且与基底相切，如图 3－15（a）所示。

②深层与浅层同时存在的临界失稳机理：当 $D=1.5$ 时，此时在边坡的上下层中分别出现一个临界滑动面，边坡的安全性并不稳定，处于临界失稳状态。一个滑动面在强度较弱的坡脚处出露，另外一个滑动面在地基层形成，但并非主要破坏面，如图 3－15（b）所示。

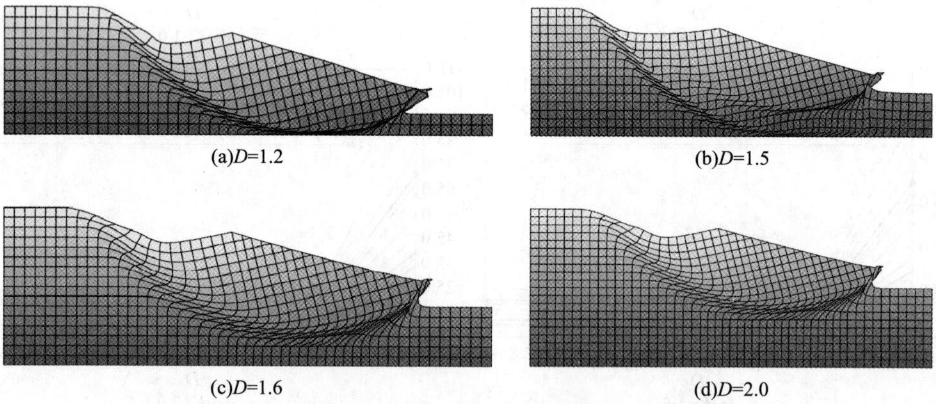

图 3－15　典型边坡 $K=1.5$ 和 $\beta=30°$ 的临界失稳机理

③深层与基底不相切失稳机理：当 $D>1.5$ 时，随着地基层的深度增加，地基层不排

水强度也逐渐增大。边坡的临界滑动面会选择坡体中较为软弱的土层从坡脚的右侧滑出，并未与基底相切，该滑动面对边坡的稳定性并没有影响，如图 3－15(c)所示。

④坡脚失稳机理：当地基深度比 D 继续增大，地基层的深度和强度同时随之增加，边坡临界滑动面的位置继续上移，滑动面从坡脚出露与堤坝层相切形成坡脚失稳，如图 3－15(d)所示。

上文描述了地基深度比 D 对临界失稳机理的影响，不同 D 值作用下，N 随着 β 的增大逐渐降低，如图 3－16 所示。选择 $D=1.5$ 对应的不同坡角形成的失稳机理，展示在图 3－17 中。从图中可以看出，随着坡角的增大，临界失稳机理从深层失稳过渡到深层和浅层同时存在的双失稳机理，坡角继续增大为直立边坡，失稳机理发展为坡脚失稳。从平缓边坡到陡峭边坡，临界滑动面的位置逐渐变浅。

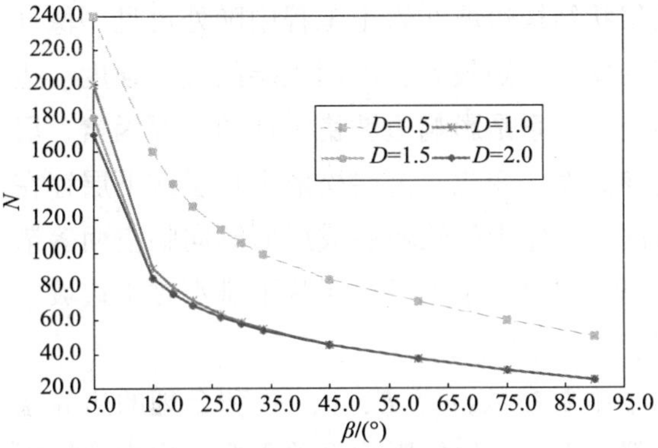

图 3－16　$K=0.25$ 时边坡稳定数 N 与坡角 β 之间的关系曲线

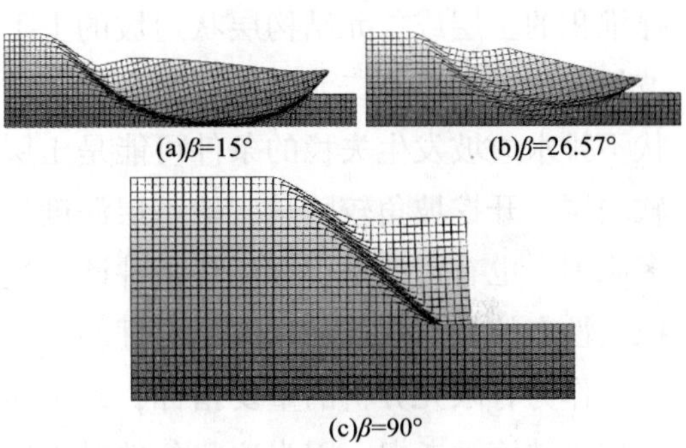

图 3－17　典型边坡 $K=0.25$ 和 $D=1.5$ 的临界失稳机理

总而言之，对于强度随深度线性增加的不排水边坡，通过 N 作为坡角、强度梯度参数 K 和 D 的函数，研究这些参数对边坡稳定性及临界失稳机理的影响。对于不同的 K 值，若 D 较小时，对边坡的稳定数影响较大，$D>1.0$ 之后，对边坡的稳定性几乎没有影响；N 随着 β 的增大而逐渐降低，K 值越大，β 对 N 的影响越小。$K>1.5$；$D>1.0$ 时，β 的影响微乎其微。图 3－18 给出了所有 K 值的条件下，几何参数对该类型边坡失稳机理的影响规律。随着地基深度比和坡角的增大，失稳机理均由深层失稳发展为坡脚失稳，滑动面的位置也逐渐变浅。当 $D<1.0$，由于边坡的整体高度小于边坡的 H，因此，滑动面总在坡面处滑出，发生坡面失稳(Slope

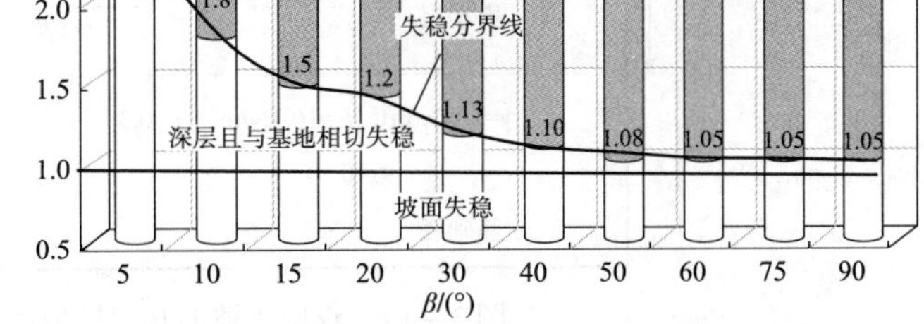

图 3－18　几何参数对边坡失稳机理的影响规律

Failure)。不同的β值对应相应的D值，形成一条失稳机理的分界线，$1.0 < D < (2.5$、1.8、1.5、1.2、1.13、1.10、1.08、1.05、1.05、1.05)时所有坡角对应的失稳机理为与基底相切或不相切的深层失稳；当D值大于这条分界线时，所有的失稳机理均为坡面或坡脚失稳。

3.4 双层非均质不排水边坡临界强度比的演变规律研究

3.4.1 双层非均质边坡模型和数值实验方案

经人工挖填的土工建筑物边坡，如路堤、土坝、基坑、渠道等由不同类型的松散土层构成，或者有岩层与上覆土松散堆积层构成的层状结构边坡在岩土工程中随处可见。像这样堆积的土层或二元结构层状边坡的上下土层的软硬差别较大，不同土层的土体强度、边坡的几何形态以及二元结构层面产状与坡面结合的关系是影响边坡稳定性的主要因素。层状不排水边坡发生失稳的条件可能是土层强度参数发生变化、上层松散堆积层或下层存在软弱层、开挖坡角较陡峭、地基层深度相对较深、坡体内的软弱层或层面倾向临空面等诸多原因，也有可能是组合优势条件诱发边坡失稳，因此，亟须研究层状不排水黏土边坡的稳定性态的变化规律和和失稳机理的演变过程。

作为有限元分析的重要指标，黏土体的四个主要参数(c_u，E，v，γ)和合理的边界条件应该被慎重考虑，因为这些条件对于边坡内部应力和位移的影响至关重要。应力直接影响安全系数的大小和边坡潜在滑动面的形状以及位置的变化。本节研究一个非均质的双层不排水黏土边坡，其模型如图3-19所示。上层的不排水剪切强度$c_{u1} = 60.0\text{kPa}$；内摩擦角$\varphi_u = 0°$；容重$\gamma = 20.0\text{kN/m}^3$；弹性模量$E = 1 \times 10^5\text{Pa}$；泊松比$v = 0.3$；坡高$H = 18.0\text{m}$；边坡的这些参数保持恒定。边坡的地基深度比仍然用$D$表示地基深度的变化。

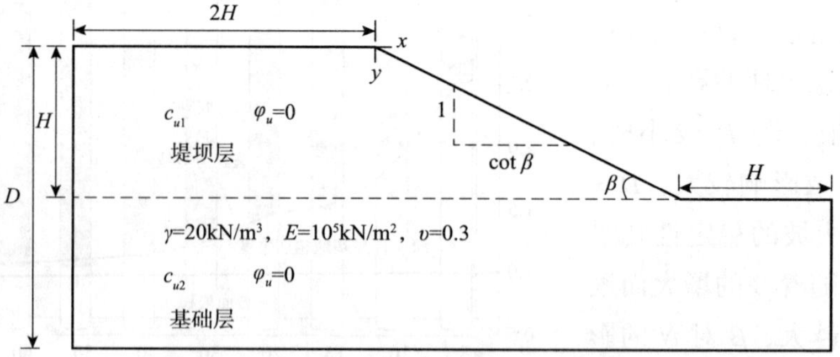

图3-19 双层边坡的几何模型和土体参数

边坡模型分为上下两个区域，上层为堤坝层，下层是地基层。堤坝层(Embankment Layer)的不排水强度设定为c_{u1}，高度为H，保持不变。地基层(Foundation Layer)的不排水强度假定为c_{u2}，其强度是变化的，且逐渐增强，地基深度由变量D确定。土层强度的不均匀性使用地基层强度与堤坝层的不排水强度比 c_{u2}/c_{u1} 表示，使用 P 代表强度比值 c_{u2}/c_{u1}。该比值的变化范围为0.2～3.5，当 $c_{u2}/c_{u1}<1.0$ 定义为硬黏土层覆盖于软黏土层，如边坡工程中的软土地基分层边坡、地下水丰富且水位线较低的双层不排水边坡，这类边坡在南方地区的海滨和湖滨最为常见，如图3－20(a)所示；当 $c_{u2}/c_{u1}>1.0$ 定义为软黏土层覆盖于硬黏土层，如工程中常见的有路堤填筑和上层已经全风化的残积土，下层是微经风化的较好土层组成的层状土坡，这类典型的填筑土坡在我国的西南或西北地区常见，如图3－20(b)所示。

(a)国道211线路基软土边坡　　(b) 高速公路路边层状边坡

图3－20　岩土工程中常见的土质层状边坡

边坡的地基深度比 D 的最大变化范围为1.2～4.5，坡角 β 的变化范围为75°～15°(即 $\cot\beta=0.286\sim3.732$)。重力荷载按照单一增量的方式作用在边坡上，直至计算不收敛，收敛公差设置为0.0001，且迭代上限为2000。输入到这个循环的每个数据项对应了土体强度参数一个不同的强度折减系数(*SRF*)，荷载保持不变，强度折减系数逐渐递增，将引起失稳破坏的最小值作为安全系数 *FS*。

在此定义临界强度比值 P 为 P_{crit}，代表临界失稳机理从深层失稳(Deep Failue Mechanism)转变至浅层失稳(Shallow Failue Mechanism)的转折点，安全系数 *FS* 在此转折点同样发生转折，大于该转折点，地基土体强度的增加不再影响安全系数的变化。对于双层黏土边坡而言，P_{crit}是由不同 $\cot\beta$ 和 D 值组合的函数。因此，土体强度特性的函数可以简单的表示为：

$$P=c_{u2}/c_{u1} \tag{3-47}$$

$$P_{crit}=f(\cot\beta,\ D) \tag{3-48}$$

3.4.2　确定临界强度比值

由3.3节可知对于均质较缓边坡而言 $c_{u2}=c_{u1}$，边坡的临界失稳机理通常是深层失稳且与边坡基底层相切。但对于非均质较缓边坡而言 $c_{u2}\neq c_{u1}$，随着地基层强度 c_{u2} 的逐渐增大，会出现一个转折点，临界失稳机理和安全系数都会发生转变。通过3.4.1小节描述的非均质不排水($\varphi_u=0$)边坡研究强度比 c_{u2}/c_{u1} 和临界强度比$(c_{u2}/c_{u1})_{crit}$的意义及其重要性。

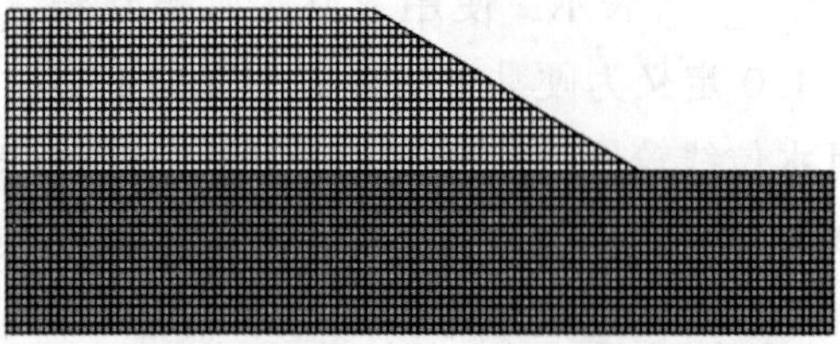

图 3－21　双层边坡的几何尺寸和有限元剖分

黏土边坡的坡角为 $\cot\beta=2.0$，地基深度比 $D=2.0$，边坡的地基层不排水强度（c_{u2}）变化范围取为 0.5～3.0kPa，其他几何尺寸和材料属性均如上文所述。非均质黏土边坡的几何尺寸和有限元网格剖分如图 3－21 所示，同时采用有限元方法和 Bishop 修正法（Bishop's Modified Method）对该边坡计算分析，并对比验证计算结果的合理性。

采用本文有限元强度折减方法和 Bishop 修正法对该边坡进行稳定性运算和分析，根据由计算收敛性判据得到边坡不同的不排水强度比 c_{u2}/c_{u1} 计算得到的安全系数和对应的失稳机理，如表 3－1 和图 3－22 所示。

表 3－1　$D=2.0$ 和 $\cot\beta=2.0$ 的边坡计算的安全系数和失稳机理表

c_{u2}/c_{u1}	FEM		Bishop 修正法	
	FS	Mechanisms	*FS*	Mechanisms
0.50	0.58	Deep	0.58	Deep
0.80	0.81	Deep	0.82	Deep
1.00	0.97	Deep	0.98	Deep
1.10	1.05	Deep	1.06	Deep
1.20	1.12	Deep	1.14	Deep
1.40	1.28	Deep	1.30	Deep
1.50	1.36	Two	1.35	Two
1.60	1.36	Shallow	1.35	Shallow
1.80	1.36	Shallow	1.35	Shallow
2.00	1.36	Shallow	1.35	Shallow
2.50	1.36	Shallow	1.35	Shallow
3.00	1.36	Shallow	1.35	Shallow

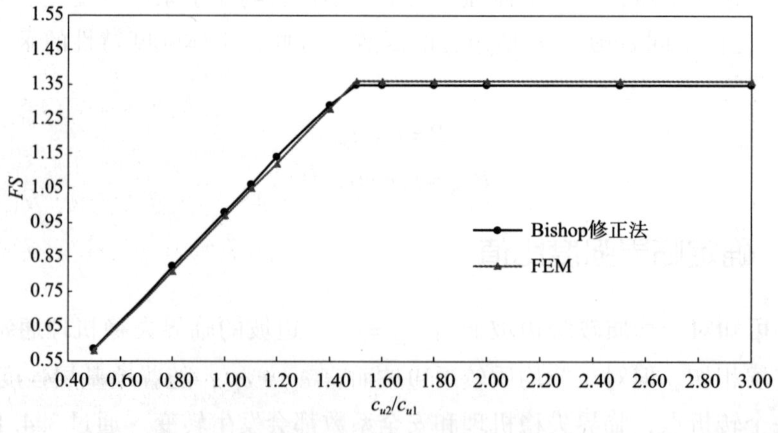

图 3－22　$D=2.0$ 和 $\cot\beta=2.0$ 边坡的安全系数和不同强度比 c_{u2}/c_{u1} 的关系曲线

表3-1、图3-22和图3-23对比了极限平衡方法和有限元方法的结果，Bishop修正法需要提前假设临界滑动面的位置和形状，为圆弧型滑动，而FEM对其失稳滑面的形状和位置没有限制。从图3-22和图3-23的对比结果可以看出，对于这三个影响因素，强度参数比、地基深度比和坡角，FEM和Bishop修正方法得到的安全系数非常接近，FS随着三个变量(c_{u2}/c_{u1}，D，$\cot\beta$)的变化规律一致，边坡越高，坡角越陡，地基层强度越低，边坡的稳定性越差。从图3-22中可以清楚地看出，安全系数随强度比的变化并非一直增大，而在强度达到一定比值后，FS不再受影响，该边坡的转折点出现在$c_{u2}/c_{u1}=1.5$处，将此时的强度比值称之为临界强度比值$(c_{u2}/c_{u1})_{crit}=1.5$，也是安全系数$FS$和失稳机理的临界转折点。

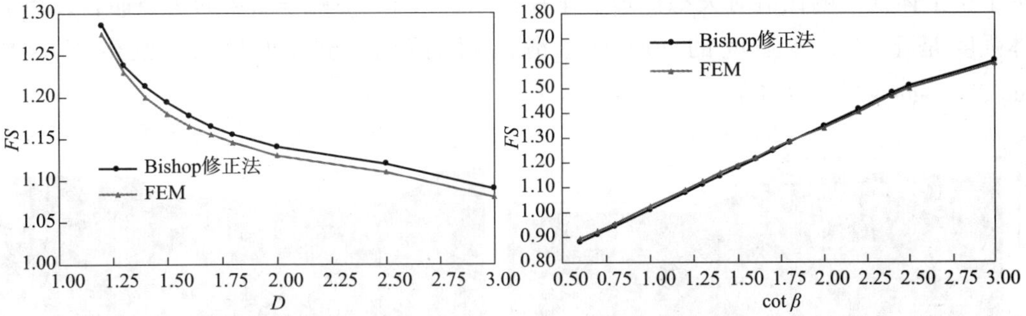

(a)$c_{u2}/c_{u1}=1.2$；$\cot\beta=2.0$　　(b)$c_{u2}/c_{u1}=1.2$；$D=2.0$

图3-23　恒定其中两个参数边坡的安全系数、D及$\cot\beta$的关系曲线

对于$c_{u2}/c_{u1}<1.5$的失稳机理均是深层失稳且安全系数随着c_{u2}/c_{u1}的增大逐渐增大；对于$c_{u2}/c_{u1}>1.5$的失稳机理均是浅层失稳，安全系数随强度比增大不再增大，恒定$FS=1.35$。图3-24(a)~(c)展示了本文有限元方法运算得到的边坡失稳机理的演化过程。$c_{u2}/c_{u1}<1.5$的深层失稳机制如图3-24(a)所示；图3-24(c)为$c_{u2}/c_{u1}>1.5$对应的浅层坡脚失稳机理。值得关注的是图3-24(b)中临界强度比$P_{crit}=1.5$对应的双滑动面失稳机理，在同一个坡体内堤坝层和地基层同时出现浅层和深层的滑动失稳，其安全系均等于转折点的安全系数(1.35)。在工程实际中，在边坡中若出现临界强度比对应的失稳机理及临界滑

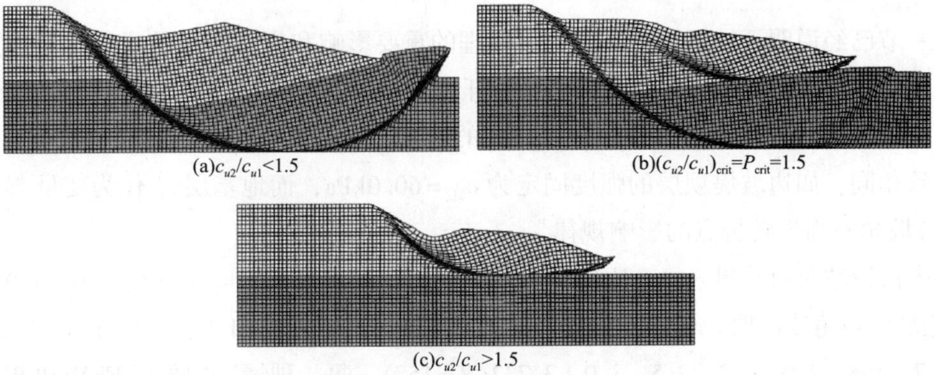

(a)$c_{u2}/c_{u1}<1.5$　　(b)$(c_{u2}/c_{u1})_{crit}=P_{crit}=1.5$

(c)$c_{u2}/c_{u1}>1.5$

图3-24　$D=2.0$和$\cot\beta=2.0$边坡的不同强度比c_{u2}/c_{u1}的变形网格图

动面的位置，那么在支护方案和加固措施中需要特别注意滑体的体积和加固的深度。

对于这个算例 $D=2.0$、$\cot\beta=2.0$ 而言，其临界强度比值 $P_{crit}=1.5$，在临界失稳机理转变到浅层失稳之前，下部土体强度比上部土体强度高出了 50%。

为了消除边界条件对失稳机理的影响，选取强度比为 $c_{u2}/c_{u1}=1.4$；地基深度比 $D=4.0$ 及坡角 $\cot\beta=2.0$ 的双层边坡模型，将堤坝层顶部和坡脚到右侧边界的宽度分别延长至 $6H$ 和 $5H$。地基深度比 D 从 2.0 增至 4.0。采用本文有限元方法剖分的几何网格模型和稳定性分析的网格变形图如图 3-25 所示。与图 3-24(a) 的失稳机理相比，扩展边界之后的失稳机理仍然是与坚硬基底层相切。选择这样的算例进行对比，说明本文中模型边界范围的选择是合理的，消除了边界条件对失稳机理的影响，更重要的是为了体现双层边坡中上下层土体强度的比值对失稳机理的主控作用，对于 $c_{u2}/c_{u1}=1.4$ 的边坡而言，当下层土体强度是上层土体强度的 40% 时，滑动面的位置与基底相切，发生深层失稳（Guo Shuangfeng 等，2020）。

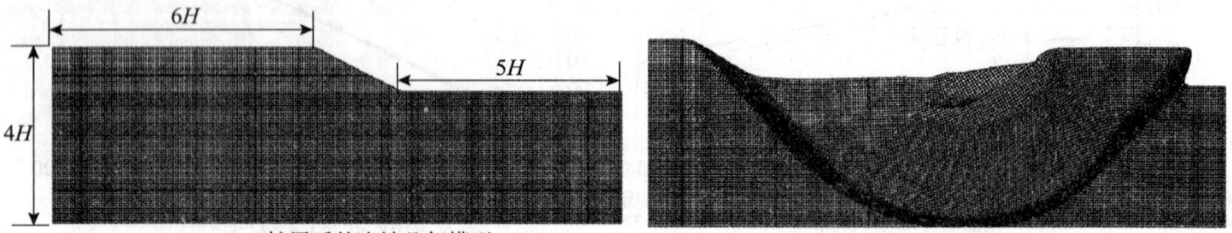

(a) 扩展后的边坡几何模型　　(b) 网格变形图

图 3-25　扩展后的边坡模型及网格变形图

本文将转折点的临界强度比 P_{crit} 对应的浅层和深层同时出现的两个滑动面失稳定义为双滑面失稳机理。本节中边坡算例的临界强度比 P_{crit} 为 1.5，那么，当土层强度比、地基深度比和坡角同时发生变化时，会在什么情况下出现最明显和最强烈的双滑面失稳机理；边坡的几何形态对临界强度比之间是否产生影响，影响程度有多大也是一个值得深究的问题，下一节对这些问题进行探讨。

3.4.3　几何形态对临界强度比值的影响规律

上一节已经说明了转折点对临界失稳机理的重要影响和意义，本节通过运用本文的有限元程序对大量的双层不排水边坡进行数以千次的数值计算，探讨边坡的坡角 β 和地基深度比 D 与临界强度比之间的关系和相互之间的影响。边坡模型的力学参数和 3.4.1 节中的模型大致相同，如边坡堤坝层的强度固定为 $c_{u1}=60.0\text{kPa}$，而地基层 c_{u2} 作为变量。

(1) 坡角对临界转折点的影响规律。

首先讨论坡角对临界 c_{u2}/c_{u1} 比值的影响，因此，固定地基深度比分别为 $D=1.2$、1.5、2.0，边坡的坡角依次取 $\cot\beta=0.268(\beta=75°)$、0.6、0.7、0.8、1.0、1.2、1.3、1.4、1.5、1.6、1.7、1.8、2.0、2.2、2.5、3.0、3.732$(\beta=15°)$。每一种情况均采用 FEM 和 Bishop 修正方法经过与前一节相同过程的计算进程，可以得出不同地基深度比 D 条件下，坡角和强度

比值对安全系数的影响及坡角对$(c_{u2}/c_{u1})_{crit}$的影响，结果如图3－26～图3－28所示。

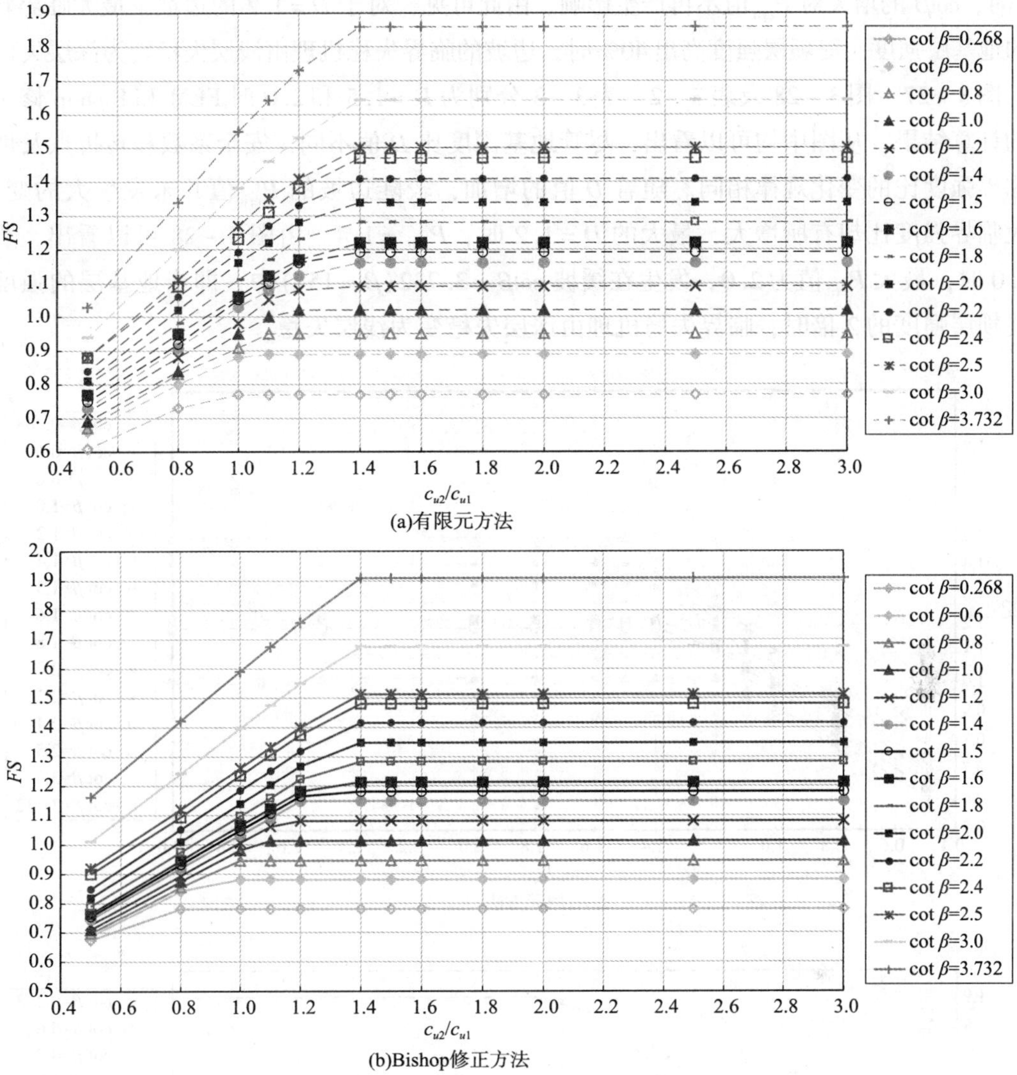

图3－26 $D=1.2$不同cotβ条件下边坡的临界强度比c_{u2}/c_{u1}

由图3－26可以看出，整体而言，边坡的安全系数均随着cotβ的增大逐渐增加。当$D=1.2$时，FEM和Bishop修正法中都有很多明显的转折点发生在不同的c_{u2}/c_{u1}比值处，即边坡的坡角不同，FS值的转折点不同。不同cotβ产生不同的临界强度比，边坡越陡峭，临界强度比值P_{crit}减小。陡峭边坡：cot$\beta=0.268(\beta=75°)$时，分别对应$P_{crit}=1.0$(FEM)，$P_{crit}=0.8$(Bishop)；cot$\beta=0.6\sim0.8$时，分别对应$P_{crit}=1.1$(FEM)，$P_{crit}=1.0$(Bishop)；cot$\beta=1.0$时，分别对应$P_{crit}=1.2$(FEM)，$P_{crit}=1.1$(Bishop)；cot$\beta=1.2\sim1.4$时，分别对应$P_{crit}=1.4$(FEM)，$P_{crit}=1.2$(Bishop)；cot$\beta=1.5\sim2.5$时，分别对应P_{crit}(FEM)$=P_{crit}=1.4$(Bishop)。由图3－26对比知，Bishop修正法对应的临界强度比值比FEM的略小。从而也可见Bishop修正方法比FEM的评价结果保守。有限元方法和Bishop修正法的安

全系数和转折点的结果非常相近，变化规律一致。$\cot\beta$ 与 P_{crit} 之间呈正相关，但当 P_{crit} 增至 1.4 时，$\cot\beta$ 的增大对 P_{crit} 值不再产生影响。由此可见，对于 $D=1.2$ 的边坡，最大临界转折点的地基层强度比堤坝层强度高出 40% 时，边坡的临界失稳机理由浅层失稳转为深层失稳。

图 3－27、图 3－28 及表 3－2、表 3－3 分别为 $D=1.5$ 和 2.0 时 FEM 和 Bishop 修正方法的计算结果。从图中均可以看出，尽管地基深度比 D 值不同，安全系数和转折点及坡角和临界强度比的变化规律相同。随着 D 值的增加，较陡边坡的 P_{crit} 值并未发生大的变化，最大临界强度比却有所增大，最大的 $D=1.2$ 时，$P_{crit}=1.4$。由图 3－28 可以看出，当 $D=2.0$ 时，最大 P_{crit} 值为 2.0，发生在缓坡 $\cot\beta=3.732(\beta=15°)$ 中，即当地基层的强度大于堤坝层强度的 2 倍时，临界失稳机理由深层失稳变为浅层失稳。

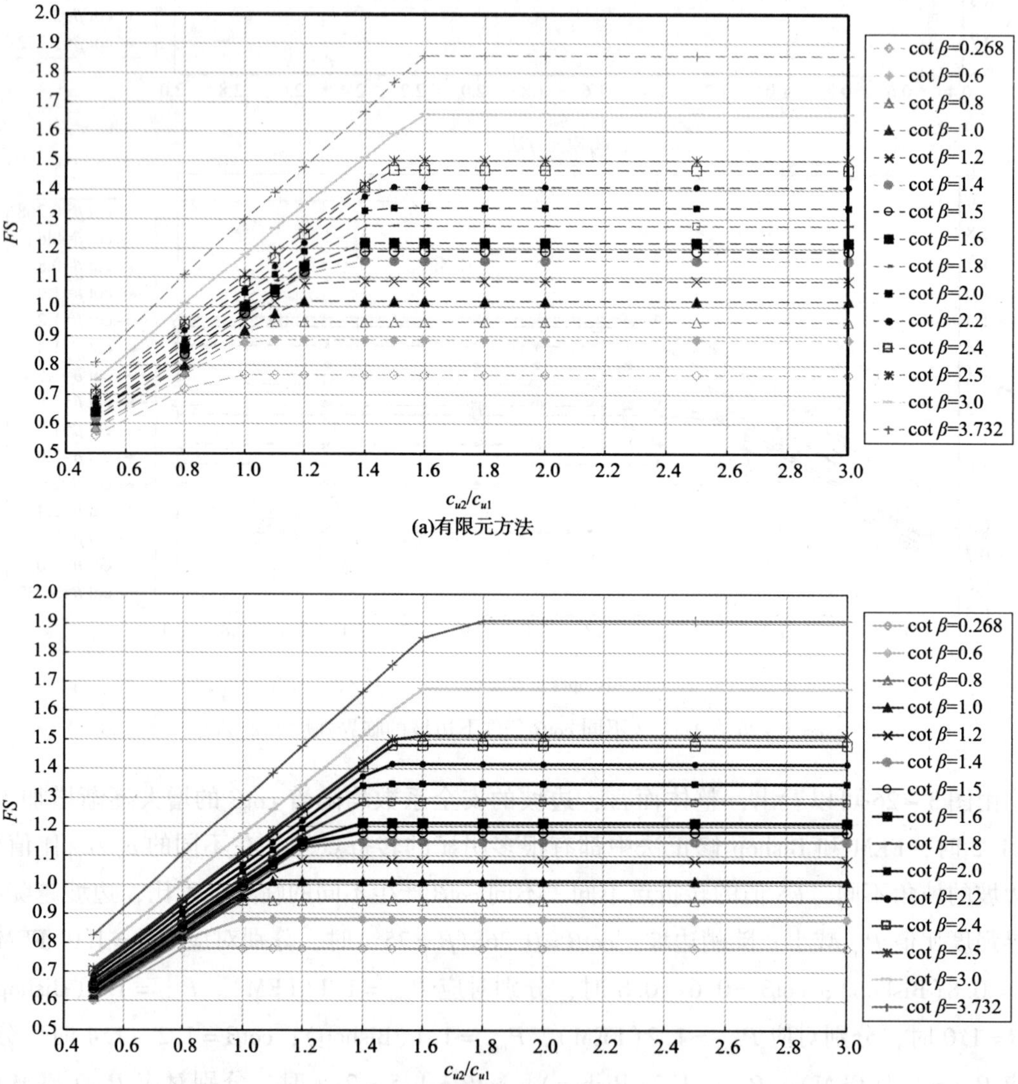

(a)有限元方法

(b)Bishop修正方法

图 3－27　$D=1.5$ 不同 $\cot\beta$ 条件下边坡的临界强度比 c_{u2}/c_{u1}

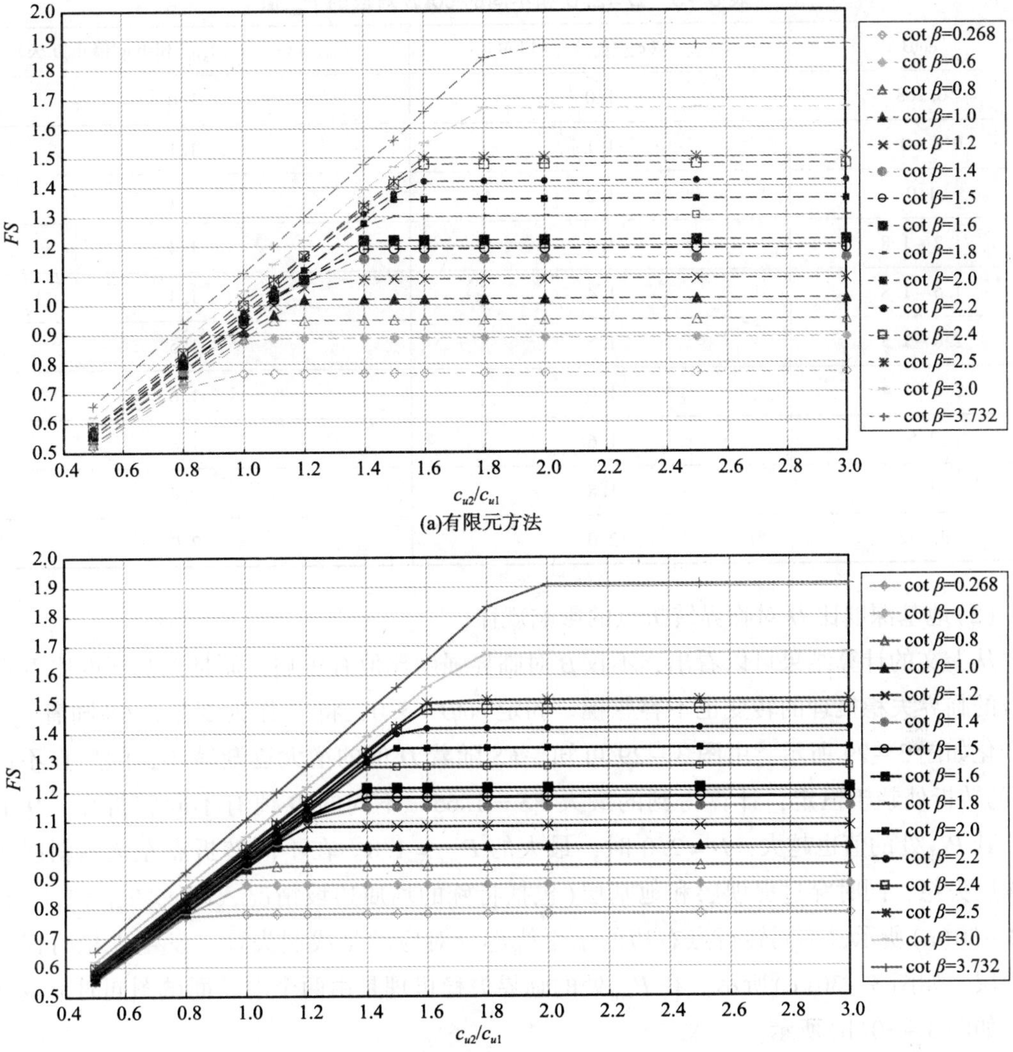

(a)有限元方法

(b)Bishop修正方法

图 3－28 $D=2.0$ 时不同 $\cot\beta$ 条件下边坡的临界强度比 c_{u2}/c_{u1}

表 3－2 $D=1.5$ 和不同的 $\cot\beta$ 对应的 P_{crit} 值

$\cot\beta$	$P_{crit}=(c_{u2}/c_{u1})_{crit}$(FEM)	$P_{crit}=(c_{u2}/c_{u1})_{crit}$(Bishop 修正方法)
0. 268	1. 0	0. 8
0. 6 ~ 0. 8	1. 1	1. 0
1. 0	1. 2	1. 1
1. 2 ~ 1. 4	1. 4	1. 2
1. 5 ~ 1. 8	1. 4	1. 4
2. 0 ~ 2. 5	1. 5	1. 5
3. 0	1. 6	1. 6
3. 732	1. 6	1. 8

表 3-3　$D=2.0$ 和不同的 $\cot\beta$ 对应的 P_{crit} 值

$\cot\beta$	$P_{crit}=(c_{u2}/c_{u1})_{crit}$(FEM)	$P_{crit}=(c_{u2}/c_{u1})_{crit}$(Bishop 修正方法)
0.268	1.0	1.0
0.6~0.8	1.1	1.1
1.0	1.2	1.1
1.2~1.8	1.4	1.4
1.5~1.8	1.4	1.4
2.0~2.5	1.5	1.5
2.2~2.4	1.6	1.6
2.5	1.6	1.8
3.0	1.8	1.8
3.732	2.0	2.0

(2)地基深度比 D 对临界转折点的影响规律。

从上文的计算结果可以看出，不仅 β 对临界强度比值有影响，而且地基深度比 D 值对边坡的临界失稳机理的转变也不容忽视。固定 $\cot\beta=3.0$，将 D 作为变量，FS 随着 c_{u2}/c_{u1} 的变化如图 3-29 所示。由图 3-29 可知，FS 随着 D 值的增大逐渐减小，随后在不同的 P_{crit} 的转折处趋于恒定，计算得到的最大 $FS=1.65$。不同的 D 值有不同转折点，D 值越大，其 P_{crit} 处的值也越大，$D=2.0$ 时，最大的 $P_{crit}=1.8$。在不同转折点左边的斜线对应于深层失稳，同时穿过堤坝层和地基层(包括特殊的均质边坡情况，即 $c_{u2}/c_{u1}=1.0$)，如图 3-30(a)所示，不同转折点右边的水平线部分对应的是浅层失稳，发生失稳时仅穿过堤坝层，如图 3-30(c)所示。在 P_{crit} 处的临界失稳机理是由两个滑动面试图同时形成和发生，如图 3-30(b)所示。

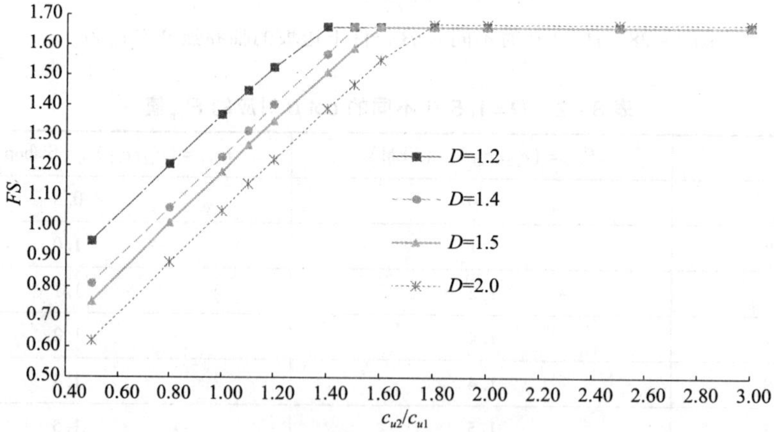

图 3-29　$\cot\beta=3.0$ 和变化的 D 条件下安全系数和强度比 c_{u2}/c_{u1} 的关系

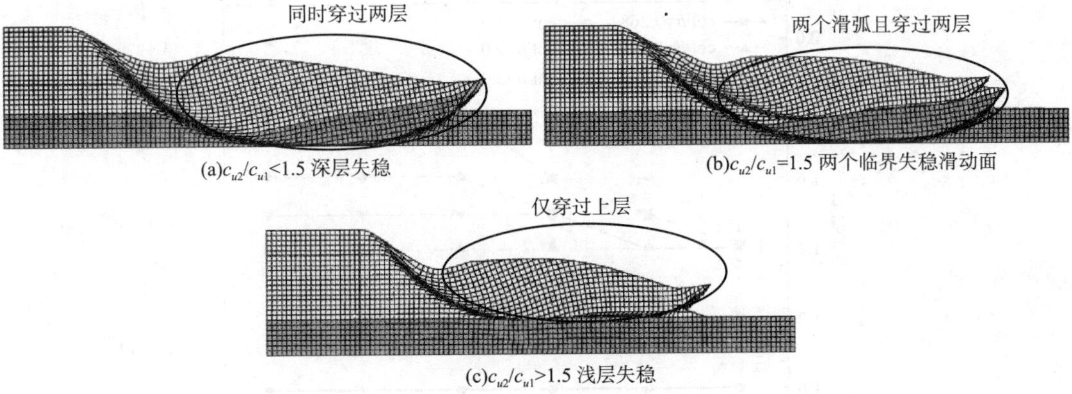

图 3－30　$\cot\beta=3.0$ 和 $D=1.4$ 时边坡的深层和浅层失稳机理

图3－30以 $\cot\beta=3.0$ 和 $D=1.4$ 为例，分别展示了图3－24中的斜线部分、转折点和水平线部分的临界失稳机理，该算例的 P_{crit} 为1.5。其中，小于1.5部分取的强度比 $c_{u2}/c_{u1}=1.0$，是均质边坡，该边坡的坡角 $\beta=18.4°<53°$，因此，其失稳机理如图3－30(a)所示，是深层与基底相切的失稳机理，与Taylor(1937)的稳定性图解预测的失稳机理完全一致。

本节研究了坡角 β 和地基深度比 D 同时对 P_{crit} 的影响，其结果如表3－4和图3－31所示。其中 $0.268(\beta=75°$：陡倾$)\leqslant\cot\beta\leqslant3.732(\beta=15°$：平缓$)$；$1.2\leqslant D\leqslant2.0$。

表3－4　变化的 cot β 和 D 对应的 P_{crit}

cot β	$D=1.2$	$D=1.4$	$D=1.5$	$D=1.6$	$D=1.8$	$D=2.0$
0.268	1.0	1.0	1.0	1.0	1.0	1.0
1.0	1.2	1.2	1.2	1.2	1.2	1.2
1.5	1.4	1.4	1.4	1.4	1.4	1.4
2.0	1.4	1.4	1.5	1.5	1.5	1.5
2.5	1.4	1.4	1.5	1.6	1.6	1.6
3.0	1.4	1.5	1.6	1.8	1.8	1.8
3.732	1.4	1.6	1.6	1.8	2.0	2.0

从图3－31中可以看出，P_{crit} 和 $\cot\beta$ 之间呈明显的正相关，即固定 D 为常数时，P_{crit} 随着 $\cot\beta$ 的增加而增大，尤其是对于 D 值较高的情况，如 $D=1.8$ 和2.0，P_{crit} 从1.0增至2.0。由此可见，边坡的地基深度越深，深层失稳向浅层失稳转变时下层土的强度应该比上层的强度更高。还可以观察到，P_{crit} 和 D 之间呈正相关，但并不是特别明显，即 P_{crit} 随着 D 的增大而增加仅表现在较高的 $\cot\beta$ 值中(较平缓的边坡)。从表3－4中可以得出，$\cot\beta=0.268\sim1.5$ 时，P_{crit} 分别固定在1.0、1.2、1.4，与地基深度的变化无关。$\cot\beta=3.0$ 时，P_{crit} 由1.4($D=1.2$)增至1.8($D=2.0$)；$\cot\beta=3.732$ 时，P_{crit} 由1.4($D=1.2$)增至2.0($D=2.0$)，从而可知，较平缓的边坡的临界失稳机理的改变对于边坡高度的变化比较敏感。

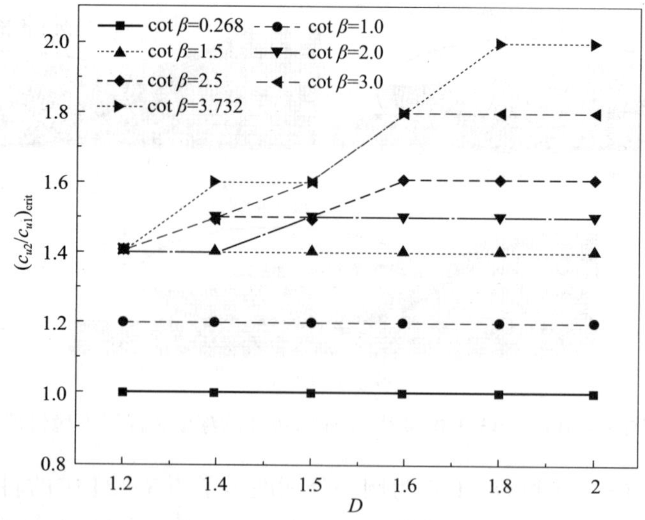

图 3－31　变化的 cotβ 和 D 对应的 P_{crit}

3.4.4　临界强度比值对应的临界失稳机理

本节采取一系列黏土边坡，通过本文有限元方法和 Bishop 修正方法进一步研究临界 c_{u2}/c_{u1} 比值对应的临界滑动面和失稳机理以及最明显和最强烈的双滑面失稳机理(the strongest two surfaces)。这里，最强烈的双滑面失稳机理认为在堤坝层和地基层的土体中出现的两个临界滑动面是最明显的。通过前文的大量边坡算例可知，临界强度比 P_{crit} 通常对应的临界失稳机理是同时存在上下两层土体的双临界滑动面。图 3－32 比较了 $\beta=45°$时不同地基深度比 D 对应的最强烈的双滑面失稳机理。双滑面失稳机理的形态随地基深度比 D 的情况发生动态变化，通过不断试算得到强度比 c_{u2}/c_{u1} 和最强烈的双滑面失稳，$D=1.2$ 和 2.0 时，最强烈的双滑面的强度比均为 1.1；$D=1.4$ 和 1.5，$P_{\text{crit}}=1.12$，当地基层的土体强度是堤坝层土体强度的 12% 时，会出现两个最明显的临界滑动面。

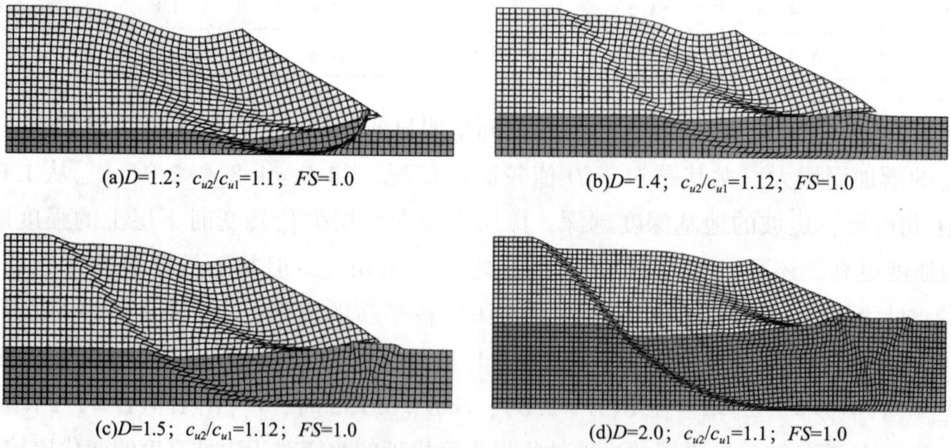

(a)D=1.2；c_{u2}/c_{u1}=1.1；FS=1.0　(b)D=1.4；c_{u2}/c_{u1}=1.12；FS=1.0

(c)D=1.5；c_{u2}/c_{u1}=1.12；FS=1.0　(d)D=2.0；c_{u2}/c_{u1}=1.1；FS=1.0

图 3－32　不同地基深度比 D 和 $\beta=45°$时最强烈的两个滑面的失稳机理图

从图 3－32 中可以看出，不同方案条件下的安全系数 *FS* 均为 1.0，边坡处于极限平衡状态。在弹塑性有限元方法中，根据边坡高度的变化，通过改变上下土层的强度参数比，得到最明显的两个临界滑动面，其失稳机理通过寻找最软弱的滑面路径形成最终的滑弧。这种由不同强度比值确定的最软弱路径再次体现了有限元边坡稳定性分析的优势。为了进一步说明两个最强烈临界滑动面的性态和特征，研究了地基深度比 $D=1.6$ 时不同坡角对应的最强烈的双滑面的失稳机理及其安全系数，如图 3－33 所示。

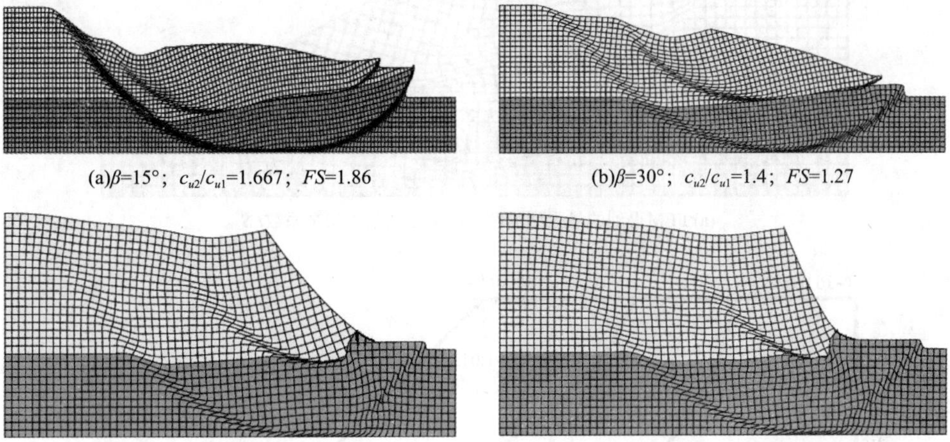

图 3－33　不同坡角 β 和 $D=1.6$ 时最强烈的两个滑面的失稳机理图

从图 3－33 中可以看出，这四种失稳机理的共同特征是第一个滑面从坡脚出露形成浅层的坡脚失稳，第二个滑面是与地基层的基底相切形成深层中点圆弧失稳。坡高相同，坡角不同，边坡有限元变形网格图中双滑面的形状和位置也各有不同，安全系数 *FS* 随着坡角的增大逐渐减小。对于较平缓的边坡，$\beta=15°$ 和 30°，滑动面的形状和位置更加清晰可见，地基层的强度需要比堤坝层更高时，在坡体中才会形成最强烈的两个临界滑动面，$\beta=15°$时的第一个滑弧属于浅层失稳，并未在坡脚处出露，而在坡面上滑出。较缓边坡的安全性较高，*FS* 分别为 1.86 和 1.27。对于较陡边坡，$\beta=60°$ 和 75°，第一个滑弧呈明显的坡脚失稳，第二个滑弧是典型的中心圆深层失稳机理。在地基层强度小于堤坝层强度时，即上硬下软的情况下陡峭边坡会出现两个最强烈的滑动面，此时边坡的稳定性较差，处于失稳破坏状态，安全系数均小于 1.0，分别为 0.78 和 0.69。

对比 FEM 和 Bishop 修正方法得到的最强烈双滑面失稳的计算结果，可知：该边坡的地基深度比 $D=1.5$，坡角 $\cot\beta=1.0$ 恒定，不排水强度比 c_{u2}/c_{u1} 作为变量，设定的变化范围是 $c_{u2}/c_{u1}=0.5$、0.8、…、3.0，用于分析和试算最强烈双滑面失稳机理。边坡的几何模型和网格划分如图 3－34 所示。

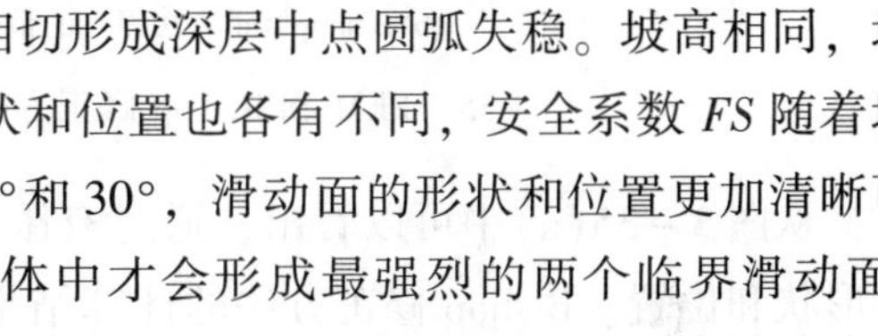

图 3－34　边坡的几何模型和网格划分

采用 FEM 和 Bishop 修正方法经过大量试算，得到 FEM 的强度比在 $c_{u2}/c_{u1}=1.12$，Bishop 修正方法的强度比在 $c_{u2}/c_{u1}=1.08$ 时，发生最强烈双滑面失稳机理，如图 3－35 所示。当地基层的土体强度分别是堤坝层土体强度的12%和8%时，FEM 和 Bishop 修正方法计算得到坡体中有两个最明显的滑动面同时形成。

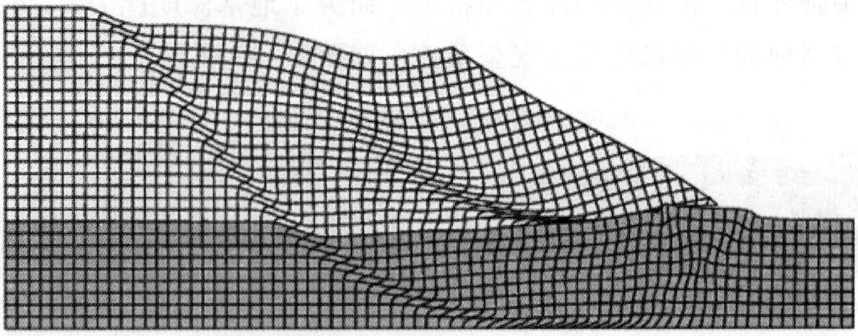

(a) FEM得到的最强烈的两个滑动面及最小安全系数*FS*

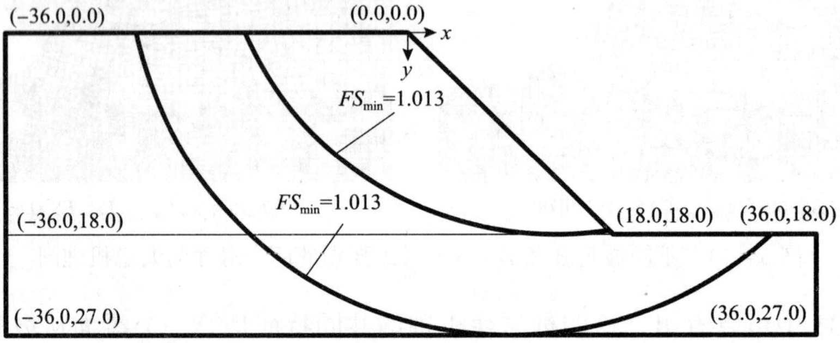

(b) Bishop修正方法得到的最强烈的两个滑动面及最小安全系数*FS*

图 3－35　FEM 和 Bishop 修正方法得到的最强烈的两个失稳机理的结果

从图 3－35(a)中可以看出，通过有限元计算非常直观地展示边坡的网格变形及滑动面形状和位置。Bishop 修正方法的计算结果呈现在图 3－35(b)中，预先假定滑动面的形状为圆弧滑动，在坡脚和地基层分别形成坡脚和深层失稳。

另一方面，FEM 的安全系数为1.0，程序的输出结果如图 3－36(a)所示，给出了每一次强度折减时的迭代次数和最大位移。当收敛上限达到2000时，最大节点位移发生突变，边坡刚好处于极限平衡状态，强度折减系数 $SRF=1.0$。将结果绘制于图 3－36(b)中可知，随着强度折减逐渐增至1.0时，节点位移突然迅速增加。Bishop 修正方法计算边坡的两个滑动面的最小安全系数均为1.013，与 FEM 获得的 $FS=1.0$ 非常接近。图 3－37 绘制了 Bishop 修正法的两个滑动面随着不同切线变化的最小安全系数的轮廓图。

图 3－37 中可以看出，在这个算例中有两个局部最小安全系数。如果圆弧稍微向远离局部最小值圆弧的任何方向移动，安全系数将会增大，另一个最小安全系数的位置也可能会发生变动。图中两个滑动面的位置都是最小值，一个代表浅层失稳滑动面，另一个是中心点深层失稳滑动面，$FS=1.013$。浅层滑动面在坡脚处出露，似乎更容易向临空面方向滑出，具有优势滑坡条件。深层失稳的安全系数也同样处于临界状态，若发生滑坡，其滑

体体积更大，带来的灾害更加严重。例如，滑坡激起的涌浪对水利工程和河流对岸的建筑的危害都是灾难性的，因此，在边坡治理和加固时应同时预防浅层和深层的滑动失稳。

There were 8838 equations and the skyline storage was 1068913

trial factor	max displacement	iterations
0.5000	0.56249E-01	5
0.7500	0.69002E-01	30
0.8750	0.79685E-01	95
0.9375	0.88639E-01	173
0.9688	0.97255E-01	228
0.9844	0.10771E+00	334
1.0000	0.48774E+00	2000

安全系数=1.00

(a)有限元程序输出的安全系数结果

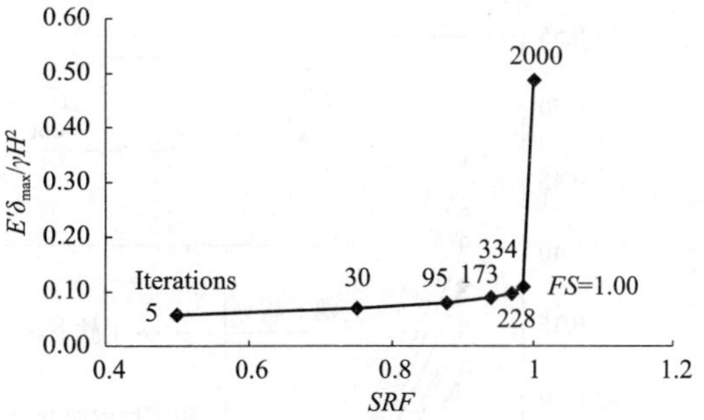

(b)最大节点位移与强度折减系数(SRF)关系曲线

图 3-36 最大节点位移与强度折减系数(SRF)关系曲线 $FS=1.00(D=1.5;\ c_{u2}/c_{u1}=1.12;\ \cot\beta=1.0)$

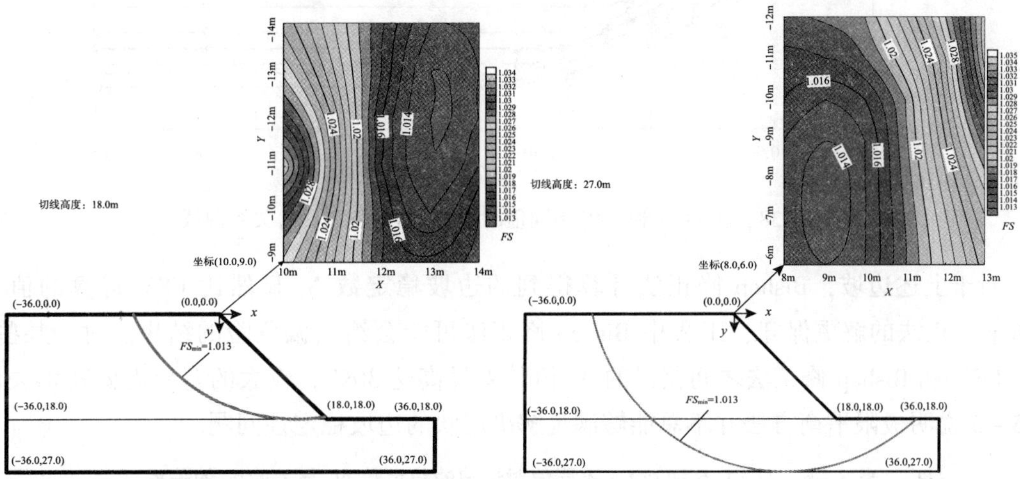

图 3-37 Bishop 修正法的不同切线层的最小 FS 变化轮廓图 $(D=1.5;\ c_{u2}/c_{u1}=1.08;\ \cot\beta=1.0)$

3.5 不同临界强度比值条件下双层不排水边坡稳定性态的演化规律

临界强度比值对双层不排水边坡稳定性的影响通过边坡的无量纲稳定数 N_c 的变化说明。该无量纲稳定数 N_c 的表达式基于 Taylor(1937)的均质边坡的稳定数进行修正，其表达式为：

$$N_c=\frac{c_{u1}}{\gamma HFS} \tag{3-49}$$

式中，N_c 为稳定数；c_{u1} 为堤坝层黏聚力，kPa；FS 为安全系数；γ 为土体容重，kN/m^3；H 为坡高，m。

从工程角度出发，设定 c_{u2}/c_{u1} 比值的变化范围为 0.2～3.5，这范围涵盖了大多数实际问题，边坡 cotβ 变化范围为 0.268 ~ 3.732，即 β 为 75°到 15°，边坡从陡峭到平缓边坡。由有限元方法计算得到的稳定数 N_c 与 c_{u2}/c_{u1} 比值的关系曲线如图 3 – 38 所示。同时，有限元和极限平衡方法获得的解列在表 3 – 5 中进行对比。

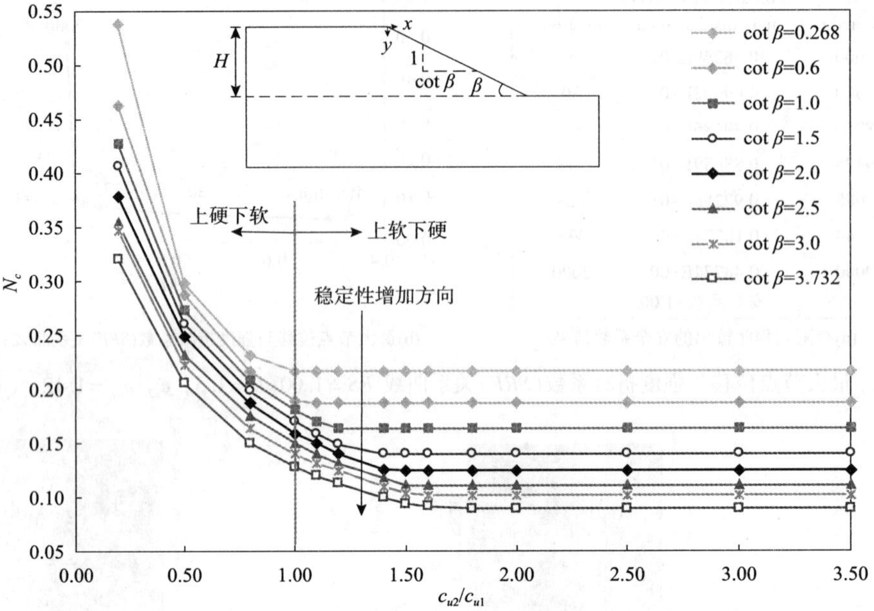

图 3 – 38　D = 1.5 和 cotβ 不同值时边坡的 N_c 与 c_{u2}/c_{u1} 关系曲线

对于上述边坡，Bishop 修正法计算得到的边坡稳定数 N_c 显然比 FEM 计算的值小。Bishop 修正法的解更保守，工程中 Bishop 修正法可能会给出偏危险的结果。对于某些边坡，FEM 和 Bishop 修正法之间获得的 N_c 值的差异高达 30%，较大的差异需要特别关注。表 3 – 5 说明极限平衡方法并不总能够满足解决层状的边坡稳定性问题。

表 3 – 5　D = 1.5 和 cot β 不同值时边坡的稳定数 N_c 与 c_{u2}/c_{u1} 的关系

$P = c_{u2}/c_{u1}$	cotβ = 0.268 (FEM)	cotβ = 0.268 (Bishop 修正法)	N_c差异 (FEM 和 Bishop 修正法)	cotβ = 0.6 (FEM)	cotβ = 0.6 (Bishop 修正法)	N_c差异 (FEM 和 Bishop 修正法)
0.20	0.538	0.413	30.32%	0.463	0.408	13.33%
0.50	0.298	0.277	7.50%	0.287	0.274	4.83%
0.80	0.231	0.214	8.33%	0.216	0.207	4.81%
1.00	0.216	0.214	1.30%	0.189	0.186	1.84%
1.10	0.216	0.214	1.30%	0.187	0.186	0.70%
1.20	0.216	0.214	1.30%	0.187	0.186	0.70%
1.40	0.216	0.214	1.30%	0.187	0.186	0.70%
1.50	0.216	0.214	1.30%	0.187	0.186	0.70%
1.60	0.216	0.214	1.30%	0.187	0.186	0.70%
1.80	0.216	0.214	1.30%	0.187	0.186	0.70%

续表

$P=c_{u2}/c_{u1}$	$\cot\beta=0.268$ (FEM)	$\cot\beta=0.268$ (Bishop 修正法)	N_c差异 (FEM 和 Bishop 修正法)	$\cot\beta=0.6$ (FEM)	$\cot\beta=0.6$ (Bishop 修正法)	N_c差异 (FEM 和 Bishop 修正法)
2.00	0.216	0.214	1.30%	0.187	0.186	0.70%
2.50	0.216	0.214	1.30%	0.187	0.186	0.70%
3.00	0.216	0.214	1.30%	0.187	0.186	0.70%
3.50	0.216	0.214	1.30%	0.187	0.186	0.70%
$P=c_{u2}/c_{u1}$	$\cot\beta=3.0$ (FEM)	$\cot\beta=3.0$ (Bishop 修正法)	N_c差异 (FEM 和 Bishop 修正法)	$\cot\beta=3.732$ (FEM)	$\cot\beta=3.732$ (Bishop 修正法)	N_c差异 (FEM 和 Bishop 修正法)
0.20	0.347	0.333	4.38%	0.321	0.305	5.19%
0.50	0.222	0.221	0.53%	0.206	0.202	1.98%
0.80	0.163	0.163	0.45%	0.150	0.148	1.45%
1.00	0.140	0.140	0.42%	0.128	0.127	0.87%
1.10	0.133	0.132	0.60%	0.120	0.119	0.76%
1.20	0.124	0.124	0.22%	0.113	0.112	0.55%
1.40	0.111	0.110	0.69%	0.100	0.099	0.50%
1.50	0.104	0.104	0.45%	0.094	0.094	0.32%
1.60	0.102	0.100	2.13%	0.090	0.089	0.58%
1.80	0.102	0.100	2.13%	0.090	0.087	2.63%
2.00	0.102	0.100	2.13%	0.090	0.087	2.63%
2.50	0.102	0.100	2.13%	0.090	0.087	2.63%
3.00	0.102	0.100	2.13%	0.090	0.087	2.63%
3.50	0.102	0.100	2.13%	0.090	0.087	2.63%

从图 3－38 中可以观察到，稳定数 N_c 先随着强度比 c_{u2}/c_{u1} 增大而减小，在某个转折点，N_c 值恒定不变，不受强度比变化的影响。从公式(3－49)中可以看出稳定数 N_c 与安全系数 FS 成反比，安全系数越低，稳定数越高，反之亦然。因此，边坡稳定性增加的方向如图 3－38 中的箭头所示。从图中也能观察到临界强度比 P_{crit} 逐渐增大，由 $P_{crit}=1.0$ 逐渐增至 $P_{crit}=1.6$，而 N_c 随着 P_{crit} 的增大而逐渐减小，最大 P_{crit} 对应的 N_c 值为 0.092。稳定数 N_c 值随着坡角 $\cot\beta$ 增大而减小，从公式(3－49)和 Taylor 的稳定系图解中也可得知，陡峭边坡的稳定数 N_c 相较于平缓边坡更高。在坡度较陡($\beta=75°$)的情况下，N_c 可能高达 0.54。通过整体查看 FEM 计算的滑动面发现，当 $c_{u2}/c_{u1}>1.6$ 时，边坡的失稳机理是浅层坡脚失稳，即使 c_{u2}/c_{u1} 比值继续增大，边坡的失稳机理在形状上不会有大的改变。因为 c_{u2}/c_{u1} 比值越大，地基层土体强度越高，失稳机理主要由堤坝层土体控制。然而当 $c_{u2}/c_{u1}<1.0$ 时，观察到的失稳机理多是深层基底失稳，由地基层的强度 c_{u2} 起主导作用。

3.6 不排水边坡的安全系数与影响因素之间的数学模型

通过前面几节数值实验研究发现在双层不排水边坡中影响边坡稳定性的因素主要有地基深度比 D、坡角 β、上下土层强度参数比 c_{u2}/c_{u1} 以及临界强度比 $(c_{u2}/c_{u1})_{crit}$ 四种，分析前文得到的数值结果，将影响因素与稳定性之间的相关性进行多元非线性回归，研究不同阶段影响稳定性的最主要因素及其与安全系数或稳定数之间的函数关系式。

采用 Pearson 积矩相关的方法分别对图 3－26～图 3－28 中不同地基深度比（$D=1.2$、1.4、1.5、2.0）条件下强度比、坡角和安全系数之间的关系曲线进行相关性和回归方程的拟合，得到了不同 D 值条件下，FS 与 (c_{u2}/c_{u1}) 和 $\cot\beta$ 之间线性及水平阶段的相关系数。

$D=1.2$ 时：

线性阶段，FS 和 c_{u2}/c_{u1} 的 Pearson 相关系数 $\kappa_1=0.868$；FS 和 $\cot\beta$ 的 Pearson 相关系数 $\kappa_2=0.753$；

水平阶段，FS 和 c_{u2}/c_{u1} 的 Pearson 相关系数 $\kappa_1=0.139$；FS 和 $\cot\beta$ 的 Pearson 相关系数 $\kappa_2=0.999$。

$D=1.4$ 时：

线性阶段，FS 和 c_{u2}/c_{u1} 的 Pearson 相关系数 $\kappa_1=0.728$；FS 和 $\cot\beta$ 的 Pearson 相关系数 $\kappa_2=0.677$；

水平阶段，FS 和 c_{u2}/c_{u1} 的 Pearson 相关系数 $\kappa_1=0.240$；FS 和 $\cot\beta$ 的 Pearson 相关系数 $\kappa_2=0.999$。

同样的方法，通过计算分别得到 $D=1.5$ 和 2.0 时 FS 与 (c_{u2}/c_{u1}) 和 $\cot\beta$ 之间的Pearson 相关系数，如表 3－6 所示。

表 3－6　安全系数 FS 与 c_{u2}/c_{u1} 和 $\cot\beta$ 之间的相关性

阶段	相关系数	$D=1.2$	$D=1.4$	$D=1.5$	$D=2.0$
线性阶段（Linear）	相关系数 κ_1	0.868	0.728	0.900	0.968
	相关系数 κ_2	0.753	0.677	0.639	0.566
水平阶段（Horizontal）	相关系数 κ_1	0.139	0.240	0.267	0.346
	相关系数 κ_2	0.999	0.999	0.999	0.999

从表 3－6 中可以看出，在线性增加阶段，FS 与 c_{u2}/c_{u1} 和 $\cot\beta$ 之间的相关性均较好，边坡的稳定性主要受强度比和坡角的影响，当坡高较低时（$D=1.2$ 和 1.4），c_{u2}/c_{u1} 和 $\cot\beta$ 对 FS 的影响程度较为接近，边坡的地基深度比越大（$D=1.5$ 和 2.0），FS 受 (c_{u2}/c_{u1}) 的影响明显高于 $\cot\beta$（$r_1\geq 0.90$）。对于水平阶段，c_{u2}/c_{u1} 与 FS 的相关系数最大仅为 0.346，小于 0.5，而 $\cot\beta$ 与 FS 的相关系数均为 0.999，接近于 1.0，水平段边坡的稳定性主要受坡角 β 的影响。整体而言，将 $D=1.5$ 作为临界地基深度比 D_{crit}，$D<D_{crit}$ 时，FS 受 c_{u2}/c_{u1} 和 $\cot\beta$ 影响的程度大致相同；$D>D_{crit}$ 时，c_{u2}/c_{u1} 在边坡稳定性中起主导作用，$\cot\beta$ 是辅助影

响因素。当 $c_{u2}/c_{u1} \geqslant (c_{u2}/c_{u1})_{\text{crit}}$，无论地基深度比 D 值是多少，FS 的变化主要受控于 $\cot\beta$。

为了更明确地预估 FS 与 c_{u2}/c_{u1} 和 $\cot\beta$ 之间的函数关系式，对数值实验得到的大量数据进行多元线性回归分析，假定多元线性回归模型为：

$$y_t = \alpha_1 + \alpha_2 x_{2t} + \alpha_3 x_{3t} + \ldots + \alpha_k x_{kt} \tag{3-50}$$

式中，α_1 为截距，为常数；α_2，α_3 和 α_k 为 x_{2t}，x_{3t}，x_{kt} 发生变动时引起 y_t 的增量的偏回归拟合系数。

该多元回归方程为 x_{2t}，x_{3t}，y_t 等自变量共同变动引起 y_t 的平均变动，反映了自变量和因变量之间的影响和变动关系。

根据图 3-26～图 3-28 中得到的数值实验结果，预测了强度比 c_{u2}/c_{u1} 和坡角 β 对安全系数 FS 的一个回归数学模型，将 c_{u2}/c_{u1} 和 $\cot\beta$ 作为 2 个自变量，FS 为因变量，通过对大量数据二元线性回归，分别预测了两段回归方程，其表达式为：

线性阶段：

$$FS = A_1(c_{u2}/c_{u1}) + B_1(\cot\beta) + C_1 \quad 0 \leqslant c_{u2}/c_{u1} \leqslant (c_{u2}/c_{u1})_{\text{crit}} \tag{3-51}$$

水平阶段：

$$FS = A_2(c_{u2}/c_{u1}) + B_2(\cot\beta) + C_2 \quad (c_{u2}/c_{u1})_{\text{crit}} \leqslant c_{u2}/c_{u1} \leqslant \infty \tag{3-52}$$

式中，A_1、B_1 和 A_2、B_2 分别为线性和水平阶段的拟合系数；C_1 和 C_2 为函数中的常数。

选取 $D=2.0$ 为例，对图 3-26 中的数据进行线性增长段和水平段的二元回归拟合，输出的计算结果和回归方程的残差图分别如图 3-39 和图 3-40 所示。

Regression Analysis: FS versus c_{u2}/c_{u1}, $\cot\beta$

Analysis of Variance

Source	DF	Adj SS	Adj MS	F-Value	P-Value
Regression	2	10.2076	5.10381	4874.28	0.000
c_{u2}/c_{u1}	1	6.9019	6.90194	6591.55	0.000
$\cot\beta$	1	0.5311	0.53109	507.21	0.000

Model Summary

S	R-sq	R-sq(adj)	R-sq(pred)
0.0323588	98.88%	98.86%	98.78%

R^2

Coefficients

Term	Coef	SE Coef	T-Value	P-Value	VIF
Constant	0.0426	0.0103	4.12	0.000	
c_{u2}/c_{u1}	0.76793	0.00946	81.19	0.000	1.16
$\cot\beta$	0.08353	0.00371	22.52	0.000	1.16

Regression Equation　拟合的二元回归方程

FS=0.0426+0.76793 c_{u2}/c_{u1}+0.08353 $\cot\beta$

Regression Analysis:

FS(Horizontal) versus c_{u2}/c_{u1}(Horizontal), $\cot\beta$(Horizontal)

Analysis of Variance

Source	DF	Adj SS	Adj MS	F-Value	P-Value
Regression	2	6.21435	3.10717	37809.09	0.000
c_{u2}/c_{u1}(Horizontal)	1	0.00000	0.00000	0.01	0.904
$\cot\beta$(Horizontal)	1	5.47103	5.47103	66573.31	0.000

Model Summary

S	R-sq	R-sq(adj)	R-sq(pred)
0.0090653	99.87%	99.87%	99.85%

Coefficients

Term	Coef	SE Coef	T-Value	P-Value	VIF
Constant	0.69445	0.00342	202.90	0.000	
c_{u2}/c_{u1}(Horizontal)	0.0002	0.00169	0.12	0.904	1.14
$\cot\beta$(Horizontal)	0.32672	0.00127	258.02	0.000	1.14

Regression Equation

FS(Horizontal)=0.69445+0.0002 c_{u2}/c_{u1}(Horizontal)+0.32672 $\cot\beta$(Horizontal)

图 3-39　安全系数 FS 与 c_{u2}/c_{u1} 和 $\cot\beta$ 之间的二元回归分析输出结果

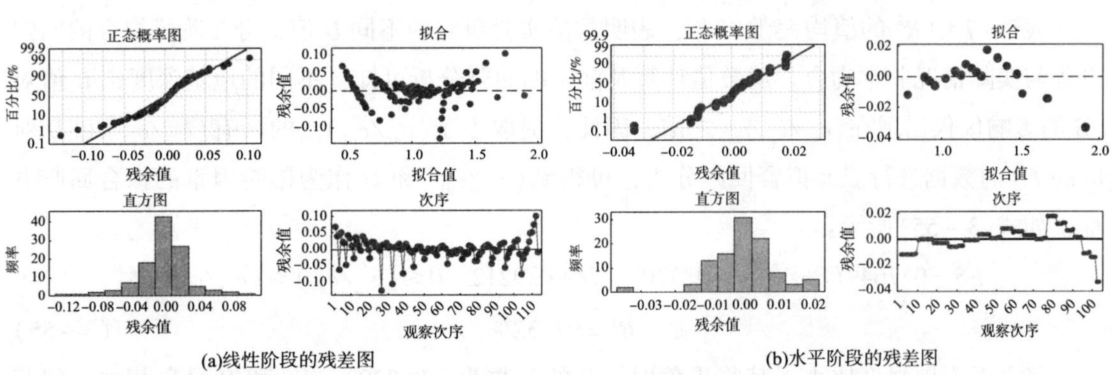

(a)线性阶段的残差图　　(b)水平阶段的残差图

图 3-40　安全系数 FS 与 c_{u2}/c_{u1} 和 $\cot\beta$ 之间的拟合回归方程的残差图

通过回归拟合分析，分别得到了线性增长阶段和水平阶段的回归方程式(3－53)～式(3－54)：

线性阶段：

$$FS=0.768(c_{u2}/c_{u1})+0.084\cot\beta+0.043 \tag{3-53}$$

水平阶段：

$$FS=0.0002(c_{u2}/c_{u1})+0.327\cot\beta+0.695 \tag{3-54}$$

在输出的结果中，S、R^2、P 值为模型对数据的拟合优度的度量。S 为响应变量的单位进行度量，表示数据值偏离回归线的标准距离。对于给定研究，S 越小，等式预测响应的效果越好。R^2 描述在观测的响应值中由预测变量解释的变异量，R^2 值越高，模型拟合数据的优度越高。P 值提供了检验预测变量与响应之间关系的方法。$P\leqslant0.05$ 表明该因素的影响效应显著；$P>0.05$ 表明该因素的影响效应不显著。在 $D=2.0$ 的回归分析中，在线性增长阶段，$S=0.032$；$R^2=98.88\%$，(c_{u2}/c_{u1})和 $\cot\beta$ 的 P 值都等于 0.00(<0.05)。因此，式(3－53)的拟合程度很高，上下土层强度比和坡角在临界强度比值$(c_{u2}/c_{u1})_{\text{crit}}$之前同时影响边坡的稳定性，且估算出了$(c_{u2}/c_{u1})$和 $\cot\beta$ 在线性增长阶段的拟合系数。当$(c_{u2}/c_{u1})>(c_{u2}/c_{u1})_{\text{crit}}$之后，通过 S 和 R^2 值($S=0.009$；$R^2=99.87\%$)说明了式(3－54)的拟合方程更加准确。但(c_{u2}/c_{u1})和 $\cot\beta$ 的 P 值分别为 0.904(>0.05)和 0.00，说明当下层土体强度较高时，在边坡稳定性分析中仅考虑坡角 β 的变化对 FS 的影响。采用同样的二元拟合回归方法对不同的地基深度比 $D=1.2$、1.4、1.5 进行分析，(c_{u2}/c_{u1})和 $\cot\beta$ 的拟合系数及 R^2 的结果如表 3－7 所示。

表 3－7　线性阶段和水平阶段不同影响因素的拟合系数

阶段	线性阶段(Linear)				水平阶段(Horizontal)			
拟合系数	A_1	B_1	C_1	R^2	A_2	B_2	C_2	R^2
$D=1.2$	0.2081	0.6026	0.1254	96.26%	0.0022	0.3156	0.7003	99.85%
$D=1.4$	0.6953	0.1571	0.0666	97.47%	0.0011	0.3191	0.6987	99.87%
$D=1.5$	0.7211	0.1385	0.0535	97.75%	0.0011	0.3190	0.6986	99.86%
$D=2.0$	0.7679	0.0835	0.0426	98.88%	0.0002	0.3267	0.6945	99.87%

表 3－7 中 R^2 的值均大于 95%，表明数值实验研究的不同 D 值，分 2 阶段拟合的回归方程与实际情况非常吻合。从数值计算及前文的回归分析可知，不同的地基深度比 D 值对 FS 的影响仅仅出现在$(c_{u2}/c_{u1})_{\text{crit}}$之前，因此，提取小于$(c_{u2}/c_{u1})_{\text{crit}}$的所有$(c_{u2}/c_{u1})$和 D 对应的 FS 的数据进行二元拟合回归分析，可得到(c_{u2}/c_{u1})和 D 作为影响因素的拟合回归方程，如式(3－55)所示：

$$FS=0.7649(c_{u2}/c_{u1})-0.3203\quad D+0.9212\quad 0\leqslant(c_{u2}/c_{u1})\leqslant(c_{u2}/c_{u1})_{\text{crit}}$$

$$R^2=97.32\% \tag{3-55}$$

当上下土层强度比小于其临界值时，D 的系数为 -0.3203，FS 和 D 呈负相关；但若

$(c_{u2}/c_{u1})>(c_{u2}/c_{u1})_{crit}$，则$(c_{u2}/c_{u1})$和 D 值的变化对 FS 均不再产生影响。因此，$(c_{u2}/c_{u1})_{crit}$在分析边坡的稳定性中是一个非常重要的临界参数。通过上文研究发现，平缓和陡峭坡角对双层不排水边坡的临界强度比$(c_{u2}/c_{u1})_{crit}$的影响截然不同。因此，分为平缓和陡峭两种边坡类型进行二元拟合回归分析，将三种影响因素相互之间的关系进行归一化，通过方程式的形式表达三者之间的相关性和相互影响程度，如图3－41所示，得到的拟合回归方程分别为：

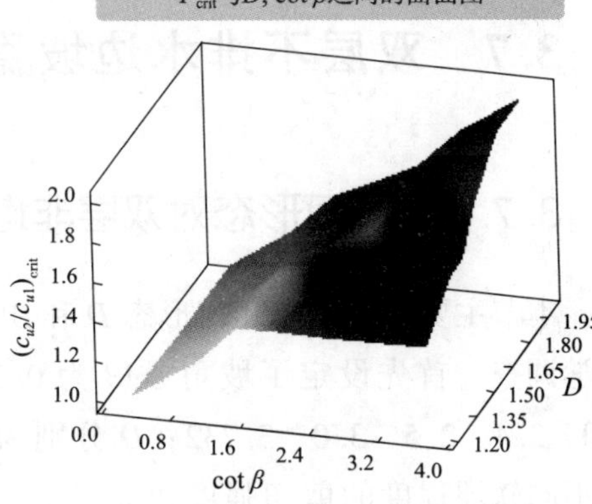

图3－41 三种影响因素之间的相互关系

陡峭边坡：

$$(c_{u2}/c_{u1})_{crit}=0.2819\cot\beta+0.0347D+0.8757,\ R^2=96.29\% \tag{3-56}$$

平缓边坡：

$$(c_{u2}/c_{u1})_{crit}=0.1292\cot\beta+0.6204D+0.272,\ R^2=85.26\% \tag{3-57}$$

对于双层不排水边坡，通过拟合回归分析，以临界强度比$(c_{u2}/c_{u1})_{crit}$作为分界线，分别获得了安全系数 FS 与上下土层强度比(c_{u2}/c_{u1})、地基深度比 D 和坡角 $\cot\beta$ 之间的关系式，并且得到了平缓和陡峭边坡的(c_{u2}/c_{u1})与 D 和 $\cot\beta$ 的关系式。在工程实际中，通过地质资料可以获得边坡的几何参数（D 和 $\cot\beta$），采用式（3－56）和式（3－57）可得$(c_{u2}/c_{u1})_{crit}$，继而使用方程式(3－51)、式(3－52)和式(3－55)求取地质力学参数对应的边坡的安全系数 FS，以合理高效评价边坡的稳定性。

进一步同时考虑土体特性和几何参数的影响，同样以明显的临界转折点$(c_{u2}/c_{u1})_{crit}$作为分界线，可得到两段式方程：

$$FS=0.6866(c_{u2}/c_{u1})+0.1476\cot\beta-0.3203D+0.3495\quad 0\leqslant(c_{u2}/c_{u1})\leqslant(c_{u2}/c_{u1})_{crit}$$
$$R^2=96.11\% \tag{3-58}$$

$$FS=0.3420\cot\beta+0.6797\quad (c_{u2}/c_{u1})\geqslant(c_{u2}/c_{u1})_{crit}$$
$$R^2=99.95\% \tag{3-59}$$

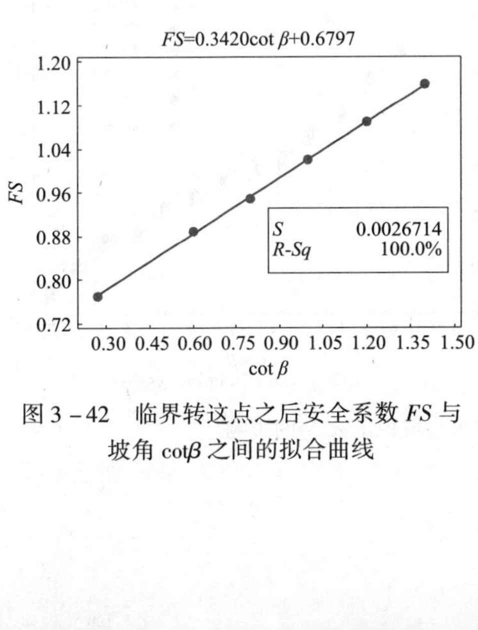

图3－42 临界转这点之后安全系数 FS 与坡角 $\cot\beta$ 之间的拟合曲线

当 $c_{u2}/c_{u1}\leqslant c_{u2}/c_{u1\,crit}$时，$FS$ 与 c_{u2}/c_{u1} 和 $\cot\beta$ 呈正相关，与 D 呈负相关，由三个参数同时决定 FS 值的大小。当$(c_{u2}/c_{u1})\geqslant(c_{u2}/c_{u1})_{crit}$之后，对边坡稳定性的影响仅有坡角 $\cot\beta$，且 FS 与 $\cot\beta$ 之间呈线性增长的关系曲线，如图3－42所示，拟合的 R^2 高达100%。此时，FS 与D 和(c_{u2}/c_{u1})之间的相关系数 κ 和 R^2 值分别为 －0.016、0.171 和 2.9%、0.0%，土体强度比值和地基深度比的变化基本不会影响边坡的稳定性。

3.7 双层不排水边坡稳定性态与失稳机理演化规律研究

3.7.1 几何形态对双层非均质边坡稳定性的影响规律

本节主要为了研究几何形态 D 和 β 对边坡稳定形态和失稳机理的影响程度，经过地质力学调查，首先设定了坡角 $\cot\beta$ 为 0.268、0.6、0.8、1.0、1.2、1.4、1.5、1.6、1.8、2.0、2.4、2.5、3.0、3.732；D 分别为 1.2、1.5、2.0、2.5、3.5、4.5；其次选择了代表不同软硬程度的剪切强度比 c_{u2}/c_{u1}，其比值分别为：0.5 代表上硬下软（Stiff - Over - Soft）、1.0 代表上下层强度相同（Uniform Soil）、1.5 和 3.0 代表上软下硬（Soft - Over - Stiff）。采用本文的有限元程序对力学模型和相关参数的计算得到了几何因素对边坡稳定数 N_c 的影响规律。以边坡的稳定数为纵坐标，以坡角的余切值 $\cot\beta$ 为横坐标的相互关系曲线，如图 3 - 43 所示。

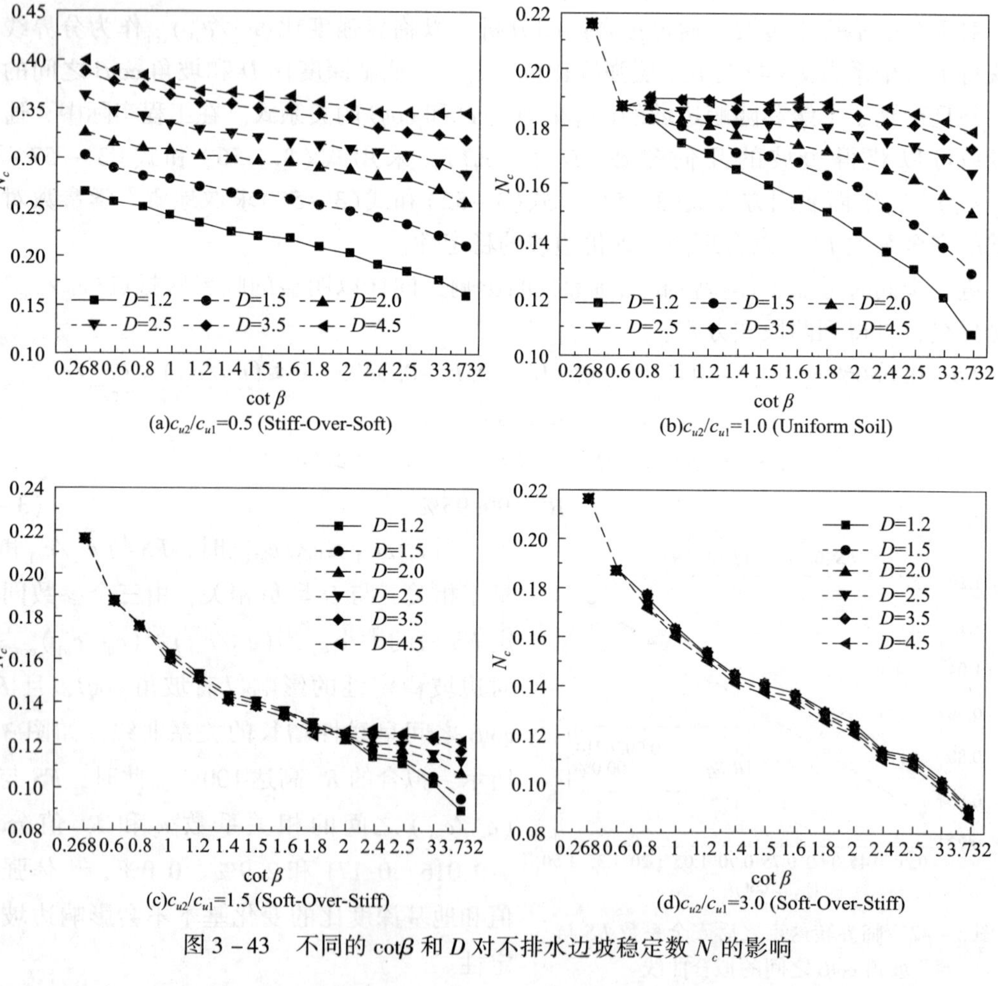

(a) c_{u2}/c_{u1}=0.5 (Stiff-Over-Soft)

(b) c_{u2}/c_{u1}=1.0 (Uniform Soil)

(c) c_{u2}/c_{u1}=1.5 (Soft-Over-Stiff)

(d) c_{u2}/c_{u1}=3.0 (Soft-Over-Stiff)

图 3 - 43　不同的 $\cot\beta$ 和 D 对不排水边坡稳定数 N_c 的影响

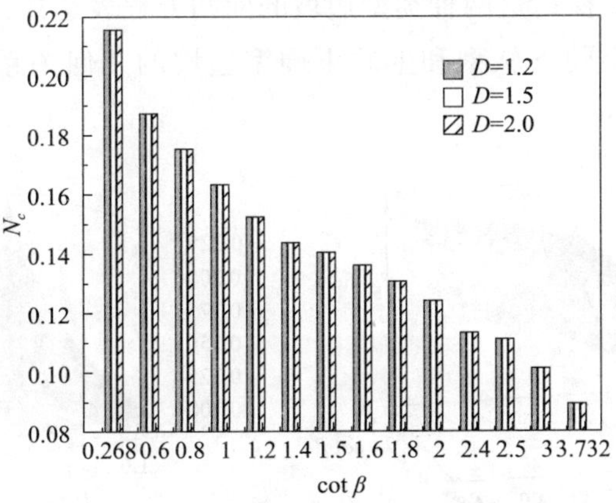

(e)c_{u2}/c_{u1}=3.0 (Soft-Over-Stiff)

图 3-43 不同的 $\cot\beta$ 和 D 对不排水边坡稳定数 N_c 的影响(续)

对于每一种软硬程度不同的强度比值和地基深度比，所有的边坡稳定数 N_c 均随着 $\cot\beta$ 增大而减小，坡角对边坡的稳定性的影响非常显著，是边坡稳定性态中敏感度较高的影响因素。从图 3-43 中也可以观察到，地基深度比对边坡稳定性态的影响与坡角相比并没有较为一致性的规律。上下土层软硬程度的不同，D 对边坡稳定性的影响也有差别。整体而言，随着地基层强度的增加，地基深度的增加对边坡稳定性的影响越小，甚至出现曲线重合的现象，意味着边坡的稳定性不再受地基层深度的影响。从图 3-43(a) 中，$c_{u2}/c_{u1}=0.5$(上硬下软)和变化的 $\cot\beta$ 边坡条件下，N_c 均随着 D 增大而增大。$\beta=75°$时，不同的 D 值对应的 N_c 最多降低了 0.147；$\beta=15°$时，N_c 最多降低了 0.205。当地基层土体强度较低时，D 对于边坡稳定性的影响较为显著，地基深度比坡高 H 越高，边坡稳定性越差。$c_{u2}/c_{u1}=0.5$ 为地基层较软弱的软土边坡，对应的失稳机理也通常是深层基底失稳，滑动面路径经由地基层形成滑弧。图 3-43(b) 中 $c_{u2}/c_{u1}=1.0$ 的均质边坡，对于坡角 β 大于 53°时，如前文叙述，无论 D 值如何变化，滑动面在坡脚处滑出，形成坡脚失稳式。但当坡角 β 小于 53°时，失稳可能是坡脚失稳，也可能深层基底失稳与地基深度有关。因此，图 3-43(b) 中可以看出 $\beta\geqslant 53°$，N_c 的降低仅受 β 影响。$\beta<53°$，N_c 的随着坡角的增大而增大，随着坡高的减小而减小。

查看图 3-43(c)、(d) 中不同边坡的失稳机理发现滑动面形状基本没有变化，这也反映出这些边坡的稳定数 N_c 受 D 的影响很小。特别是，当给定 $\cot\beta$ 值，$D=1.2$、1.5 和 2.0 时，所有的 N_c 值是完全相等的，如图 3-43(e) 所示。这种现象的原因是边坡的稳定性主要由软弱层控制，当 $c_{u2}/c_{u1}>1.5$ 时属于上软下硬型边坡，尤其当 $c_{u2}/c_{u1}=3.0$ 时，地基层土体强度是堤坝层土体强度的 3.0 倍，此时，地基层已经被视作一个刚体，非常坚硬，所以堤坝层土体在边坡失稳过程中起主导作用。图 3-43(d) 中并非所有的 N_c 值都完全相等，在 D 值较大的填土边坡中，如 $D=2.5\sim4.5$，N_c 的值非常相近，但不完全相等。总而言之，在上软下硬的边坡中，β 值成为主要影响因素，D 对边坡稳定性和失稳机理的影响并不敏感。为研究上硬下软型和上软下硬型边坡中几何形态与稳定性态之间的数学模型，通过回归拟合方法，探讨这两种类型边坡的回归方程表达式，依据图 3－43 中有限元计算的数值解，可得到上硬下软型和上软下硬型边坡的几何关系和 N_c 之间的关系曲面，如图 3－44 所示。

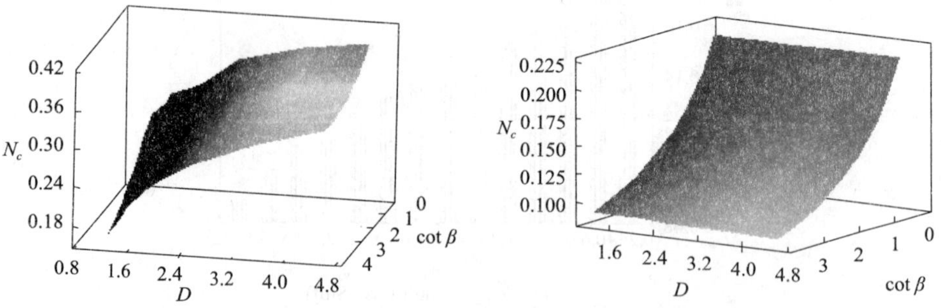

(a) $c_{u2}/c_{u1}<1.0$(上硬下软)　(b) $c_{u2}/c_{u1}>1.0$(上软下硬)

图 3－44　边坡几何参数与稳定数 N_c 之间的关系曲面

从前文分析结果及图 3－44 中可以看出，几何形态对上硬下软型边坡均产生影响，而当 $c_{u2}/c_{u1}>1.0$ 时，N_c 曲面的变化仅受 $\cot\beta$ 的影响［图 3－44(b)］。对稳定数 N_c 和坡角 $\cot\beta$ 之间的关系进行拟合，得到通用的拟合方程分别为：

$$\left.\begin{aligned} N_c &= a(\cot\beta)^2 - b\cot\beta + c \quad c_{u2}/c_{u1} < 1.0 \\ N_c &= -a\ln(\cot\beta) + c \qquad c_{u2}/c_{u1} > 1.0 \end{aligned}\right\} \tag{3-60}$$

不同的地基深度比 D 对上硬下软型边坡产生不同程度的影响，且为正相关的关系，在上软下硬型边坡中可忽略其影响。因此，对所有两种类型边坡的数值解进行二元拟合回归分析，其回归方程式为：

$$N_c = 0.385 - 0.020\cot\beta + 0.025D - 0.234(c_{u2}/c_{u1})；\ R^2 = 89.65\%$$

$$N_c = 0.203 - 0.032\cot\beta - 0.003(c_{u2}/c_{u1})；\ R^2 = 85.12\% \tag{3-61}$$

若将式(3－60)和式(3－61)的拟合系数进行合并处理，得到的上硬下软型和上软下硬型边坡中 N_c 与三个影响参数之间的整体关系方程式为：

$$\begin{aligned} N_c &= a(\cot\beta)^2 - b\cot\beta + c\,D - d(c_{u2}/c_{u1}) + e \quad \text{上硬下软} \\ N_c &= -a\ln(\cot\beta) - d(c_{u2}/c_{u1}) + e \qquad \text{上软下硬} \end{aligned} \tag{3-62}$$

式中，a、b、c、d、e 为拟合系数、常数。

如前所述，几何性态不仅对边坡稳定性态有不同程度的影响，对失稳机理的影响也是显著的。失稳机理通过图 3－45 所示的变形网格图说明，根据不同的坡角 β 变化，边坡的失稳机理变化随之由浅层失稳逐渐发展为深层失稳。显而易见，图 3－45(a)中 $\beta=75°$ 边坡模式为坡脚失稳，这也从另一个角度证明了前文的研究成果。当 $\beta=24.44°$ 时上下土层出现两个明显的非圆弧滑动面，形成双滑面失稳机理，如图 3－45(b)所示。深层的临界失稳出现在平缓边坡 $\beta=15°$ 的图 3－45(c)中，对于较平缓的边坡这种深层典型的失稳机理在 Griffiths 等(2009)的文中也得到验证，即平缓边坡的失稳机理多为与地基相切的深层失稳。而相对于较陡峭的边坡，其失稳机理多为浅层失稳，其安全性相对较低。

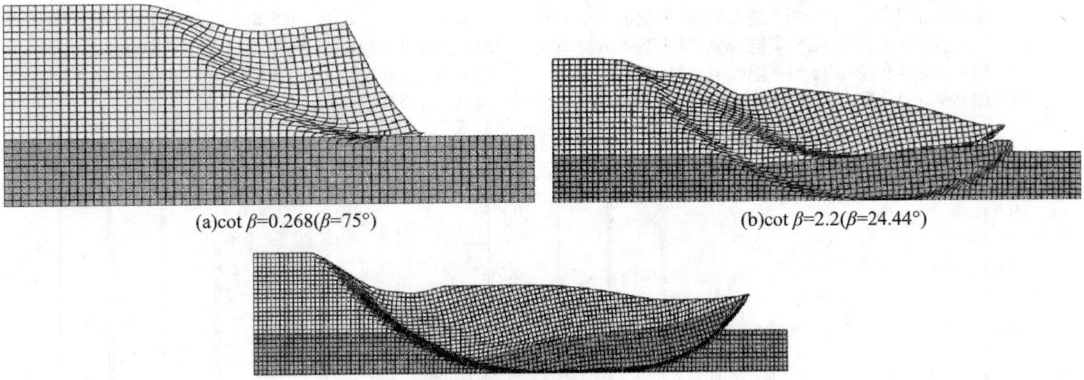

图 3-45 不同 cotβ 情况下边坡的失稳变形网格图($c_{u2}/c_{u1}=1.5$，$D=1.5$)

总而言之，研究结果表明，在工程中无论层状黏土边坡土层强度参数如何变化，稳定性态随着坡角的增大逐渐减小，因此，可以通过放坡或开挖的措施提高边坡的稳定性。对于上硬下软的边坡，如地下水水位线较低的软土地基边坡，D 值越大，N_c 值越大，可以通过提高地基层自身强度参数，也可以通过减小地基层与堤坝层高度的比值提高边坡的稳定性。然而，对于上软下硬的边坡，常见的路堑边坡或堆填土边坡，增加坚硬的地基层深度有时反正会有助于边坡的稳定性。这些研究进一步证明，边坡的稳定性和失稳机理的变化规律是坡角 β 和地基深度比 D 和强度参数比共同影响的结果，边坡的自身加固措施根据不同的边坡类型针对性地改变坡角 β、地基深度比 D 和强度参数比，以提高边坡的稳定性。

3.7.2 强度参数比对双层非均质边坡稳定性态和失稳机理的影响规律

前面已经研究了坡角和地基深度比对边坡稳定性的影响，本节通过相同土质边坡模型具体研究土体的剪切强度比 c_{u2}/c_{u1} 以及与 β 和 D 之间相互关系对双层边坡稳定性的影响程度。图 3-46 给出了边坡强度比 c_{u2}/c_{u1} 及地基深度比分别变化时，平缓边坡($\beta=15°$)和陡峭边坡($\beta=75°$)的稳定性图解。从图中可以看出，在不同坡角 β 变化下，当 $c_{u2}/c_{u1}\leqslant 1.0$ 时，N_c 随着 D 的增大而增大，但随着 c_{u2}/c_{u1} 的增大影响程度逐渐减小。对于平缓且地基深度较深($D>1.8$)的边坡，地基深度比对边坡稳定性才有较为明显的影响，如高平缓黏土边坡，地基层强度增强的越多，对边坡稳定性的影响越明显。图 3-46(b)中可以看出，在 $c_{u2}/c_{u1}=1.0$ 之后，陡峭边坡($\beta=75°$)的安全系数均为常数，稳定性相同，与地基深度的变化无关。地基深度对于上软下硬的陡峭边坡几乎没有影响。

图 3-47 展示了地基深度比对平缓边坡失稳机理的影响规律，以 $\cot\beta=2.0$、$c_{u2}/c_{u1}=1.5$ 双层边坡为例，滑动面的位置随着 D 的增加而下移。当双层边坡的地基层厚度相对较低时，如 $D=1.5$[图 3-47(a)]，失稳机理是浅层失稳；图 3-47(b)是 $D=1.8$ 时在上下两层中形成的双滑面失稳机制；当地基深度继续增大，$D=2.0$ 时，仅一个同时穿越上下土层的深层滑动面在坡体中形成[图 3-47(c)]。当 c_{u2}/c_{u1} 和 $\cot\beta$ 给定后，随着 D 的增大，边坡的失稳机理由浅层失稳逐渐发展为深层失稳。

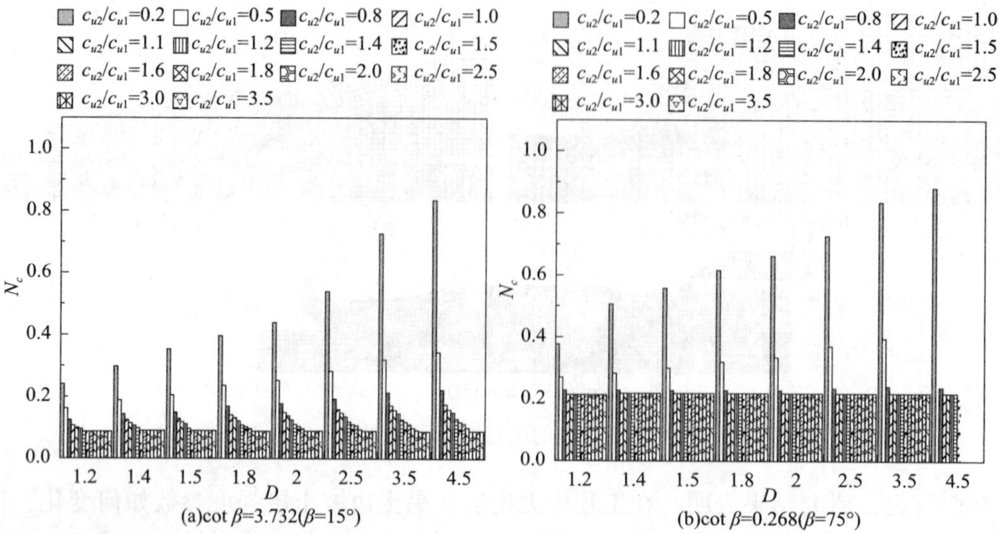

图 3－46　不同的 D 和 c_{u2}/c_{u1} 对不排水边坡稳定数 N_c 的影响

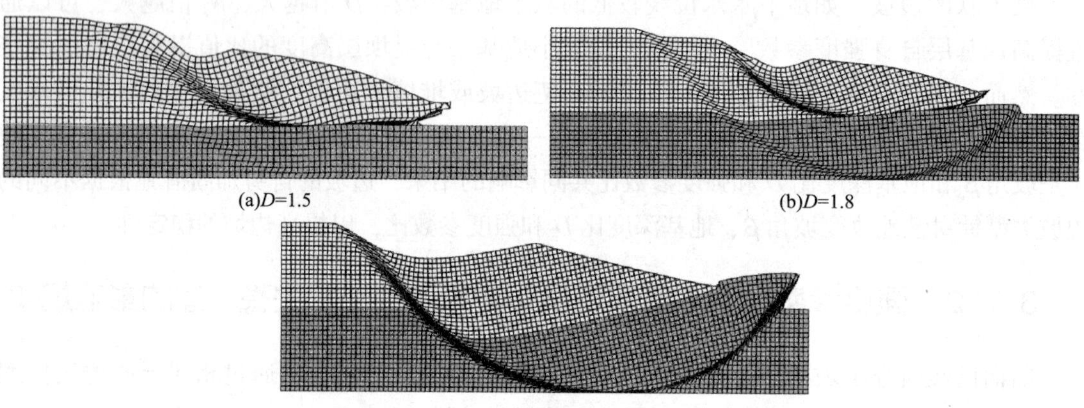

图 3－47　不同 D 情况下边坡的失稳变形网格图（$c_{u2}/c_{u1}=1.5$，$\cot\beta=2.0$）

综上所述，强度参数比的变化对平缓边坡的影响大于陡峭边坡，除了 $c_{u2}/c_{u1}=0.2$、0.5 和 0.8 三种软土地基，在陡峭边坡中，地基深度对稳定性态没有影响，地基深度越大，临界滑动面的位置越深。地基深度较浅的边坡，可能是坡面失稳，也有可能是坡脚失稳，而地基深度越深，边坡的失稳机理中至少有一个滑动面是穿过地基层的深层失稳，这便导致了更大的边坡失稳。

3.8　工程验证及应用

3.8.1　工程实例 1：Bradwell 的伦敦红黏土

为了验证 c_u 随深度线性增加的不排水边坡的稳定性图表，本节通过一个工程实例具体说明该类型边坡稳定性图表的实际应用。

伦敦黏土边坡位于英国的 Bradwell，是一个深层开挖的边坡。选取该大型工程项目中开挖工程中的一个不排水强度 c_u 随深度线性增加的典型边坡剖面，边坡模型如图 3 – 48 所示。依据 Skempton and LaRochelle(1965)对伦敦红黏土边坡进行的地质调查后所提供的的实测工程资料可知，开挖边坡的总高度为 14.78m。层状边坡的材料特性和物理力学属性从上至下依次为：第一层是带有裂隙的黏土填料，填料层的坡角为 45°，填筑厚度约为 3.5m，土体容重为 $1760\mathrm{kg/cm^3}$，覆盖于沼泽黏土层之上；第二层的沼泽黏土层厚度约为 2.75m，其坡角同样为 45°，沼泽黏土层的不排水剪切强度 c_u 为 1435.458×10^{-5} MPa，土体容重为 $1680\mathrm{kg/cm^3}$；第三层是 8.53m 高的伦敦黏土层，土体容重为 $1920\mathrm{kg/cm^3}$；第四地基层为伦敦蓝黏土，土体容重也是 $1920\mathrm{kg/cm^3}$，坡角为 63.43°，从第三层开始，其不排水剪切强度 $c_u(Z)$ 随深度线性增加。使用不排水抗剪强度对该开挖边坡进行短期稳定性分析，每一层土体材料的不排水内摩擦角 $\varphi_u=0$，应用本文 3.3 节的图表法评价边坡的稳定性。

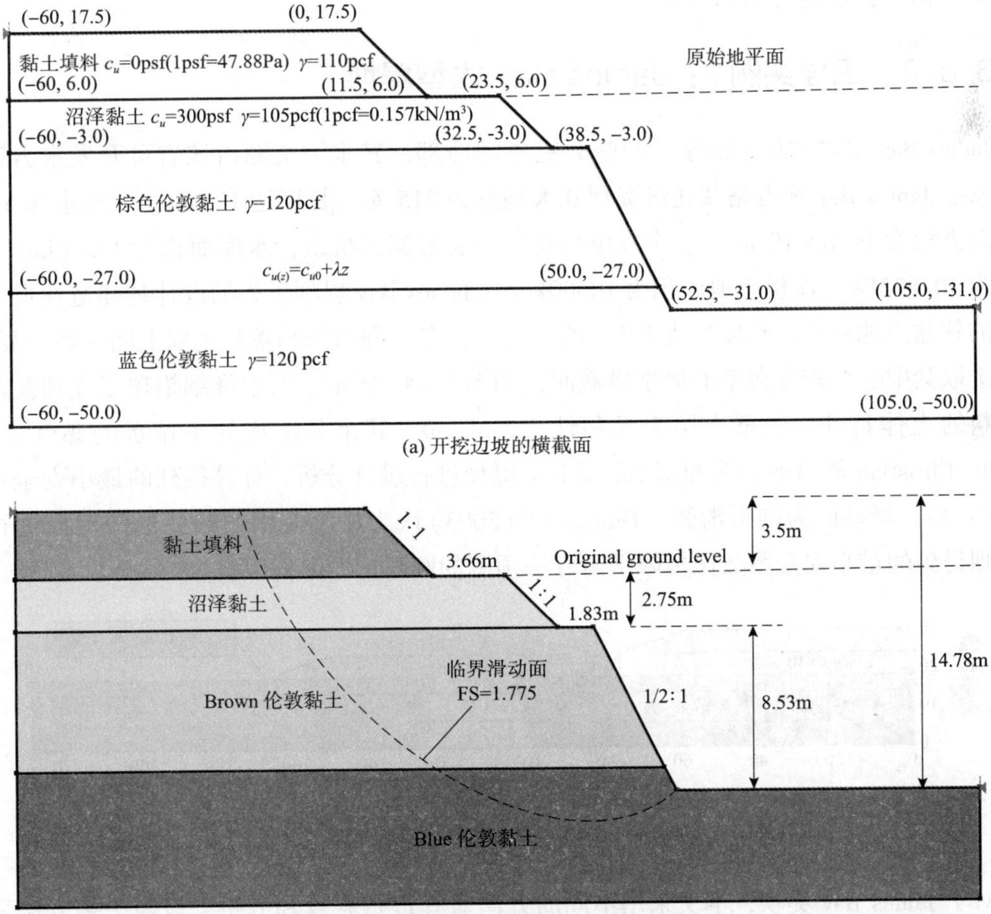

(a) 开挖边坡的横截面

(b)开挖边坡的几何模型和滑动面

图 3 – 48　英国的 Bradwell 开挖边坡的十字横截面和几何模型

由于该工程实例中伦敦黏土的不排水黏聚力变化随着深度的增加而变化。根据本章3.3.2节不排水边坡稳定性图表法的计算程序和结果，对该开挖边坡进行稳定性分析。

(1)首先计算无量纲的强度梯度参数 $M = H_0/H = 6.25/8.53 = 0.733$，根据公式(3－8)，计算可得 $\lambda = 2.3$。

(2)根据几何模型中的坡角($\beta = 63.43°$)及式(3－2)计算得 D 值($D = 1 + 7.01/7.31 \approx 2.0$)，查阅图3－13，且进行有限插值计算得到边坡的稳定数 $N = 15.35$。

(3)根据计算得到的稳定数 N，λ 和容重 γ 将其代入式(3－10)，综合分析开挖边坡稳定性，计算得到边坡的安全系数 *FS* 为1.775。

(4)查阅 c_u 随着深度线性增加的不排水黏土边坡的稳定性图表，根据该开挖边坡的地基深度比和坡角可知该边坡的失稳机理为坡脚失稳，如图3－48(b)所示。针对该工程实例，Duncan给出了不同边坡稳定性分析方法得到的安全系数，基于有限元软件 Phase^2 的 *FS* 为1.79，基于简化Bishop和Spencer的 *FS* 均为1.76，由此可见，本文图表法计算得到的 *FS* 与其他几种方法得到的结果非常接近，并且最终得出Bradwell开挖边坡的坡脚失稳与极限平衡方法预测的结果一致。

3.8.2　工程实例2：James Bay 大型堤坝

James Bay水电站位于加拿大的魁北克省的西部，其水力资源占该省可开发水力资源的75%。James Bay水电站共建设堤坝和大坝约为215座，长度达125km，大型水库5座，填筑总方量为 $1.56 \times 10^8 m^3$。三个发电厂房均安装混流式机组，水库面积为 $13520km^2$，总装机为10282MW，淹没土地面积为 $10400km^2$。James Bay堤坝工程的设计是建造在灵敏度较高的软黏土地基上，长度约为50km的长堤坝，在工程问题和参数选取上问题较为复杂。本节选取其中一个较为典型的堤坝横截面，如图3－49所示。图中详细描述了堤坝及其地基材料的土体特性。上覆土层为无黏性土，$c' = 0$，其余几层均为不排水的黏性土层，$\varphi_u = 0$。Christian等(1994)最早对James Bay堤坝进行设计分析，计算得到的最小安全系数 *FS* 为1.45，滑动面为圆形滑弧。Duncan等(2003)认为如果使用非圆弧形滑动面进行分析，则得到的最小安全系数比极限平衡方法预测的圆弧形滑面低很多。

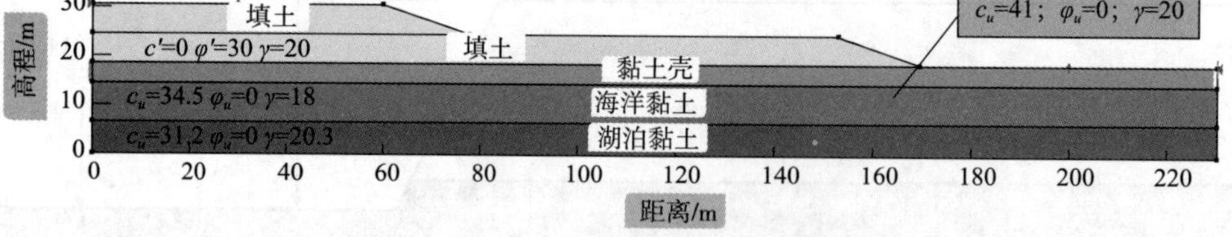

图3－49　James Bay 堤坝的横截面

对于James Bay堤坝，本文采用不同的方法对其进行验算和分析，极限平衡方法采用SLOPE/W中Bishop修正方法的迭代进程进行计算，计算后的结果如图3－50(a)所示。计算的最小安全系数 *FS* 为1.331，滑动面是一个复合型滑面组合，即圆弧形在地基层相交处被不规则的剪裁。如前所述，有限元强度折减法最明显的优点之一是不需要提前假定临界滑动面的形状和位置。Duncan 采用无限制的自动搜索的方式寻找最关键的非圆弧滑动面，有限元软件 Phase^2 得到的剪切应变等值线云图如图 3－50(b) 所示。剪切应变云图中形成的失稳区域的形状与极限平衡方法的形状非常接近，但得到的安全系数(1.26)小于极限平衡方法计算的数值(1.331)。

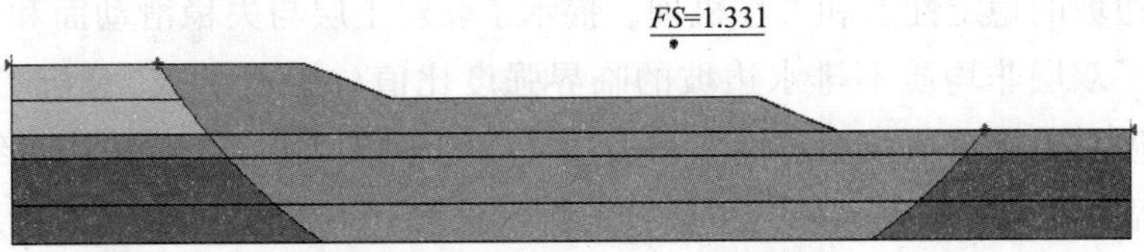

(a) 采用SLOPE/W分析James Bay堤坝的滑动面

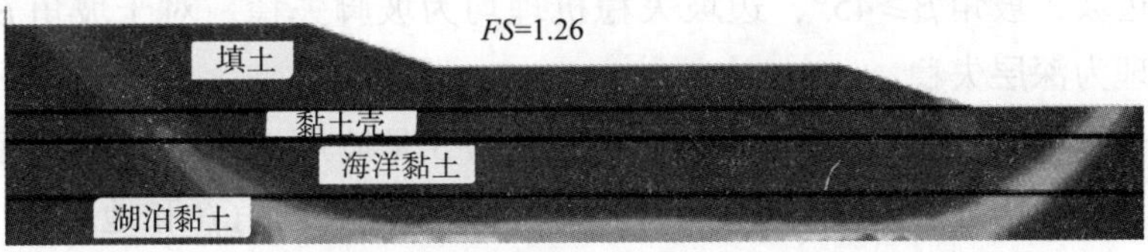

(b)采用Phase^{2}分析James Bay堤坝的剪切应变等值线云图

图 3－50　James Bay 堤坝的横截面

Griffiths(2016)认为圆形或非圆形滑动面通常适用于均质边坡或具有渐变性边坡时，自动搜寻滑动面效应在层状边坡中具有明显的优势。因此，采用本文的有限元程序进行计算分析，得到 James Bay 堤坝的临界滑动面和位移向量图，如图 3－51 所示。非圆弧滑动面对应的最小安全系数 FS 为 1.27，小于极限平衡方法的结果，并且与 Phase^2 的安全系数($FS=1.26$)非常接近，临界滑动面通过堤坝中不同土层之间最软弱路径在坡体中形成与基底相切的深层失稳。

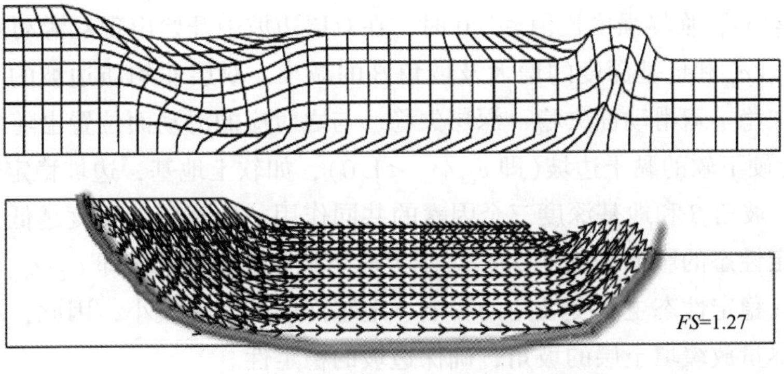

图 3－51　James Bay 堤坝的有限元强度折减法的失稳机理和位移向量图

James Bay 堤坝的工程实例表明，在层状土质边坡的稳定性分析中，不同土体层之间抗剪强度参数的变化对评价边坡的稳定性具有非常重要的影响，同时使用非圆弧和自动搜寻边坡临界滑动面也具有显著的影响效果，得到的最小安全系数 FS 更为精确，突出了正确且准确地定位临界滑动面位置的重要性。

3.9 小结

本章重点阐述了不排水工况下($c_u=0$，$\varphi_u=0$)，不排水强度 c_u 随深度线性增加的边坡和双层非均质边坡的稳定性态和失稳机理。揭示了软弱土层与失稳滑动面和失稳机理之间的关系，提出了双层非均质不排水边坡的临界强度比值$(c_{u2}/c_{u1})_{crit}$，分析了边坡的坡高、坡角和抗剪强度对不排水边坡稳定性态和失稳机理的影响规律。主要成果总结如下。

(1)在工程中常见的黄土高填方边坡，不排水强度 c_u 可能会随深度线性增加，随着地基深度的增大，失稳机理由深层失稳转变为坡脚失稳，滑动面的位置也逐渐变浅上移。对于所有稍陡峭边坡，坡角 $\beta \geqslant 45°$，边坡失稳机理均为坡脚失稳。对于坡角 $\beta<45°$ 的平缓边坡，失稳机理为深层失稳。

(2)对于 c_u 随深度线性增加的边坡，安全系数 FS 是坡角 β、地基深度和强度梯度参数的函数关系式。对于任意的强度梯度参数值，安全系数随着坡角 β 和地基深度的增大而减小。地基深度小于边坡坡高度时，坡角 β 对边坡稳定性影响较大，当 β 由 30°增至 90°时，安全系数约降低 60%；坡角 $\beta<30°$ 时，地基深度对安全系数的影响较明显。强度梯度与安全系数成正比，随深度增加强度梯度值越大，边坡的稳定性越好。

(3)对于双层非均质不排水边坡，提出了临界强度比$(c_{u2}/c_{u1})_{crit}$的概念，该临界值是安全系数 FS 的转折点，大于该临界值时，即下层强度的增加不再影响安全系数 FS，临界值对应的失稳机理为双滑动面失稳。该临界强度比与坡高和坡角有密切的关系，当坡角 $\beta<30°$ 时，临界强度比值$(c_{u2}/c_{u1})_{crit}$与地基深度和 $\cot\beta$ 成正比，且当地基深度等于坡高、坡角为 15°时，临界强度比$(c_{u2}/c_{u1})_{crit}$达到最大值 2.0，即地基层强度是堤坝层强度的 2 倍时，地基层强度的增加不再影响安全系数 FS；当坡角 $\beta>30°$ 时，临界强度比仅与坡角成反比；坡角 $\beta \geqslant 75°$，临界强度比值≤1.0 时，在双层边坡中开始出现双滑动面。

(4)随着 c_{u2}/c_{u1} 和地基深度的增大及坡角 β 的减小，双层非均质边坡的失稳机理表现为：浅层坡脚失稳→双滑动面失稳→深层失稳，与之对应的滑动面位置也随之加深。

(5)对于上硬下软的黏土边坡(即 $c_{u2}/c_{u1}<1.0$)，如软土地基，边坡稳定性态的变化受强度比 c_{u2}/c_{u1}、坡角 β 和地基深度三个因素的共同作用，地基层的强度越低，坡角和地基深度对边坡稳定性态的影响程度越大；对于上软下硬的黏土边坡(即 $c_{u2}/c_{u1}>1.0$)，如人工堆填土边坡，稳定性态主要受坡角的影响，地基深度的影响较小，因此，在人工填土边坡过程中，应尽量放缓填土层的坡角，确保边坡的稳定性。

参考文献

[1]陈祖煜．土质边坡稳定分析——原理、方法、程序[M]．北京：中国水利水电出版社，2007.

[2]Griffiths D V，Fenton G A. Probabilistic slope stability analysis by finite elements[J]. ASCE，J Geotech

Geoenv Eng, 2004, 130(5): 507 - 518.

[3] Griffiths D V, Huang J S, Dewolfe G F. Numerical and analytical observations on long and infinite slopes[J]. International Journal for Numerical and Analytical Methods in Geomechanics 2011, 35: 569 - 585.

[4] Guo S F, Griffiths D V. Failure mechanisms in two - layer undrained slopes. Canadian Geotechnical Journal, 2020, 57(10).

[5] Guo S F, Xu P W, Zhang P, et al.. Numerical Investigation of the Anti - infiltration and Anti - Erosion Performance of Composite Layers mixed with polyacrylamide and basalt fibre for the protection of silt subgrade Slopes[J]. Frontiers in Earth Science, 2022, 10: 815602.

[6] Taylor D W. Stability of earth slopes[J]. J. Boston Society of Civil Engineers 1937, 24(3): 337 - 386.

[7] Taylor D W. Fundamentals of soil mechanics[M]. New York: John Wiley and Sons Inc, 1948.

[8] Gibson R E. Morgenstern N A note on the stability of cuttings in normally consolidated clay[J]. Géotechnique, 1962, 12(3): 212 - 216.

[9] Hunter J H, Schuster R L. Stability of simple cuttings in normally consolidated clay[J]. Géotechnique, 1968, 18(3): 372 - 378.

[10] Koppula S D. On stability of slopes in clay with linearly increasing strength[J]. Can Geotech J, 1984, 21(3): 577 - 581.

[11] Shen J M, Brand E W. Discussion of 'On stability of slopes in clay with linearly increasing strength' by Koppula, S D[J]. Can Geotech J, 1985, 22(3): 419 - 421.

[12] Yu H S, Salgado R, Sloan S W, et al. Limit analysis versus limit equilibrium for slope stability[J]. J Geotech Geoenviron Engng. 1998, 124(1): 1 - 11.

[13] Griffiths D V, X Yu. Another look at the stability of slopes with linearly increasing undrained strength[J]. Géotechnique, 2015, 65(10): 824 - 830.

[14] Griffiths D V, Huang J, Fenton G A. Influence of spatial variability on slope reliability using 2 - D random fields[J]. Journal Geotechnical Geoenvironmental Engineering, 2009, 135(10): 1367 - 1378.

[15] Duncan J M, Wright S G. Soil Strength and Slope Stability[M]. Hoboken: John Wiley & Sons, 2014.

[16] Skempton A W, LaRochelle P. The Bradwell Slip: A short - term failure in London clay[J]. Géotechnique, 1965, 15(3): 221 - 242.

[17] Christian J T, Ladd C C, Baecher G B. Reliability applied to slope stability analysis[J]. Journal of Geotechnical Engineering, 1994, 120(12): 2180 - 2207.

[18] Duncan M J, Navin M, Wolff T F. Discussion of Probabilistic Slope Stability for Practice[J]. by H. El - Ramly, N R Morgenstern, and D M Cruden, Canadian Geotechnical Journal, 2003, 39: 665 - 683.

[19] Griffiths D V, Zhu D, Huang J, et al. Observations on Probabilistic Slope Stability Analysis[C]. 6th Asian-Pacific Symposium on Structural Reliability and its Applications, shanghai, 2016.

第4章 层状排水边坡的稳定性态及破坏机制的研究

4.1 引言

在边坡的极限平衡稳定性分析中，安全系数 FS 定义为维持极限平衡状态所需的岩土材料的抗剪强度与剪切强度之比。FS 可以表述为：

$$c' = \frac{c}{FS};\ \varphi' = \arctan\left(\frac{\tan\varphi}{FS}\right) \tag{4-1}$$

式中，c 和 $\tan\varphi$ 为岩土材料的实际剪切强度；$c' = c/FS$ 和 $\tan\varphi' = \tan\varphi/FS$ 为维持边坡处于极限平衡状态所需的强度参数。

式(4-1)中 FS 为边坡整体的安全系数。在评价边坡稳定性时，不仅仅只涉及土体的强度参数，还包括边坡的高度 H、边坡坡角 β、土体容重 γ 以及外界环境条件，如孔隙水压力、水位线、地震等。在边坡稳定性分析中，有效地利用无量纲参数可以更好地降低变量的数量，也可以使稳定性图解更加一目了然。本章针对排水 $c'-\tan\varphi'$边坡的稳定性分析，基于本文的有限元程序，建立类似于不排水边坡的稳定性图解，为快速评估排水边坡的稳定性态和失稳机理提供一个更为方便的工具。Bell(1966)提出变化的排水边坡坡角 β、$1/\tan\varphi'$或者 $F/\tan\varphi'$作为 $c'/\gamma H\tan\varphi'$的函数给出，并建议使用 $c'/\gamma H\tan\varphi'$作为修正的稳定数。采用该稳定数表示的优势是参数 λ 与安全系数 FS 是相对独立的，λ 为土体强度特性、力学参数和几何形态的无量纲比值，其表达式为：

$$\lambda = \frac{c'}{\gamma H\tan\varphi'} = \frac{c/FS}{\gamma H\tan\varphi/FS} = \frac{c}{\gamma H\tan\varphi} \tag{4-2}$$

Bell(1966)运用这个概念重新绘制了 Taylor 的图解，并从 Bishop 的条分法计算中给出了一些客观的结果。后来，有学者再次修改了参数 λ 的概念，通过直观地展示边坡稳定性分析的结果引起人们对参数 λ 及其表达方式的注意力。该方法后续被很多学采用，如 Michalowski(2002，2010)、Michalowski 等(2011)、Li 等(2010)、Griffiths 等(2015)采用一系列的边坡稳定性图解分析土质边坡。

4.2 不同强度参数条件下边坡稳定性态和失稳机理的演变规律

不同强度参数作用下边坡的潜在滑动面位置不同，利用本文的有限元程序以及无量纲

λ 值的概念，在排水条件下研究强度参数(黏聚力 c 和内摩擦角 φ)与滑动面位置的关系。在均质排水边坡中，从安全系数 FS 的定义出发，当边坡的几何形状、土体容重 γ 以及外界因素等条件给定时，其临界滑动面的位置仅与 $c/\tan\varphi$ 的值有关，而与单个的强度参数(c 和 $\tan\varphi$)量值无关(Jiang 等，2006，2008)。但黏聚力 c 和内摩擦角 φ 的变化则会对边坡的安全系数 FS 产生较大的影响。

根据有限元强度折减法，假定两个抗剪强度的安全系数分别为 FS_c 和 FS_φ，分别折减边坡土体的黏聚力和内摩擦角，则可以得到：

$$FS_c = c/c' \tag{4-3}$$

$$FS_\varphi = \tan\varphi/\tan\varphi' \tag{4-4}$$

联立式(4－3)和式(4－4)得到：

$$\frac{FS_c}{FS_\varphi} = \frac{c}{\tan\varphi}\frac{\tan\varphi'}{c'} = \frac{1}{\gamma H\lambda}\frac{c'}{\tan\varphi'} \tag{4-5}$$

很多学者(Xue H B 等，2016；薛海斌等，2015；Tang G P 等，2017；Wu S C 等，2018)对黏聚力和内摩擦角采用了不同的强度折减方式，推导了双强度折减系数之间的关系式，如薛海斌(2015)采用两个强度参数之间的不等比例关系得到：

$$FS_c = \frac{\alpha FS_\varphi}{1+(\alpha-1)FS_\varphi} \tag{4-6}$$

式中，α 为两个强度的脆性指数，表征土体在逐渐破坏过程中强度参数最大的衰减幅度。如果 $\alpha = 1.0$，那么有 $FS_c = FS_\varphi$，此时黏聚力和内摩擦角的折减程度相同，得到的安全系数相等，为：

$$FS_c = FS_\varphi = \frac{c}{c'} = \frac{\tan\varphi}{\tan\varphi'};\quad FS_c = FS_\varphi = \frac{c}{\tan\varphi} = \frac{c'}{\tan\varphi'} \tag{4-7}$$

对于边坡整体的安全系数 FS_{crit}，很多学者根据两个强度参数各自的强度折减路径、折减程度、折减算法等均持不同的观点，如算术平均值、几何平均值和调和平均值等。基于不同的方法得到的边坡整体的安全系数也各有迥异，本文的层状土质边坡中涉及不同层状之间的多个强度参数，例如双层的排水边坡最少涉及四个强度参数(c_1、$\tan\varphi_1$、c_2、$\tan\varphi_2$)，因此，在本文中采用最常规的折减方式和算法：

$$FS_{\text{crit}} = FS_c = FS_\varphi \tag{4-8}$$

4.2.1 层状边坡失稳机理及滑动面破坏机构研究

在排水的黏性土边坡中，不仅考虑土层抗剪强度的均匀性，还要考虑土体材料的非均匀性、方向，深度上的变化可能会引起边坡失稳机理的转变和临界滑动面位置的变化。例如，深层失稳的滑动面涉及上下两层非均质的四个强度参数的一般问题。非均匀性、各向异性的边坡类在工程实践中经常遇到，但用于评价此类边坡强度参数关系、失稳机理及临界滑动面位置的设计资料却很少。正如第三章关于双层非均质边坡稳定性失稳机理的研究，有限元方法的优越性可用于获得广义问题失稳机理和临界滑动面位置的数值图解。通过几何解析和数值分析可以合理直观地展示此类边坡的失稳机理、滑动面的形状和临界高度等，充分考虑了层状的非均匀性、几何形态及滑动面的对数螺旋机制，图 4－1 为深层滑动失稳机理。在自重作用下，边坡的滑动面绕着旋转中心 O 发生滑移，形成下滑体 $OBDO$，滑体下滑所做的功超过内部耗散的功率时，滑动面在边坡坡脚处或地基层滑出。

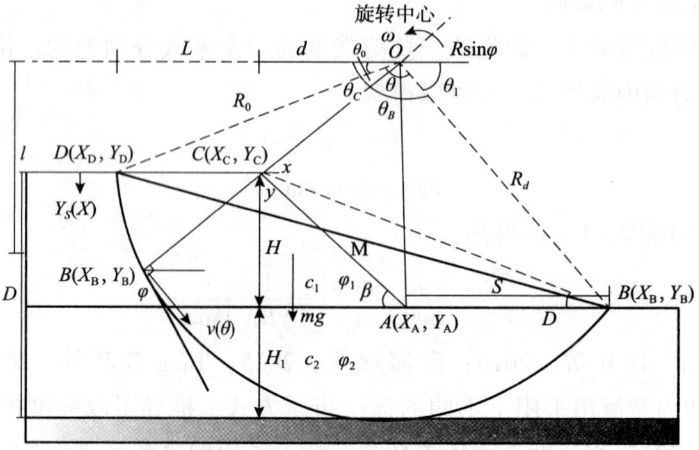

图 4－1　黏聚力－内摩擦角边坡的对数螺旋失稳机理

从图 4－1 的几何关系可以得出：

$$\frac{H}{R_0}=\sin\theta_B\{\exp[(\theta_B-\theta_0)\tan\varphi]-1\} \tag{4-9}$$

$$\frac{L}{R_0}=\frac{\sin(\theta_B+\beta)}{\sin\theta_B\sin\beta}\{\exp[(\theta_B-\theta_0)\tan\varphi]\sin\theta_B-\sin\theta_0\}+\frac{\sin(\theta_B-\theta_0)}{\sin\theta_B} \tag{4-10}$$

对数螺旋破坏面的半径 R 为：

$$R=R_0\exp[(\theta-\theta_0)\tan\varphi] \tag{4-11}$$

滑动面滑出的位置在地基层右侧的水平面 B 点处，滑动面半径为 R_0，边坡下滑总块体区域 $ODBO$ 为 f_1，坡面之外的 3 块区域 $ODCO$、$OCBO$、$CABC$ 分别为 f_2、f_3、f_4，除去坡体之外的区域，滑体围绕 O 点的旋转中心的总速率表述为：

$$\Omega=\gamma_M\omega R_d^3(f_1-f_2-f_3-f_4) \tag{4-12}$$

其中：

$$f_1=\frac{1}{3(1+9\tan^2\varphi)}\{[3\tan\varphi\cos\theta_A+\sin\theta_A]\}\exp[3(\theta_A-\theta_0)\tan\varphi]-(3\tan\varphi\cos\theta_0+\sin\theta_0) \tag{4-13}$$

$$f_2=\frac{1}{6}\frac{L}{R_0}\left(2\cos\theta_0-\frac{L}{R_0}\right)\sin\theta_0 \tag{4-14}$$

$$f_3=\frac{1}{6}\exp[(\theta_A-\theta_0)\tan\varphi]\left[\sin(\theta_A-\theta_0)-\frac{L}{R_0}\sin\theta_A\right]\left\{\cos\theta_A-\frac{L}{R_0}+\cos\theta_A\exp[(\theta_A-\theta_0)\tan\varphi]\right\} \tag{4-15}$$

$$f_4 = \left(\frac{H}{R_d}\right)^2 \frac{\sin(\beta - \beta')}{2\sin\beta\sin\beta'}\left[\cos\theta_0 - \frac{L}{R_d} - \frac{1}{3}\left(\frac{H}{R_d}\right)(\cot\beta' + \cot\beta)\right] \tag{4-16}$$

由与地基相切的深层失稳可以得出：

$$H = \frac{c}{\gamma} f(\theta_B,\ \theta_D,\ \beta') \tag{4-17}$$

依据稳定数 N、强度参数(黏聚力 c 和内摩擦角 φ)与安全系数 FS 的关系式，最终可以得出：

$$FS = \frac{c}{\gamma H 2\tan\varphi} \frac{\exp\{[2(\theta_B - \theta_D)\tan\varphi] - 1\}}{[f_1(\varphi) - f_2(\varphi) - f_3(\varphi) - f_4(\varphi)]}\left(\frac{H}{R_d}\right) \tag{4-18}$$

4.2.2 不同强度参数对边坡稳定性态的影响规律

为了说明强度参数 $c-\varphi$ 和临界滑动面以及安全系数之间的相互关系，选取一个土质均质的天然边坡作为研究对象，如图4－2所示。边坡的几何形态和排水条件下的材料力学参数为：坡高 $H=10.0$m，地基深度比 $D=1.5$，土体容重 $\gamma=17.0\text{kN/m}^3$，弹性模量 $E=1\times10^5$kPa，泊松比 $\upsilon=0.3$。黏聚力 c，内摩擦角 φ，坡角 β 条件是发生变化的。

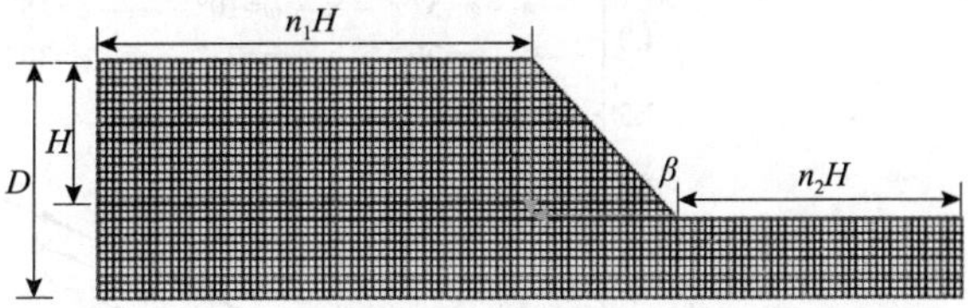

图4－2　黏聚力－内摩擦角边坡有限元计算模型

本节的计算方案：针对变化的边坡坡角，均质边坡的地基深度比 $D=1.5$，β 分别为15°、30°、45°、50°、60°、75°、90°。边坡强度参数内摩擦角 φ 的值分别为5°、10°、15°、20°、25°、30°、35°；无量纲强度 $c/\gamma H$ 值的变化为0.03、0.06、0.10、0.12、0.15、0.18、0.18、0.20、0.25、0.3、0.35、0.4、0.45、0.5。不同坡角 β 条件下，安全系数 FS 值与内摩擦角 φ 和无量纲强度 $c/\gamma H$ 的变化关系如图4－3所示。

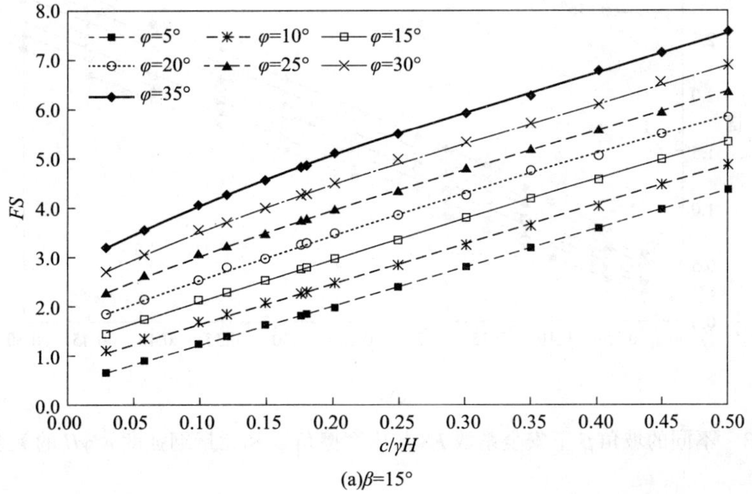

图4－3　不同的坡角 β 下安全系数 FS 与内摩擦角 φ 和无量纲强度 $c/\gamma H$ 的关系

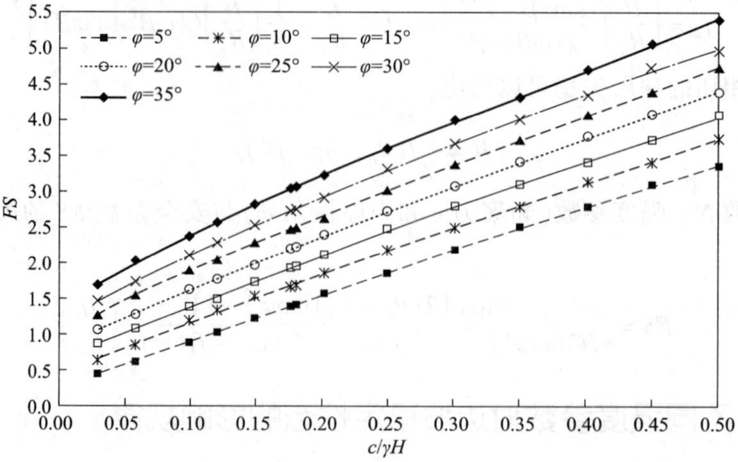

(b)β=30°

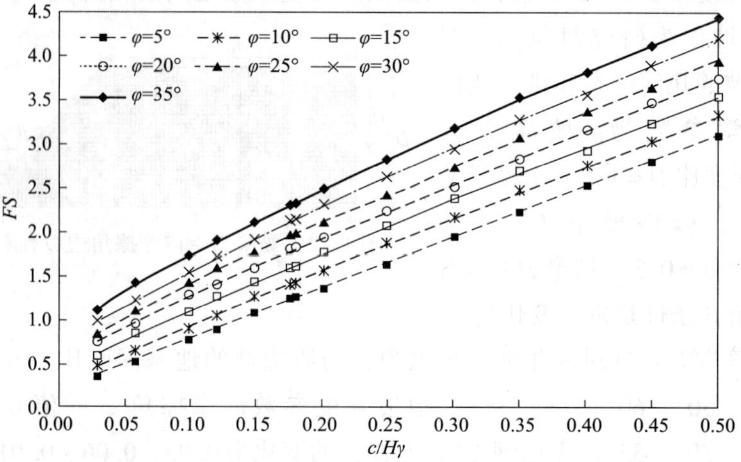

(c)β=45°

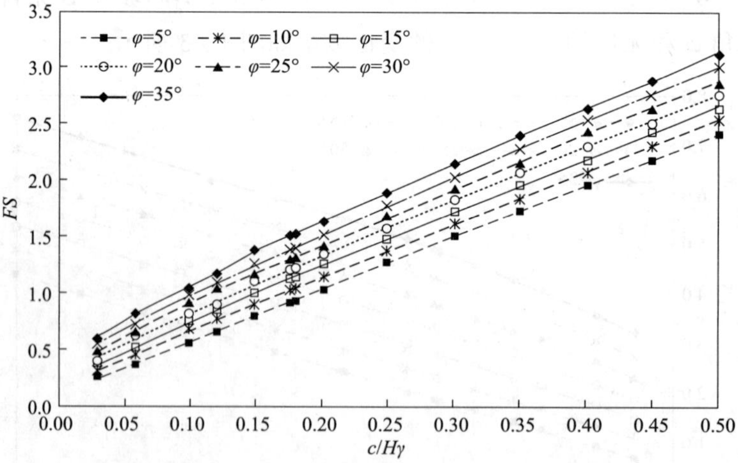

(d)β=75°

图 4－3　不同的坡角 β 下安全系数 FS 与内摩擦角 φ 和无量纲强度 $c/\gamma H$ 的关系(续)

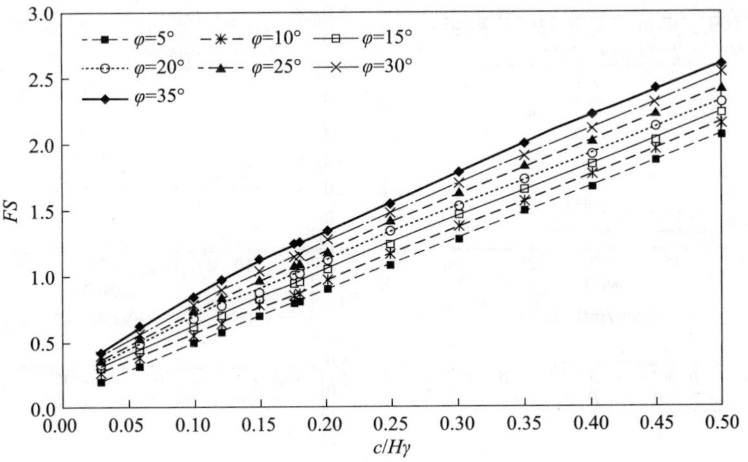

(e)β=90°

图4-3 不同的坡角β下安全系数FS与内摩擦角φ和无量纲强度$c/\gamma H$的关系(续)

从图4-3中可以看出，无论提高边坡的哪一个强度参数，边坡的稳定性均增加。安全系数FS均随着$c/\gamma H$的增大而增大，边坡的稳定性与黏聚力之间呈正相关。摩擦角φ对边坡的安全系数起积极作用，但边坡的坡角不同，内摩擦角对安全系数的影响程度也不同，说明土体强度特性和几何形态对边坡稳定性态的影响是相互的，在不同情况下的敏感程度也有所差异。在不同的坡角下，安全系数随着φ和$c/\gamma H$的变化规律一致。黏聚力和内摩擦角对边坡稳定性的影响程度与坡角陡峭有关，边坡平缓，图4-3中曲线斜率越大，增长速率也越大，强度参数对稳定性的影响越显著，对边坡稳定性的贡献也越大。例如，图4-3(a)中$\beta=15°$、$\varphi=15°$时，从最小的$c/\gamma H$值增至最大值，FS从1.47增至5.34，增加了3.87。图4-3(e)中直立陡峭边坡$\beta=90°$，$\varphi=15°$时，从最小的$c/\gamma H$值增至最大值，FS从0.28增至2.23，增加了1.95。对于内摩擦角和黏聚力引起安全系数变化的最大值，平缓边坡坡角($\beta<45°$)平均是陡峭边坡($\beta\geqslant45°$)的2倍。

探讨边坡坡脚坡角和黏聚力或内摩擦角分别作为变量时对边坡稳定性态的影响。图4-4中给出了仅一个强度参数变化，另一强度参数恒定时，安全系数随着土体特性和几何形态的变化规律及其对安全系数的影响程度。

从图4-4中更加明显地看出，平缓边坡坡角随φ的增加而增加的幅度较大，最大的增加了2.56，边坡较陡时，FS随着φ增加而增加的幅度较小，$\beta>60°$后，内摩擦角对边坡稳定性的影响非常小。图4-4(a)~(d)中曲线簇的变化规律均呈现：初始强度参数c和φ较小时，不同坡角之间安全系数的差值较小，随着强度参数的增大，安全系数的差异相对较大。当其中一个强度参数固定不变，研究另外一个强度参数对边坡稳定性的影响程度，发现安全系数整体呈现出紧凑到发散的变化规律。$c/\gamma H=0.03$和$\varphi=5°$两种情况下，低强度参数的这种变化规律尤为明显，安全系数的最小差值仅增大了1.0，而最大差值增加了5.0。该现象说明边坡越缓，且边坡的强度较低时，安全系数随着强度参数的变化越大。相反，由图4-4(b)和(d)可以看出边坡强度较高的陡峭边坡的稳定性受强度参数变化的影响相对较小。

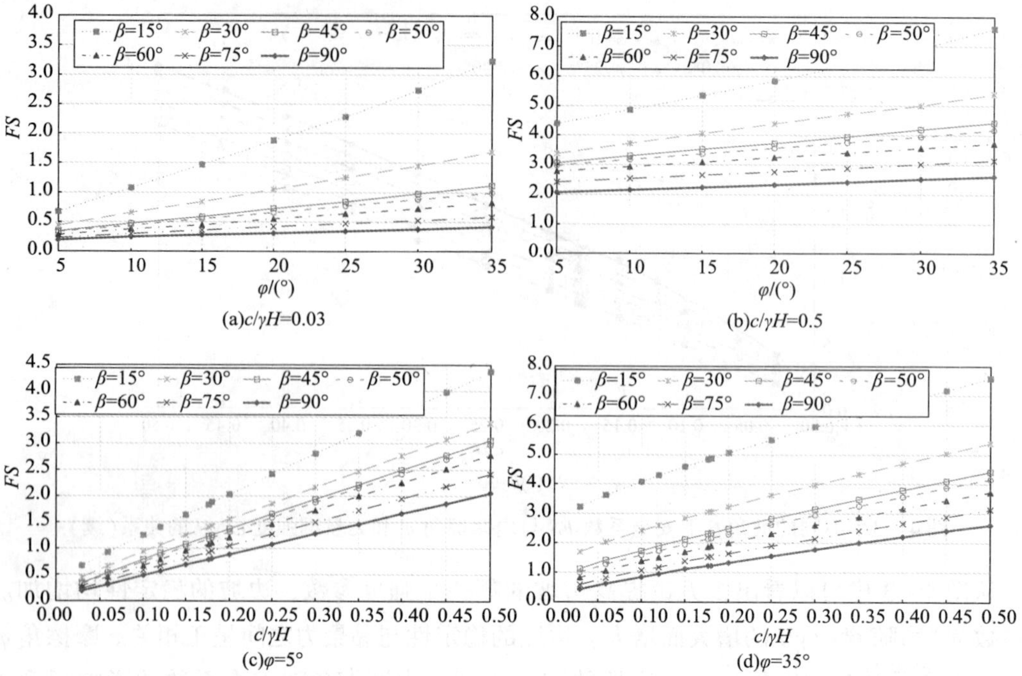

图 4－4 变化的坡角 β 下安全系数 FS 与内摩擦角 φ 和无量纲强度 $c/\gamma H$ 的关系

采用 Pearson 积矩相关的方法对均质排水边坡的强度特性和几何形态与安全系数 FS 之间的曲线进行相关关系和回归方程的拟合。从图 4－3 和图 4－4 中可以看出，安全系数随强度参数和坡角的变化规律相互影响，且密切相关。对不同坡角 β 条件下强度参数与 FS 的关系曲线进行拟合回归，通过拟合的 7 组数据和相关方程，得到 β 条件下的 FS 和黏聚力与内摩擦角的回归表达式：

$$FS = a(c/\gamma H) + b\varphi + d \tag{4-19}$$

式中，a，b 和 d 分别为拟合系数和常数；$c/\gamma H$ 为黏聚力的无量纲比值；φ 为内摩擦角。从平缓到陡峭边坡的拟合结果如表 4－1 所示。方程式(4－19)的关系曲面如图 4－5 所示。

表 4－1 不同坡角条件下安全系数与强度参数的拟合系数

边坡坡角 β	a	b	c	R^2
15°	8. 344	0. 099	－0. 194	99. 67%
30°	6. 956	0. 055	－0. 143	99. 50%
45°	6. 324	0. 036	－0. 103	99. 53%
50°	6. 108	0. 032	－0. 089	99. 59%
60°	5. 673	0. 026	－0. 072	99. 69%
75°	4. 952	0. 019	－0. 059	99. 67%
90°	4. 233	0. 014	－0. 048	99. 61%

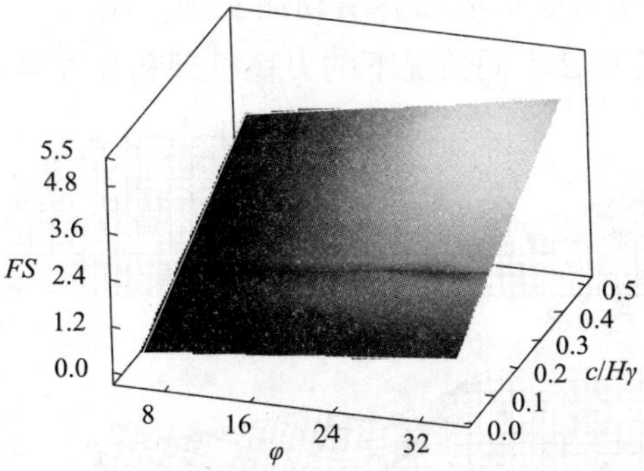

图 4－5　边坡强度特性与安全系数 *FS* 之间的关系曲面

从图 4－5 中可以看出安全系数在强度增大的曲面上是向上增加的。安全系数和强度参数的拟合结果表明，数值实验研究的均质排水边坡，在不同坡角下得到的回归方程式拟合系数为正值，与安全系数之间呈正相关，而常数均为负值。每个坡角下拟合的相关系数的平方均超过了 99.50%，说明该拟合回归的方程与图 4－3 中曲线变化的趋势非常吻合。将几何参数和强度特性共同作用下对 *FS* 的影响通过三维的方式展示出来，如图 4－6 所示。图4－6表达了土体特性与几何参数之间的相互影响导致 *FS* 的变化规律，采用相同的拟合回归方法可以分别得到图 4－6(a)、(b)和(c)、(d)的二元回归方程式：

$$FS=0.038\varphi-0.063\beta+3.127;\ R^2=81.0\% \tag{4-20}$$

$$FS=6.1(c/\gamma H)-0.031\beta+2.337;\ R^2=92.76\% \tag{4-21}$$

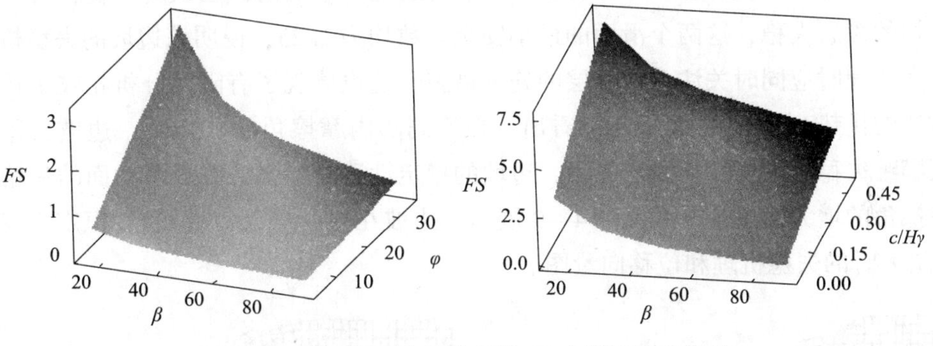

图 4－6　影响因素与安全系数 *FS* 之间的关系曲面

整合坡角、黏聚力和内摩擦角三个影响因素共同作用下对 *FS* 的变化规律，根据三个影响因素作用的特性，将其拟合回归在同一个方程式中，结合式(4－20)、式(4－21)可以得到安全系数与黏聚力、内摩擦角和坡角的关系式为：

$$FS=6.084(c/\gamma H)+0.04\varphi-0.03\beta+1.5;\ R^2=89.29\% \tag{4-22}$$

4.2.3　不同强度参数对边坡失稳机理的影响规律

强度参数及变化的坡角对排水边坡失稳机理和临界滑动面演化过程的影响是边坡稳定性分析中值得探究的课题。如前文所述，在有限元方法中，边坡的失稳是通过自由地搜寻坡体中最软弱的土体及连接贯通形成临界滑动面实现。图 4－7 展示了不同无量纲强度参数 $c/\gamma H$、内摩擦角 φ 和坡角 β 不同情况下的失稳机理和临界滑动面的位置。

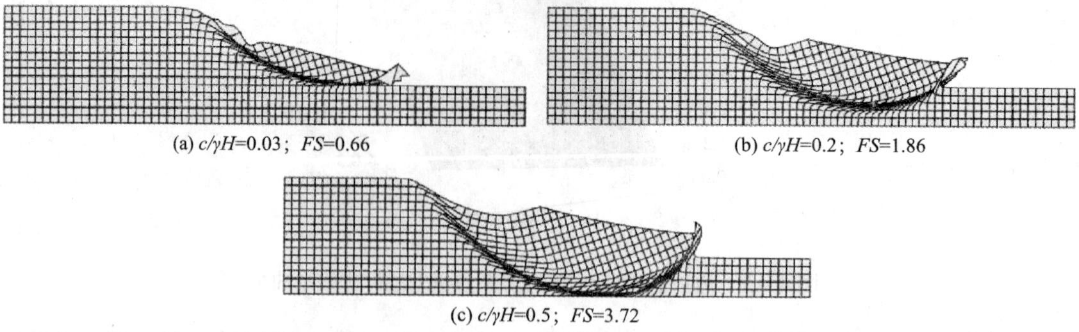

(a) $c/\gamma H$=0.03；FS=0.66　(b) $c/\gamma H$=0.2；FS=1.86

(c) $c/\gamma H$=0.5；FS=3.72

图 4－7　坡角 $\beta=30°$、$\varphi=10°$时，不同 $c/\gamma H$ 下边坡的失稳机理和临界滑动面的位置图

边坡的失稳机理在坡体沿着最小抵抗路径形成，涉及较复杂的土体强度的积分。在滑动面形成的下降阶段，失稳机理主要由最软弱单元起主导作用，而在其上升阶段，失稳机理须通过切割多个单元的总体强度，才能在面向临空面的坡脚处出露或者在地基层的右岸中剪出。从图 4－7 中可以看出，随着无量纲强度比值 $c/\gamma H$ 的逐渐增大，滑动面的位置也逐渐下移，$c/\gamma H$ 从 0.03 增至 0.5，边坡的失稳机理分别为浅层坡脚失稳、深层坡脚失稳及与基底相切的深层失稳。浅层坡脚失稳的安全系数为 0.66，此时边坡已经失稳破坏。

在均质边坡稳定性分析中，随着内摩擦角的增大，边坡的临界失稳机理也发生变化。图 4－8(a) 中有两个明显的临界滑动面：一个是通过地基层的深层坡脚失稳，另一个是与基底相切的深层失稳，这两个滑面的最小安全系数均为 1.25，说明该边坡的失稳机理相对复杂，在加固时应同时关注上下土层的处理措施。这也体现了有限元分析相较于传统极限平衡方法的优势。从图 4－8 中可以看出，在不同的内摩擦角 φ 作用下，边坡失稳的模式由深层脚趾失稳逐渐演变为浅层失稳，边坡的稳定性逐渐增强，临界滑动面的失稳深度随着内摩擦角的增大而逐渐变浅。图 4－9 展示了边坡在强度参数 $c/\gamma H$ 和 φ 恒定不变，坡角 β 逐渐增大时的失稳机理和位移向量图。

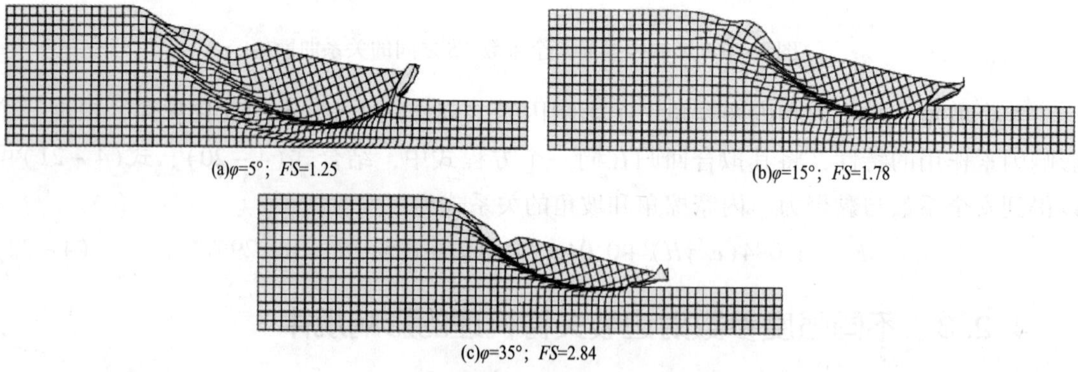

(a)φ=5°；FS=1.25　(b)φ=15°；FS=1.78

(c)φ=35°；FS=2.84

图 4－8　坡角 $\beta=30°$、$c/\gamma H=0.15$ 时，不同内摩擦角 φ 下边坡的失稳机理和临界滑动面的位置图

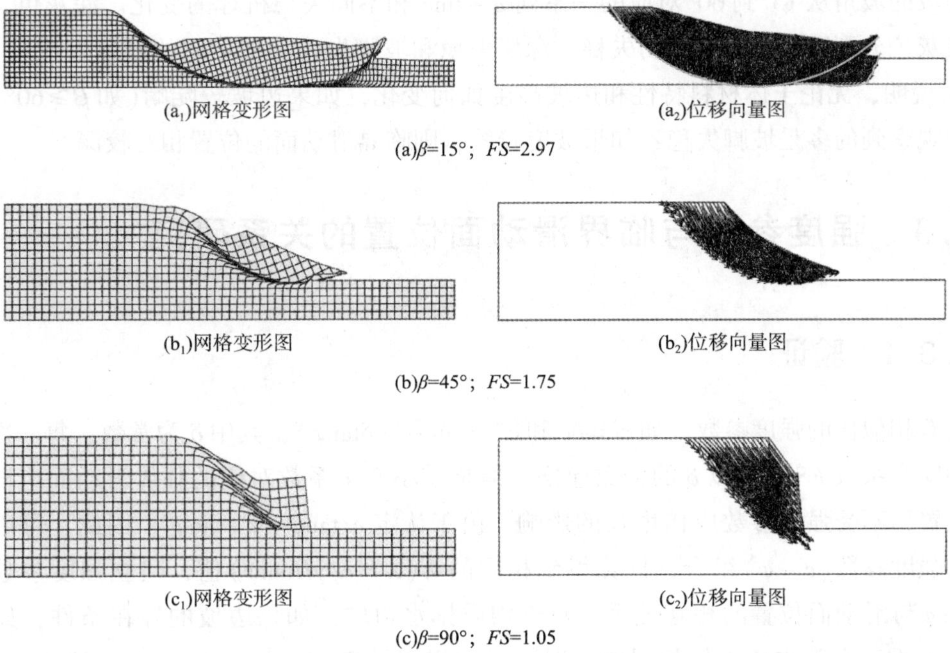

图 4-9　$c/\gamma H=0.2$、$\varphi=15°$时，不同坡角 β 下边坡的失稳机理和位移向量图

从图 4-9 中可以看出，由平缓边坡逐渐变为直立陡峭边坡，临界滑动面形状也在变陡。对于较平缓边坡（$\beta=15°$），其失稳机理表现为深层失稳［图 4-9（a）］，边坡的稳定性也相对较高，安全系数高达 2.97，从图 4-9（a_2）的位移向量中可以观察到该平缓边坡的一个滑动面是圆弧坡脚出露，另一个以不规则的形状分布在地基层；当坡角 $\beta=45°$时，滑动面的深度变浅，图 4-9（b）中表现为浅层坡脚失稳；对于垂直切割的陡峭边坡（$\beta=90°$），其失稳机理表现出典型的脚趾失稳，图 4-9（c_1）中可以看出，垂直边坡接近于极限平衡状态，滑体在坡脚处出露且有下落趋势，4-9（c_2）是垂直边坡的位移向量图，更加直接地展示了该边坡的坡脚失稳的方向和体量。

Klar 根据安全系数的定义提出了 g-line 的概念，g-line 即边坡处于极限平衡状态（如安全系数 $FS=1.0$）时对应的不同的强度参数和几何形态，g-line 上的每个点都有不同的几何特征，结合具体的黏聚力和内摩擦角的组合值，可以定义边坡相应的失稳机理，如图 4-10 中的示例所示，即 $\beta=60°$时，g-line 上的 $c/\gamma H$ 和 φ 计算得到的边坡稳定性是极限平衡状态。图 4-10 展示了本节的均质

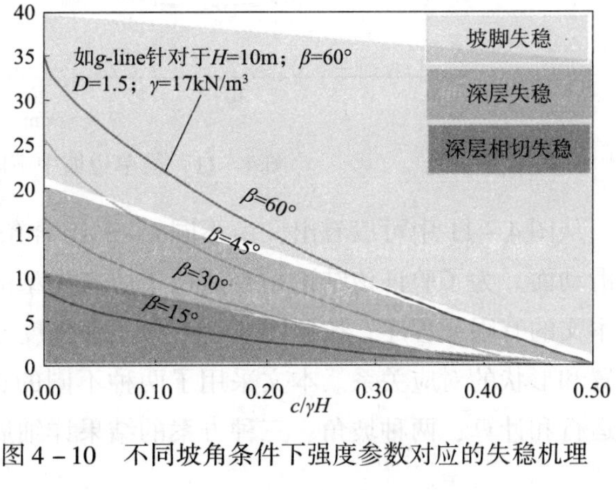

图 4-10　不同坡角条件下强度参数对应的失稳机理

排水边坡的坡角从15°到60°对应的一系列 g - line 和不同失稳机理的变化。深灰色、中灰色和浅灰色分别区分了深层相切失稳、深层失稳和坡脚失稳三种不同的破坏模式。图4-10同时说明，无论土体材料特性和边坡高度如何变化，如果边坡较陡峭(如 $\beta \geq 60°$)，则坡体中观察到的多是坡脚失稳；如果坡度较缓，则临界滑动面的位置相对较深。

4.3 强度参数与临界滑动面位置的关系研究

4.3.1 验证

具有相似比的强度参数，如 $c' = \delta c$ 和 $\varphi' = \tan - 1(\delta \tan\varphi)$，其中 δ 为常数，每一次计算得到的安全系数 FS 应该以 δ 的倍数递增，但是最小安全系数对应的临界滑动面应该在相同的位置，不受强度参数成倍增长的影响。由于认定 $c/\tan\varphi = c'/\tan\varphi'$，因此，可以采用不同的强度参数($c - \varphi$)组合，计算得到相同的 λ($\lambda = c/\gamma H\tan\varphi$)值，建立强度参数比值 $c/\gamma H\tan\varphi$ 与滑动面位置的相互关系。对于均质排水边坡，如果边坡的外在条件，如边坡几何、容重和孔隙水压力均相同的情况下，临界滑动面的位置仅与 $c/\tan\varphi$ 的比值有关，那么，可以通过临界滑动面的形状和位置反演边坡的土体力学参数。Jiang 等(2006)采用标准 Bishop 方法绘制了图4-11中表示了不同强度参数组合条件下对应的边坡潜在滑动面。

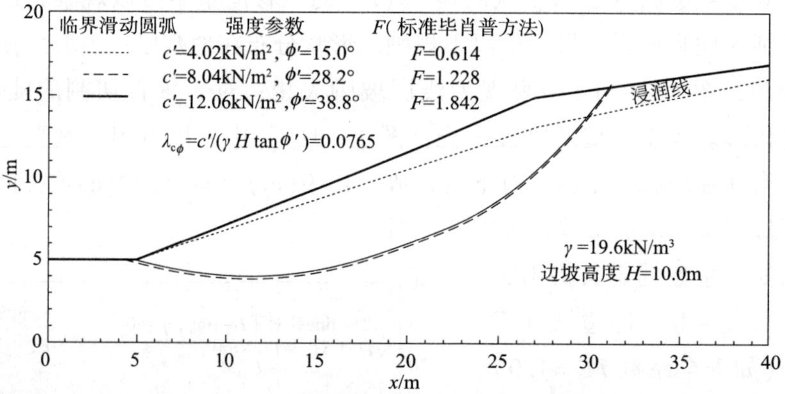

图4-11 简单边坡中不同下临界滑动面

从图4-11中可以看出，由不同 $c - \varphi$ 组合条件下计算得到的相同 λ 值具有基本相同的滑动面。为了验证该结论是否适用于所有类型的边坡，如平缓边坡和陡峭边坡，本节采用本文的有限元程序，按照图4-11中三种强度参数方案，分析强度参数组合值和滑动面位置和形状的对应关系。本文采用了两种不同的边坡坡角：$\beta = 30°$，$\beta = 45°$。经过一系列的运行和计算，两种坡角、三种方案的结果详细展示在图4-12中。

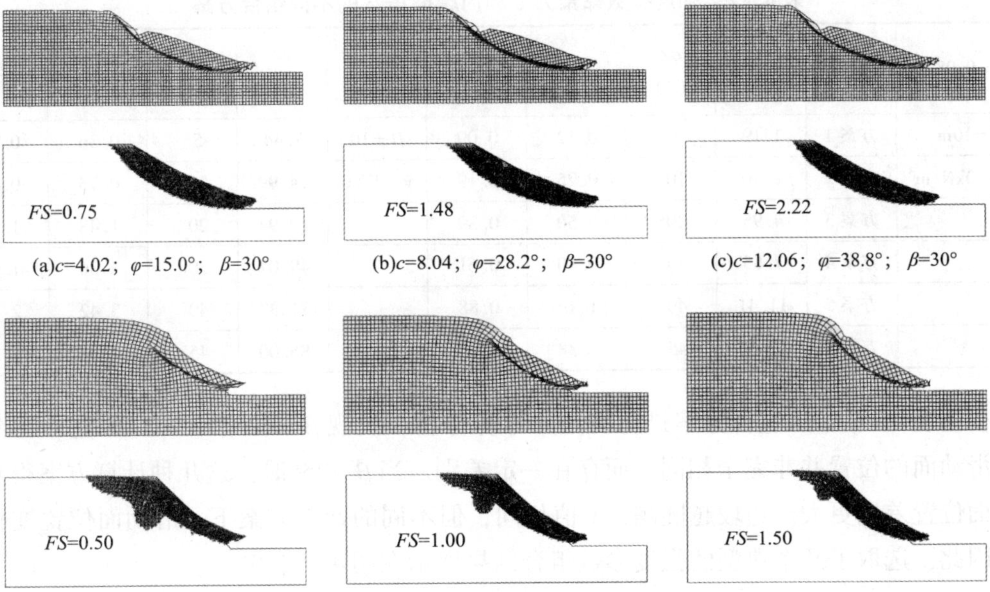

(a)c=4.02；φ=15.0°；β=30°　(b)c=8.04；φ=28.2°；β=30°　(c)c=12.06；φ=38.8°；β=30°

(d)c=4.02；φ=15.0°；β=45°　(c)c=8.04；φ=28.2°；β=45°　(f)c=12.06；φ=38.8°；β=45°

图 4－12　均质边坡中相同 λ 的临界滑动面

从图 4－12 可以看出，当坡角 $\beta=30°$时，对应的三种方案中，网格变形图和位移向量表现出的临界滑动面的位置和形状一致，且与已有文献给出的结论吻合，即不同强度参数组合下相同的 λ 值在边坡中具有相同的滑动面位置。但是，本文有限元方法计算的安全系数 FS 均大于文献给出的结果，究其原因可能是由于图 4－11 中的边坡的坡顶并非水平，而是存在一定角度的倾斜面。当边坡的坡角 $\beta=45°$时，对于三种不同 $c-\varphi$ 组合的方案，从网格变形图中，初步可判断三个滑动面的位置和形状较为接近。从位移向量图中仔细观察，发现滑动面的位置和形状有一定程度的变化，滑动面的位置逐渐下移，较陡峭边坡的安全系数与图 4－11 中的结果更为接近。Jiang 等(2006)研究的是比较平缓的边坡，并且这三组 $c-\varphi$ 值之间的差值不大，黏聚力从 4.02 变化到 12.06，内摩擦角由 15°增至 38.8°。那么这个结论在陡峭边坡中是否适用，以及不同强度参数组合相互之间的差值较大时，是否对滑动面的位置产生影响，在下面一节中对此问题进行探讨。

4.3.2　陡峭边坡临界滑动面位置的变化规律

本节基于上一节的边坡模型，采用无量纲强度参数 λ 研究土体强度参数与临界滑动面位置的关系。对于边坡模型，首先考虑由不同的黏聚力 c 和内摩擦角 φ 组合方案，其次分析四组不同的 λ 值($\lambda=0.05$、0.1、0.5、1.0)对临界滑动面位置的影响。

不同的黏聚力 c 和内摩擦角 φ 组合方案得到相同的 λ 值，当 λ 选取了 0.08 和 0.5 两种相差较大的情况下，内摩擦角 φ 的变化梯度以 5°或者 10°递增，跨度从 5°增至 45°，其跨越差值相对较大。边坡的坡角 β 选择了 60°和 75°两种较陡峭边坡，更好地探究差值较大的强度参数变化对陡峭边坡的临界滑动面的关系。不同的强度参数组合如表 4－2 所示。

表 4-2　强度参数黏聚力 c 和内摩擦角 φ 的不同组合方案

$\lambda=0.08$	方案	c/kPa	φ/(°)	FS		$\lambda=0.5$	c/kPa	φ/(°)	FS	
				$\beta=60°$	$\beta=75°$				$\beta=60°$	$\beta=75°$
$H=10\text{m}$	方案 1	1.19	5°	0.12	0.09	$H=10$	7.44	5°	0.36	0.30
$\gamma=17.0\text{kN/m}^3$	方案 2	2.40	10°	0.25	0.19	$\gamma=17.0$	14.99	10°	0.73	0.61
	方案 3	4.95	20°	0.50	0.39		30.94	20°	1.48	1.23
	方案 4	7.85	30°	0.80	0.61		49.07	30°	2.36	1.95
	方案 5	11.41	40°	1.16	0.88		71.32	40°	3.42	2.84
	方案 6	13.60	45°	1.38	1.05		85.00	45°	4.08	3.39

根据表 4-2 中的组合方案进行有限元计算分析，发现 $\beta=60°$、$\lambda=0.08$ 时，得到的临界滑动面的位置并非完全相同，而存在一定差别。当 $\beta=75°$ 时，这几种计算方案得到的滑动面位置差别更大。边坡越陡峭，λ 值相同，但不同的计算方案下，滑动面位置变化较大，因此，选取了几个典型的强度参数组合结果展示在图 4-13 中。

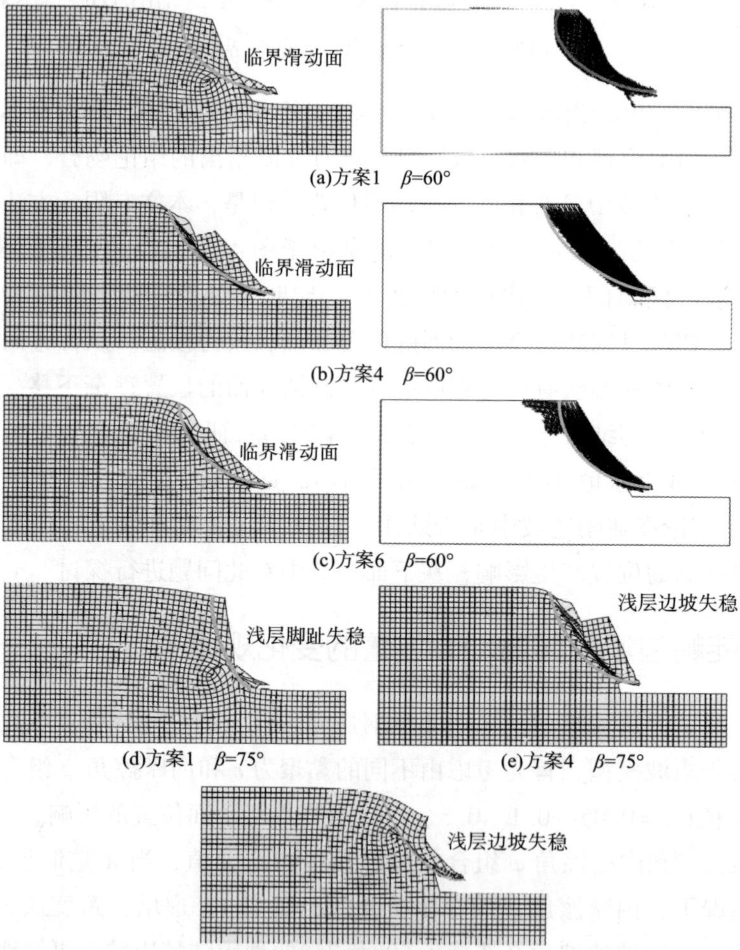

(a)方案1　β=60°

(b)方案4　β=60°

(c)方案6　β=60°

(d)方案1　β=75°　(e)方案4　β=75°

(f)方案6　β=75°

图 4-13　不同的 $c-\varphi$ 值组合下的相同 λ（$\lambda=0.08$）对应的临界滑动面

从图4－13可以看出，陡峭边坡在 $\lambda=0.08$，即 $c/\tan\varphi$ 值较小时，不同的 $c-\varphi$ 组合得到的临界滑动面位置并非一致。虽然多数模式为浅层失稳，但是滑动面的位置有深有浅，随着 $c-\varphi$ 组合值逐步增大，滑动面位置的深度逐渐减小，随着坡角增大，滑动面位置逐渐变浅。并且有的滑动面形状为较规则的圆弧形滑动，而有的则表现出边坡失稳时滑动面特有的折线型，例如，$\beta=60°$和$\beta=75°$中分别对应的方案1的临界滑动面的形状是明显的不规则的折线型失稳破坏，从位移向量图中可以清楚辨析出来。表4－2中也列出了 $\lambda(\lambda=0.5)$ 较大时对应的陡峭边坡的滑动面情况，强度参数组合方案中差值最大的 $c-\varphi$ 两种组合（$c=7.44\text{kPa}$、$\varphi=5°$ 和 $c=85\text{kPa}$、$\varphi=45°$）对应的边坡的临界滑动面位置如图4－14所示。

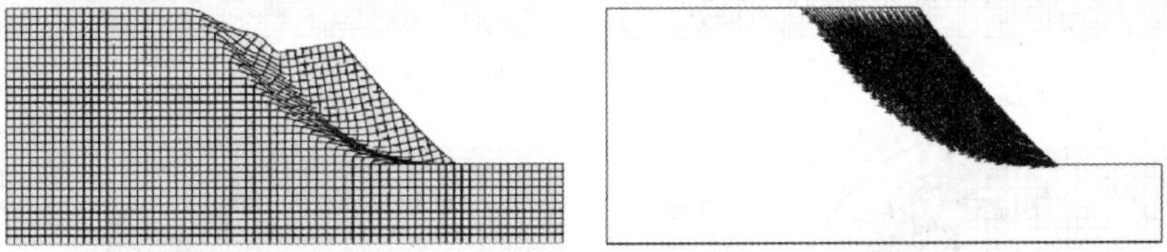

(a)方案1 $\varphi=5°$；$\beta=60°$

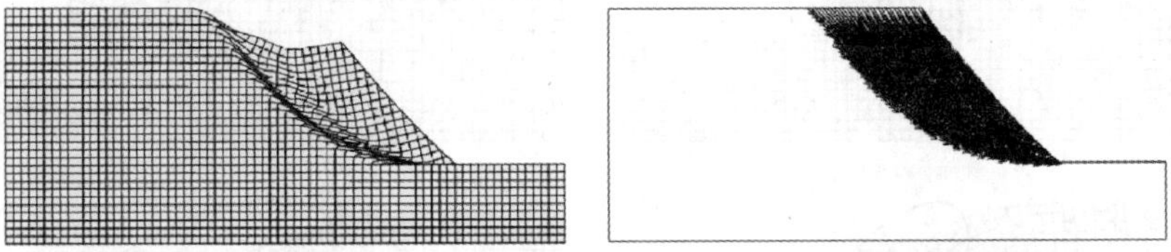

(b)方案6 $\varphi=45°$；$\beta=60°$

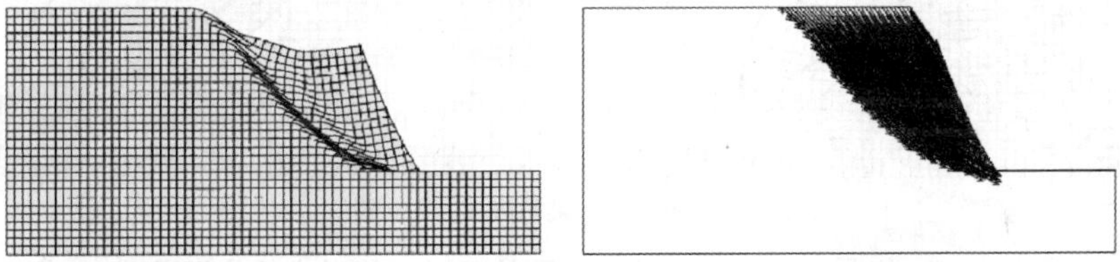

(c)方案6 $\varphi=45°$；$\beta=75°$

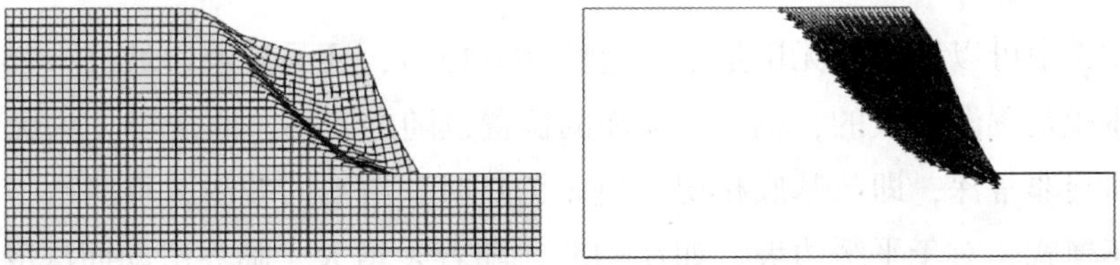

(d)方案6 $\varphi=45°$；$\beta=75°$

图4－14　不同的 $c-\varphi$ 值组合下的相同 $\lambda=0.5$ 值对应的临界滑动面

从图4－14中可以看出，对于较大的 λ 值，无论坡角 $\beta=60°$，还是 $\beta=75°$，不同强度参数 $c-\varphi$ 组合方案得到的边坡滑动面的位置基本一致，且均为坡脚失稳。该现象与Jiang等（2006）中所述的结论吻合较好。对比不同的坡角，$\beta=75°$对应的网格变形图和位移向量图都显示出滑动体下落的趋势。

另外，研究了4个不同 λ 值（$\lambda=0.05$、0.1、0.5、1.0）对临界滑动面位置的变化规律。分别探讨了平缓边坡和陡峭边坡两种坡角，即 $\beta=15°$ 和 $\beta=75°$。不同 λ 值分别对应的平缓和陡峭边坡的滑动面位置变化情况，如图 4－15 所示。

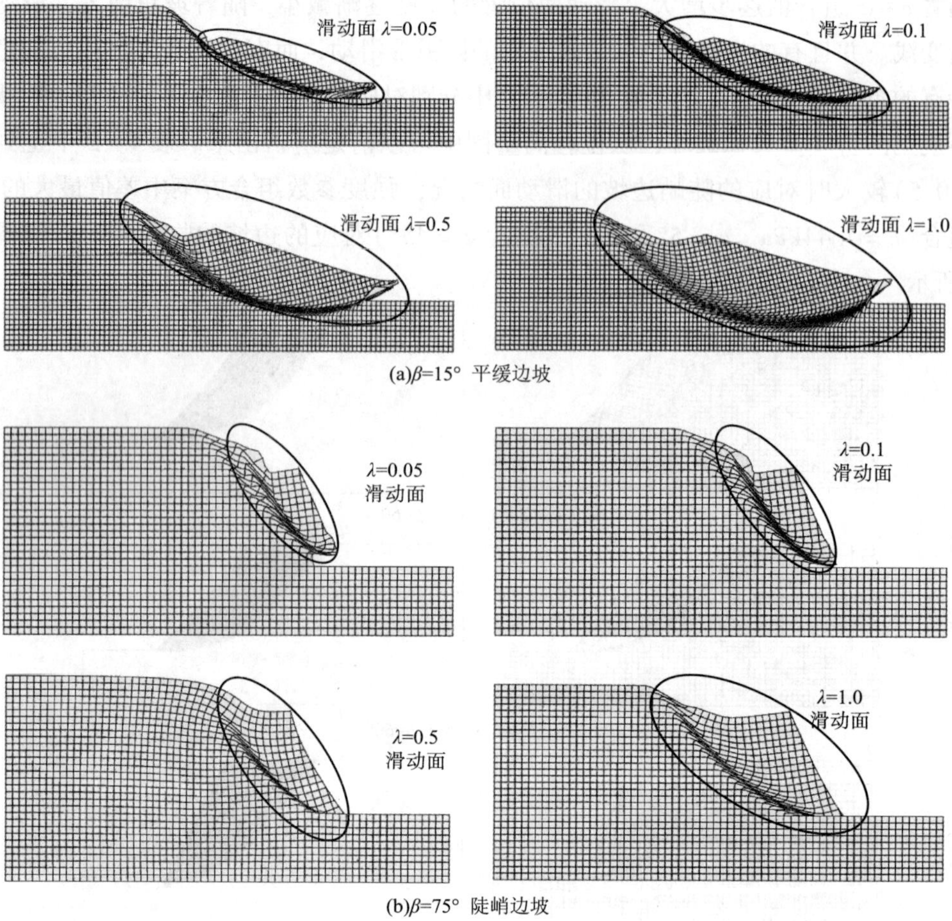

图 4－15　相同的 $c/\tan\varphi$ 比值组合下的不同 λ 值对应的临界滑动面

从图 4－15 中可以看出，无论是平缓边坡($\beta=15°$)，还是陡峭边坡($\beta=75°$)，随着 λ 增大，滑动体积是逐渐增大的，临界滑动面的位置也随之下移。假定当 λ 为无穷大时，预测临界滑动面会非常深，即与基底相切；当 λ 为 0 时，滑动面较浅，可能是一个非常浅的无限边坡破坏模式。对于平缓边坡，如 $\beta=15°$，随着 λ 增大，临界滑动面深度加深的程度比陡峭边坡更加明显。

4.3.3　基于滑动面形状及位置的强度参数反演

前两节中研究了在平缓和陡峭边坡中强度参数变化对临界滑动面位置的影响。相应地，当一个边坡因滑动而发生破坏时，滑动面的位置和形状可以评估沿滑面移动土体的抗剪强度参数。由于边坡已经破坏，破坏时的安全系数认为是 1.0，根据破坏时的信息可以建立合理的失稳模型。该模型可能会包含几何特征、物理力学参数、含外界水力条件的土体特性以及分析方法和破坏机理等。建立这种模型有助于更好地理解破坏机理，并可作为分析补救措施的参考依据。确定边坡破坏的条件并建立适合模型的反分析过程已经在实际工程中被广泛应用，如在日本的很多实际工程中，经验方法常用于滑坡的反分析中。

为了利用强度参数反演中剪切强度与滑动面位置之间的关系，仍然采用前两节的两个无量纲参数 $c/\tan\varphi$ 和 $\lambda = c/\gamma H\tan\varphi$ 进行分析。尽管对于任何给定的边坡，有无限多组黏聚力(c，c')和摩擦角(φ，φ')值将产生相同的安全系数，但每一组值也将产生位置不同的临界滑动面。如前文所述，对于均质平缓边坡而言，当 λ 值相同时，临界滑动面的位置与抗剪强度组合变化无关，仅与 λ 值有关，即与抗剪强度之间的比值相关。由于每一组抗剪强度参数(c 和 φ)对应唯一的临界滑动面，因此，可以使用滑动面位置以及边坡发生破坏的信息(如 FS)反演两个抗剪强度参数($c-\varphi$)的值。为了诠释如何使用滑动面位置反演黏聚力和内摩擦角，通过一个实际的边坡工程进行说明。一个已经发生破坏的简单的均质土坡(Cai 等，2002)，对其进行略微的改造，如图 4－16 所示，其中滑动面及其安全系数($FS=1.34$)已知，假定其强度参数未知。通过滑动面的位置可以反演均质边坡的抗剪强度参数，将反演的结果与文献中的确定结果进行比对。

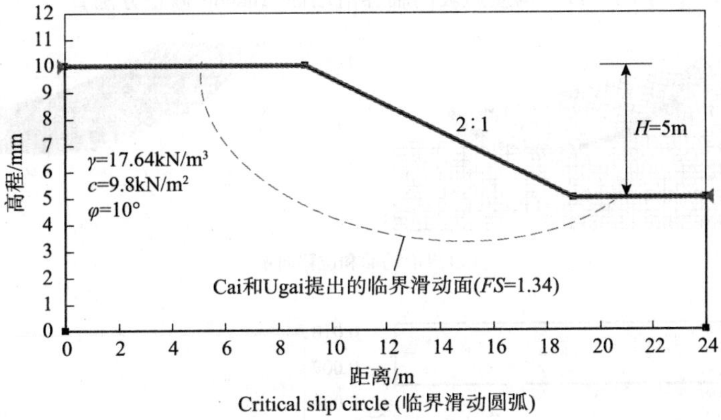

图 4－16　简单均质的边坡模型和临界滑动面(Cai 和 Ugai，2003)

Cai 等(2002)的有限元方法采用的是与极限平衡方法具有相同定义的安全系数，得到的滑动面位置和形状如图 4－16 所示。因此，本文同样应用极限平衡方法中的 Bishop 修正方法对该边坡进行稳定性分析，得到的安全系数 $FS=1.348$ 与 Cai 等(2002)的结果非常接近，滑动面的位置如图 4－17 所示，通过提取滑体上深度最大的条块，得到滑动面最大深度 $h=3.92$m，测量 Cai 等(2002)的滑动面位置的深度与 Bishop 修正的结果也较为接近，约为 3.9m。根据文献中的有限元和极限平衡的安全系数和滑动面位置的深度，应用本文的有限元程序对该均质边坡的抗剪强度参数进行反演分析，边坡的堤坝层坡高 $H=5.0$，坡角 $\cot\beta=2.0$，计算地基深度比 $D=2.0$。结合几何参数和滑动面位置的深度，以及前文中已经给出的大量的稳定性图表，多次有限元试算后，边坡的滑动面位置和位移向量如图 4－18(a)所示。图 4－18(b)给出了基于滑动面所反演出的土体材料特性和边坡安全系数 $FS=1.34$ 以及计算过程中最大节点位移与试折减系数之间的关系曲线。从图 4－18可以看出，本文的有限元程序反演出的土体抗剪强度参数与文献中给出的强度如出一辙，且安全系数也是非常吻合的。

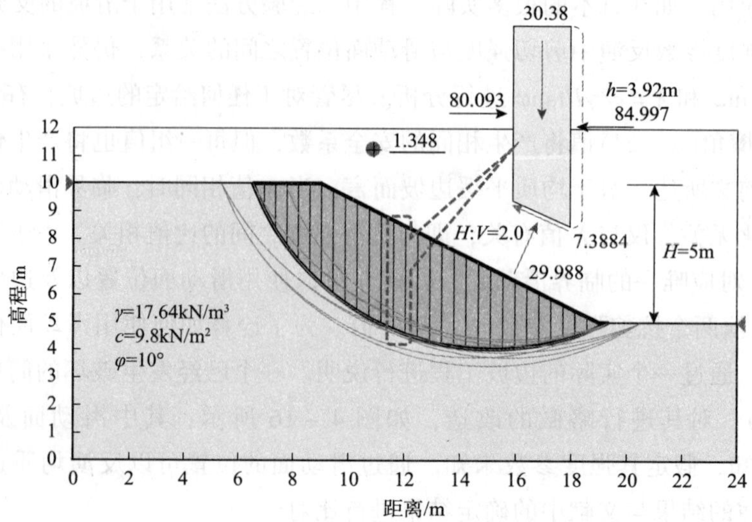

图 4－17　均质边坡的临界滑动面(Bishop 修正方法)

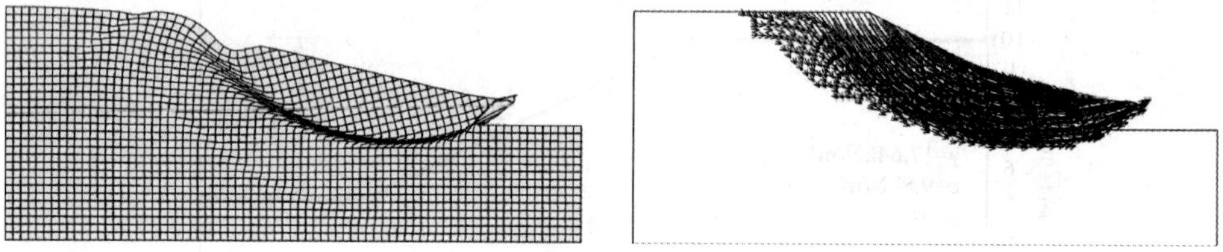

(a)临界滑动面和位移向量

```
Material Properties
Group  phi      c     psi    gamma     E      v
  1   10.00   9.80   0.00   17.64   0.2E+6   0.3
Horizontal acceleration factor= 0.00
Iteration ceiling = 2000
Factor of Safety tolerance= 0.02
trial factor       max displ            iterations
    0.5000        0.33538E-02               2
    1.0000        0.43454E-02              10
    1.2500        0.49866E-02              41
    1.3125        0.52569E-02             184
    1.3281        0.54916E-02             308
    1.3438        0.93764E-02            2000
Estimated Factor of Safety= 1.34
```

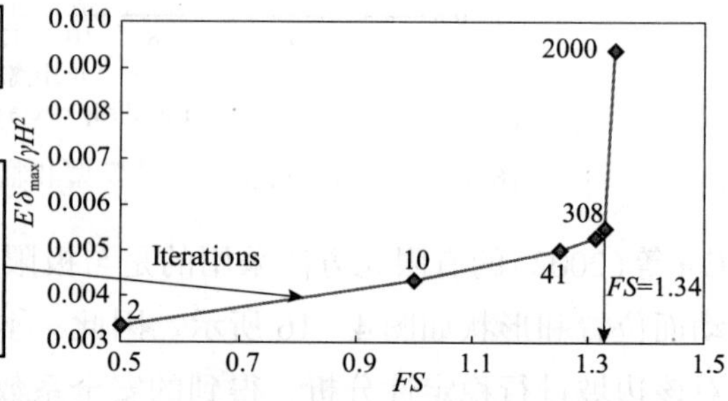

(b)反演的材料特性(Iterations 为迭代)

图 4－18　均质边坡的临界滑动面和反演的材料特性

通过破坏边坡的滑动面位置和已知失稳信息反演边坡的抗剪强度参数，可以简化和初步反算均质边坡的抗剪强度参数，也有助于加深对强度参数的认识，便于更好地了解强度参数的变化带给边坡稳定性的影响。反演方式的优势一目了然，但也有其局限性，更适均质边坡。若是双层、多层或软硬互层的多样性边坡，反演效果有待验证。当边坡出现鲜明地渐进性破坏和结构材料多样性时，利用滑动面位置反演黏聚力和内摩擦角效果也不乐观。

4.4 均质排水边坡的稳定性图解法及失稳机理研究

在均质排水边坡中，常常发生对数螺旋形状的破坏模式，如图4-19所表示的是坡脚破坏时的对数螺旋滑动面的图解和旋转机理。图中的符号变量如第2章中图2-2所述，$Y_f(X)$为对数螺旋滑动面，通过极坐标系的对数半径R_A和R_B描述，而对数半径为不同的旋转角θ的函数，当$\theta=0^\circ$时对应r_0，其他的坐标含义与图2-2中相同，在此不再赘述。

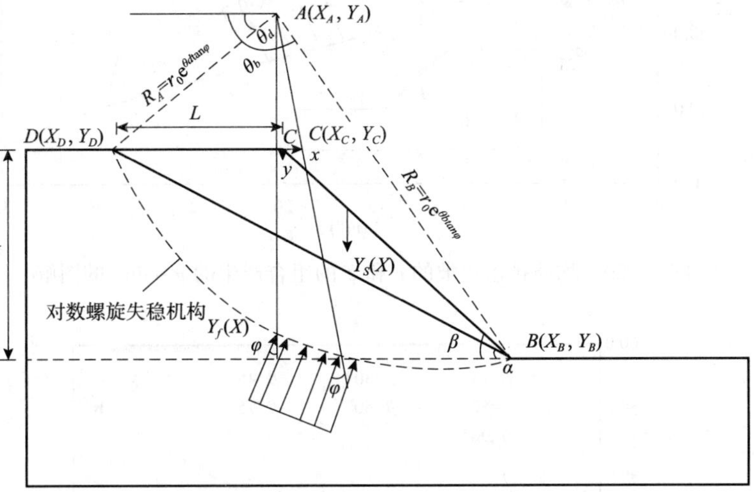

图4-19 均质排水边坡的对数螺旋滑动面的图解和旋转机理

在前文的4.3.1节中已经研究了每个潜在的对数螺旋滑动面具有不同的安全系数，临界滑动面对应的安全系数最小。Klar认为如果边坡的材料性质确定，那么边坡在极限平衡状态或处于失稳边缘时，可以通过不同的黏聚力和内摩擦角之间的组合表示边坡的稳定状态。将不同的c和φ值组合所形成得一条线称之为g-line，图4-19所示的均质排水边坡模型通过大量的有限元模拟土体材料的平衡方程，总结出$\beta=60°$时分割稳定和不稳定区域的黏聚力和内摩擦角组合线——g-line，同时得出了不同对数-螺旋滑动面对应的强度分布，如图4-20所示。均质边坡临界滑动面的精确解为一个对数螺旋线的解，通过滑动面形状的搜寻就可以针对性的求解代表性的函数：

$$g(\varphi)=\max_{Y_f(x)}\{G[Y_f,\ \varphi]\}=G[Y_c,\ \varphi] \tag{4-23}$$

式中，$G[Y_f,\ \varphi]$为一个函数，给出了给定边坡在已发生破坏滑面下达到平衡所需的凝聚力以及摩擦角。

基于前面几节强度参数对边坡安全系数和失稳机理的影响，应用两个无量纲稳定性参数($F/\tan\varphi$，$\lambda=c/\gamma H\tan\varphi$)通过图解的形式展示边坡在无外界条件下的稳定性情况，计算结果如图4-21所示。同时考虑了从平缓边坡($\beta=15°$)到陡峭边坡($\beta=90°$)不同坡角的影响。从图中可以看出，由 $F/\tan\varphi$ 表示的边坡的安全系数 FS，随着 λ（或者 $c/\gamma H\tan\varphi$）增大而增大，且随着坡角 β 增大而减小。

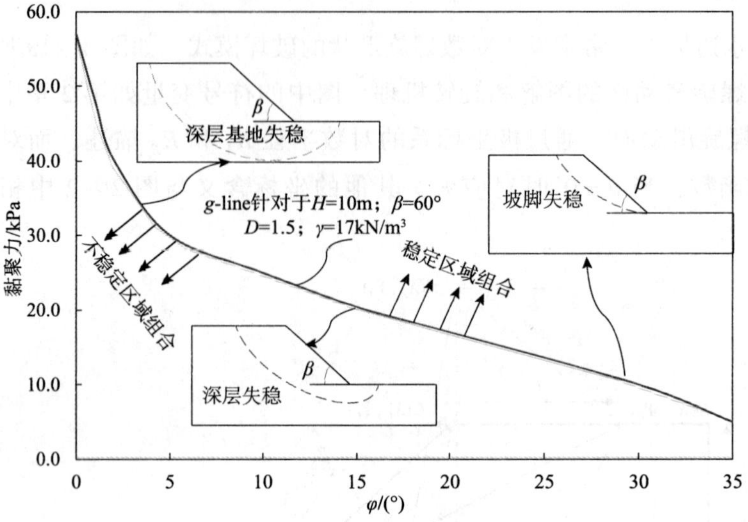

图 4－20　均质排水边坡的 c 和 φ 的组合产生的 g－line 的图解

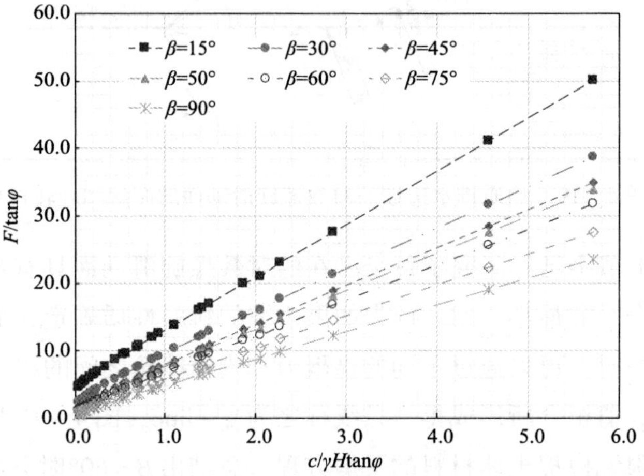

图 4－21　均质排水边坡的稳定性图解

从稳定性图解中选取 $\beta=30°$ 的坡角研究边坡的失稳机理随着不同的强度参数比的变化情况，如图 4－22 所示。从图中可以看出，不同强度参数比值对应的临界失稳机理逐渐由坡脚失稳发展为坡脚和深层失稳同时存在的双滑面失稳，继而演变为深层失稳。滑动面的深度随着强度参数 $c/\tan\varphi$ 比值增大也逐渐加深。从图 4－22(b)～(c)中可以观察出，强度参数大于 2.0，边坡内均出现深层失稳机理，深层滑动面与边坡的基底相切，滑动面在边坡的地基层处出露。

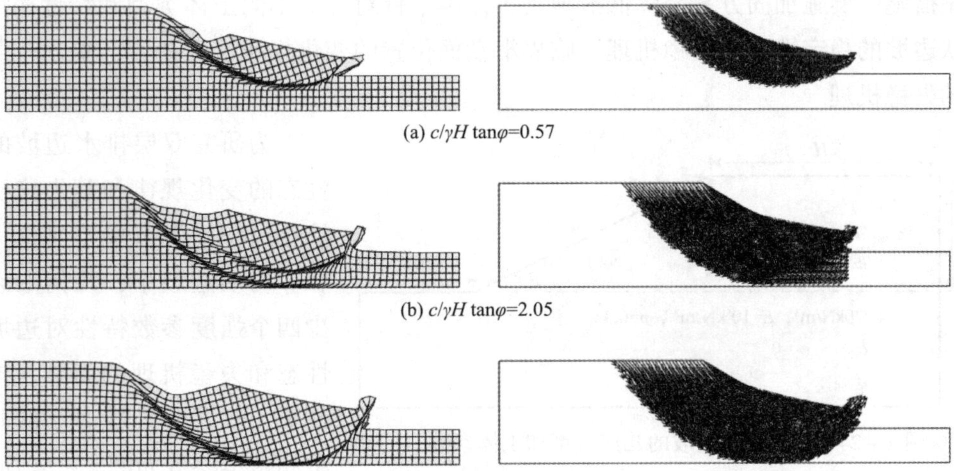

(a) $c/\gamma H\tan\varphi=0.57$

(b) $c/\gamma H\tan\varphi=2.05$

(c) $c/\gamma H\tan\varphi=5.72$

图 4－22 不同的 $c/\gamma H\tan\varphi$ 对应的临界失稳机理及滑动面

4.5 非均质排水边坡的稳定性图解法及失稳机理研究

4.5.1 非均质排水边坡的稳定性态演化规律

在岩土工程中，层状土质边坡的工程实例不胜枚举，如图 4－23 所示，工程地质调查中发现层状非均质边坡可能由不同的土层特性或不良土体特性堆积形成。不同的土层组合可能是仅由单纯的黏性土层堆筑而成，如本文的第 3 章中介绍的非均质不排水层状边坡：可能是每一层由黏聚力－内摩擦角土性组成的非均质黏土层状边坡；可能是砂土层与黏土层堆积而成的多元层状结构特性，或者砂土、粉质黏土、填土、软土、黄土及混合土等不同类型的土体特性互层而成的多元结构层状边坡。由于层与层之间土体特性和力学参数的差异导致层状土质边坡易发生滑坡灾害，因此，深入研究不同类型层状土质边坡的地质力学模型、稳定性态、失稳机理、互层的内在力学机制以及临界滑动面的形状和位置是边坡工程中首当其冲的任务，揭示层状土质边坡的变形破坏机理有利于针对性地采取相应的灾

图 4－23 高速公路层状坡体滑坡

害控制措施、实施加固方案、降低滑坡灾害。本节针对三类不同土体类型和特性构成的多元层状边坡的稳定性态、失稳机理、临界滑动面位置的变化规律展开研究，揭示三类层状边坡的失稳机理。

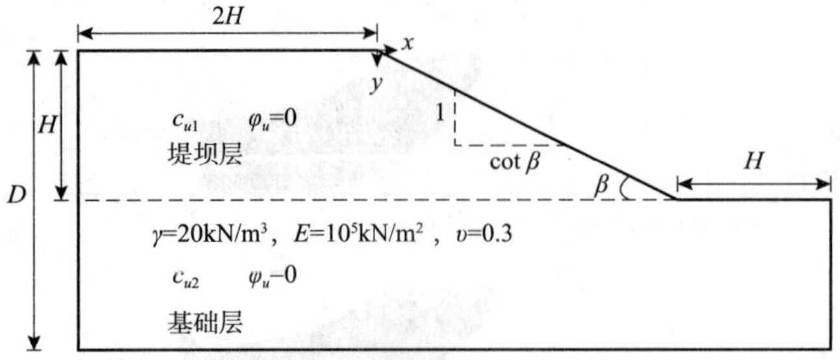

图 4－24 双层排水边坡的几何模型和土体参数

为研究双层排水边坡的稳定性态的变化规律和其失稳机理的演化过程，本节重点讨论了在层状非均质边坡中，几何形态和至少四个强度参数特性对边坡稳定性态和失稳机理的影响。排水条件下，双层非均质边坡的几何模型和基本参数如图 4－24 所示。

边坡的堤坝层强度参数固定为 $c_1=15.0\text{kPa}$ 和 $\tan\varphi_1=0.364(\varphi_1=20°)$，第二层地基层的强度参数 c_2 和 $\tan\varphi_2(\varphi_2)$ 是变化的，应用两层强度参数比 $c_2/c_1=\tan\varphi_2/\tan\varphi_1$ 衡量上下层强度的变化情况。边坡的其他三个主要力学参数（E，υ，γ）与双层不排水边坡相同。根据边坡工程中的地质调查的实际情况，设定 $c_2/c_1=\tan\varphi_2/\tan\varphi_1$ 的比值变化范围为 0.25、0.50、0.80、1.00、1.10、1.20、1.40、1.50、1.60、1.80、2.00、2.50、3.00、3.50。坡角 β 的变化范围从陡峭边坡变化到平缓边坡，即：90°、75°、60°、45°、33.69°、30°、26.57°、21.8°、18.43°、15°（$\cot\beta=0.0$、0.268、0.577、1.0、1.5、1.732、2.0、2.5、3.0、3.732）。边坡的地基深度比 D 的变化范围为 1.0、1.2、1.4、1.5、1.6、1.8、2.0、2.5、3.0。模型的边界条件为边坡底部采用固结约束，左右侧面采用水平约束，坡面为自由边界。本章中与第 3 章相似，使得 $P=c_2/c_1=\tan\varphi_2/\tan\varphi_1$，那么有 $P_{\text{crit}}=(c_2/c_1=\tan\varphi_2/\tan\varphi_1)_{\text{crit}}$。

当地基深度比 $D=1.0$ 时，边坡仅有堤坝一层（Embankment Layer）存在，选择其中一个边坡算例：坡角 $\beta=30°$，坡高 $H=10.0\text{m}$；其他的土体材料参数恒定不变，该无地基层边坡的有限元剖分和对应的变形网格图如图 4－25 所示。

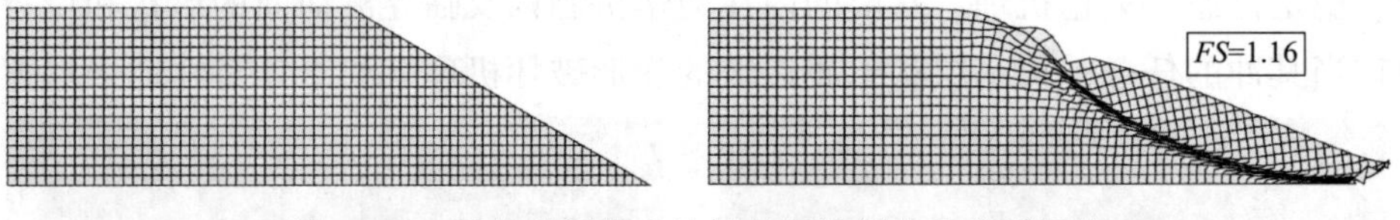

图 4－25 无地基层排水边坡的网格剖分和变形网格

有限元计算无地基层边坡的安全系数 FS 为 1.16，失稳机理为坡脚失稳。若采用与图 4－25 的算例相同的几何和强度特性，仅增加地基层，使地基深度比 $D=1.6$，$c_2/c_1=\tan\varphi_2/\tan\varphi_1=1.0$，该算例的变形网格图如图 4－26 所示。由图 4－26 可以清楚地看出其模式仍然为坡脚失稳与无地基层的失稳机理基本相同。由于可压缩土体体积的增加，位移略微增加，但安全系数与无地基层的值仍然相等，$FS=1.16$。通过有限元方法分析可知，额外增加的地基层对边坡安全系数没有很大的影响和改变。分析不同的边坡坡角 β（$\beta=$

15°～90°）发现均质的双层不排水边坡的地基层对边坡的稳定性没有很大的影响。但是上下土层强度比值不等于1.0的非均质的双层边坡的强度和几何特性均会对边坡的稳定性态和失稳机理产生影响。

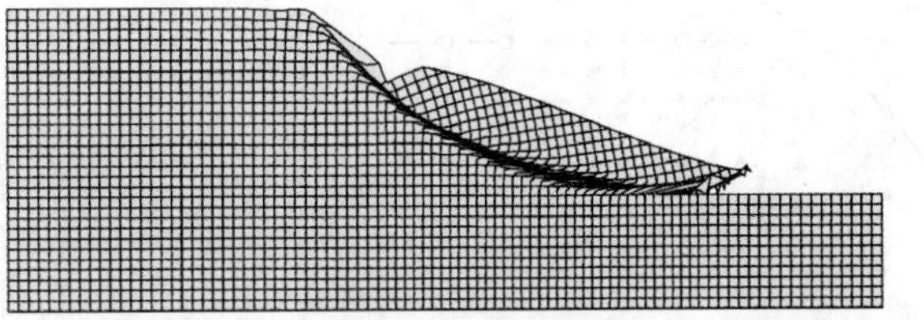

图4－26　双层排水边坡的网格变形图（$D=1.6$；$P=1.0$）

为了便于快速、便捷地对不同影响因素下的双层排水边坡稳定性做出评价，依据设计的计算方案，图4－27绘制了不同强度比值及坡高坡角对双层排水边坡*FS*影响的稳定性图解法。从图中可以看出，双层非均质$c-\tan\varphi$边坡的安全系数随着坡角β增加逐渐减小，边坡越陡峭，边坡的稳定性大幅度降低。每一种坡角β均存在一个临界转折点P_{crit}，即使是直立陡峭边坡（$\beta=90°$），但直立边坡的临界转折比值非常小，$P_{crit}=0.5$。当地基层土体强度超过堤坝层土体强度的0.5倍时，$\beta=90°$边坡的安全系数不再受上下层土体强度比的影响。随着边坡变缓，安全系数的转折点随之增大，当坡角为15°，平缓的边坡安全系数的临界转折点为$P_{crit}=1.1$，此时为上软下硬型边坡，地基层土体强度高出堤坝层土体强度的10%，之后层与层之间的强度变化不再引起安全系数的增加，换言之，在边坡稳定性分析中，强度的变化对边坡的稳定性已经不再是敏感因素。陡峭边坡安全系数的临界转折点相对较小，P_{crit}均小于1.0，在地基层的强度较低时，陡峭边坡的稳定性主要受下层强度特性的影响。平缓边坡安全系数临界转折比值较大，均大于1.0，则平缓边坡稳定性受不同土层强度参数变化的影响较大。观察不同地基深度比*D*的影响，发现对$c-\tan\varphi$边坡的安全系数及临界转折点的影响微乎其微。

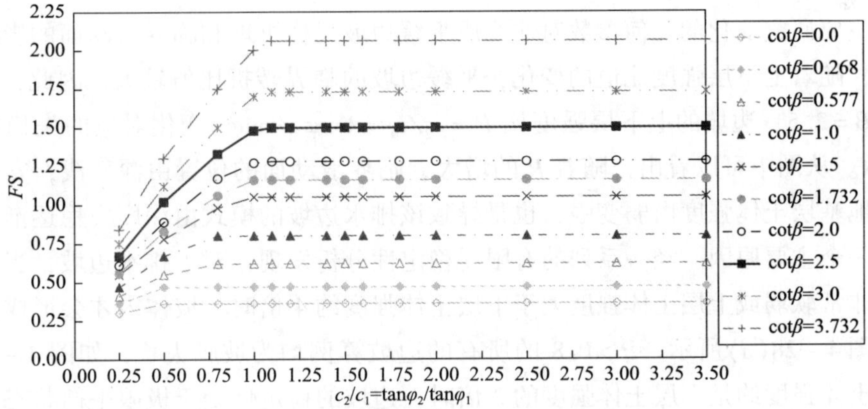

(a)$D=1.2$

图4－27　$c_2/c_1=\tan\varphi_2/\tan\varphi_1$对两层排水边坡安全系数*FS*的影响

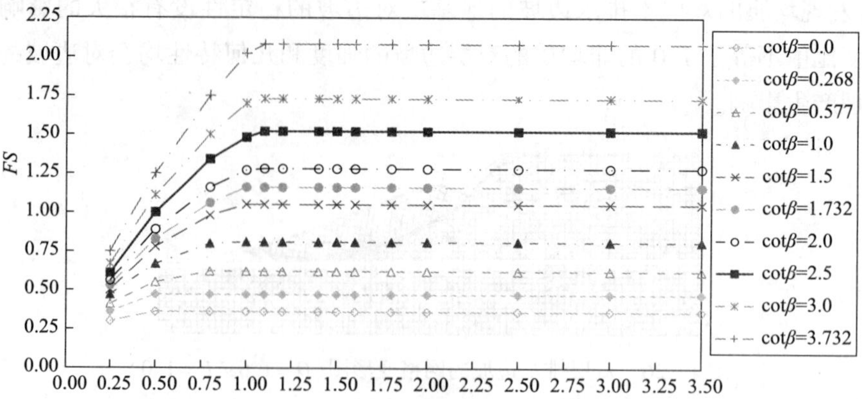

$c_2/c_1=\tan\varphi_2/\tan\varphi_1$

(b)D=1.5

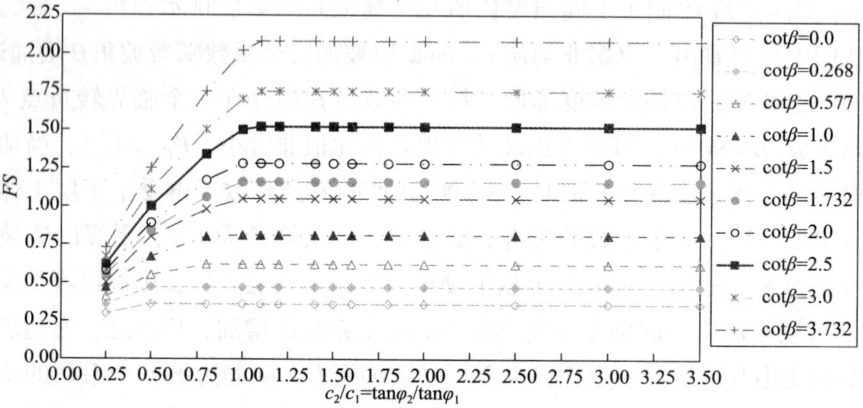

$c_2/c_1=\tan\varphi_2/\tan\varphi_1$

(c)D=2.0

图 4－27　$c_2/c_1=\tan\varphi_2/\tan\varphi_1$ 对两层排水边坡安全系数 FS 的影响（续）

4.5.2　非均质平缓边坡失稳机理演化过程

本节主要研究变化的几何参数对非均质平缓边坡失稳机理和临界滑动面的影响，从上一节可知，随着上下层强度比值的变化，平缓边坡的临界转折比值较大。因此，选取 $D=1.5$ 和 $\cot\beta=2.5$，边坡的上下层强度比 $P=c_2/c_1=\tan\varphi_2/\tan\varphi_1$ 变化对应的失稳机理如图 4－28所示。从图中可以看出，随着 P 的增大，临界滑动面的位置由深变浅，安全系数逐渐增大。地基层土体强度由弱变强，也是导致该排水边坡的模式由深度失稳逐渐过渡为坡脚失稳的一个主要原因。经一系列的有限元稳定性分析发现：对于排水边坡，当地基层的土体强度非常软弱或上层土体强度大于下层土体强度约 4 倍时，坡体内才会形成深层失稳滑面，如图 4－28(a)所示。$P>0.8$ 的所有的边坡算例均为坡脚失稳，如图 4－28(c)所示。上层土体强度约是下层土体强度的 2 倍时，边坡的稳定性处于极限平衡状态，坡体内同时出现深层坡脚失稳和与基岩相切的深层失稳的两种破坏模式，两个临界滑弧清晰可见，如图 4－28(b)所示。上下土层强度参数的变化对 $c-\varphi$ 边坡失稳机理和临界滑动面的影响较为显著，在实际工程中需要特别关注土层强度的变化导致的滑体体积。

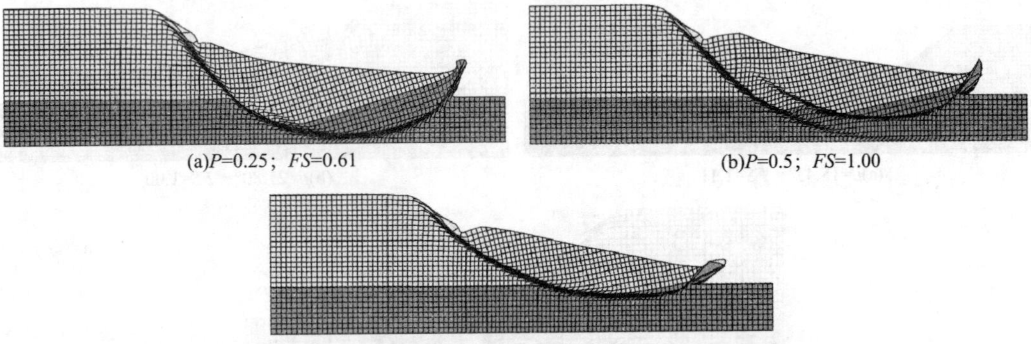

(a)P=0.25；FS=0.61　(b)P=0.5；FS=1.00

(c)P=0.8；FS=1.34

图 4－28　不同的强度比 $P=c_2/c_1=\tan\varphi_2/\tan\varphi_1$ 对应的平缓边坡的失稳机理

（$D=1.5$，$\cot\beta=2.5$）

在上一节的安全系数随影响因素变化的图解中，地基深度比 D 对 $c-\varphi$ 边坡安全系数的影响并不显著，地基深度比变化会引起失稳机理和临界滑动面位置的变化，如图 4－29 所示。$D=1.5$ 时，边坡的堤坝层形成两个非常接近的临界滑动面，但在滑动面延伸至地基层后，汇合为一个滑动圆弧，在地基层的中间土层及右侧出露。D 从 1.2 增至 2.0，安全系数基本没有变化，但失稳机理由与基底相切的深层失稳→地基层中的失稳→深层坡脚失稳，滑动面的位置也逐渐变浅，即便对于 $P=0.5$ 的软土地基，对于高平缓边坡，其失稳滑面仍有可能发生在坡脚处，可见对于比较平缓的边坡而言，影响其失稳机理的影响因素也是综合性的。

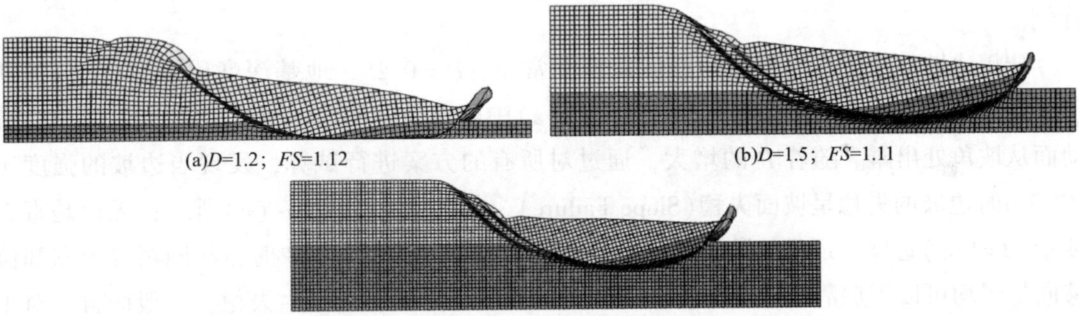

(a)D=1.2；FS=1.12　(b)D=1.5；FS=1.11

(c)D=2.0；FS=1.11

图 4－29　不同的地基深度比 D 对应的平缓边坡的失稳机理（$P=0.5$，$\cot\beta=3.0$）

从图 4－29 中可知，坡角 β 对边坡稳定性态的影响是显而易见的、消极的，并且不同的坡角对安全系数转折的影响是不同的。对平缓边坡，安全系数的转折点相对比较大。图 4－30 分别展示了不同坡角 β 对平缓边坡失稳机理的影响。

由图 4－30 可得，随着坡角 β 的逐渐增大，滑动面的位置逐渐变浅。失稳机理由深层失稳变为双滑动面失稳机理，坡角继续增大，破坏模式向坡脚失稳发展。边坡越平缓，越容易发生与基层相切的深层失稳，对于更为陡峭边坡的失稳机理将在下一节具体分析。

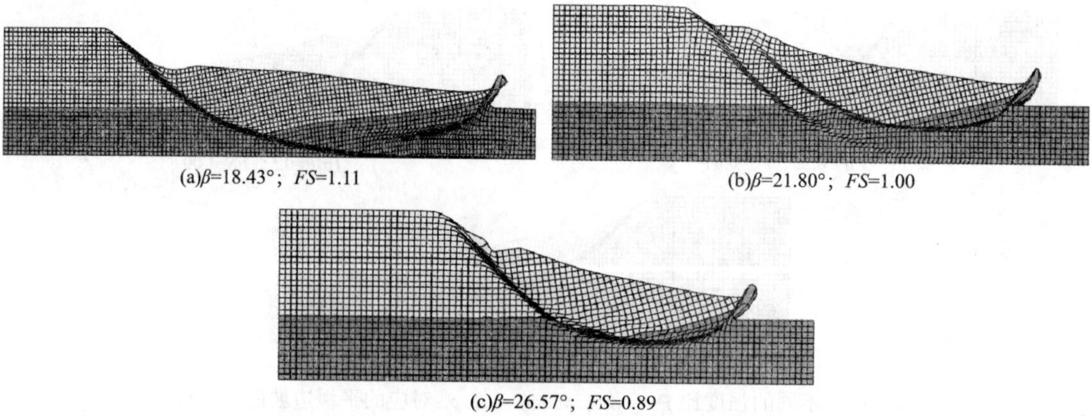

图 4-30　不同的坡角 β 对应的平缓边坡的失稳机理($P=0.5$，$D=1.6$)

4.5.3　非均质陡峭边坡失稳机理演化过程

经上节对平缓(指 $\beta<45°$)非均质边坡失稳机理的研究，本节将研究陡峭边坡($\beta\geq45°$)的失稳机理和滑动面位置，并对比与平缓边坡失稳机理的不同。查看所有非均匀层状陡峭边坡的后处理输出的网格边形图和节点位移向量图发现，与平缓边坡不同，多数陡峭边坡的破坏可分为坡脚和坡面失稳两种模式，并没有出现像平缓边坡所示的与地基层相切的深层失稳。除了地基层强度非常软弱和地基深度比较小的情况，陡峭边坡的滑动面会涉及堤坝层和地基层，如 $P=c_2/c_1=\tan\varphi_2/\tan\varphi_1=0.25$；$D=1.2$ 是一个特例。

陡峭边坡地基层与堤坝层的强度比值非常小，$P=0.25$，地基深度比 $D>1.2$ 的条件下，陡峭边坡均发生坡脚失稳，从图 4-31(a)中的直立陡峭($\beta=90°$)边坡可以看出，滑动面从坡角处出露。随着 P 的增大，通过对所有的方案进行试算，发现当边坡的强度比 $P\geq0.4$时边坡的失稳呈坡面失稳(Slope Failure)，如图 4-31(b)~(c)所示；无论是直立陡峭($\beta=90°$)边坡，还是较陡峭的坡角 $\beta=75°$的边坡，当 $P=0.8$ 时，从网格变形图和位移向量图均可以更加清晰地观察到，滑动面从堤坝层的坡面处发生失稳。一般而言，对于陡峭边坡的临界转折点 $P_{crit}=(c_2/c_1=\tan\varphi_2/\tan\varphi_1)_{crit}$，若 $P<P_{crit}$，则陡峭边坡的失稳机理为坡脚失稳；若 $P>P_{crit}$，则所有陡峭边坡的失稳机理均为坡面失稳。

实际上，无论是平缓边坡，还是陡峭边坡，与基层相切的深层失稳和双失稳机理都发生在上下层强度参数比值小于 1.0 的工况中，也就是上硬下软型的边坡中，如软土地基或者浸润线穿过地基层的情况。一旦下覆地基层的强度大于堤坝层，方案中所有平缓 $c-\tan\varphi$ 边坡的临界失稳机理为坡脚失稳；而陡峭 $c-\tan\varphi$ 边坡的临界失稳机理均为坡面失稳，如 $D=1.4$、$P=1.2$ 的平缓及陡峭边坡的变形失稳机理图如图 4-32 所示。

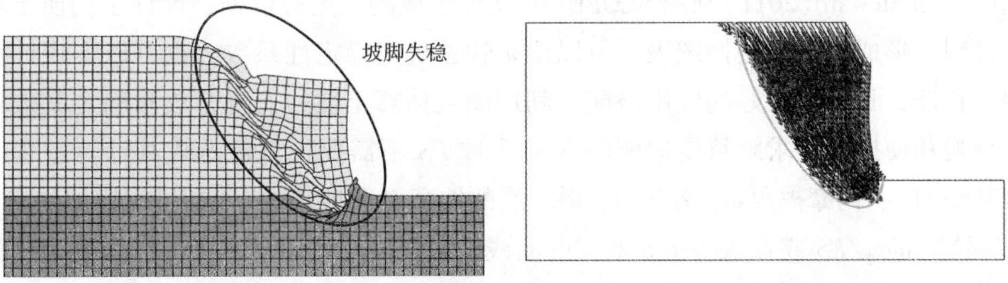

(a)P=0.25；FS=0.30；β=90°

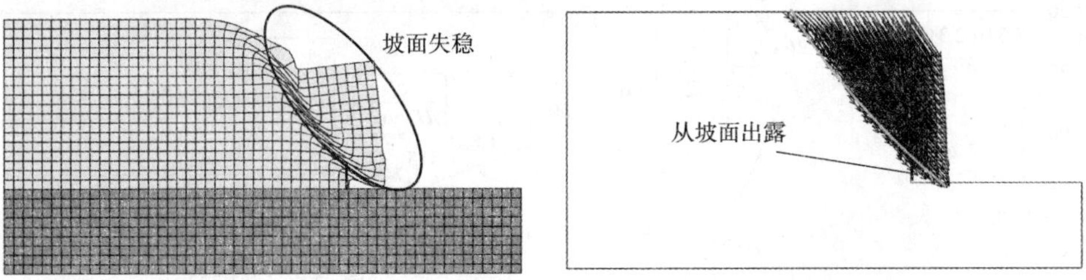

(b)P=0.8；FS=0.36；β=90°

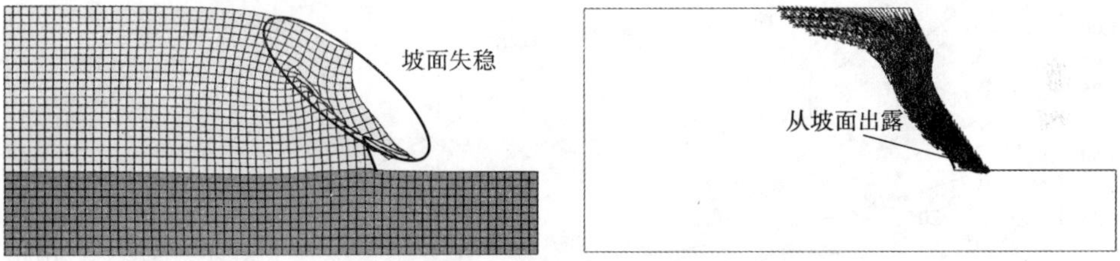

(c)P=0.8；FS=0.48；β=75°

图 4－31　不同的强度比 P 对应的陡峭边坡不同的失稳机理

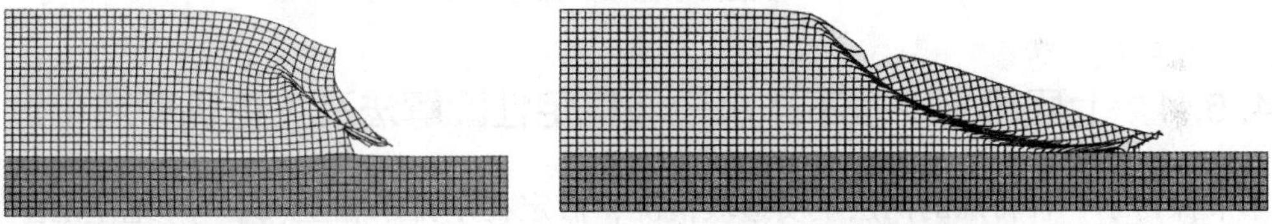

(a)陡峭边坡(β=75°)　　(b)平缓边坡(β=30°)

图 4－32　强度比较大的陡峭和平缓边坡对应不同的失稳机理($D=1.4$)

最后，利用有限元程序，对不同几何形状和不同土体特性的多个双层排水边坡进行了数百次甚至数千次地数值计算并分析其对应的临界滑动面位置。对于每一次的运行，$\tan\varphi_2/FS$、$c_2/\gamma HFS$、$c_2/\gamma H\tan\varphi_2$ 的值均被计算一次，并将这三个变量的值在图 4－33 中表述，且将其与之对应的失稳机理通过不同的颜色区域区分。从图 4－33 中可以看出，坡角较大时其失稳破坏主要从坡脚处失稳，在图 4－33 中用中灰色区域表示。当边坡较为平缓时，可能发生基底不相切的深层失稳，也可能发生基底相切的深层基底失稳机理，在图 4－33 中用分别用深灰色和浅灰色区域表示。根据国内外学者(Hoek 和 Bray，1977；Steward，2011；Javankhoshdel，2014；Tang，2015；赵炼恒等，2018)总结的边坡稳定性图解法的优点，如 Steward(2011)利用 SLOPE/W 软件生成的稳定性数据，设计了均质土坡的五种破坏机制，形成一个稳定性图表，可以用来快速确定稳定性系数，也可以实现计算结果间的相互验证，具有非常好的应用潜能。利用图表估算土坡的安全系数和确定其破坏机理是非常直观和便捷的，求解特定边坡的安全系数 *FS* 不需要再重复迭代其计算过程。对于给定的黏聚力 c、内摩擦角 φ、容重 γ、堤坝层的坡高 H 和坡角 β，双层排水边坡的安全系数 *FS* 可以通过 $\tan\varphi_2/FS$ 或者 $c_2/\gamma HFS$ 对应的曲线求出，同时可以从图表在查看其对应的临界失稳机理和滑动面大概的位置，为更有针对性地实施加固措施提供合理便捷的依据。

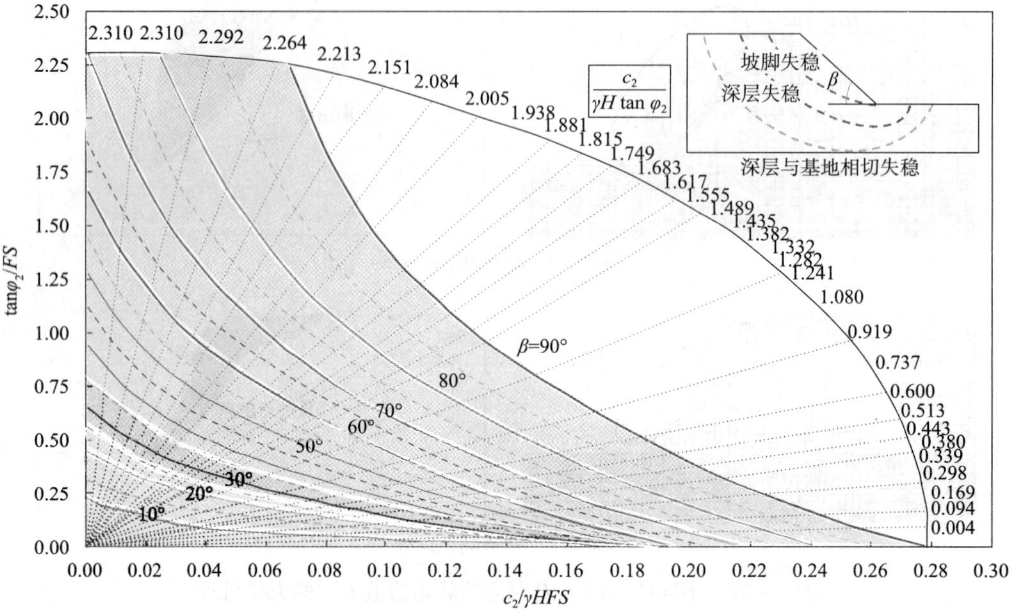

图 4－33　双层排水边坡的稳定性设计图表

4.5.4　上层排水下层不排水边坡稳定性图解法及失稳机理演化过程

本节探讨了一种特殊的两层土质边坡情况，假定在不排水黏土($\varphi_u=0$)地基层上面建造排水的 $c-\tan\varphi$ 的堤坝层，几何模型和基本参数如图 4－34 所示。上下土层的强度参数依据该边坡的特性而定。假定堤坝层是完全排水，其强度(c, φ)不随时间的变化而改变，地基层的不排水黏土随着时间的推移而被逐渐加固，其强度(c_u, $\varphi_u=0$)随着时间的推移而逐渐增加。仍然采用上下层的黏聚力参数比 c_u/c 衡量强度变化对边坡稳定性和失稳机理的影响。土层强度比、几何参数变化以及边坡的边界条件均与 4.5.1 节的假设相似。

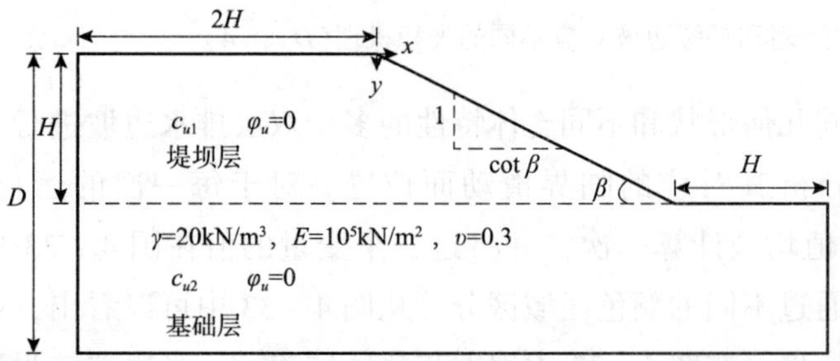

图 4－34　双层非均质边坡的几何模型和土体参数

通过大量的数值模拟计算，可得到不同几何形态和强度特性变化的下边坡的稳定性图解。将堤坝层和地基层的黏聚力比 c_u/c 的变化作为横坐标，使用无量纲稳定性参数 $F/\tan\varphi$ 作为边坡稳定性的评价指标作为纵坐标，分析结果如图 4－35 所示。从图中可以看出，对于所有地基深度比 D，当坡角 $\beta<45°$时，边坡的稳定性系数随着 c_u/c 的增大而逐渐增大，坡角 $\beta\geqslant45°$的陡峭边坡，边坡的稳定性系数先随着 c_u/c 的增大而增加，当 c_u/c 增至某值后，出现一个拐点，随着 c_u/c 的增大边坡的稳定性不再受影响。每一个陡峭边坡均有一个明显转折点，边坡越陡，临界转折点的比值越小。地基深度比越大，临界转折点的比值也越大。从图 4－35 中也可以看出，上层排水下层不排水边坡的稳定性随着边坡坡角 β 的增大而逐渐减小。当地基层土体强度较低时，从最陡峭的直立边坡到较为平缓的 $\beta=15°$的边坡，其稳定性系数相差不大，尤其在地基深度较深的边坡，这种现象更为明显，如图 4－35(c)中展现出相对较为聚集的稳定数所示。对于上软下硬的边坡，其稳定性系数相差较大，曲线簇呈现整体发散的特征。从图 4－35(a)～(c)中均可看出，对于不同地基深度比 D 的直立陡峭边坡的稳定性系数最大值为 1.0，其稳定性较低，处于极限平衡状态。

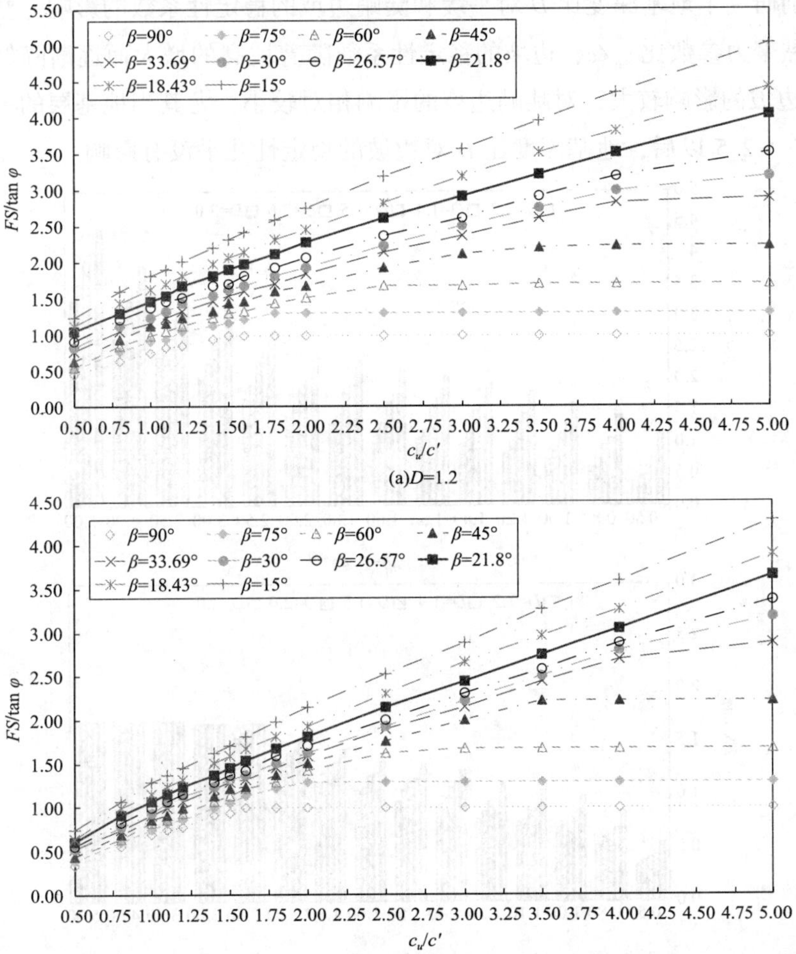

图 4－35　c_u/c 对上层排水下层不排水边坡稳定性的影响

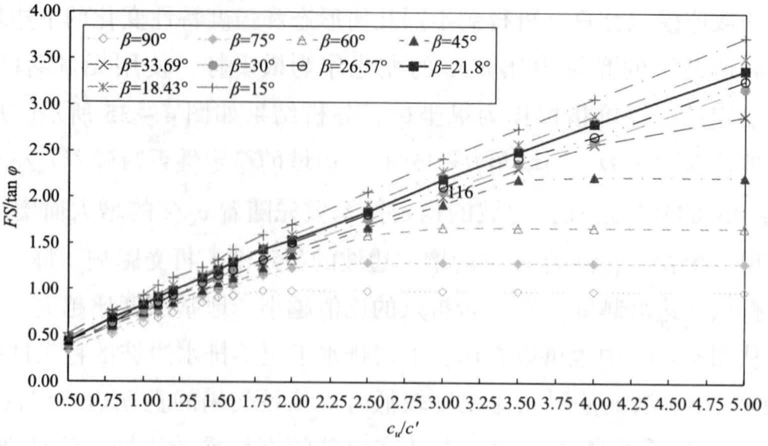

(c)D=2.0

图 4 – 35　c_u/c 对上层排水下层不排水边坡稳定性的影响(续)

本节也探讨了一系列地基深度比 D 对上层排水下层不排水边坡的影响，如图 4 – 36 所示。图中分别研究了地基深度比 D 对平缓和陡峭边坡的稳定性系数的影响。整体上可观察到：相同的黏聚力参数比 c_u/c，边坡的稳定性系数随着坡高的增大而逐渐降低。地基深度比 D 对平缓边坡的影响较大，对陡峭边坡的影响相对较小，尤其当地基层的不排水强度较高时，即 $c_u/c>2.5$ 以后，地基深度比 D 对边坡的稳定性几乎没有影响。

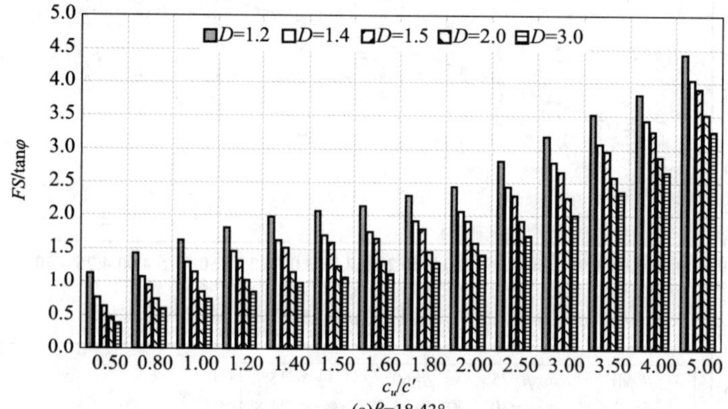

(a)β=18.43°

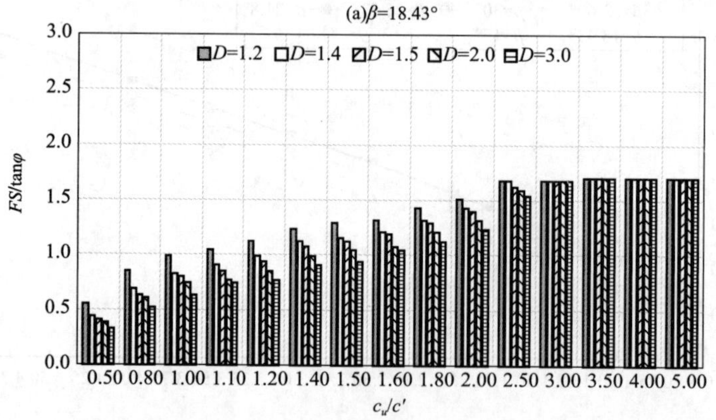

(b)β=60°

图 4 – 36　不同的 D 值分别对平缓和陡峭上层排水下层不排水边坡稳定性的影响

从图4－35和图4－36中可以看出，坡角＜45°的关系曲线呈线性变化，而坡角大于45°的关系曲线均有明显的安全系数转折点。不同地基深度比条件下，以45°的坡角为分界线将边坡分为平缓边坡($\beta<45°$)和稍陡峭边坡($\beta\geqslant45°$)。平缓边坡稳定性的影响因素之间的关系曲线如图4－37所示，$FS/\tan\varphi$ 作为因变量与三个影响因素之间的拟合回归方程，如式(4－24)所示，回归方程的相关系数 $R^2=95.91\%$，拟合精度相当高，说明强度特性和几何形态的变化对平缓边坡稳定性的影响较大，三者均为较敏感影响因素。其回归方程为：

$$\frac{FS}{\tan\varphi}=0.646(c_u/c')-0.032\beta-0.769D+2.47;\ R^2=95.91\% \tag{4-24}$$

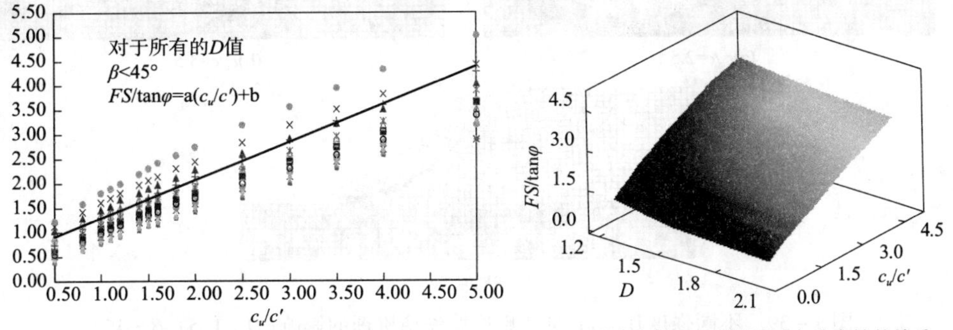

(a)强度参数和坡角与稳定性的关系　(b)强度参数和地基深度比与稳定性的关系

图4－37　平缓边坡的三种影响因素之间的相互关系

采用相同的多元回归方法对 $\beta\geqslant45°$ 的稍陡峭边坡的关系曲线进行拟合，图4－37(a)中强度参数和坡角与安全系数之间的拟合通用关系式为二次多项式，表达式为：

$$\frac{FS}{\tan\varphi}=a\,(c_u/c')^2+b\beta-c \tag{4-25}$$

式中，a、b、c 为曲线拟合系数、常数；相关系数 R^2 的变化范围为86.19%～99.72%，每一条关系曲线的拟合相关系数 $R^2>85\%$，拟合精度相对较高。

采用Pearson积矩相关的方法得到的陡峭边坡的回归方程如式(4－26)所示，其拟合相关系数相对较低，$R^2=71.72\%$，这与图4－38中的不同影响因素与安全系数之间的非线性关系密不可分。其回归方程为：

$$\frac{FS}{\tan\varphi}=0.24(c_u/c')-0.012\beta-0.176D+1.743;\ R^2=71.72\% \tag{4-26}$$

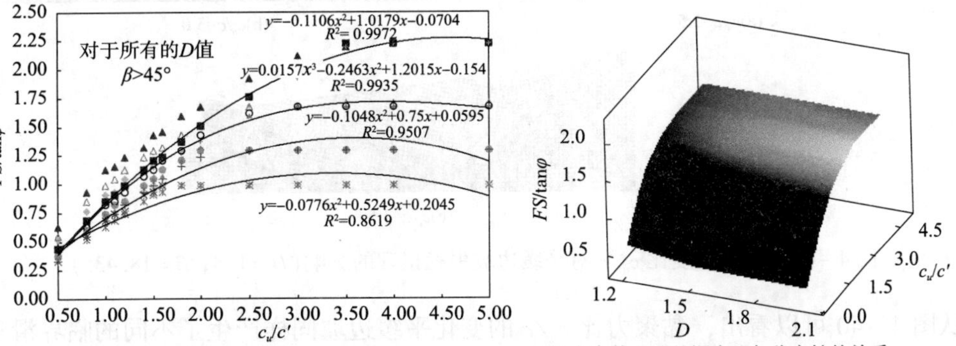

(a)强度参数和坡角与稳定性的关系　(b)强度参数和地基深度比与稳定性的关系

图4－38　陡峭边坡的三种影响因素之间的相互关系

这些因素不仅对边坡的稳定性造成不同程度的影响，边坡的临界滑动面和失稳机理也会随之发生变化。因此，本节进而探讨了上层排水下层不排水双层边坡的失稳机理变化情况。研究了不同的黏聚力强度比 c_u/c 对陡峭和平缓边坡临界滑动面和失稳机理的影响，如图 4-39 和图 4-40 所示。

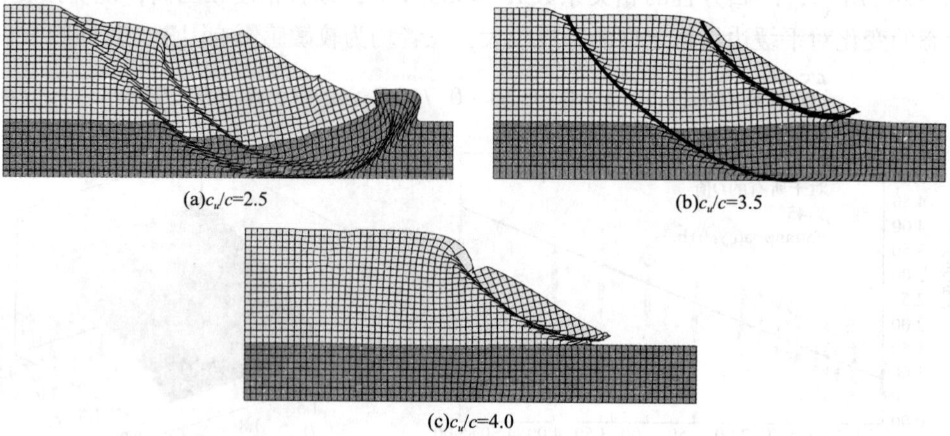

图 4-39　不同强度比 c_u/c 对陡峭边坡失稳机理的影响（$D=1.5$；$\beta=45°$）

从图 4-39 可以看出，不同的黏聚力比 c_u/c 对该类陡峭边坡产生不同的临界滑动面和失稳机理：当 $c_u/c=2.5$ 时，坡体中有两个明显的临界滑动面，滑动面较深的滑弧与基底相切形成深层失稳机理，较浅的滑弧并未与基底相切，深度较浅，最终在边坡的右岸出露并汇合。当 $c_u/c=3.5$ 时，同样存在两个不同的临界滑动面且形成不同的失稳机理：一个是深层失稳，另外一个是较浅的坡脚失稳。当黏聚力比继续增大，$c_u/c=4.0$ 时，图 4-39(c) 中仅有一个临界滑动面，形成坡脚失稳。由此可见，对于陡峭边坡，当上下层的强度比 c_u/c 逐渐增大时，该类型双层边坡的临界滑动面深度逐渐变浅，失稳机理由较为明显的深层失稳逐渐发展为坡脚失稳。

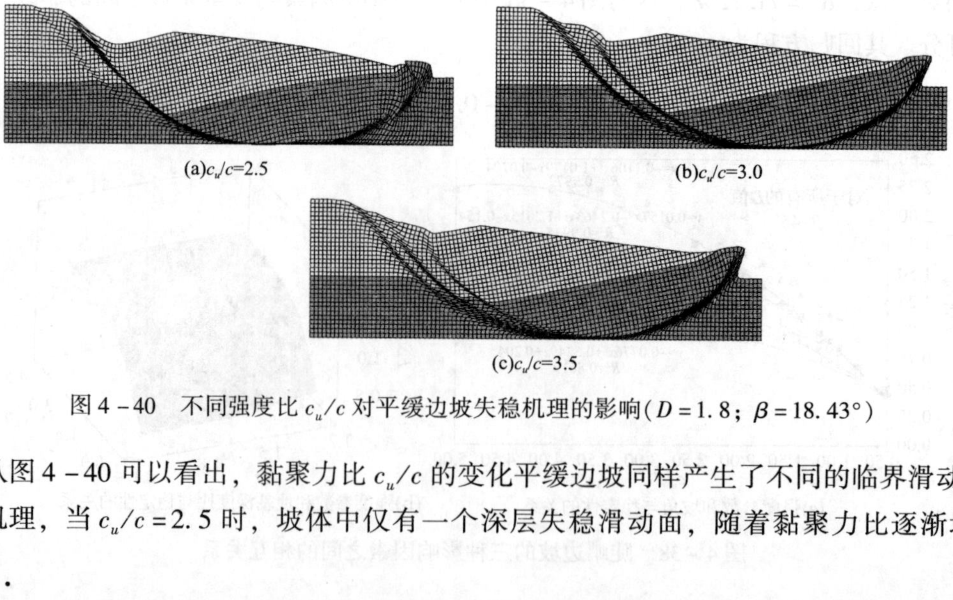

图 4-40　不同强度比 c_u/c 对平缓边坡失稳机理的影响（$D=1.8$；$\beta=18.43°$）

从图 4-40 可以看出，黏聚力比 c_u/c 的变化平缓边坡同样产生了不同的临界滑动面和失稳机理，当 $c_u/c=2.5$ 时，坡体中仅有一个深层失稳滑动面，随着黏聚力比逐渐增大，滑动面的个数逐渐增加，但均在与基底相切的切面上汇聚为同一个滑动面在边坡的右岸出露。图4-40(c)的边坡左岸中形成了3个滑动面，这充分说明了有限元方法的优越性，即允许失稳机理自动搜寻最软弱土层形成临界滑动面。对比图4-39和图4-40发现，相同的c_u/c对陡峭和平缓边坡产生的影响不同。

下面探究不同的坡角β对上层排水下层不排水双层边坡的临界滑动面及失稳机理的影响。在该算例中，使边坡的上下层黏聚力强度比和地基深度比恒定不变($c_u/c=3.5$；$D=1.4$)，变化边坡的坡角分别为90°、45°、30°、15°，边坡的失稳机理如图4-41所示。

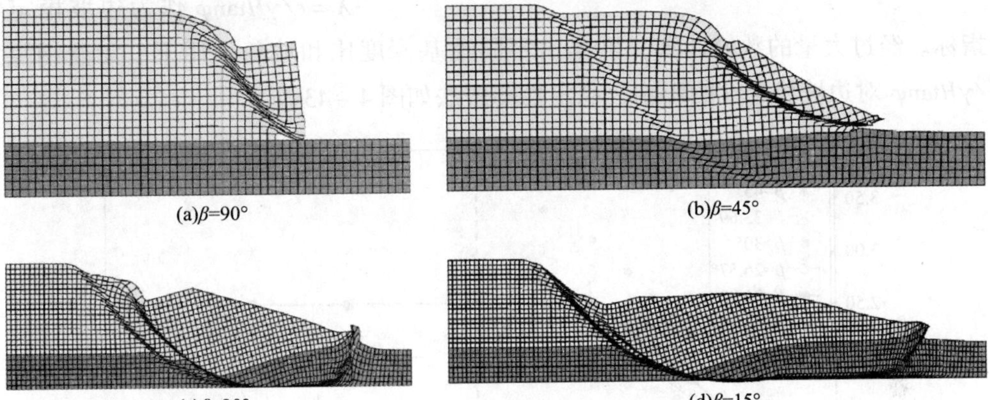

图4-41　不同坡角β对该类边坡失稳机理的影响

从图4-41中可以看出，边坡坡角的变化分别从陡峭边坡变化为较为平缓的边坡，其临界滑动面的深度及失稳机理也不尽相同。当边坡为直立陡峭坡角时，其临界滑动面深度最浅，且为边坡失稳机理，如图4-41(a)所示；边坡的坡角为45°时，同时存在两个临界滑动面，一深一浅，较浅的滑弧是坡脚失稳，而较深的滑弧与基底相切形成深层失稳，如图4-41(b)所示；随着边坡的角度继续变缓，临界滑动面逐步演变为仅一个滑弧的深层失稳机理。可见边坡越陡，其临界滑动面深度越浅，失稳机理大多从边坡的堤坝层右侧滑出，因此，在同等土体材料和高度情况下，陡峭边坡的稳定性相对较差，容易发生失稳。

4.5.5　上层砂土下层不排水边坡稳定性图解法及失稳机理演化过程

在实际岩土工程中，砂性土质边坡的分布也非常广泛，给工程的施工会带来一定的困难。砂土的特性是在有雨水情况下易出现冲刷毁坏，地震时易发生砂土液化现象，两者均易导致边坡失稳。因此，本节针对上层砂土下层不排水的双层土质边坡的类型进行探讨。该双层边坡是由无黏性土坡建立在饱和黏土($\varphi_u=0$)地基层之上，模型假定无黏性堤坝层的高度仍然保持在18m，地基层的高度随着地基深度比D发生变化，变化范围为1.2～3.0，边坡的坡角β为15°～60°。上层无黏性下层黏性边坡的几何模型如图4-42所示。假定堤坝层在施工期间排水，因此，其强度并不随着时间发生变化。地基层的黏性土随着时间发生固结，其强度随着时间逐渐增强。由此可知，无黏性的堤坝层在施工后即进入临

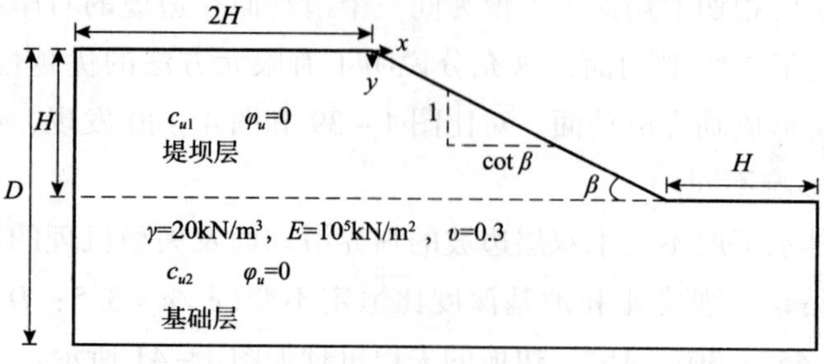

图 4-42　非均质边坡的几何模型和土体参数

界状态。上下土层的剪切强度和特性分别为：上层排水砂土，$c=0$，$\varphi=35°$，$\gamma=20.0\text{kN/m}^3$；下层不排水黏土，是随着时间发生变化的 c_u 和 $\varphi_u=0$。通过有限元对边坡模型进行稳定性计算，采用无量纲稳定性参数 $F/\tan\varphi$ 和 $\lambda=c/\gamma H\tan\varphi$ 作为边坡稳定性的评价指标。经过大量的数值计算，可得出不同地基深度比和坡角作用下，无量纲稳定数 $\lambda=c/\gamma H\tan\varphi$ 对边坡稳定性的影响，稳定性图解法如图 4-43 所示。

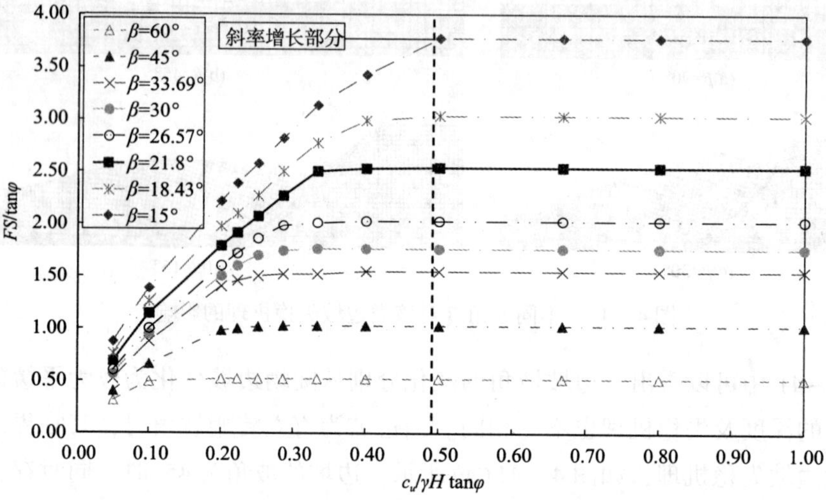

(a) D=1.2

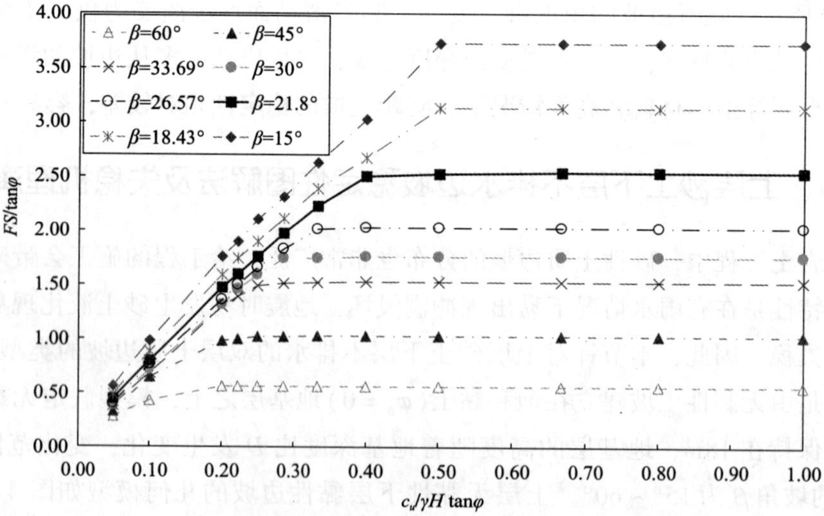

(b) D=1.5

图 4-43　上层无黏性排水下层黏性不排水边坡的稳定性图解法

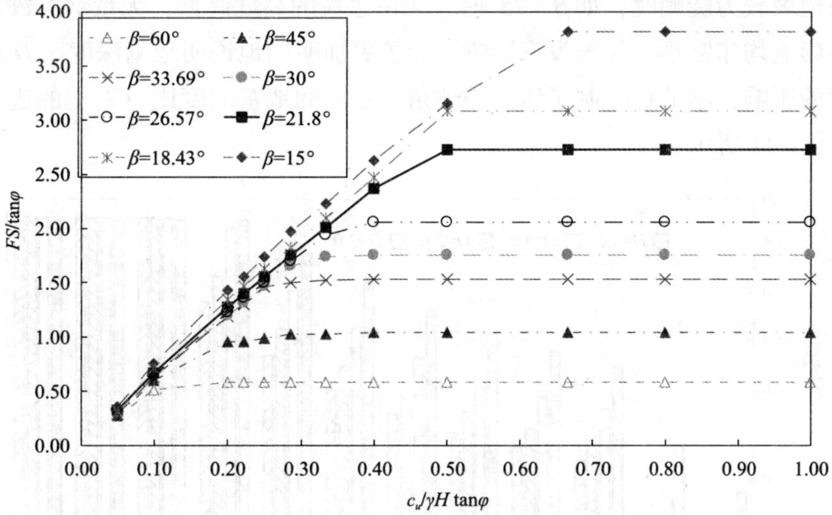

(c)D=2.0

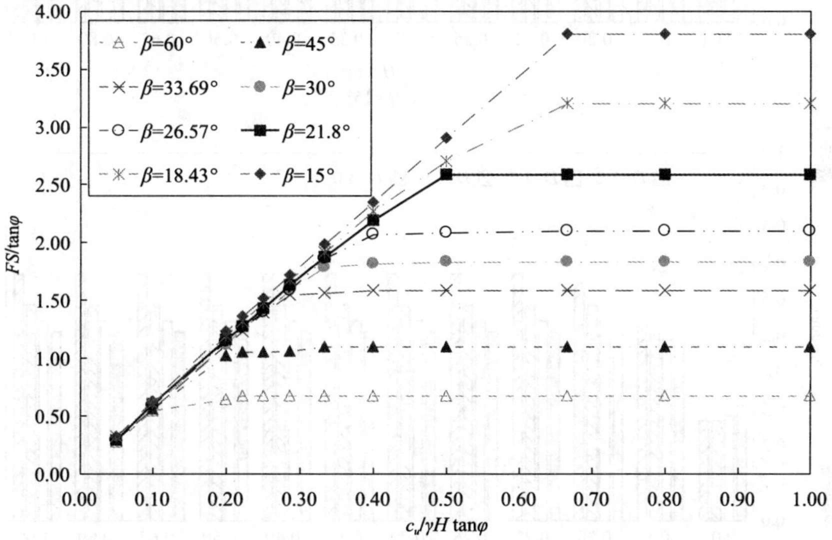

(d)D=3.0

图 4－43　上层无黏性排水下层黏性不排水边坡的稳定性图解法(续)

从稳定性图解法 4－43(a)～(d) 中可以看出，不同的几何参数和土体特性对边坡稳定性的影响显而易见。从整体上看，对于给定的地基深度比 D，边坡的稳定性均随着坡角 β 的增大逐渐降低，随着稳定数 λ 的增大先增加，到达某一稳定值之后，边坡的稳定性不再受 λ 的影响。当边坡的地基深度比较低时，如 $D=1.2$ 时，不同坡角 β 作用下，稳定性图解法中斜率增长部分的稳定性系数差值较大。随着地基深度比 D 的增加，差异越来越小，如当 $D=3.0$ 时，不同坡角 β 作用下，斜率增长部分的稳定值几乎重合，没有大的差异。这说明边坡的高度相对较低时，坡角 β 在各个稳定数 λ 值处对边坡稳定性的影响都很大。从图解法中也可以看出，当边坡的坡角 $\beta\leqslant 60°$ 时，随着无量纲参数 $\lambda=c/\gamma H\tan\varphi$ 的增加，对应的每一种坡角均会出现一个转折点，而且随着坡角 β 的减小，对应的转折点的比值逐渐增大。当边坡较为陡峭时，如$\beta=75°$时，无论边坡的高度高低，无量纲参数λ对陡峭边坡的稳定性影响均非常小，甚至没有影响。为了更加明确地说明地基深度比D对该种类型边坡稳定性的影响，本节也绘制了给定的坡角，不同的地基深度比D对应的边坡稳定性图解法，如图4－44所示。

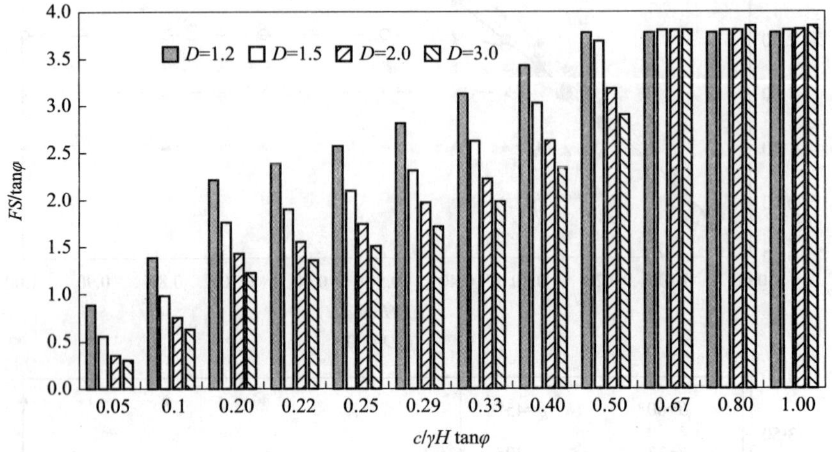

(a)$\beta=15°$

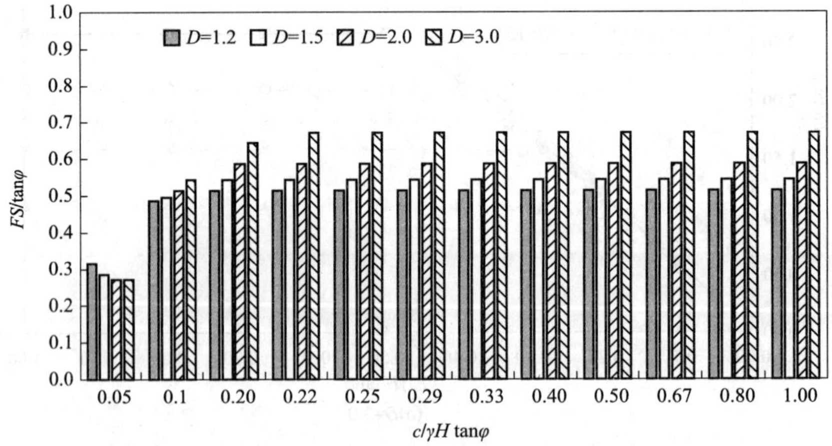

(b)$\beta=60°$

图4－44　不同的D值分别对平缓和陡峭上层无黏性排水下层黏性不排水边坡稳定性的影响

从图解法4－44(a)中可以看出，对于平缓边坡和给定的无量纲λ而言，边坡的稳定性随着边坡高度的增大而逐渐降低。但是，当λ增至0.67时，平缓边坡的稳定性受坡高的影响非常小，几乎没有。从图解法4－44(b)中可以看出，对于陡峭边坡和给定的无量纲λ而言，边坡的稳定性整体上随着边坡高度的增大而逐渐增加，但是不包括$\lambda=0.05$的情况。当$\lambda=0.05$时下层不排水地基层的强度非常低，边坡的稳定性仍然随着边坡高度的增加逐渐降低，这与较平缓边坡的变化规律一致。对比图4－44(a)、(b)发现，地基深度比D对平缓和陡峭边坡稳定性的影响与无量纲λ截然相反。图4－45所示的边坡稳定性图解是针对上层砂土下层不排水边坡的稳定性态和失稳机理而绘制的。通过横坐标上的无量纲系数及对应的坡角可以计算边坡的安全系数和判断此类边坡的失稳机理。这为现场快速判断该类层状边坡稳定性态和失稳机理提供了新思路和依据。

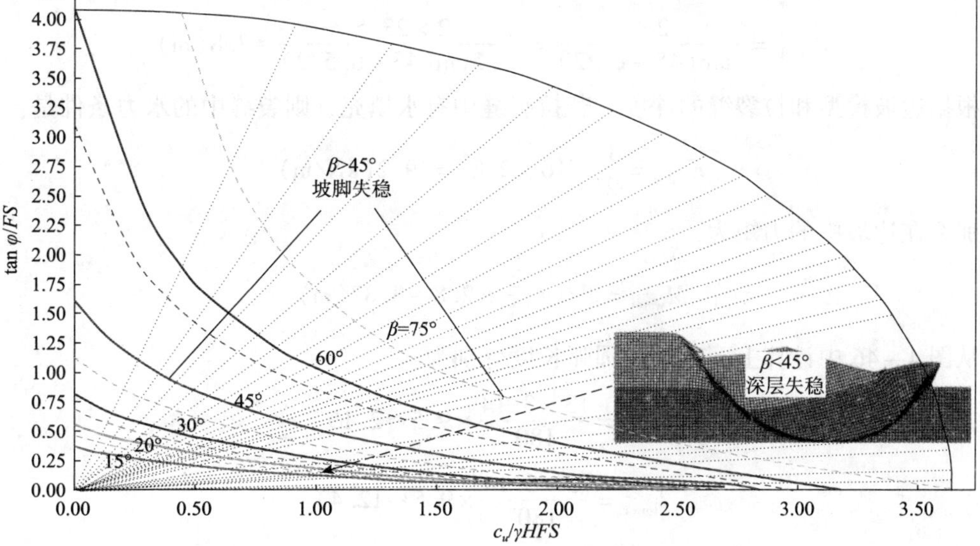

图 4-45　上层砂土下层不排水边坡的稳定性设计图表

4.6　工程验证及应用

4.6.1　工程实例1：带有拉裂缝的层状黏土边坡

该算例用于验证采用已经失稳的临界滑动面位置反演边坡的强度参数。在边坡后缘带有拉裂缝的层状黏土边坡模型如图 4-46 所示，该边坡由一层排水黏土层和一层饱和不排水黏土堆积而成的层状土坡，后缘面的拉裂缝清晰可见。边坡上层的黏聚力为 23.5kN/m²，内摩擦角为 6.5°，坡角 $\beta=45°$，上下土层的土体容重均为 $\gamma=18.5\text{kN/m}^3$。边坡第二层的不排水强度参数未知，但是已知边坡沿着图中所示的对数螺旋弧线表面发生了失稳破坏，滑动面从边坡的拉伸裂缝下缘开始，在饱和软土地基层的坡脚处滑出，边坡中滑弧和拉裂缝的的几何尺寸如图 4-46 所标注。通过本章 4.3 节中强度参数与滑动面位置的关系及反演的方式估算下层饱和黏土的不排水抗剪强度。

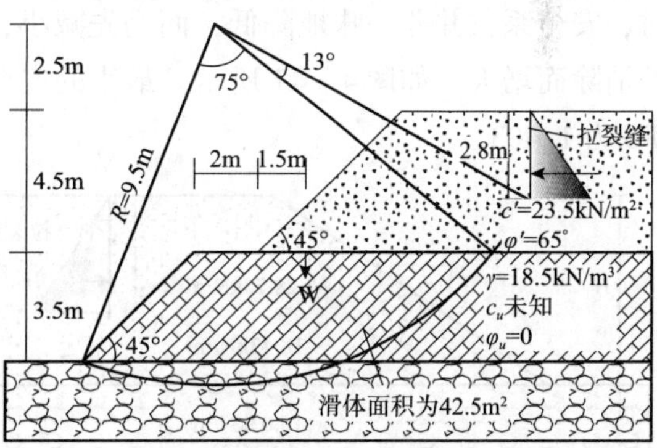

图 4-46　带有拉裂缝的层状边坡的对数螺旋滑动面

拉伸裂缝在边坡的稳定性计算中所起的作用是通过在地表以下适当的深度处终止对数螺旋滑动面。拉伸裂缝的深度可根据下面公式计算，使用拉裂缝存在的土层中的剪切强度参数 c' 和 φ' 进行估算，垂直拉裂缝的估算深度公式为：

$$d_{\text{crack}}=\frac{2c'}{\gamma\tan(45-\varphi'/2)}=\frac{2\times 23.5}{18.5\tan(45-6.5/2)}\approx 2.8(\text{m})$$

根据边坡模型和拉裂缝的深度，若拉裂缝中有水填充，则裂缝中的水力条件是：

$$F_{\text{water}}=\frac{1}{2}\times 10\times 2.8^2=39.2(\text{kN/m})$$

那么在边坡中的力矩为：

$$M_{\text{water}}=2.0+\frac{2}{3}\times 2.8\approx 3.87(\text{m})$$

从图 4－46 中计算上下土层的圆弧长度分别为：

$$l_{\text{upper}}=\frac{13\times 3.14}{180}\times 9.5\approx 2.15$$

$$l_{\text{lower}}=\frac{75\times 3.14}{180}\times 9.5\approx 12.43$$

假定下滑力和抗滑力的弯矩相同，因此有：

$$\begin{aligned}&42.5\times 18.5\times 3.5+39.2\times 3.87\\&=2.15\times(23.5+18.5\times\cos 13°\times\tan 6.5°)\times 9.5+12.43\times 9.5\times c_u\\&2903.579=521.9+118.09\times c_u\end{aligned}$$

由此依据对数螺旋滑动面可以反演得出下层黏土的不排水抗剪强度为：

$$c_u=20.17(\text{kN/m}^2)$$

当不考虑拉裂缝有水充满的情况下，则改变拉裂隙的深度对边坡的安全系数 *FS* 和稳定性会有不同的影响，如对于本章中 4.5.4 节所研究的双层边坡类型，当拉裂缝的深度增加时，安全系数并非一味地降低，而是先减小，随后伴随着裂缝深度的增加和裂缝中压应力的消除而增大，如图 4－47 所示。最小的安全系数 *FS* 发生在拉裂缝深度为 2.75 时，最小 *FS* 为 1.403。

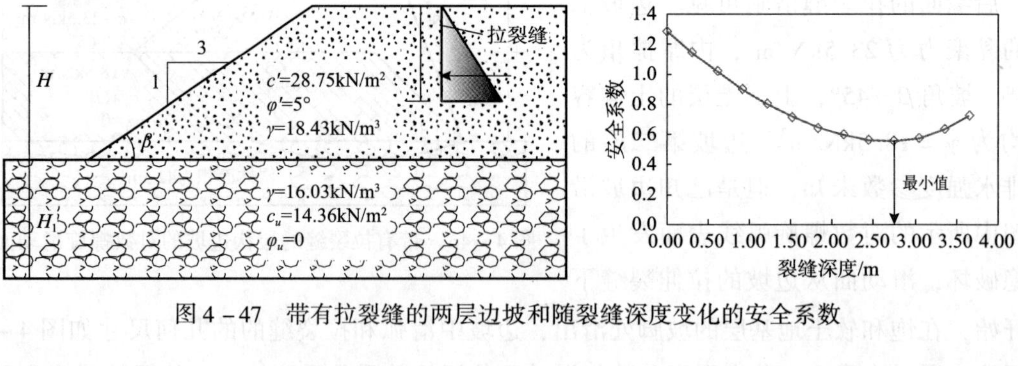

图 4－47　带有拉裂缝的两层边坡和随裂缝深度变化的安全系数

4.6.2　工程实例2：某二元层状结构大型土石坝

该工程实例是一个上层砂土下层饱和黏土的大型层状土石坝，无黏性粒状堤坝建造在一个饱和黏土（$\varphi=0$）坝基上，如图4－48所示。主坝长度为244m，主坝顶长度为30.48m，最大坝高度为30.48m，坝基的高度为15.24m，上下游坝坡度比为1：2。坝体采用天然砂石料为主堆石料，其渗透系数为3.8×10^{-2}cm/s，次堆土料为开挖弃填土。坝体的内摩擦角为40°，黏聚力为0，土体容重均为$\gamma=6.41\text{kN/m}^3$。坝基的力学特性为：不排水黏聚力$c_u=119.7$kPa，$\varphi_u=0$，土体容重均为$\gamma=21.82\text{kN/m}^3$。坝体在施工期间是完全排水的，其强度不会随时间发生变化。坝基中的黏土预期是随着时间的推移而逐渐加固，其不排水强度也会随着时间的推移而逐渐增加。因此，土坝的最小安全系数FS或临界状态在施工之后即可会发生。在堤坝的修改过程中忽略可能会出现的一定量的排水和固结，采用UU实验的不排水的强度作为坝础黏土层未进行施工前的土体强度。排水的剪切强度参数施加在砂土层中，不排水的剪切强度参数施加在黏土地基上，这种非均质的层状结构与本文4.5.5节的研究对象完全吻合。土坝的稳定性计算分别采用极限平衡方法和本文的图表法以及本文优化的有限元程序进行，并将分析结果进行对比。

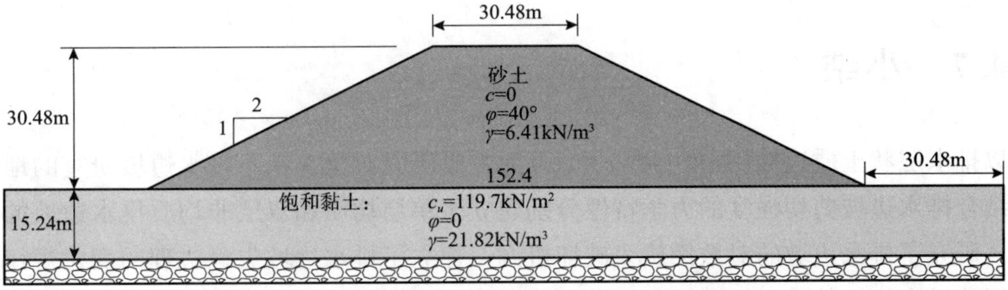

图4－48　饱和黏土地基上的无黏性填土边坡

采用本文图表法的计算进程：首先计算边坡的λ值，$\lambda=c_u/(\gamma H\tan\varphi)=119.7/(21.82\times30.48\times0.839)=0.215$。因为$\lambda=0.215$，地基深度比$D=1.5$，坡角$\beta=26.57°$，查找图4－43(b)，得出$F/\tan\varphi=1.44$，此时求得安全系数$FS=1.208$。采用同样的方法，若对于本工程仅变化双层堤坝的边坡几何关系，例如，$D=2.0$，$\beta=45°$，查找图4－43(c)，得出$F/\tan\varphi\approx1.01$，此时求得安全系数$FS=0.847$，安全系数小于1.0，由此可见，当该工程的高度增加，坡脚有平缓变为陡峭时，会发生土坝的失稳，需要提前做好防护和加固措施。针对该工程实例，同时也采用本文的有限元程序进行分析，得到了相应的失稳机理和对应的位移向量图，如图4－49所示。

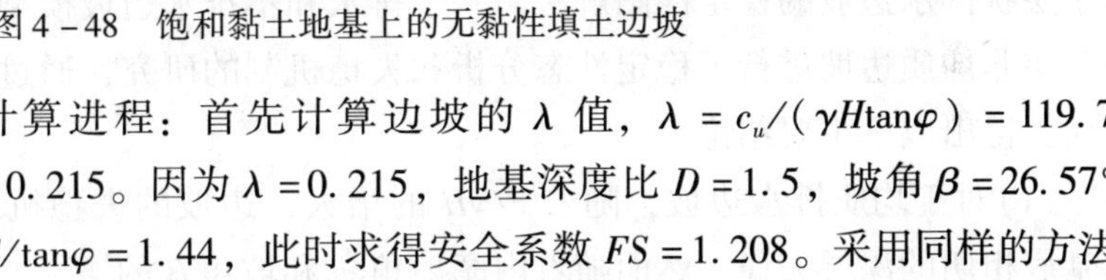

图4－49　填土堤坝的网格失稳机理及位移矢量

从图中可以看出，该堤坝的失稳机理在于：该堤坝横截面实际上是两边对称的填土边坡，在坝岸的两个方向上都可能发生失稳破坏，从网格变形图上可以观察到，在左右两侧均形成了 1 个临界滑动面。

对于本工程实例采用极限平衡方法及其他的分析程序也得到了对应的安全系数，不同分析方法及本文的计算结果如表 4 – 3 所示。对比不同方法得到的安全系数可知，Simplified Janbu 法的安全系数 *FS* 最小，为 1.17，本文的图表法求得的安全系数 *FS* 与其他四种方法获得的结果非常接近，与有限元程序 $Phase^2$ 的结果仅差 0.018，与极限平衡方法 Spencer 的结果相差最小，结果最近。验证了本文有限元程序的可靠性和本章中得出的非均质层状边坡的图解法的有效性，在实际工程中可作为判断边坡稳定性态和失稳机理的参考依据。

表 4 – 3　不同分析方法计算的工程实例的安全系数对比

分析方法	安全系数 *FS*	分析方法	安全系数 *FS*
Spencer	1.20	Simplified Bishop	1.23
Simplified Janbu	1.17	$Phase^2$（有限元）	1.19
图表法（本文）	1.208		

4.7　小结

以排水层状土质边坡（强度参数 c 和 φ）为主要研究对象，在不排水边坡研究的地基之上，结合排水边坡剪切强度的力学特性分别建立了单层均质和双层非均质排水边坡的数值模型。研究了排水边坡的对数螺旋线破坏机制，建立了排水边坡失稳机理的变化规律，提出了层状排水边坡的稳定性图解法。基于排水和不排水边坡模型，进一步对另外两种类型的双层非均质边坡进行了稳定性态分析和失稳机制的研究，通过数值模拟及多影响因素的探讨，得出以下主要结论。

（1）对于均质排水边坡，随着 $c/\gamma H$ 的增大，边坡的失稳机理由坡脚失稳最终发展为与基底相切的深层失稳，然而随着内摩擦角 φ 和坡角 β 的增大，其失稳机理则由深层失稳转变为坡脚失稳。

（2）给定均质边坡的几何形态时，临界滑动面的位置只与 $c/\tan\varphi$ 的比值有关。对于 $\beta \leqslant 45°$ 的平缓边坡，不同的强度参数（c，φ）组合值计算的 λ（$c/\tan\varphi$）值相等时，临界滑动面具有相同的滑动面位置和深度；对于 $\beta \geqslant 45°$ 的陡峭边坡，λ 值较小时，如 $\lambda \leqslant 0.5$ 时，随着强度参数（c，φ）组合值的逐步增大，滑动面的位置逐渐变浅，坡角越大，该现象表现的越明显。当 λ 值较大，如 $\lambda > 0.5$ 时，强度参数（c，φ）组合值的变化对滑动面的位置没有影响，且其模式均为坡脚失稳。

（3）对于双层排水边坡，当 $\beta \leqslant 45°$ 时，安全系数 *FS* 的转折点对应的临界强度比 $c_2/c_1 = \tan\varphi_2/\tan\varphi_1$ 为 1.0 ~ 1.25；失稳机理和安全系数的转折点发生在上软下硬型的边坡中。当强度比小于1.25时，边坡的失稳机理均为深层失稳；当强度比大于1.25时，边坡的失稳机理均为坡脚失稳。当$\beta>45°$时，强度比小于1.0，属于上硬下软型边坡，地基层的强度相对较低，陡峭边坡失稳机理的转变主要受下层土体强度特性的影响。

(4)对于平缓边坡，强度比$c_2/c_1=\tan\varphi_2/\tan\varphi_1$、地基深度和坡角$\beta$增大均会引起失稳机理和滑动面位置的变化，临界滑动面深度由基底→地基层→堤坝层，临界失稳机理也由深层基底相切失稳→双滑动面失稳→坡脚失稳；对于陡峭边坡而言，$c_2/c_1=\tan\varphi_2/\tan\varphi_1$增大，临界滑动面深度在堤坝层中逐渐变浅，失稳机理由坡脚失稳→坡面失稳。

(5)最后探讨了上层排水下层不排水(c、φ和c_u、$\varphi_u=0$)和上层砂土下层不排水($c=0$、φ和c_u、$\varphi_u=0$)两种边坡类型的稳定性态和失稳机理，结果表明：这两类边坡均存在临界值强度比值及其对应的临界双失稳机理，边坡越陡峭($\beta>45°$)，临界强度比值越小，说明软土地基边坡，坡角稍微变陡则更易发生双失稳破坏。对于这三类双层边坡，随着上下土层强度比、地基深度和坡角β的增大，失稳机理均是由深层失稳逐渐变为坡脚失稳，临界滑动面位置也由深逐渐变浅。其中这两种特殊类型边坡稳定性图解的变化规律及失稳机理的演变过程整体上与双层排水边坡的变化较相似。

参考文献

[1] Bell J M. Dimensionless parameters for homogenous earth slopes. J Soil Mech Found[J]. Eng Div. 1966, 92(5): 51-65.

[2] Michalowski R L. Stability charts for uniform slopes[J]. J Geotech Geoenviron Eng, 2002, 128(4): 351-355.

[3] Michalowski R L. Limit analysis and stability charts for 3D slope failures[J]. J Geotech Geoenviron Eng, 2010, 136(4): 583-593.

[4] Michalowski R L, Martel T. Stability charts for 3D failures of steep slopes subjected to seismic excitation[J]. J Geotech Geoenviron Eng, 2011, 0000412: 183-189.

[5] Li A J, Merifield R S, Lyamin A V. Limit analysis solutions for three dimensional undrained slopes[J]. Computers and Geotechnics, 2009, 36: 1330-1351.

[6] Griffiths, D V, X Yu. Another look at the stability of slopes with linearly increasing undrained strength[J]. Géotechnique, 2015, 65(10): 824-830.

[7] Jiang J C, Yamagami T. Charts for estimating strength parameters from slips in homogeneous slopes[J]. Computers and Geotechnics, 2006, 33(6/7): 294-304.

[8] Jiang J C, Yamagami T A. New back analysis of strength parameters from single slips[J]. Comput Geotech, 2008, 35(2): 286-291.

[9] Xue H B, Dang F N, Yin X T, et al. Nonproportional correlative reduction finite element method for slope strength parameters[J]. Mathematical Problems in Engineering, 2016(2): 1-10.

[10] 薛海斌，党发宁，尹小涛，等．边坡强度参数非等比例相关联折减法研究[J]．岩石力学与工程学报，2015，34(S2)：4005-4012.

[11] Tang G P, Zhao L H, Liang L, et al. Stability design charts for homogeneous slopes under typical conditions based on the double shear strength reduction technique[J]. Arabian Journal of Geosciences, 2017, 10(13): 280.

[12] Wu S C, Xiong L F, Zhang S H. Strength reduction method for slope stability analysis based on a dual factoring strategy[J]. International Journal of Geomechanics. 2018, 18(10): 1158 - 1164.

[13] Cai F, Ugai K. Comparisons between limit equilibrium method and finite element method of slope stability analysis[C]. In: Proceedings third international conference on landslides, slope stab and the safety of infrastructures, Singapore, 2003, 39(4): 141 - 148.

[14] Klar E, Aharonov B, Kalderon Asael. Analytical and observational relations between landslide volume and surface area[J]. J. Geophys. Res., 2011, 116, F02001: 1 - 10.

[15] 谭捍华．类土质边坡稳定性及其控制技术研究[D]．重庆：重庆大学，2011.

[16] Hoek E, Bray J. Rock slope engineering[M]. 1st ed. London: Institution of Mining and Metallurgy, 1977.

[17] Steward T, Sivakugan N, Shukla S K, et al. Taylor's slope stability charts revisited[J]. International Journal of Geomechanics, 2011, 11(4): 348 - 352.

[18] Javankhoshdel S, Bathurst R J. Simplified probabilistic slope stability design charts for cohesive and cohesive-frictional(c - φ) soils[J]. Canadian Geotechnical Journal, 2014, 51(9): 1033 - 1045.

[19] Shuangfeng Guo, Ning Li, Chun Liu, et al. Unraveling the progressive failure behaviors and mechanisms of the slope with a local dynamic method based on the double strength reduction[J]. International Journal of Geomechanics. 2020, 20(6): 04020069 - 1 - 11.

[20] 赵炼恒，李亮，杨峰，等．边坡稳定性非线性能耗分析理论[D]．北京：科学出版社，2018.

第5章 不同排水条件下层状土质边坡的稳定性概率分析

5.1 引言

边坡稳定性分析是岩土工程学科的一个重要分支，前几章详细介绍了弹塑性有限元方法分析边坡的稳定性。常用的有限元方法均为确定性的分析框架，输入的强度参数和土体特性均基于单一的现场预估值或者实验室的实测数据。也就是说，根据土体参数的平均值，将土体视为单层均匀介质或每层土体材料特性为均匀的层状介质。然而，在自然界中，岩土体属性和材料受各种因素的影响，通常在垂直和水平方向上均表现出显著的空间变异性。确定性分析的结果只是预期值，可能与所建设施的实际性能有所不同。除了岩土体固有的空间变异性外，在岩土工程现场特征描述期间，各种不确定性也被纳入土体特性的估计中。近年来，概率方法在岩土工程中的应用显著增加。概率方法从应用起来相当简单的既定技术发展到与有限元方法相结合的更加先进的工具。概率方法提供了一种量化土体材料的不确定性并统一解决该问题的手段，但该方法并没有完全消除不确定性。经典的岩土工程分析使用特征属性，然后使用安全系数 *FS* 考虑所有岩土体材料的不确定性。概率方法常用的评价指标是可靠度指标($\tilde{\beta}$)和失稳概率(P_f)。应运而生的问题便是，一个可接受的安全系数 *FS* 是否意味着边坡是安全的，安全系数和失稳概率之间又有什么关系，概率分析迫使岩土工程从业者面对的现实是总存在一个很小但有限的失稳概率。因此，一些学者(Duncan J M，2000)认为失稳概率不能完全替代安全系数，而是对安全系数的补充，同时采用失稳概率和安全系数比单独计算任何一个更好，更倾向于结合安全系数和可靠度的混合方法，在这种方法中，既要考虑安全因素，也要考虑失稳的可能性。概率的选择通常需要专家和学者就概率的描述达成共识并运用数值度量，如表5－1所示。

表5－1 事件发生的概率及描述

概率	概率的描述
0.0～0.005	几乎不可能，由于已知的物理状况或过程，可以完全肯定的描述和给出明确规定
0.005～0.02	非常不可能，尽管不能基于物理或其他原因排除这种可能性
0.02～0.33	不可能，但有可能发生
0.33～0.66	尽可能不(未知)，没有理由相信一种可能性比另一种可能性更可能发生
0.66～0.98	可能，但也可能不发生
0.98～0.995	非常有可能，但是不完全确定
0.995～1.0	几乎肯定，由于已知的物理条件或过程，可以用几乎完全可信的方式描述和指定

5.2 随机有限元分析方法的应用

采用概率方法分析边坡稳定性问题非常符合实际工程，且在大量的文献中倍受关注。最早的研究始于20世纪70年代，且一直稳步发展。

关于这一问题的现有认识仍然存在两个主要观点。首先，绝大多数的概率边坡稳定性分析，虽然使用了新颖的、甚至是相当复杂的概率方法，但依然使用经典的边坡稳定性分析技术(如Bishop等，1955)。这些技术几十年来变化不大，并且并未打算将其用于高强变量的土体抗剪强度分布中。传统边坡稳定方法的一个明显缺陷是破坏面的形状(如圆形)固定不变，因此，边坡的破坏模式并没有自动地搜索穿过土体的最关键路径。其次，尽管许多研究人员早已认识到空间相关性(或自相关)和统计岩土特性的局部平均的重要性(如Mostyn等，1992)，但这一点在许多边坡稳定性概率分析中仍常被忽略。近年来，Griffiths等学者一直在寻求更为严格的岩土概率分析方法，例如，将非线性有限元方法与随机场理论相结合的技术方法，被称为随机有限元方法(RFEM)，是在蒙特卡罗模拟的框架下将随机场理论和弹塑性有限元方法结合的方法。该方法已广泛应用于边坡稳定性、承载力和软土固结等岩土工程问题中，充分考虑了空间相关性和平均性，也是一个强有力的边坡稳定性分析工具，且不需要提前假定失稳机理和滑动面的形状或者位置。随机有限元方法(RFEM)较早可以追溯到20世纪90年代初期和中期，并一直持续到现在。在岩土工程领域的应用涉及各个方面，例如，渗流分析与水力学，地基稳定性与承载力，沉降分析，边坡稳定性分析。本章主要应用随机有限元方法(RFEM)对层状土质边坡进行稳定性分析与评估，研究对象包括不排水黏性土边坡和 $c-\varphi$ 排水土质边坡。RFEM应用于边坡稳定性分析的核心是考虑空间随机土体参数和空间相关性的能力。更具体地说，通过土体参数的空间相关长度或波动尺度(θ)对空间变量土体属性进行相关联，表明土体特征值之间较强相关性的距离和相关系数(ρ)。

5.2.1 随机有限元边坡稳定性计算模型

不排水边坡的剪切强度分别为 c_u 和 $\varphi_u=0$，排水边坡的剪切强度分别为 c 和 φ，均质边坡数值模型如图5-1所示。在本研究中，边坡的高度 $H=10.0$m，土体容重 γ_{sat}(或 γ) =

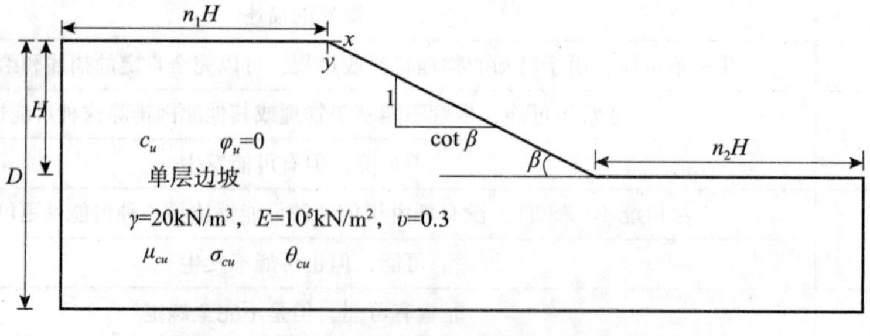

图5-1 不排水边坡的剖面和确定性参数

$20kN/m^3$，地基深度比为 D，坡角为 β。对于不排水边坡，假定强度参数 c_u 作为随机变量，用无量纲的形式表示：$c_u = c_u/(\gamma_{sat}H)$。对于排水边坡，两个剪切强度参数随机变量的无量纲表达式分别为 $C = c/(\gamma H)$ 和 $\tan\varphi$。本章中考虑了不同的地基深度比 D 和坡角 β。

5.2.2　概率密度函数(PDF)

考虑一个样本空间 S 由一系列可能的结果$\{s_1, s_2, s_3, \cdots\cdots\}$组成，如果 X 是一个函数，为 $s \in S$ 的每个结果分配一个数值 $X(s)$，那么 X 是一个随机变量(Random variable)。随机变量在数值模拟中是定义一个事件非常有用和高效的数学工具。随机变量有离散型随机变量和连续性随机变量。如果事件的可能结果集合是可数的则称之为离散型随机变量，通常发生在任何随机变量上，是事件或者项目的计数。如果事件发生在连续尺度上的可接受值则成为连续型随机变量，常发生在测量数据的情况上。对于一个未知的随机变量，能确定的就是对每个可能值的概率是多少，把这个称之为概率分布，所有可能值的概率之和必须为1.0。函数 $f(x)$ 是连续随机变量 X 的概率密度函数(Probability Density Function，简称为PDF)，需在实数集上定义。概率密度函数(PDF)的三个准则：①$0 \leqslant f(x) < \infty$，对于所有的 $-\infty < x < \infty$；② $\int_{-\infty}^{\infty} f(x)\,\mathrm{d}x = 1$；③$P[a < X < b] = \int_a^b f(x)\,\mathrm{d}x$。很多自然发生和连续的随机现象可以通过相对较小的分布值较好地模拟。在岩土工程中一些常用的概率密度函数有：均匀分布、正态分布、标准正态分布、对数分布。

对数正态分布是一个严格的非负分布，作为非负工程性质的分布很受欢迎，如黏聚力、摩擦角正切、弹性模量等。对数正态分布由正态分布通过一个简单的非线性的变换而产生。令 Y 是一个对数分布的随机变量，其平均值(mean value)和标准偏差(Standard Deviation)分别为 μ_Y 和 σ_Y。Y 是对数分布，$\ln Y$ 则是正态分布。对数分布 Y 的概率密度函数表达式为：

$$f_Y(y) = \frac{1}{y\sigma_{\ln Y}\sqrt{2\pi}}\exp\left[-\frac{1}{2}\left(\frac{\ln Y - \mu_{\ln Y}}{\sigma_{\ln Y}}\right)^2\right] \qquad 0 \leqslant y < \infty \tag{5-1}$$

在工程中，随机变量的变异性通常用无量纲变异系数 ν 表示，即标准差与平均值之比：

$$\nu_Y = \frac{\sigma_Y}{\mu_Y} \tag{5-2}$$

对数正态分布的两个参数，平均值和标准偏差分别为 μ_Y 和 σ_Y，则正态分布 $\ln Y$ 的两个参数的表达式分别为：

$$\mu_{\ln Y} = \ln\mu_Y - \frac{1}{2}\ln\{1 + \nu_Y^{\ 2}\}；\ \sigma_{\ln Y}^{\ 2} = \sqrt{\ln\{1 + \nu_Y^{\ 2}\}} \tag{5-3}$$

对数正态分布的 μ_Y 和 σ_Y 表达式分别为：

$$\mu_Y = \exp\left(\mu_{\ln Y} + \frac{1}{2}\sigma_{\ln Y}^2\right)；\ \sigma_Y = \mu_Y\sqrt{\exp(\sigma_{\ln Y}^2) - 1} \tag{5-4}$$

5.2.3 强度参数的概率分布和随机变量

在本研究中，假设剪切强度参数 c_u、c 和 $\tan\varphi$ 为具有对数正态分布的统计特征的随机变量(土体特性的对数是正态分布)。对数正态分布(Lognormal Distribution)将应用在节点上。对数正态分布具有许多的优势(Fenton 等，2008)：首先，比较简单，因为他是通过经典正态(高斯)分布的简单线性变换得到的。其次，对数正态分布确保随机变量始终是正值，目前很多学者提倡并使用对数正态分布作为土体物理特性的合理模型(如 Parkin 等，1988；Parkin 等，1992；Nour 等，2002；Massih 等，2008；Griffiths 等，2009)。

随机变量 c_u 的三个对数正态分布强度参数包括平均值 μ_{c_u}，标准偏差 σ_{c_u} 和空间相关长度 $\theta_{\ln c_u}$。c_u 的变异性可以方便地用变异的无量纲系数表示，即变异系数 ν_{c_u}，表达式为：

$$\nu_{c_u}=\frac{\sigma_{c_u}}{\mu_{c_u}} \tag{5-5}$$

正态分布的参数可以从 c_u 的标准偏差和平均值中获得，如下式所示：

$$\sigma_{\ln c_u}=\sqrt{\ln 1+\nu_{c_u}^2} \tag{5-6}$$

$$\mu_{\ln c_u}=\ln\mu_{c_u}-\frac{1}{2}\sigma_{\ln c_u}^2 \tag{5-7}$$

由演化方程式(5-6)~式(5-7)可以得到不排水强度 c_u 的对数正态分布的标准偏差和平均值，表达式如下：

$$\sigma_{c_u}=\mu_{c_u}\sqrt{\exp(\sigma_{\ln c_u}^2)-1} \tag{5-8}$$

$$\mu_{c_u}=\exp(\mu_{\ln c_u}+\frac{1}{2}\sigma_{\ln c_u}^2) \tag{5-9}$$

第三个不排水参数是空间相关长度 $\theta_{\ln c_u}$，由于实际不排水抗剪强度场为对数正态分布，其对数场会产生一个“潜在的”正态分布(或高斯)场。$\theta_{\ln c_u}$ 是相对于该潜在场(即相对于 $\ln c_u$)度量的。特别是，$\theta_{\ln c_u}$ 描述了潜在高斯场中空间随机值之间的显著相关距离。因此，$\theta_{\ln c_u}$ 较大时为一个平滑的变化场，而较小时为一个粗糙不规则的变化场。通过对对数数据进行统计分析，可以从某一空间区域的一组抗剪强度数据中估计出 $\theta_{\ln c_u}$。实际上，$\theta_{\ln c_u}$ 在数量上与实际空间中的相关长度没有太大的不同，而且，在大多数情况下，θ_{c_u} 和 $\theta_{\ln c_u}$ 首先会考虑其固有的不确定性，且可以互换。在目前的研究中，通过将 $\theta_{\ln c_u}$ 除以边坡路堤高度 H，将其无量纲化，可以表示为：

$$\Theta_{c_u}=\frac{\theta_{\ln c_u}}{H} \tag{5-10}$$

Lee 等(1983)和 Kulhawy 等(1991)建议典型的不排水剪切强度 ν_{c_u} 取值范围为0.1~0.5。然而，空间相关长度的记录较少，特别是当土体为水平层状时，可能表现出各向异性。

假设与平均值、标准差和空间相关长度相关的输入参数在节点上定义。代表了土体固有变异性的基本特征，可以通过局部平均校正，以考察样本量。随机场的有限元模型通常会为每个单元(或可能是高斯点)指定一个属性。样本由用于离散边坡的每个有限单元的大小表示。如果节点分布是正态，单元上正态随机场的局部平均可能导致方差折减，但平均值不会受影响。在对数正态分布中，平均值和标准偏差均会被局部平均折减。经过局部平均之后，调整后的统计数 $\mu_{c_{uA}}$ 和 $\sigma_{c_{uA}}$ 表示实际映射到有限元网格上的对数正态场的平均值和标准偏差。

5.3　层状不排水边坡稳定性概率研究

5.3.1　均质不排水边坡的稳定性概率分析

本节通过不排水边坡的 RFEM 系统性地调查以上变量参数对边坡稳定性和失稳机理的影响，进而将结果绘制成为一系列概率稳定性图解。一个典型的不排水边坡的有限元网格剖分如图 5－2 所示，地基深度比 $D=2.0$，边坡的坡角 $\beta=30°$。边坡的边界条件仍然为：水平方向铰接，底部边界固结，斜坡体是自由表面。使用具有 8 节点四边形单元的黏塑性算法并在算法的刚度和应力重新分配部分中降低积分，可以完成塑性应力重新分配。边坡几何中的每一个单元尺寸为 0.5m×0.5m，剪切强度值的随机场分布在边坡的每一个单元上。该算例共生成 1910 个单元，包含 1910 个随机变量，每一次模拟的随机变量总单元数等于有限单元的个数。在 RFEM 中，如果对于任何给定的实现次数，算法不能在 1000 次迭代内收敛，则认为失稳。大量重复蒙特卡罗模拟，每一次蒙特卡罗实现的过程都会产生同样的平均值、标准偏差和空间相关长度。但是土体特性从这一次实现到下一次实现过程的空间分布是变化的。经过设定的计算实现次数，失稳概率 P_f 很容易通过失稳次数与总模拟次数的比进行计算。Griffiths 等(2000)经大量的算例认为，500 次迭代之后边坡的失稳概率已经趋于稳定，选择 500 作为迭代上限满足迭代需求。

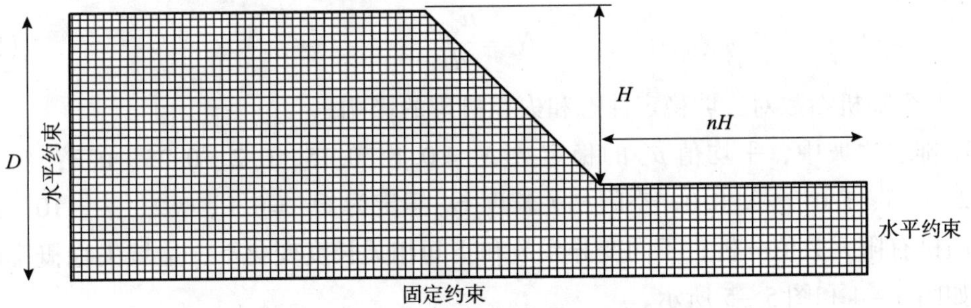

图 5－2　RFEM 边坡稳定性分析的典型网格示意图

三个随机变量参数分别为：平均值μ_{c_u}、标准偏差σ_{c_u}和空间相关长度$\theta_{\ln c_u}$。可以通过控制空间相关长度Θ_{c_u}与随机变量之间的相关性。在单随机变量(Single Random Variable SRV)中，空间相关长度Θ_{c_u}无限大，意味着坡体中土体剪切强度相同，边坡是均质的。$\Theta_{c_u}=\infty$可以被视为边坡概率分析的特例。通过一个边坡算例说明无量纲的空间相关长度Θ_{c_u}对RFEM模拟边坡稳定性中的影响。分别选择$\Theta_{c_u}=0.5$、2.0、5.0，经过随机有限元分析计算，不同空间相关长度下对边坡网格剖分的影响，如图5-3所示。本算例中除了空间相关长度Θ_{c_u}不同，其他的剪切强度参数和边坡几何条件均相同。从图5-3中可以看出，不同的空间相关长度Θ_{c_u}对不排水边坡的概率的影响不同，颜色较浅的区域代表强度较弱的土体，颜色越深的区域表示土体强度越强。空间相关长度越小，产生随距离变化的网格剖面(如空间随机土体剖面)空间相关长度越大，生成一个连续性变化的土体网格变形图(如均匀土体剖面)。随着空间相关长度的增加，边坡的网格变形图坡面更加粗糙，软硬土体的分区较为明显。

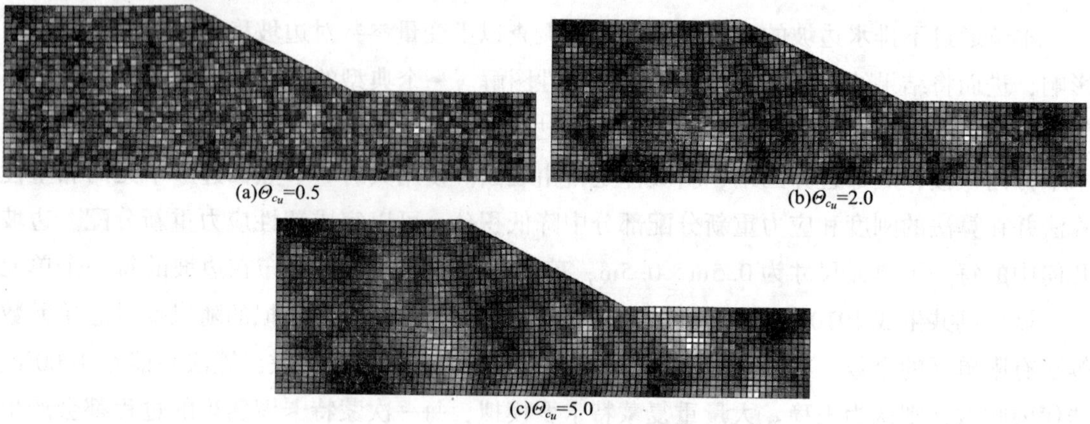

图5-3　RFEM边坡稳定性分析中相关长度的影响

利用第3章的均质不排水边坡的数值模型研究不排水条件下，边坡的三个随机参数对边坡稳定性和失稳机理的影响。基于强度参数的研究，探究了边坡坡角β、地基深度比D以及基于平均强度的安全系数FS与变异系数ν_{c_u}之间的相互关系。采用与第3章概念相似稳定数N_c无量纲的形式表达不排水黏聚力的平均值μ_{c_u}：

$$N_c=\frac{\mu_{c_u}}{\gamma H} \tag{5-11}$$

(1)三个随机参数对边坡稳定性态和失稳机理的影响。

在不排水边坡中，平均值μ_{c_u}的稳定数$N_c=0.1$、0.15、0.2、0.25、0.3；变异系数$\nu_{c_u}=0.2$、0.5、1.0、…、8.0；空间相关长度Θ_{c_u}假定为$\Theta_{c_u}=0.1$、0.2、…、10。经过一系列的随机有限元数值分析，不同变异系数和空间相关长度变化下，边坡失稳概率的变化规律，如图5-4和图5-5所示。

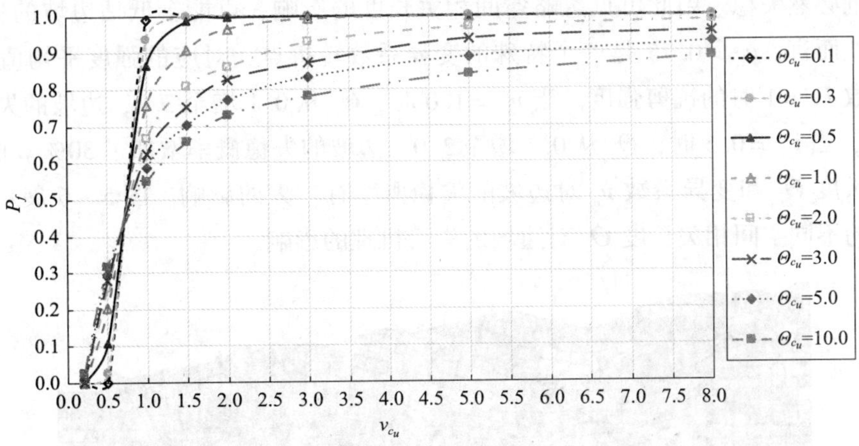

图 5－4 $\mu_{c_u}=50$ 时不同变异系数 ν_{c_u} 对不排水边坡失稳概率 P_f 的影响

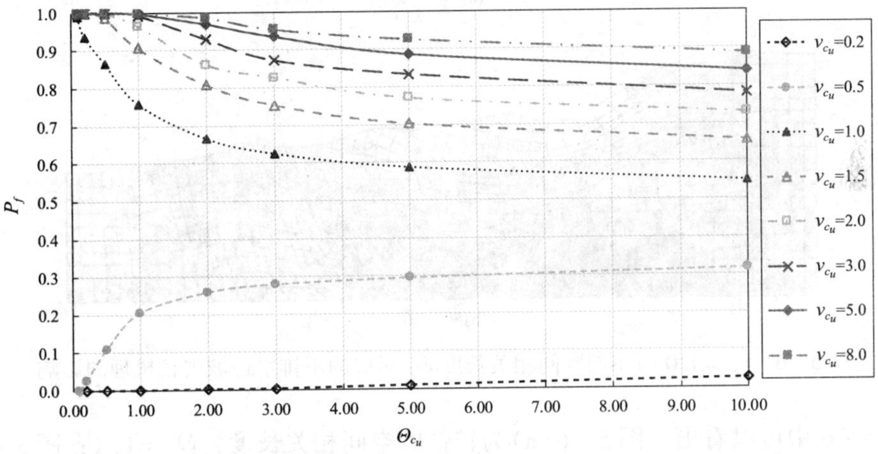

图 5－5 $\mu_{c_u}=50$ 时不同空间相关长度 Θ_{c_u} 对不排水边坡的失稳概率影响

图 5－4 和图 5－5 表明了空间相关长度 Θ_{c_u} 和变异系数 ν_{c_u} 之间相互作用条件下，这两个变量参数对失稳概率 P_f 的影响规律。从图中可以看出，随着变异系数 ν_{c_u} 的增大，边坡的失稳概率 P_f 逐渐增大。当 $\Theta_{c_u}=1.0$ 时，ν_{c_u} 从 0.5 增至 3.0，边坡的失稳概率增加了 79%。选择过大强度参数的空间变异系数，易高估边坡的失稳风险。在图 5－4 中，随着空间变异性指标的变化，失稳概率中出现一个明显的交叉点，在交叉点之前，边坡的失稳概率随着空间相关长度 Θ_{c_u} 的增大而增大，然而，在交叉点之后，P_f 随着 Θ_{c_u} 的增大而逐渐减小。该交叉点处的变异系数 ν_{c_u} 约为 0.75，对应的失稳概率 $P_f=0.43$。

图 5－5 与图 5－4 为同一组数据，通过不同的方式将其表达出来。图 5－5 中根据不同的变异系数 ν_{c_u} 其结果出现两种分支。当 ν_{c_u} 较小时，失稳概率 P_f 随着空间相关长度 Θ_{c_u} 的增大从零处逐渐增大；当 ν_{c_u} 较大时，失稳概率 P_f 随着 Θ_{c_u} 的增大从 $P_f=1.0$ 处逐渐减小。即该分支为图 5－4 中的交叉点，对于 $\nu_{c_u}>0.75$ 的情况，空间相关长度非常小时，P_f 值趋近于 1.0；对于所有 $\nu_{c_u}<0.75$ 的情况，随着 Θ_{c_u} 趋近于 0.0，P_f 值趋近于 0.0，边坡失

稳风险接近必然失稳。由此可见忽略空间相关长度的影响，可能会低估边坡的失稳风险。对于该边坡而言，$\nu_{c_u}=0.75$ 是一个特殊的变异系数转折点，对应的强度平均值是算例边坡安全系数 $FS=1$ 时的抗剪强度。当 $\nu_{c_u}=1.0$ 时，Θ_{c_u} 从 0.1 增至 3.0，边坡的失稳概率降低了 40%，当 $\nu_{c_u}=0.5$ 时，Θ_{c_u} 从 0.1 增至 3.0，边坡的失稳概率增加了 30%。由此可见，空间相关长度 Θ_{c_u} 和变异系数 ν_{c_u} 对边坡的失稳概率有较大的影响。图 5－6 展示了 RFEM 模拟得到的不同空间相关长度 Θ_{c_u} 对边坡的失稳机理的影响。

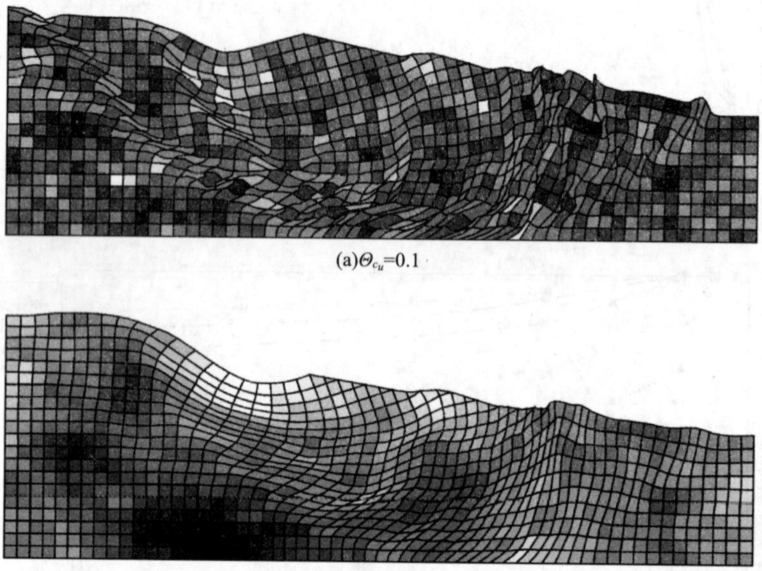

(a)Θ_{c_u}=0.1

(b)Θ_{c_u}=3.0

图 5－6　$\nu_{c_u}=1.0$ 时不同空间相关长度 Θ_{c_u} 对应的不排水边坡失稳机理的影响

从图 5－6 中可以看出，图 5－6(a)为较低的空间相关长度，$\Theta_{c_u}=0.1$；图 5－6(b)为较高的空间相关长度，$\Theta_{c_u}=3.0$。$\Theta_{c_u}=0.1$ 时对边坡产生了较复杂的破坏模式，失稳机理通过坡内较弱的区域，形成了多于一个的滑动面路径，隐约看出一个滑动面位置深，另外一个滑动面位置浅。图 5－6(b)与图 5－6(a)有完全相同的平均值和标准方差，仅 Θ_{c_u} 不同，形成的失稳机理形状差别较大。$\Theta_{c_u}=3.0$，在坡体中间仅形成一个滑动面，且较为光滑，空间相关长度越大，边坡剖面的土体性质越均匀，因此，圆弧形的失稳机理出现的可能性也越大。颜色较浅的区域代表强度较弱的土体，颜色较深的区域表示土体强度较强。

图 5－7 展示了不同的平均稳定数 N_c 和安全系数 FS 作用下，边坡失稳概率随空间相关长度 Θ_{c_u} 的变化规律。可以看出：当 Θ_{c_u} 值非常小，$\Theta_{c_u}=0.1$ 并且安全系数较小时，会导致高估边坡的失稳概率。当安全系数较大，$FS=2.28$，$\Theta_{c_u}=0.1$ 时，边坡失稳概率为 0.071，边坡安全性好，处于稳定状态。当平均稳定数 N_c 较小时($N_c\leqslant0.25$)，边坡的失稳概率随着 Θ_{c_u} 值的增大而逐渐减小，尤其是中间值 $\mu_{c_u}=50.0$、$N_c=0.25$ 时降低的趋势最为明显，说明土体特性越均匀，边坡失稳风险越小。然而，$\mu_{c_u}=60.0$、$N_c=0.3$ 时，P_f 随着

Θ_{c_u}值的增大而逐渐增大，达到一个峰值 $P_f=0.553$ 后，P_f 又随着 Θ_{c_u} 值的增大而逐渐减小至平缓。$N_c=0.3$ 在空间相关长度约为 $\Theta_{c_u}=0.5$ 时出现最差情况。$\mu_{c_u}=80.0$、$N_c=0.4$ 时，具有相似的变化趋势，$\Theta_{c_u}=3.0$ 时出现最大的失稳概率 $P_f=0.271$，在最差情况之后 P_f 值较稳定。随着稳定数 N_c 值的增加，Θ_{c_u} 也随之增大，但最差 Θ_{c_u} 的影响也变得不太明显。

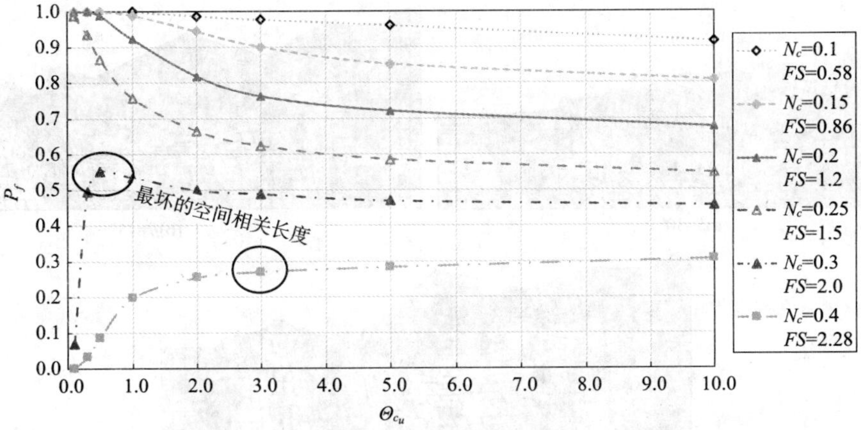

图 5-7　不同的安全系数 *FS* 对应不排水边坡的 RFEM 失稳概率结果

(2)几何关系对边坡稳定性和失稳机理的影响。

前一节探讨了三个随机变量参数对边坡失稳概率及失稳机理的影响。本节将研究不排水边坡的几何形态在概率稳定性分析中产生的影响。坡角 β 的变化范围为 $15°\leqslant\beta\leqslant75°$；地基深度比 D 的值分别为 1.2、1.5、1.8、2.0、2.5。图 5-8 展示了变异系数 $\nu_{c_u}=0.5$ 和不同的坡角情况下，边坡失稳概率 P_f 随着 Θ_{c_u} 值变化情况。

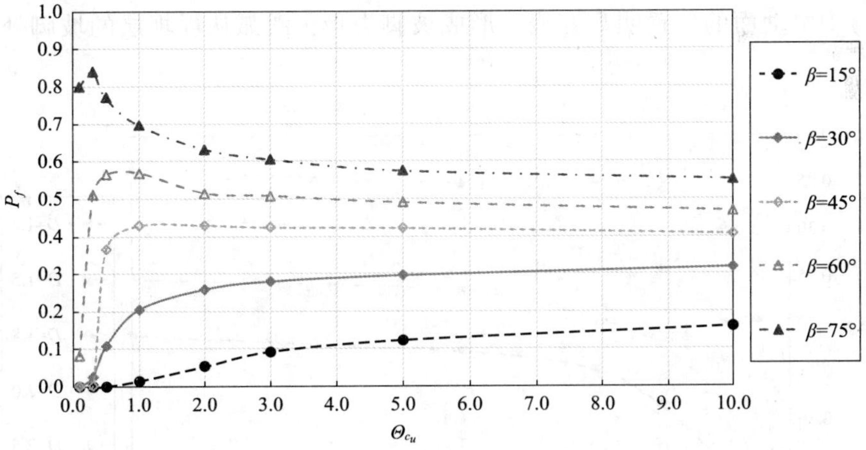

图 5-8　$D=2.0$ 时不同 β 对应的不排水边坡的 RFEM 失稳概率结果

从图 5-8 中可以看出，在不同坡角情况下，P_f 随着 Θ_{c_u} 值先增大而后逐渐趋于平稳，对于 $\beta=75°$的陡峭边坡，P_f 增加到最大值之后，随着 Θ_{c_u} 值的增大呈逐渐降低的趋势。说明陡峭均质边坡比土体特性复杂边坡的稳定性更好。不同坡脚均出现一个最差空间相关长度值，例如：$\beta=75°$，$\Theta_{c_u}=0.3$；$\beta=60°$，$\Theta_{c_u}=0.569$。坡角越大，最差 Θ_{c_u} 的情况越明显。坡角越小，Θ_{c_u} 的值也越大，当 $\beta=15°$时，Θ_{c_u} 的情况最为不明晰，Θ_{c_u} 约为 10.0。陡峭边坡的土体特性不均质，其失稳风险较大。研究相同空间相关长度 Θ_{c_u} 作用下不同坡角对边坡的失稳机理的影响，如图 5－9 所示。

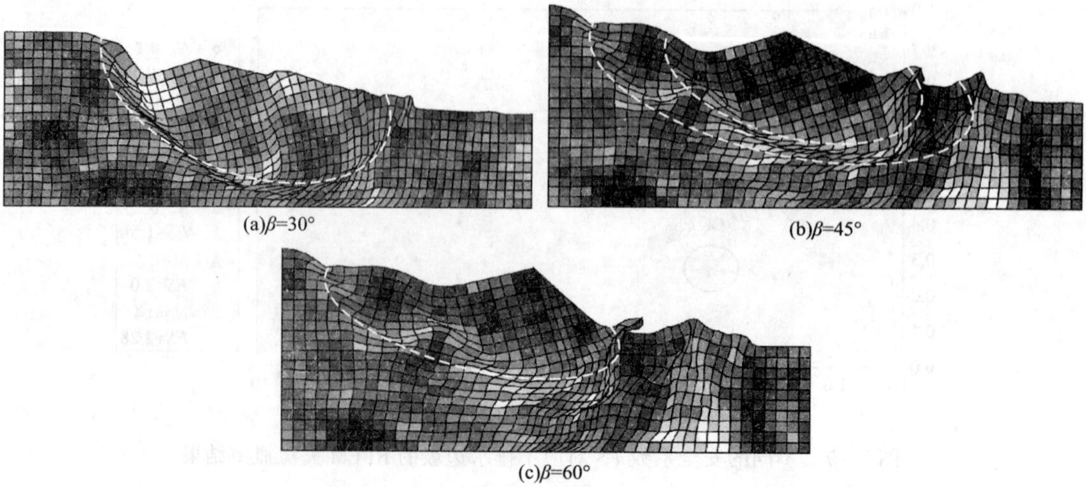

图 5－9　$\Theta_{c_u}=0.5$ 时不同坡角 β 对应的不排水边坡的失稳机理的影响

由于空间相关长度 $\Theta_{c_u}=0.5$ 比较小，因此可以观察到网格坡面比较粗糙，失稳滑动面的形状较不规则，滑动面均沿着单元颜色较浅的软弱路径而形成。图 5－9(a)的滑动面是穿过坡体内部，在坡脚附近形成位置较深的滑动面；图 5－9(b)中隐约出现两种失稳滑动面，一个从较薄弱坡脚处出露，另外一个滑动面位置相对较深，从地基层的右侧滑出；图 5－9(c)中滑动面的位置明显变浅，形成坡脚失稳，滑弧从堤坝层的坡脚处向临空面滑动。

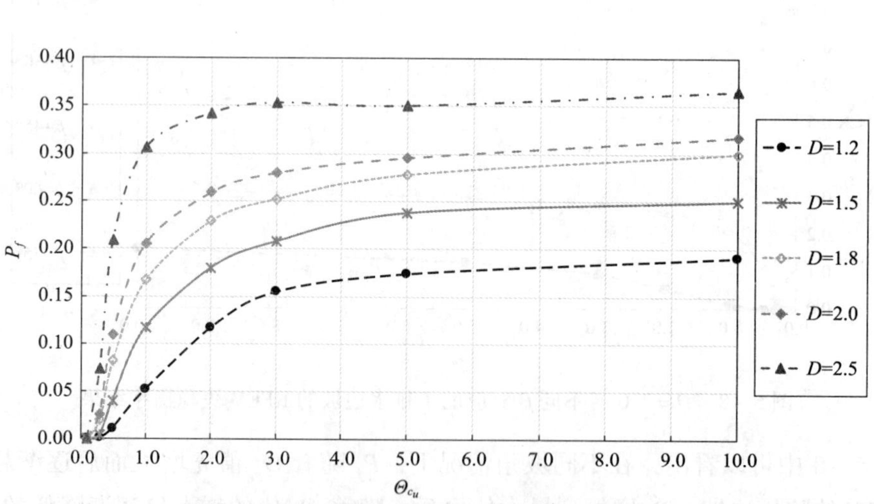

图 5－10　$\beta=30°$时不同地基深度比 D 对应不排水边坡失稳概率结果

图 5－10 展示了变异系数 $\nu_{c_u}=0.5$ 和不同的坡高情况下，边坡失稳概率 P_f 随着 Θ_{c_u} 值变化的规律。随着地基深度的增加，失稳概率 P_f 逐渐增大。不同的 Θ_{c_u} 值，D 对 P_f 的影响程度不同，$\Theta_{c_u}=0.3$，最大与最小 D 值对应的 P_f 的差值为 0.073；同样地，$\Theta_{c_u}=3.0$，最大与最小 D 值对应的 P_f 的差值为 0.198。每一种地基深度比的条件下，当 P_f 随着 Θ_{c_u} 值增至一定值后，其受 Θ_{c_u} 的影响较小。Θ_{c_u} 小于 3.0，土体相关性和地基深度均为 P_f 的敏感因素，不同 D 对边坡失稳机理的影响如图 5－11 所示。图 5－11(a)的失稳机理是与地基基底层相切的深层失稳，随着地基深度比 D 的逐渐增大，不排水边坡的滑动面深度逐渐变浅，由深层失稳发展为中心圆失稳机理，当地基深度比增至 $D=2.5$ 时，其失稳机理变为坡脚失稳。

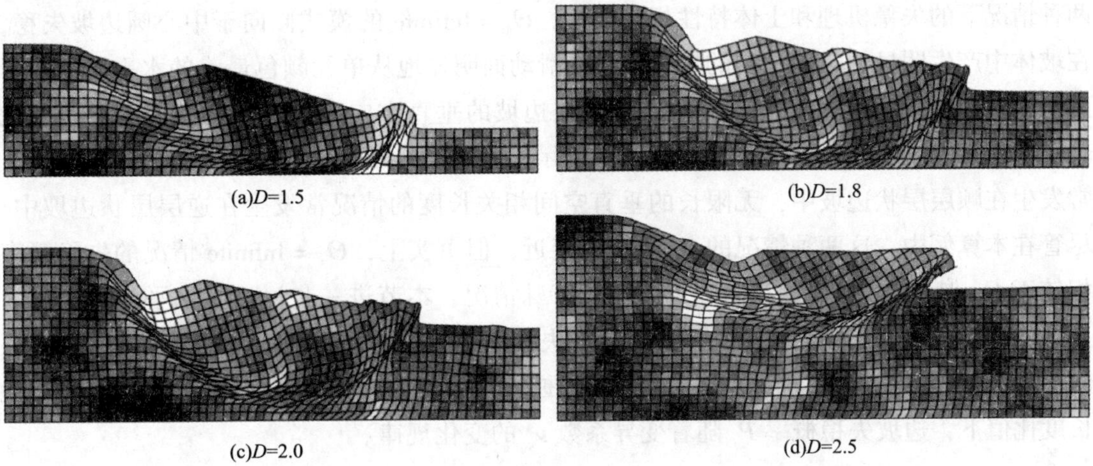

图 5－11 $\Theta_{c_u}=1.0$ 时不同坡高 D 对应的不排水边坡的失稳机理的影响

5.3.2 各向异性的空间相关长度对失稳概率的影响规律

前面几节在考虑空间相关长度 Θ 的水平和垂直方向是各向同性的，即 $\Theta_x=\Theta_y$。在实际工程中或者自然边坡中，土体可能会有很多层，每一层在水平和垂直方向上并非完全相同，是各向异性的(Sheykhloo，2015)。对于层状边坡而言，其层状主要位于水平方向，但沉积方式不同，沉积土在水平方向上的空间相关长度往往比在垂直方向上的要高得多。这些各项异性的土层特性可以通过水平和垂直方向上的空间相关长度(Θ_x，Θ_y)在随机有限元方法中进行模拟。若考虑较为极端的情况有两种：第一种水平方向上的空间相关长度无穷大，而垂直方向上的空间相关长度值特别小；另一种情况为 $\Theta_y=\infty$，而水平方向上的 Θ_x 非常小。土体在水平和垂直方向上高各向异性对概率边坡稳定性分析的影响值得研究。选取一边坡算例：坡高 $H=10\text{m}$，地基深度比 $D=2.0$，坡角 $\beta=45°$，边坡的强度平均值 $\mu_{c_u}=40$，变异系数 $\nu_{c_u}=0.5$。分别考虑在水平和垂直方向上的无限空间相关长度对边坡稳定性的影响。图 5－12 和图 5－13 分别展示了不排水边坡分别在水平和垂直方向上不排水抗剪强度具有无限相关长度的失稳机理(Chok，2008)。

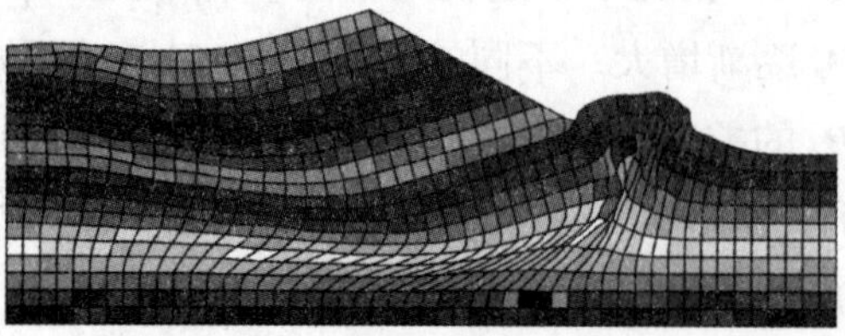

图 5 - 12　Θ_x = Infinite 和 $\Theta_y = 1$ 时不排水边坡的失稳机理

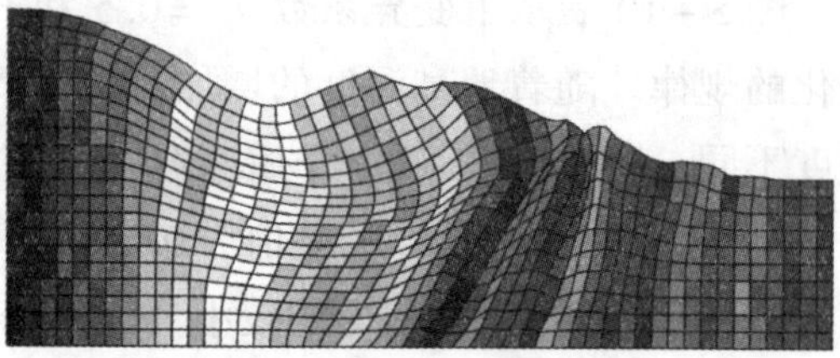

图 5 - 13　$\Theta_x = 1$ 和 Θ_y = Infinite 时不排水边坡的失稳机理

经随机有限元方法计算，可以得出水平方向 Θ_x = Infinite，垂直方向的 $\Theta_y = 1$ 时，边坡的失稳概率 $P_f = 0.689$；当 $\Theta_x = 1$ 和 Θ_y = Infinite 时，边坡的失稳概率 $P_f = 0.655$。且这两种情况下的失稳机理和土体特性相差较大，Θ_x = Infinite 的模式倾向于中心圆边坡失稳，在坡体中产生明显的强弱相间的水平分层，滑动面明显地从单元颜色最浅的水平层贯通形成。Θ_x = Infinite 的模式倾向于坡角失稳，在边坡的垂直方向产生清晰的强弱分层，颜色较浅的单元发生变形的情况非常明显。在实际工程中，无限长的水平空间相关长度的情况常发生在顺层层状边坡中，无限长的垂直空间相关长度的情况常发生在逆层层状边坡中。尽管在本算例中，这两种情况的 P_f 值较为接近，但事实上，Θ_x = Infinite 情况的失稳概率相较于 Θ_x = Infinite 的情况高。除了这两种特殊情况，本节进一步讨论了水平和垂直方向上空间相关长度的不同比值(Θ_x/Θ_y)对边坡失稳概率的影响，分别考虑 Θ_x/Θ_y 比值，其取值范围为 0.2 ~ 50.0，变异系数 μ_{c_u} 的取值范围为 0.2 ~ 8.0。图 5 - 14 为在不同的空间相关长度比值下，边坡失稳概率 P_f 随着变异系数 ν_{c_u} 的变化规律。

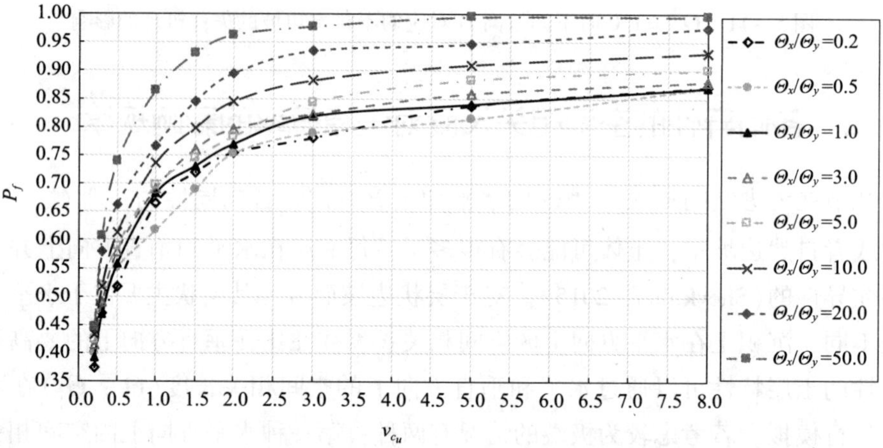

图 5 - 14　不同空间相关长度比 Θ_x/Θ_y 下失稳概率 P_f 与 ν_{c_u} 的关系曲线

由图 5 - 14 可以看出，边坡的失稳概率随着变异系数的增大而逐渐增大，变异系数 $\nu_{c_u} > 3.0$之后，对 P_f 的影响较小。当 $\nu_{c_u} < 3.0$ 时，变异系数越大，边坡稳定性越差。随着水平和垂直方向的空间相关长度比值的逐渐增大，失稳概率 P_f 也逐渐增大。$\Theta_x/\Theta_y = 0.2$ 和 0.5 时，似乎两者之间的规律性并不是很强，有相对较多的交叉点，此时是垂直方向上

的空间相关长度大于水平方向的，失稳概率也较低。Θ_y 较大的边坡更倾向于发生深层圆弧失稳，如图 5-15(a)所示，这与无穷大 Θ_y 不排水边坡的预期失稳机理接近。究其原因是由于土体在垂直方向上有较弱和较强的垂直层，在坡体内滑动面贯通过程中，主要要经过一个较强的垂直层区域，这也是导致 $\Theta_x/\Theta_y<1.0$ 时，失稳概率较低的原因。相反地，$\Theta_x/\Theta_y \geqslant 1.0$ 的条件下，相互之间的关系曲线规律性较强，边坡失稳概率也较大，Θ_x/Θ_y 的比值越大，水平方向上的空间相关性也越大，由此可见，水平方向上的空间相关长度越大，边坡的稳定性越差。这也是层状边坡稳定性差的原因。水平方向上的空间相关长度大的不排水边坡的破坏模式倾向于浅层失稳，如图 5-15(b)~(c)所示，这是因为薄弱层在水平方向上，边坡的滑动面可能会贯通较浅层的最薄弱单元形成浅层失稳或者直接从坡脚处出露形成坡脚失稳。

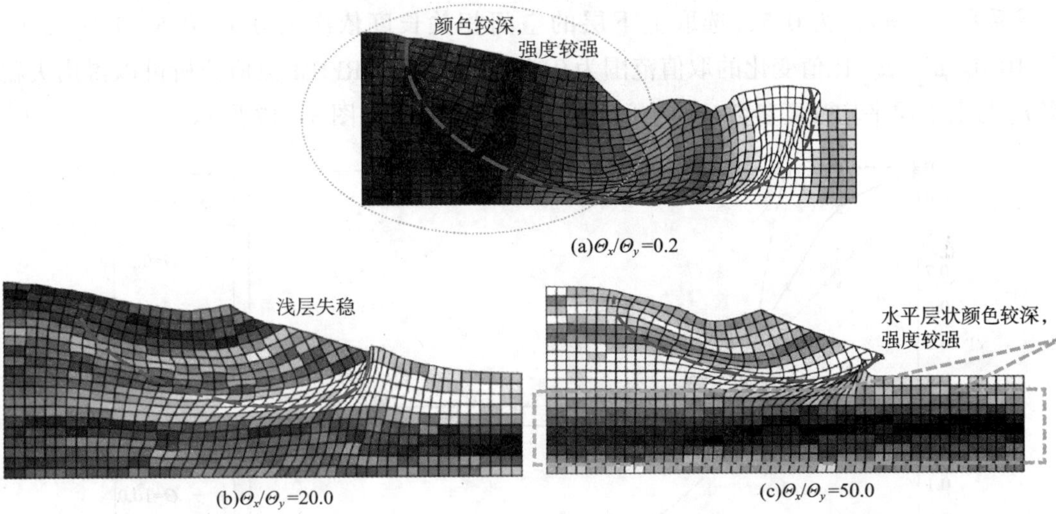

图 5-15　不同空间相关长度比 Θ_x/Θ_y 作用下不排水边坡的失稳机理

5.3.3　层状非均质不排水边坡的稳定性概率分析

在路堤或堤防施工中，通常会遇到两层不排水黏土的边坡(Duncan，2008)。第三章通过有限元方法侧重分析了双层不排水边坡土体特性和边坡几何形态对其稳定形态和失稳机理的影响规律。本节通过随机有限元方法采用与第三章同样的算例模型研究该类型边坡的稳定性概率情况。双层不排水边坡稳定性概率分析涉及的几个最主要的随机变量参数包括：堤坝层的强度平均值 $\mu_{c_{u1}}$、变异系数 $\nu_{c_{u1}}$、空间相关长度 $\Theta_{c_{u1}}$、地基层的强度平均值 $\mu_{c_{u2}}$、变异系数 $\nu_{c_{u2}}$、空间相关长度 $\Theta_{c_{u2}}$。$\mu_{c_{u2}}/\mu_{c_{u1}}$ 比值变化的取值分别为 0.5、0.8、1.0、1.2、1.5、1.6、1.8、2.0、2.5、3.0。根据这些随机变量参数，从多个影响因素入手，探究不同影响因素情况下双层不排水边坡的稳定性概率分析(图 5-16)。

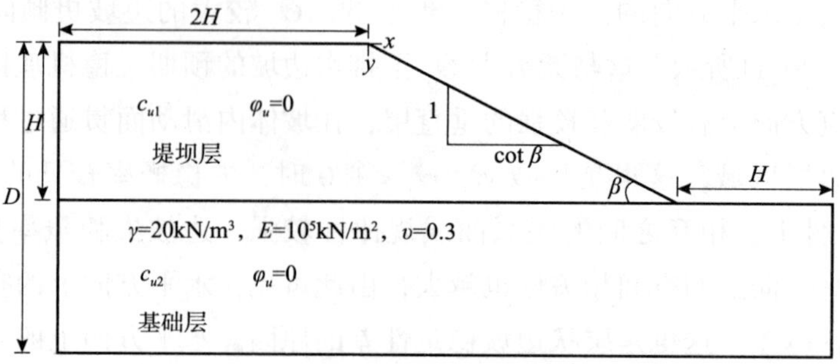

图 5 - 16　两层边坡的几何模型和土体参数

（1）$\nu_{c_{u1}}=\nu_{c_{u2}}=0.5$ 和 $\Theta=\Theta_{c_{u1}}=\Theta_{c_{u2}}=0.1$、0.5、1.0、2.0、5.0、10.0。

研究了上下土层空间相关长度 $\Theta_{c_{u1}}=\Theta_{c_{u2}}$ 变化对双层不排水边坡失稳概率的影响。固定变异系数 $\nu_{c_{u1}}=\nu_{c_{u2}}$ 为 0.5，选取上下层的空间相关长度依次为 0.1、0.5、1.0、2.0、5.0、10.0。$\mu_{c_{u1}}/\mu_{c_{u2}}$ 比值变化的取值范围为 0.5～3.0，通过 RFEM 数值分析可以得出失稳概率 P_f 与上下层平均强度参数比及空间相关长度的关系，如图 5 - 17 所示。

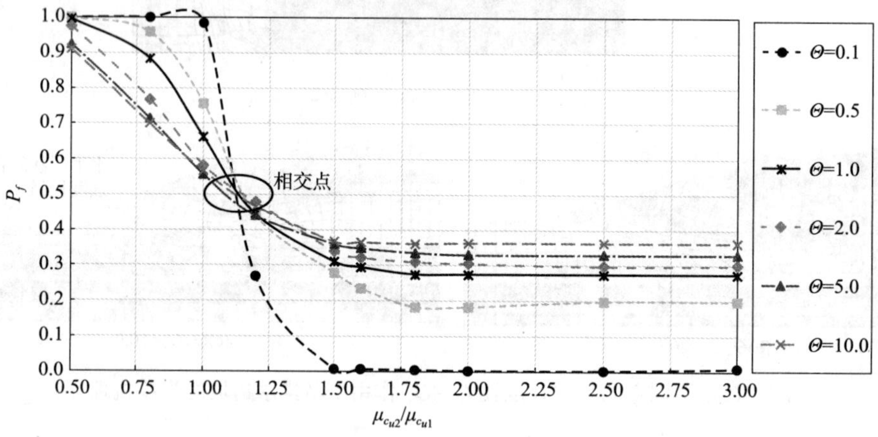

图 5 - 17　不同空间相关长度作用下失稳概率 P_f 与 $\mu_{c_{u1}}/\mu_{c_{u2}}$ 的关系曲线

从图 5 - 17 中可以看出，随着边坡地基层与堤坝层不排水强度比值的增大，边坡的破坏概率呈先降低后平稳的变化趋势。这一结果与第 3 章基于有限元方法得出的安全系数 FS 随着 $c_{c_{u1}}/c_{c_{u2}}$ 的变化规律较为相符。$\mu_{c_{u1}}/\mu_{c_{u2}}$ 增至一定比值后，如 $\mu_{c_{u1}}/\mu_{c_{u2}}>1.5$，下层土体强度是上层强度的 1.5 倍时，层间强度的变化已不再是失稳概率的敏感影响因素。值得一提的是：在前文有限元分析中，转折点处的临界强度比$(c_{c_{u1}}/c_{c_{u2}})_{\text{crit}}$值对应的边坡失稳为一深一浅的两个滑动面同时存在的双滑动模式。从图中可以清楚地观察到不同的空间相关长度之间约在 $\mu_{c_{u1}}/\mu_{c_{u2}}=1.2$ 处有一个交叉点，在该相交点之前，空间相关长度 Θ 越大，边坡的失稳概率 P_f 越小。然而，在相交点之后，失稳概率 P_f 随着空间相关长度 Θ 的增大而逐渐增大。因此，仅对于当前的算例而言，不同的 Θ 在 $\mu_{c_{u1}}/\mu_{c_{u2}}=1.2$ 处发生转变，称 $\mu_{c_{u1}}/\mu_{c_{u2}}=1.2$ 的强度比值为临界平均强度比值，与之对应的失稳机理也是非常有意义的。图5 - 18展示了不同的强度平均值及强度临界点对应的失稳机理。

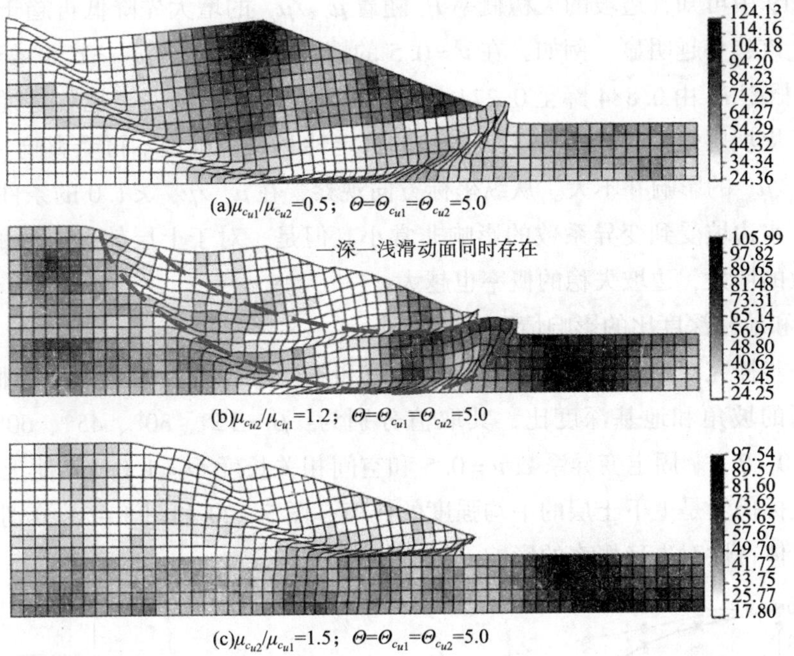

图 5－18 不同强度平均值比 $\mu_{c_{u1}}/\mu_{c_{u2}}$ 作用下不排水边坡的失稳机理

从图 5－18 中看出，随着强度平均值比值 $\mu_{c_{u1}}/\mu_{c_{u2}}$ 的增大，边坡的失稳机理由深层失稳发展为双滑面失稳机理，继而演变为坡脚失稳[图 5－18(c)]。图 5－18(b)是不同空间相关长度交叉点的失稳机理图，两个滑动面一个从堤坝层的坡脚处滑出，另一个则与基底相切从地基层的右侧水平面上出露。

(2) $\Theta_{c_{u1}}=\Theta_{c_{u2}}=1.0$ 和 $\nu=\nu_{c_{u1}}=\nu_{c_{u2}}=0.1$、0.5、1.0、2.0、5.0、10.0。

本节考虑的双层不排水边坡的第二个主要影响因素为不排水强度的变异系数 ν，固定上下层的空间相关长度相等，均为 1.0，算例模型及其他土体参数如前文所描述。变异系数 ν 的取值依次为 0.2、0.5、1.0、1.5、2.0。图 5－19 表达了失稳概率 P_f 与不同变异系数 ν 之间的关系。

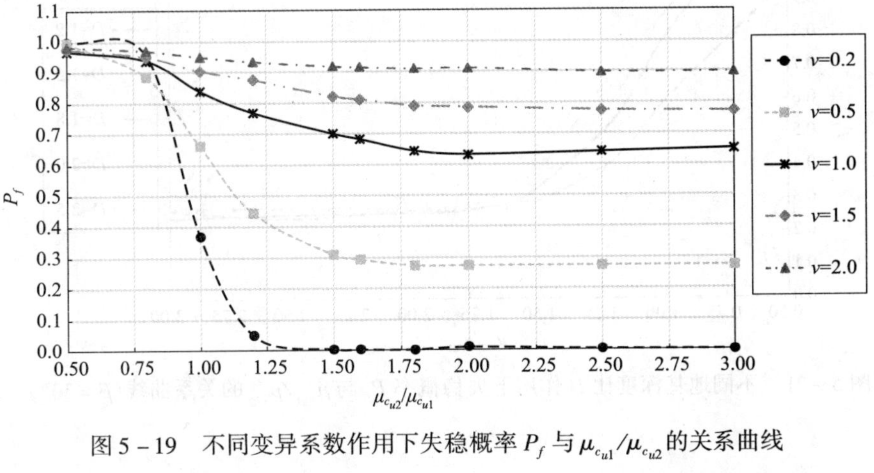

图 5－19 不同变异系数作用下失稳概率 P_f 与 $\mu_{c_{u1}}/\mu_{c_{u2}}$ 的关系曲线

从图5-19中可知，边坡的失稳概率 P_f 随着 $\mu_{c_{u1}}/\mu_{c_{u2}}$ 的增大先降低再趋于平缓，变异系数 ν 越小，该趋势越明显。例如，在 $\nu=0.5$ 的情况下，当 $\mu_{c_{u1}}/\mu_{c_{u2}}=0.8$ 增至 $\mu_{c_{u1}}/\mu_{c_{u2}}=1.8$ 时，失稳概率 P_f 由0.884降至0.274，失稳的风险降低了61%。也就是说，地基层的土体强度高于堤坝层强度的80%以上，边坡的稳定性和失稳机理不再受影响。若 $\nu>1.0$，则 P_f 受到 $\mu_{c_{u1}}/\mu_{c_{u2}}$ 的影响并不大。从纵坐标方向观察，在 $\mu_{c_{u1}}/\mu_{c_{u2}}<1.0$ 的条件下，即上硬下软的双层排水边坡受到变异系数的影响非常小。但是，对于上层软下层硬的边坡而言，随着变异系数的增大，边坡失稳的概率也越大。

(3)坡角和地基深度比的影响情况。

为了进一步探究双层不排水边坡的几何形态和不同土层特性与边坡失稳概率 P_f 的关系，选取不同的坡角和地基深度比，其取值分别为：$\beta=15°$、$30°$、$45°$、$60°$，$D=1.2$、1.5、1.8、2.0、2.5。固定变异系数 $\nu=0.5$ 和空间相关长度 $\Theta=1.0$，其他土体参数与前文一致。横坐标仍然是上下土层的平均强度的比值，图5-20和图5-21分别展示了边坡几何形态和土体特性对失稳概率的影响。

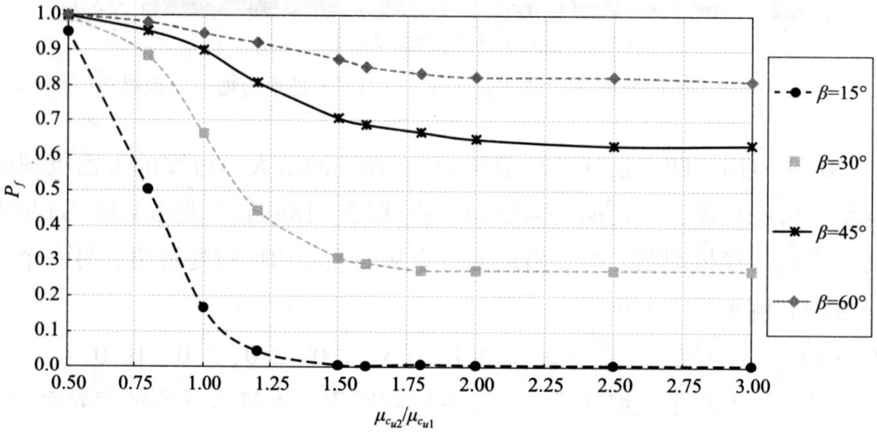

图5-20　不同坡角作用下失稳概率 P_f 与 $\mu_{c_{u1}}/\mu_{c_{u2}}$ 的关系曲线($D=1.5$)

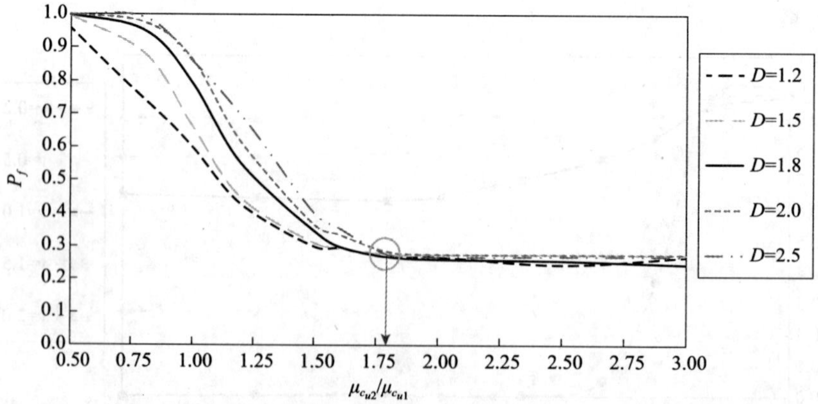

图5-21　不同地基深度比 D 作用下失稳概率 P_f 与 $\mu_{c_{u1}}/\mu_{c_{u2}}$ 的关系曲线($\beta=30°$)

从图5－21中可以得出，边坡在任何坡角β和地基深度比D条件下，失稳概率随着平均强度比的增大均展现先减小后平缓的变化规律。这一结果与工程实践和理论经验吻合。高陡边坡即使在地基强度较高的情况下，失稳风险仍较大。不同的坡角β均为最小失稳概率值(图5－20)，达到最小P_f后强度比不再是失稳概率的主要影响因素，但坡角仍为敏感影响因素，从30°增至45°，临界平均强度比对应的失稳概率增加了40%。对于陡峭边坡而言，失稳概率受土层平均强度比值的影响并不明显，但失稳概率整体较高。不同坡高的边坡均在$\mu_{c_{u1}}/\mu_{c_{u2}}=1.8$处达到最小失稳概率，约为27.5%。换言之，下层土体平均强度大于上层土体平均强度的80%时，边坡的失稳机理主要取决于上层土体，从边坡最薄弱的坡脚处滑出，形成浅层坡脚失稳机理。

(4)空间相关长度和变异系数均变化的影响。

双层不排水边坡上下层土层特性和空间相关性不同，为了探究上下层各向异性对边坡失稳概率和失稳机理的影响，通过变化上下层的空间相关长度和变异系数，研究在不同的上下土层平均强度比值作用下P_f和安全系数的变化情况。为了使对比更加明显，采用两种方案分别讨论上下层各向异性的影响：第一种方案是固定变异系数等于0.5，分别使上下层采用较大和较小的空间相关长度；第二种方案是在第一种的地基上，继续变化上下层的变异系数。

如：方案1：$\Theta_{c_{u1}}=0.2$，$\Theta_{c_{u2}}=2.0$，$\nu_{c_{u1}}=\nu_{c_{u2}}=0.5$；

　　方案2：$\Theta_{c_{u1}}=0.2$，$\Theta_{c_{u2}}=2.0$，$\nu_{c_{u1}}=0.5$，$\nu_{c_{u2}}=0.2$。

图5－22即为经随机有限元计算得出的两种方案随着强度比变化的失稳概率P_f和安全系数FS的关系曲线。

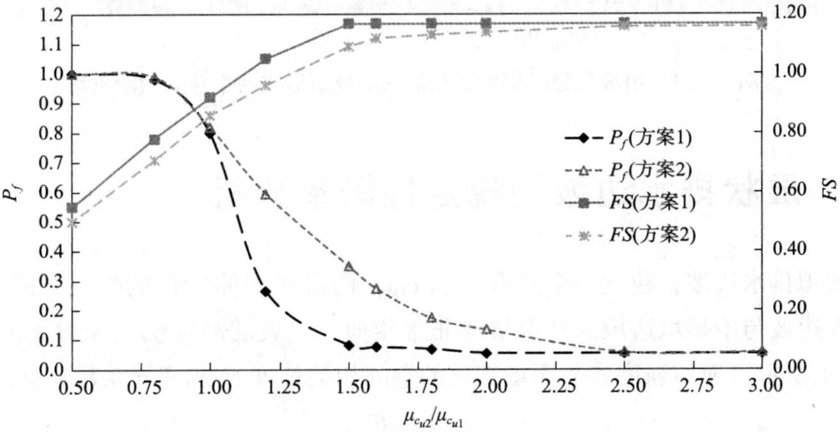

图5－22　不同方案作用下失稳概率P_f和安全系数FS与$\mu_{c_{u1}}/\mu_{c_{u2}}$的关系曲线($\beta=30°$)

从图5－22中可以看出，堤坝层的$\Theta_{c_{u1}}$值较小，为0.2，地基层$\Theta_{c_{u2}}$较大，为2.0，两者相差10倍，这意味着$c_{c_{u1}}$和$c_{c_{u2}}$具有很大的差异性。方案1中失稳概率P_f和安全系数FS在$\mu_{c_{u1}}/\mu_{c_{u2}}=1.5$的关键点处趋于平缓，在临界转折点1.5之前，$\mu_{c_{u1}}/\mu_{c_{u2}}$值的变化对边坡的稳定性影响较大，其比值越小，稳定性越差。若$\mu_{c_{u1}}/\mu_{c_{u2}}<1.5$，则双层不排水边坡的失

稳机理均为深层失稳，$\mu_{c_{u1}}/\mu_{c_{u2}}>1.5$ 后，其失稳机理转而变为坡脚失稳。相同地，方案2中 P_f 和 FS 的变化趋势同方案1相似，考虑了不同的变异系数的影响，得到的 FS 比方案1更小，失稳概率比方案1大，尤其是在失稳概率下降阶段，表现得较为明显。可见，层状结构之间变异系数的差异性，导致比较大的失稳概率，对边坡稳定性的影响是消极的。

方案2涉及的是不同的平均强度，不同的空间相关长度和变异系数等。因此，在上下土层之间的有一个清晰可见的不连续边界，如图5－23所示。依据参数的不同，分别产生两个独立的二维随机场。$\mu_{c_{u1}}/\mu_{c_{u2}}>1.5$，所以两种方案的失稳机理皆为坡脚失稳，变异系数越小，边坡的稳定性越差。

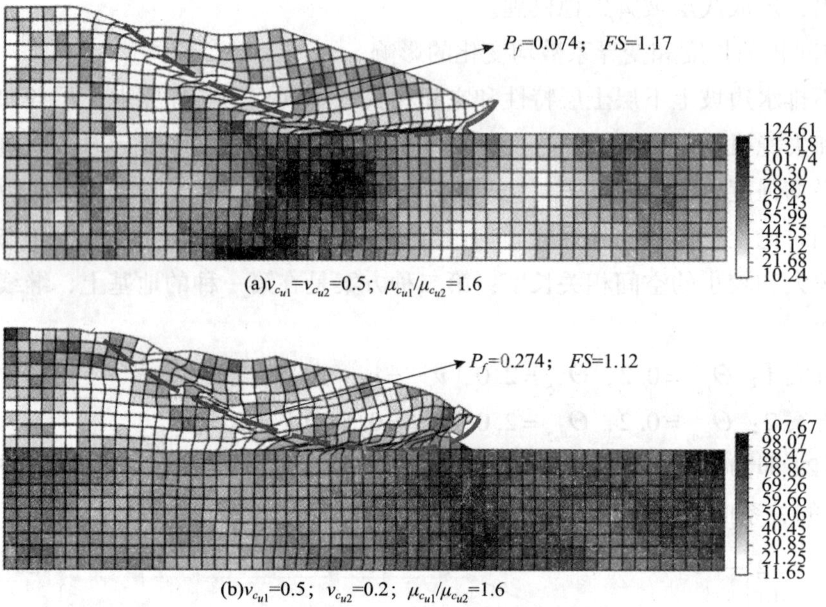

图5－23　边坡失稳时堤坝层和地基层分别形成两个独立的随机场

5.4　层状排水边坡的稳定性概率分析

为了模拟排水边坡，建立一个具有 c' 和 $\tan\varphi'$ 的排水土体特性的随机有限元模型进行研究。排水边坡与不排水边坡的几何特性非常相似，边坡的高度仍然为 $H=10\text{m}$，其他描述如图5－1所示。剪切强度参数无量纲化的空间相关长度 Θ 和变异系数 ν 分别为：

$$\Theta=\frac{\theta_{c'}}{H}=\frac{\theta_{\tan\varphi'}}{H} \tag{5-12}$$

$$\nu=\frac{\sigma_{c'}}{\mu_{c'}}=\frac{\sigma_{\tan\varphi'}}{\mu_{\tan\varphi'}} \tag{5-13}$$

在排水边坡中，剪切强度参数 c' 和 $\tan\varphi'$ 作为随机变量，结合方程式(5－12)，c' 和 $\tan\varphi'$ 正态分布和对数正态分布的概率密度函数(PDF)可表示为：

$$f_{正态}(c')=\frac{1}{\sigma_{c'}\sqrt{2\pi}}\exp\left\{-\frac{1}{2}\left(\frac{c'-\mu_{c'}}{\sigma_{c'}}\right)^2\right\} \tag{5-14}$$

$$f_{对数正态}(c')=\frac{1}{C'\sigma_{\ln c'}\sqrt{2\pi}}\exp\left\{-\frac{1}{2}\left(\frac{\ln c'-\mu_{\ln c'}}{\sigma_{\ln c'}}\right)^2\right\} \tag{5-15}$$

$$f_{正态}(\tan\varphi')=\frac{1}{\sigma_{\tan\varphi'}\sqrt{2\pi}}\exp\left\{-\frac{1}{2}\left(\frac{\tan\varphi'-\mu_{\tan\varphi'}}{\sigma_{\tan\varphi'}}\right)^2\right\} \tag{5-16}$$

$$f_{对数正态}(\tan\varphi')=\frac{1}{\tan\varphi'\sigma_{\ln\tan\varphi'}\sqrt{2\pi}}\exp\left\{-\frac{1}{2}\left(\frac{\ln\tan\varphi'-\mu_{\ln\tan\varphi'}}{\sigma_{\ln\tan\varphi'}}\right)^2\right\} \tag{5-17}$$

当岩土体材料出现两个随机变量 c' 和 $\tan\varphi'$ 时，会经常性地尝试度量这两个随机变量之间相关性。衡量两个随机变量之间强度关系的一个典型指标是其协方差。众所周知，协方差取决于其涉及的随机变量的单位及其各自的变量，因此，两个随机变量之间强度的一个更直观的度量是相关系数 ρ，其既无量纲又有界。Wolff(1985)调查了固结不排水(CU)实验的 c' 和 φ' 之间的相关性，$\rho=0.25$，固结排水(CD)实验的 c' 和 φ' 之间的相关性，$\rho=-0.47$。Yucemen 等(1973)提到 ρ 的取值范围为 $-0.49\leqslant\rho\leqslant-0.24$，然而 Lumb(1970)指出 ρ 的范围为 $-0.7\leqslant\rho\leqslant-0.37$。负相关意味着低黏聚力值与高摩擦角值的相关关系，反之亦然。Fenton 和 Griffiths(2003)文中提出如果黏聚力和摩擦角之间存在负相关，则抗剪强度的方差会减小。使 c' 和 $\tan\varphi'$ 的概率分布为 $f_{c',\tan\varphi'}(c',\tan\varphi')$，则其相关系数可以定义为：

$$\rho_{c',\tan\varphi'}=\frac{Cov(c',\tan\varphi')}{\sigma_{c'}\sigma_{\tan\varphi'}} \tag{5-18}$$

式中，相关系数 $\rho_{c',\tan\varphi'}$ 的取值范围为 $-1.0\leqslant\rho_{c',\tan\varphi'}\leqslant1.0$。当 $\rho_{c',\tan\varphi'}$ 的值为 -1，0，1 时分别对应完全负相关、不相关、完全正相关。

5.4.1　均质排水边坡的稳定性概率分析

采用图 5-2 的随机有限元边坡模型研究了不排水边坡的三个随机参数对边坡稳定性和失稳机理的影响，探究了边坡坡角 β、地基深度比 D、基于平均强度值的安全系数 FS 以及强度参数与变异系数等之间的相关关系，表明先进的概率稳定性分析方法是可行的。本节采用同样的边坡模型考虑层状排水的土质边坡。边坡的坡角 $\beta=45°$，地基深度比 $D=2.0$，除了强度参数，其余物理力学参数与不排水边坡相同。由于土体的强度是空间分布的，黏聚力 c' 和摩擦角 φ' 的相关参数同样被认为是随机场(如平均值 μ，标准方差 σ，空间相关长度 Θ 和 $c'-\varphi'$ 之间的相关系数 $\rho_{c',\tan\varphi'}$)。为了考虑强度参数之间的相关性，需要考虑互相关系数 $\rho_{c',\tan\varphi'}(c',\tan\varphi')$ 的作用。为了获得失稳概率随着不同参数的变化规律，本节从多方面入手进行分析，将黏聚力和内摩擦角的变异性分开研究。若其中一个强度参数作为空间变量，另外一个则固定为确定性强度参数，保持不变，共分为以下几种情况。

(1)黏聚力和内摩擦角分别作为随机变量。

在这一小节中，将 c' 和 $\tan\varphi'$ 单独作为随机变量，赋予基于对数正态分布的平均值、标准方差等强度特性。将 $c'=20\text{kPa}$ 作为随机变量，其变异系数的变化值为 0.2、0.5、1.0、2.0、5.0、8.0，恒定内摩擦角为 20°（$\tan\varphi'=0.364$）。经一系列的随机有限元分析，得到 c' 作为随机变量条件下，边坡失稳概率与空间相关长度和变异系数之间的关系曲线，如图 5－24 所示。同理，得到 $\tan\varphi'$ 作为随机变量条件下，边坡失稳概率与空间相关长度 Θ 和变异系数 ν 之间的关系曲线，如图 5－25 所示。

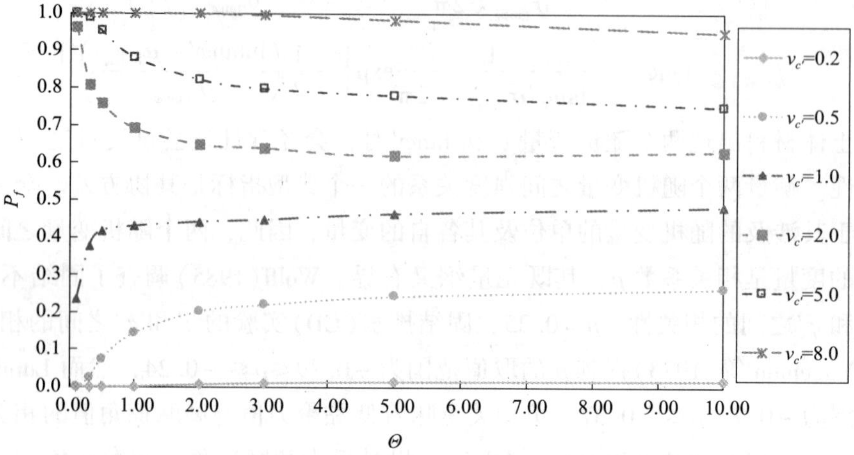

图 5－24　不同的 ν 作用下 c' 作为随机变量的排水边坡的 P_f 与 Θ 的关系曲线

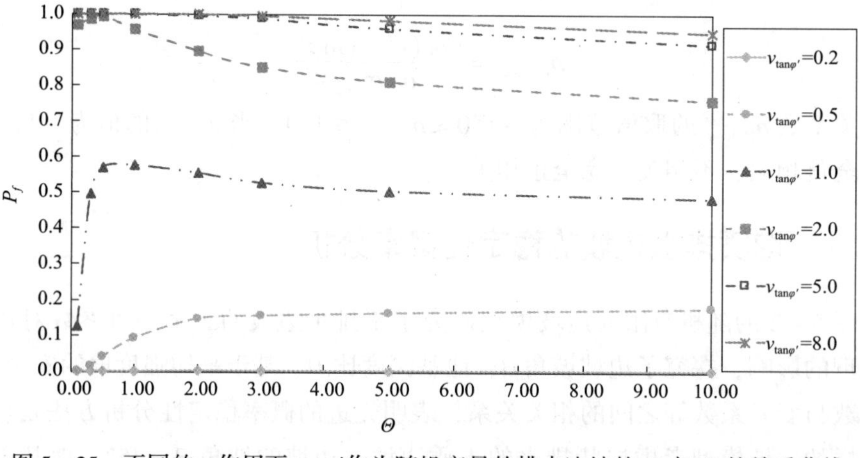

图 5－25　不同的 ν 作用下 $\tan\varphi'$ 作为随机变量的排水边坡的 P_f 与 Θ 的关系曲线

从图 5－25 中可以看出，c' 和 $\tan\varphi'$ 单独作为随机变量考虑，所得计算结果的变化规律大体相同，失稳机理 P_f 均随着 c' 和 $\tan\varphi'$ 的变异系数的增大而逐渐增大，即无论哪一个强度参数作为随机变量，若土体强度参数的变异性增大，边坡失稳的风险越大。但是 c' 和 $\tan\varphi'$ 对边坡失稳概率影响的程度却不同，如 c' 和 $\tan\varphi'$ 在边坡中发挥作用的时间、程度和衰减的速率也存在差异。其他条件不变的情况下，图 5－24 中 c' 作为随机变量，求得的失稳概率整体而言比 $\tan\varphi'$ 作为随机变量时更大一些，空间变异性越大，这种现象越明显。该现象表明强度参数 c' 在边坡失稳过程中可能更敏感，若黏聚力的变异性 $\nu_{c'}$ 较大，即使在

一个较大安全系数 FS 情况下，边坡也可能发生失稳。

进一步观察图 5－24 和图 5－25 可知，当 $\nu_{c'}=\nu_{\tan\varphi'}=0.2$ 时，失稳概率非常的小，边坡的安全性较高。对于变异系数比较小的情况，其失稳概率随着空间相关长度 Θ 的增大而逐渐增大，而变异系数较大时，随着空间相关长度 Θ 的增大，其失稳概率有略微的下降趋势，受到的影响并不是很大。

(2)黏聚力和内摩擦角同时作为随机变量。

本节中将 c' 和 $\tan\varphi'$ 均作为随机变量同时考虑，图 5－26 展现了在不同的变异系数 $\nu=\nu_{c'}=\nu_{\tan\varphi'}$ 条件下，失稳概率 P_f 随着空间相关长度的变化趋势。

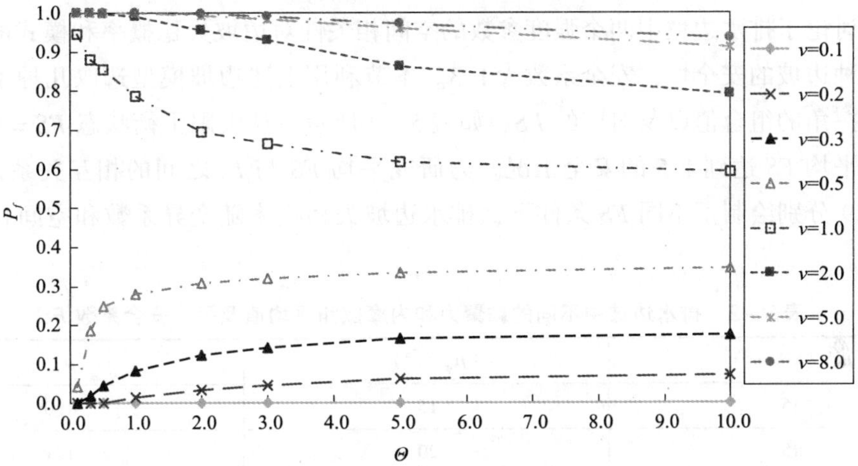

图 5－26 不同的 ν 作用下 $c'-\tan\varphi'$ 作为随机变量的排水边坡的 P_f 与 Θ 的关系曲线

由图 5－26 可以推断，当 $\nu\leqslant0.5$ 时，最差情况的空间相关长度 Θ_w 随着变异系数 ν 的增大而减小。例如，$\nu=0.5$ 时，最差 Θ 为 3.0，而 $\nu=0.1$ 时，最差 Θ 增大为无穷大。

当变异系数大于 1.0 时，失稳概率变化规律与小于 1.0 的变化趋势相反，前者 P_f 随着空间相关长度的增大而逐渐增大，而后者随着 Θ 的增大有降低趋向。对于更高或者更低的 $\nu=\nu_{c_{u1}}=\nu_{c_{u2}}$，在较小的 Θ 的影响下失稳概率分别倾向于 1.0 或者 0.0。空间相关长度用于描述潜在高斯场中空间随机值趋于显著相关的距离。因此，Θ 越小意味着随机场越粗糙且不规则，Θ 越大意味着随机场越光滑且规则，边坡的表现更倾向于均匀的随机场。图 5－27 为排水边坡的两种破坏机制，空间相关性长度分别为 0.3 和 3.0，其中 3.0 为该算例的最差空间相关长度。单元颜色越黑代表强度越强的单元，浅色表示单元强度较弱。从图 5－27 中可以看出，$\Theta=0.3$ 时并没有发生明显的失稳破坏滑动面，$\Theta=3.0$ 时，边坡中出现坡脚滑动面，清晰地沿着网格中颜色最浅的单元形成滑动面，如图 5－27(b)所示。滑弧形状较为平滑，单元强度分布比 $\Theta=0.3$ 时的更均匀。

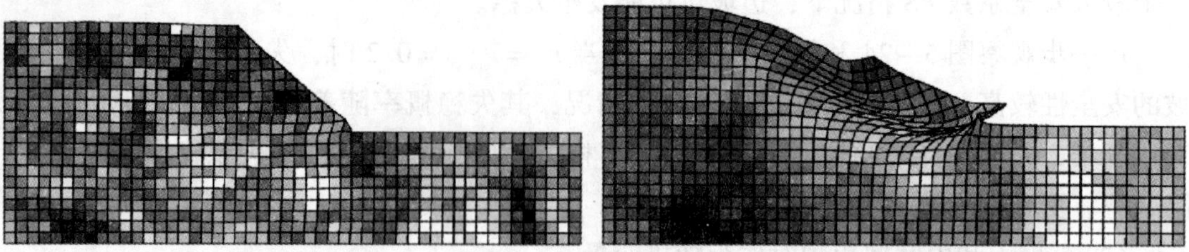

图 5－27　具有不同空间相关长度的排水边坡的典型失稳机理

(3)安全系数 FS 与变异系数和空间相关长度的关系对 P_f 的影响。

前面讨论了排水边坡中两个强度参数的空间相关性对边坡失稳概率和模式的影响，仅考虑了一种边坡的安全性，安全系数为1.3。本节利用上述边坡模型选取几种不同的黏聚力和内摩擦角的组合值以及对应的 FS，如表 5－2 所示，从极限平衡状态 $FS=1.0$ 逐渐增大，直到平均 FS 达到1.5的安全工况。为研究平均 FS 与 P_f 之间的相互关系，图 5－28和图 5－29 分别绘制了不同 FS 条件下，排水边坡失稳概率随变异系数和空间相关长度的变化曲线。

表 5－2　排水边坡中不同的黏聚力和内摩擦角平均值及平均安全系数 FS

$\mu_{c'}$/(kN/m^2)	$\mu_{\varphi'}$/(°)	μ_{FS}
15	15	1.0
15	20	1.1
20	15	1.2
20	20	1.3
20	25	1.4
25	20	1.5

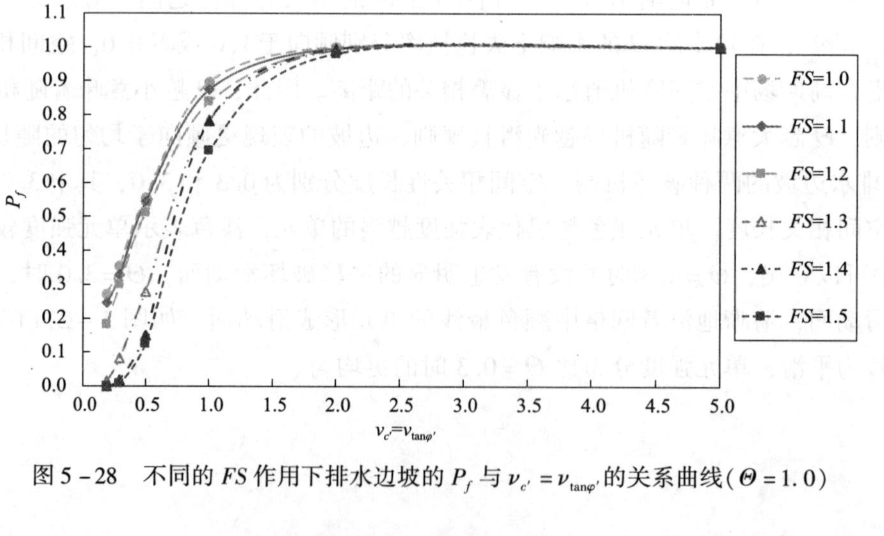

图 5－28　不同的 FS 作用下排水边坡的 P_f 与 $\nu_{c'}=\nu_{\tan\varphi'}$ 的关系曲线($\Theta=1.0$)

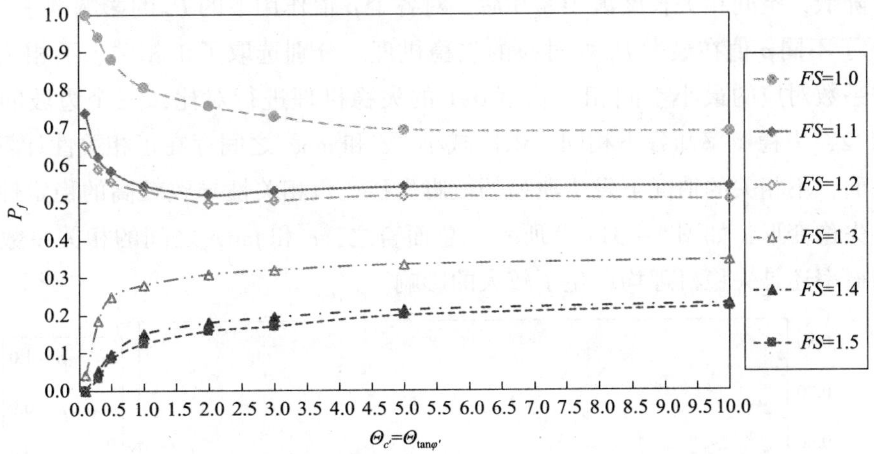

图 5－29 不同的 *FS* 作用下排水边坡的 P_f 与 $\Theta_{c'}=\Theta_{\tan\varphi'}$ 的关系曲线（$\nu=0.5$）

为研究变异系数和 *FS* 对 P_f 的影响，图 5－28 中 $\nu_{c'}=\nu_{\tan\varphi'}$ 的变化取值依次 0.2、0.3、0.5、1.0、2.0、5.0，固定空间相关长度为 $\Theta_{c'}=\Theta_{\tan\varphi'}=1.0$。$P_f$ 与 *FS* 之间是此消彼长的关系。随着两个强度参数变异系数的增大，P_f 也随着增大，$\nu<2.0$ 之前其 P_f 增大速率非常快，例如，$FS=1.2$ 的条件下 ν 从 0.2 增至 2.0，其失稳概率 P_f 增大了 81%。变异系数增大，即使边坡的安全系数达到 1.5，其失稳概率仍然高达 90%，失稳仍会发生。较高变异系数会导致较大的失稳概率。为研究空间相关长度与安全系数作用下，P_f 的变化趋势，如图 5－29 中 $\Theta_{c'}=\Theta_{\tan\varphi'}$ 的变化取值依次为 0.2、0.3、0.5、1.0、2.0、5.0，固定空间相关长度为 $\nu_{c'}=\nu_{\tan\varphi'}=0.5$。同样地，边坡的 P_f 随着 *FS* 的增大而减小，$\Theta_{c'}=\Theta_{\tan\varphi'}$ 小于 2.0 时，P_f 减小的幅度显然比其他 $\Theta_{c'}=\Theta_{\tan\varphi'}$ 值对应的大得多。这是由于出现最差空间相关长度 Θ_w 的间隔导致的。安全系数越小，最差空间相关长度 Θ_w 越小，相应的 P_f 越大。安全系数 $FS=1.0$、1.1、1.2 对应的最差空间相关性均为 0.1，安全系数 $FS=1.3$、1.4、1.5 对应的最差空间相关性 Θ_w 约为 2.0、3.0、4.0。根据排水和不排水的最差空间相关长度，可以得出，对于 $FS<1.3$ 的边坡，存在一个具体的最差空间相关长度，而不是无穷大的，若当考虑土体具有无穷大 Θ 时，边坡不存在最大破坏概率。

(4) 黏聚力和内摩擦角之间的相关系数 ρ 对失稳概率的影响规律。

由前面讨论 ρ 值的最大取值范围为（－1，1），本节所涉及的 ρ 分别为 －1.0、－0.9、－0.5、0、0.5、0.9、1.0，即从负相关、不相关、正相关三个方面进行研究强度参数之间的相关性对边坡稳定性的影响。图 5－30 显示了当变异系数为 0.5 时，P_f 随空间相关长度和 ρ 的变化曲线。

根据图 5－30 可知，c' 和 $\tan\varphi'$ 之间正相关系数 $\rho=1.0$ 导致最大的失稳概率。ρ 值越大，边坡的失稳概率越大。这与其他学者（Cherubini，2000）建议的 c' 和 $\tan\varphi'$ 之间当采用负相关性，可计算出较低的边坡失稳概率一致。在通常的边坡建模过程中，并未考虑 c' 和 $\tan\varphi'$ 之间的相关性，这会导致偏于保守的边坡稳定性评价。可以看出，每一种 c' 和 $\tan\varphi'$ 之间相关系数 ρ 大体上是在 $\Theta_{c'}=\Theta_{\tan\varphi'}=0.1$ 时的 P_f 值达到最大，P_f 随着空间相关长度的增大逐渐降低，空间相关长度大于3.0后，对各个ρ值作用下的P_f的影响微乎其微。图5－31展示了不同ρ值在最大P_f处对应的失稳机理。分别选取了正相关、不相关和负相关三种相关系数对应的最小空间相关长度0.1的失稳机理进行对比，三个边坡的安全系数FS均为1.2，失稳概率却各不相同，依次减小。c'和$\tan\varphi'$之间存在正相关性计算得到两个临界滑动面，不相关的情况下发生典型的坡脚失稳，负相关性导致较高的稳定性，坡体中并未发生失稳变形，如图5－31(c)所示。总而言之，c'和$\tan\varphi'$之间的相关系数无论对边坡的失稳概率还是失稳机理均产生了较大的影响。

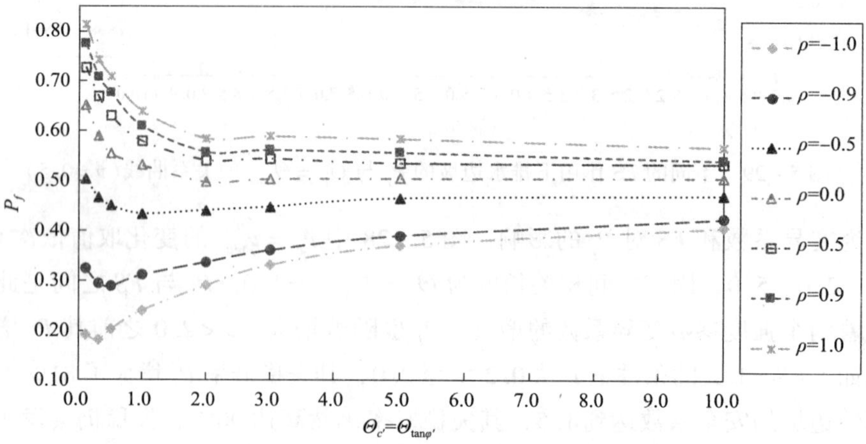

图5－30 不同的ρ作用下排水边坡的P_f与$\Theta_{c'}=\Theta_{\tan\varphi'}$的关系曲线($\nu=0.5$)

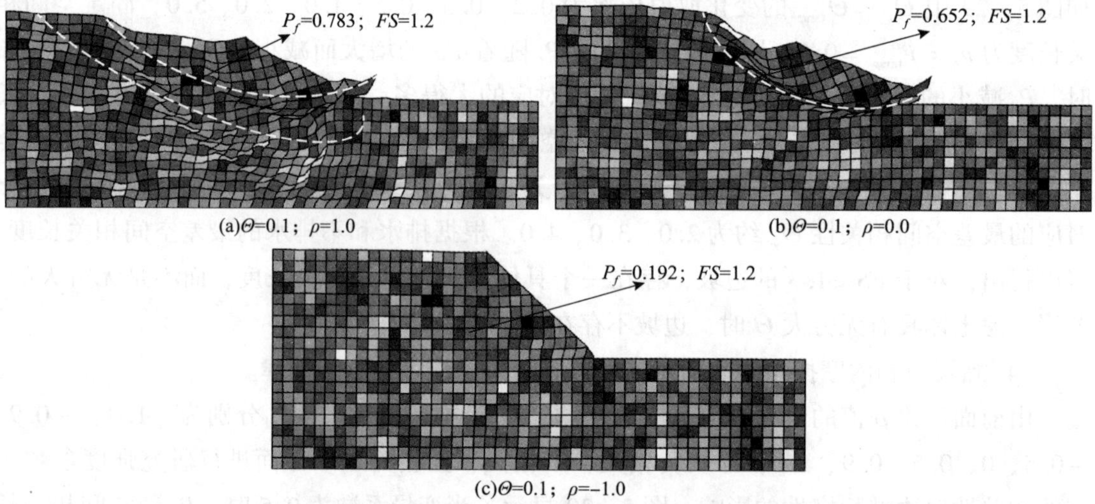

图5－31 具有不同相关系数ρ的排水边坡的典型失稳机理

从图5－31中可以看出，对于所有Θ的边坡算例，c'和$\tan\varphi'$之间的负相关产生的结果是相对较低的边坡失稳概率，参数之间的正相关引起较高的失稳概率，即考虑强度参数之间相关性较大时，导致对边坡稳定性的评价较为保守。通常当不考虑参数之间的相关性时，其稳定性评价偏于保守。进一步观察上图，其展示出相关系数ρ从负相关变化为正相关的过程中，最差的空间相关长度在$\Theta=1.0$的位置，这种情况的算例需特别关注。

5.4.2　层状非均质排水边坡的稳定性概率分析

在自然界中边坡的剖面通常是由不同土体特性的两层或者多层土层组成的，不同的土层之间或者同一土层存在着不同的空间变异性。采用 RFEM 模拟方法研究土的空间变异性对双层排水 $c'-\varphi'$边坡的稳定性影响。将双层排水边坡的概率模型与第 4 章的双层有限元模型相结合，然后针对双层边坡的四个重要的强度参数($\mu_{c'_1}$，$\mu_{\tan\varphi'_1}$，$\mu_{c'_2}$，$\mu_{\tan\varphi'_2}$)、变异系数及空间相关长度对失稳概率和模式的影响进行深入探讨。

(1)双层排水边坡数值模型的建立。

实际工程中边坡是由明显的不同特性的层状土组成的，因此，在建立随机有限元模型时非常有必要将其不同层的强度参数特性作为重要研究对象。本节在设置双层随机有限元模型中考虑两个不同的剖面层，如图 5－32 所示。在双层边坡的概率分析过程中，针对每层土体的强度参数(c'和 φ')分别用于模拟两个独立的随机场。第一个随机场土体特性(平均值 μ、标准偏差 σ 和空间相关长度 Θ)对应于堤坝层，而第二个随机场的土体特性对应于地基层。这两个离散的随机场分别具有不同的平均值 μ、标准偏差 σ 和空间相关长度 Θ 等特性。从多个角度入手，研究四个强度参数作为随机变量对双层排水边坡的稳定性影响。

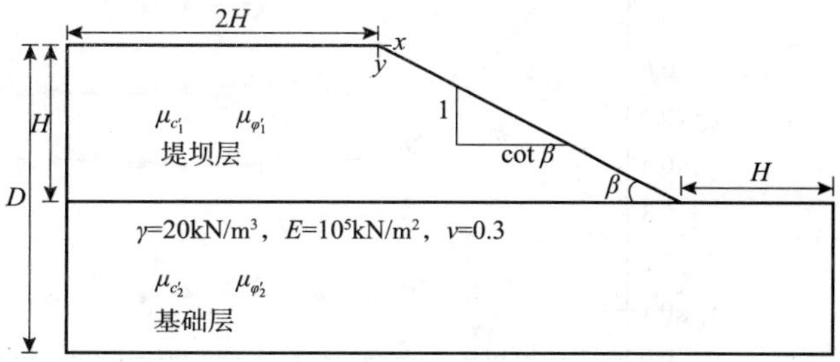

图 5－32　典型的双层排水边坡的层状剖面模型

(2)上下土层平均强度参数比对失稳概率的影响规律。

本节算例中，边坡几何参数设定为 $D=1.5$；$\beta=45°$。双层排水边坡堤坝层强度参数为 $\mu_{c'_1}=10\text{kN/m}^2$ 和 $\mu_{\tan\varphi'_1}=20°$固定不变，下层强度参数变化情况与双层不排水边坡类似，通过平均强度比值计算获得，令 $P=\mu_{c'_2}/\mu_{c'_1}=\mu_{\tan\varphi'_2}/\mu_{\tan\varphi'_1}=0.5$、0.8、1.0、1.2、1.5、1.6、1.8、2.0、2.5、3.0。设置上下层两个强度变量的空间特性参数分别为 $\nu=\nu_{c'_1}=\nu_{\tan\varphi'_1}=\nu_{c'_2}=\nu_{\tan\varphi'_2}=0.5$；$\Theta=\Theta_{c'_1}=\Theta_{\tan\varphi'_1}=\Theta_{c'_2}=\Theta_{\tan\varphi'_2}=1.0$。利用随机有限元方法计算双层排水边坡在上述条件下失稳概率随平均强度参数比值的变化，计算结果如图 5－33 所示。

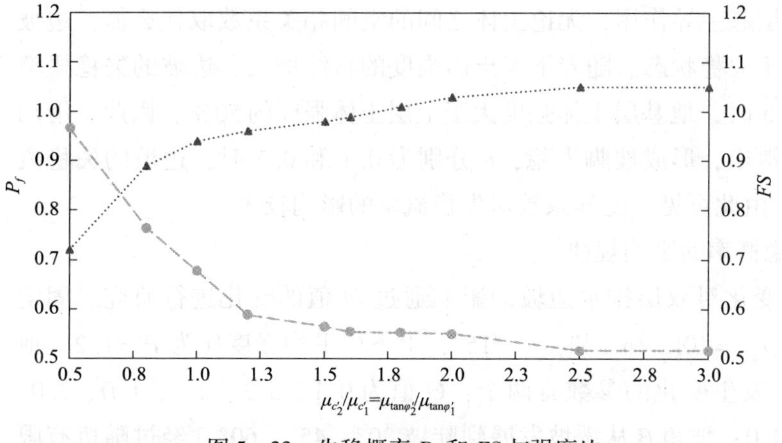

图 5－33　失稳概率 P_f 和 FS 与强度比 $\mu_{c'_2}/\mu_{c'_1}=\mu_{\tan\varphi'_2}/\mu_{\tan\varphi'_1}$之间的关系($D=1.5$)

随着 P 值的增大，平均安全系数 FS 随之增大而失稳概率 P_f 逐渐减小。平均 $FS>1.2$ 后，其稳定性变化比较平缓，与其对应的 P_f 随之降低并呈平缓趋势。换言之，仅针对有限元方法而言该边坡在平均强度比值 $P=1.2$ 时出现临界转折点，临界失稳机理在强度比为 1.2 处可能由深层失稳向浅层失稳转变。但概率边坡稳定性分析中，不仅仅涉及边坡土体和几何特性，还与土体强度参数之间的空间有密切关联。因此，基于当前边坡算例，继而研究随机有限元中强度参数的空间相关性影响，上下层的变异系数 ν 依次取值为 0.1、0.2、0.3、0.5、0.7、1.0，边坡在不同 ν 条件下，随着上下层平均强度比的失稳概率如图 5－34 所示。

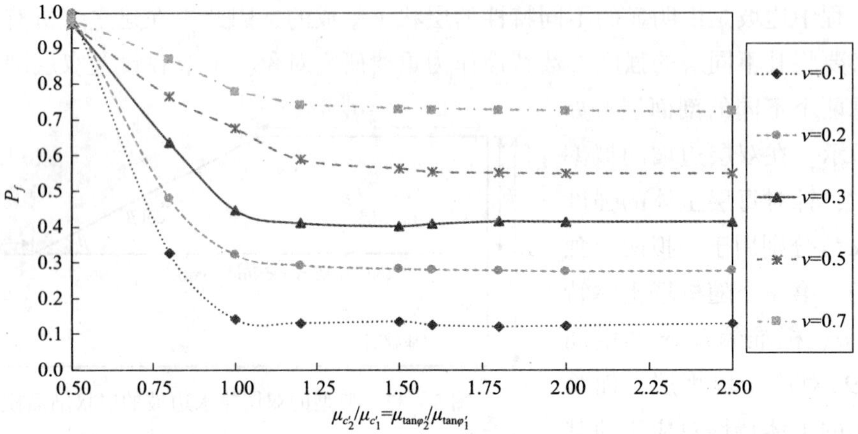

图 5－34　不同的空间变异系数 ν、失稳概率 P_f 与强度比 $\mu_{c'_2}/\mu_{c'_1}=\mu_{\tan\varphi'_2}/\mu_{\tan\varphi'_1}$ 之间的关系

通过随机有限元分析得到排水边坡的计算结果可知，不同的变异系数条件下，失稳概率的变化趋势基本一致，P_f 均随着上下层强度比的增大先减小，随后在某一强度比值处呈水平变化趋势，此时，P_f 受平均强度比变化的影响较小。纵向观察可知，除了 $P=0.5$，其余变异系数对应的失稳概率均特别大，高达 97% 以上，其余的上下层强度比值对应的 P_f 随着变异系数的增大逐渐增大。这是由于当平均强度比值为 0.5 时，下层土体强度较低，在边坡的稳定性中地基层起主导作用，无论土体之间的空间相关系数取什么值，边坡的失稳概率都很高，或已处于失稳状态。随着下层土体强度的持续增大，边坡的失稳概率受影响较小，如 P 值增至 1.5 时，地基层土体强度大于上层土体强度的 50%，因此，滑动面多从强度较薄弱的坡脚处滑出，形成坡脚失稳，ν 分别为 0.1 和 0.7 时，边坡的失稳概率分别是 72.8% 和 13.4%，由此可见，变异系数对失稳概率的影响较大。

(3)空间相关长度对失稳概率的影响规律。

上下层空间相关长度的变化对双层排水边坡的影响通过 Θ 值的变化进行研究。固定堤坝层土体平均强度分别为 $\mu_{c'_1}=10\text{kN/m}^2$ 和 $\mu_{\varphi'_1}=15°$，上下层平均强度比为 $P=1.2$，地基深度比 $D=1.5$，$\nu=0.5$。发生变化的参数有两个：Θ 值为 0.1、0.3、0.5、1.0、2.0、3.0、5.0、10.0、50.0、100.0；坡角 β 从缓坡发展到陡坡 30°，45°，60°。经过随机有限元的一系列模拟分析，计算结果如图 5－35 所示。

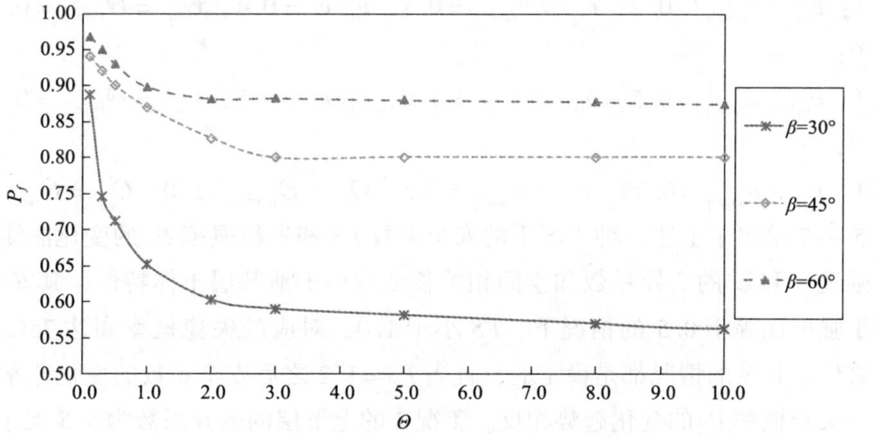

图 5－35　$\nu=0.5$ 情况下失稳概率 P_f 和 Θ 之间的关系曲线

从图 5－35 中可以看出：空间相关长度对平缓边坡的影响较大，当坡角为 30°，曲线变化趋势更为明显，$\Theta=0.1$ 和 10 时，边坡的失稳概率分别为 88.7% 和 56.3%，两者相差 32.4%。对于陡峭边坡，$\beta=60°$时，最大和最小的失稳概率相差 9.3%。$\beta=45°$时，最大和最小的失稳概率相差 13.9%。空间相关长度越大，不同坡角之间边坡失稳概率的差异性也越大。图 5－36 呈现了边坡坡角 $\beta=30°$时的极大（$\Theta=100$）和极小（$\Theta=0.1$）两个空间相关长度对应的变形网格图。尽管这两种算例有完全相同的平均强度和标准方差，但是不同的空间相关长度仍然导致了非常明显的失稳特性和差异。空间相关长度为 100 时能够得到更加光滑的失稳机理，这更接近于不考虑空间相关长度的均质边坡中的情况。

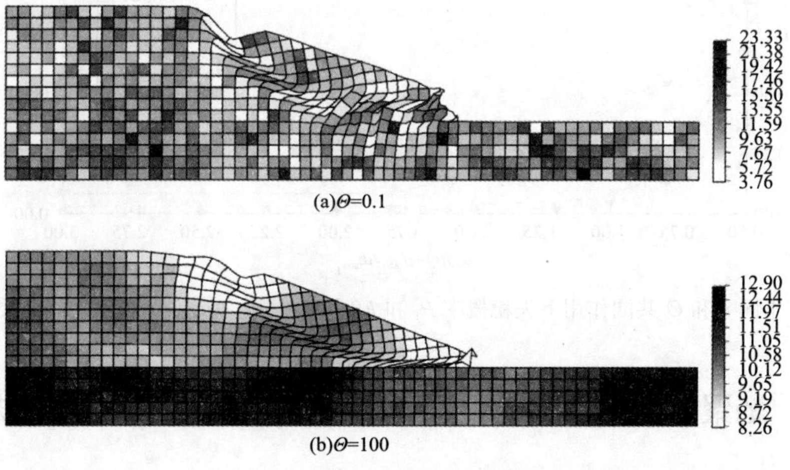

图 5－36　边坡破坏时两种不同空间相关长度对应的典型随机场变形网格

（4）不同空间相关长度 Θ 和不同变异系数 ν 失稳概率的影响规律。

前文从土体的相同变异系数 ν 和空间相关长度 Θ 对双层排水边坡的失稳概率的影响进行了研究，这一小节考虑了上下土层以及 $c'-\varphi'$之间不同的 ν 和 Θ 的影响，综合评价这两个因素对失稳概率的影响。分别从三种工况进行思考：

工况 1：$\nu_{c_1'}=\nu_{\tan\varphi'_1}=0.2$，$\nu_{c_2'}=\nu_{\tan\varphi'_2}=0.5$，$\nu_1/\nu_2=0.4$，$\Theta_{c_1'}=\Theta_{\tan\varphi'_1}=0.5$，$\Theta_{c_2'}=\Theta_{\tan\varphi'_2}=5.0$；

工况 1：$\nu_{c_1'}=\nu_{\tan\varphi'_1}=0.5$，$\nu_{c_2'}=\nu_{\tan\varphi'_2}=1.0$，$\nu_1/\nu_2=0.5$，$\Theta_{c_1'}=\Theta_{\tan\varphi'_1}=0.5$，$\Theta_{c_2'}=\Theta_{\tan\varphi'_2}=5.0$；

工况 1：$\nu_{c_1'}=\nu_{\tan\varphi'_1}=0.25$，$\nu_{c_2'}=\nu_{\tan\varphi'_2}=0.5$，$\Theta_{c_1'}=\Theta_{\tan\varphi'_1}=1.0$，$\Theta_{c_2'}=\Theta_{\tan\varphi'_2}=5.0$。

图中 5－37 给出了上述三种工况下的安全系数 FS 和失稳概率 P_f 的变化曲线。若堤坝层的土体强度 c' 和 φ' 的变异系数和空间相关长度均小于地基层土体特性，其安全系数 FS 较大，除了强度比等于 0.5 的情况下，FS 小于 1.0，对应的失稳概率高达 75%，边坡失稳。除此之外，其余的情况都是稳定的，且当 $FS=1.2$ 之后安全系数的变化非常小。安全系数对应的失稳概率 P_f 的变化趋势相反。工况 2 的上下层的变异系数为 0.5 大于工况 1 的 0.4，计算结果的变化趋势与工况 1 一致，只是在数值大小上发生了略微变化，工况 2 的 FS 小于工况 1，边坡失稳风险较大。工况 3 在变异系数和空间相关长度均发生变化的情况下，其 FS 比工况 1 和工况 2 都小，边坡失稳的可能性最大，P_f 的临界转折点出现在 $P=1.8$ 的节点上。本节综合考虑了强度参数的平均强度比及其空间变异性，这三者均对边坡的安全系数和失稳概率有不同程度的影响，在评价实际工程中的边坡稳定性时需要认真对待这些参数的影响，不可忽略其影响。

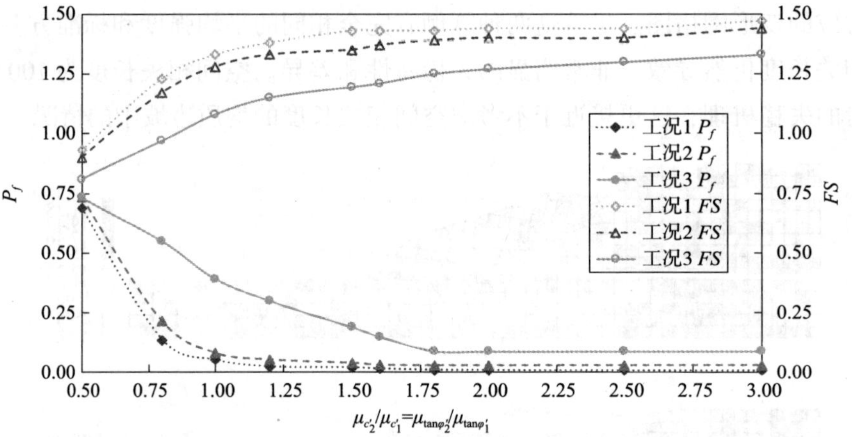

图 5－37 不同 ν 和 Θ 共同作用下失稳概率 P_f 和 FS 与 $\mu_{c'_2}/\mu_{c'_1}=\mu_{\tan\varphi'_2}/\mu_{\tan\varphi'_1}$ 之间的关系曲线

5.4.3 黏聚力和内摩擦角之间的相关性对失稳概率的影响规律

前文的讨论是基于参数 $c'-\varphi'$ 之间无相互关系的假定，本节在上下层强度参数 $c'-\varphi'$ 之间存在相关性的条件下，边坡失稳概率的变化规律。前文知 c' 和 φ' 之间的相互关系通过相关系数 ρ 进行定义。在本节中，相关系数 ρ 值分别取为 －0.1、－0.5、0、0.5、1.0，以及上层与下层分别具有不同的 ρ_1 和 ρ_2。将上下层参数 c' 和 φ' 的变异系数假定为 0.5，仍然采用同样的边坡模型进行研究。图 5－38 给出了失稳概率 P_f 与 $c'-\varphi'$ 之间相关系数 ρ_1 和 ρ_2 的变化的多项式拟合关系曲线。从图中可以看出，无论 c' 和 φ' 之间赋予什么样的相关系数值，整体上，随着边坡空间相关长度的增大而逐渐减小。负相关产生的 P_f 相对较低，正相关的 P_f 值相反。不考虑参数之间的相关性时，其稳定性评价偏于保守。

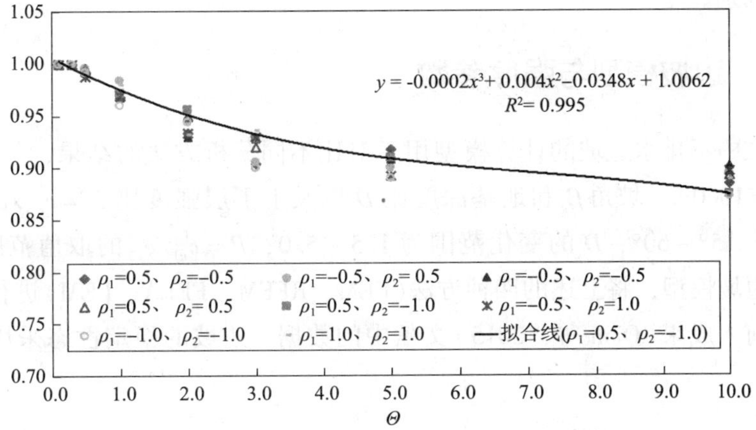

图 5－38 不同 $c'-\varphi'$的条件下 P_f 和 Θ 之间的关系曲线

5.5 不同边坡稳定性分析方法的对比分析

在实际岩土工程中，边坡稳定性分析方法有很多，常用的如极限平衡方法、弹塑性有限元方法、有限元极限分析方法和概率稳定性分析方法等。众所周知，极限平衡方法最早被广泛应用在岩土工程研究和边坡稳定性分析中，他是基于传统条分法的假设，这些假定需要预先定义土条间力的分布以及预测破坏面的形状和位置，由此计算出的失稳机理有其局限性。随后有限元方法在边坡稳定性分析中迅速发展，被广大学者所接受，大体上可以分为强度折减分析方法、极限分析方法和概率分析方法等。基于塑性极限分析理论的有限元极限分析方法(Sloan，1989；Sloan 等，1995；Lyamin 等，2002；Krabbenhoft 等，2005；Tschuchnigg 等，2015；Li 等，2010；Qian 等，2015)为安全系数可以提供上下界，结合了变分原理和混合有限元方法，极限分析隐式地假设了一个关联的流动规则，根据土体强度定义边坡安全系数。本文前面几章针对有限元和随机有限元方法的先进性和优势进行了非常详细的阐述，如有限元方法(Brinkgreve 等，1991；Griffiths 等，1999)并不受边坡材料不均匀分布和几何形状不规则的约束，且不需提前假定滑动面的形状和位置。该方法既能够考虑岩土体本构关系的非线性、开挖和支护结构的作用效应，无需做太多假设，又可以得到边坡的变形、应力分布等情况，分析复杂地质条件下边坡稳定性有较强的适用性(李宁等，2018)。以随机有限元而言，由于实际工程自然环境的变迁，土体强度参数的空间变异性十分显著，且相互之间的土性存在密切相关性。无论是水平方向上的空间变异性，还是随边坡土体深度变化的垂直方向上的空间相关性，以及其相互关系均可以通过边坡有限元分析方法与随机场理论相结合的随机有限元方法解决这些因素带来的难题，合理评价边坡稳定性和可靠度(陈朝晖等，2017)。本节分别使用随机有限元(RFEM)、有限元强度折减方法(FEM-SRM)、有限元极限分析(FELA)及极限平衡方法(LEM)这几种方法对二维双层边坡进行计算分析，将得到的安全系数 *FS* 和临界滑动面相互比较，验证各个方法之间的关联和区别。

5.5.1 边坡模型与强度参数

选取前文中不排水边坡的计算模型用于对比不同分析方法的结果，如图 5-39 所示。给定边高 $H=10.0\text{m}$，坡角 β 和地基深度比 D 以及上下层强度比 $P=c_{c_{u1}}/c_{c_{u2}}$ 是变化的，β 的变化范围为 15°~60°；D 的变化范围为 1.5~5.0；$P=c_{u1}/c_{u2}$ 的取值范围为 0.2~5.0。针对建立的边坡模型，将上述的四种方法(FEM、RFEM、FELA、LEM)进行对比，极限分析结果引用前人成果(Qian 等，2015)文献中的数据。边坡的稳定性态采用无量纲稳定数 N_c 表征。

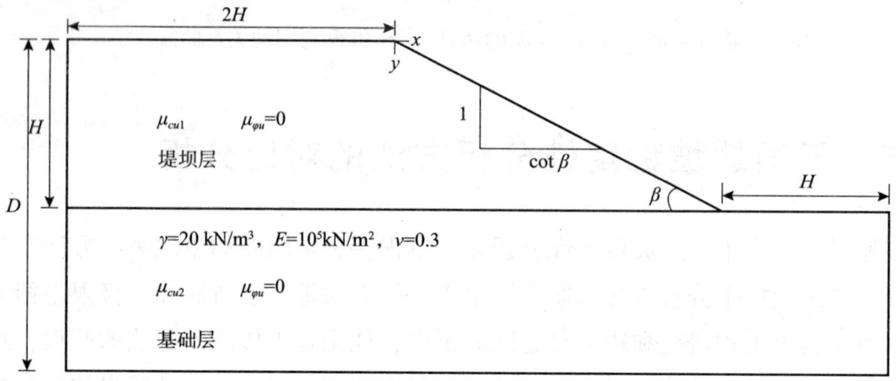

图 5-39　双层边坡的几何模型和土体参数

5.5.2 计算结果的对比与分析

将几种方法计算结果进行对比，表 5-3 给出了边坡稳定数 N_c 的具体计算结果，并在图中 5-40 中以不同的线型进行绘制。

表 5-3　不同方法得到的稳定数 N_c 对比($\beta=30°$)

D	c_{u1}/c_{u2}	N_c(FEM)	N_c(UB)	N_c(LB)	N_c(LEM)	N_c(RFEM)
1.5	0.2	0.130	0.134	0.128	0.114	0.132
	0.4	0.130	0.134	0.128	0.115	0.131
	0.6	0.130	0.134	0.128	0.115	0.132
	0.8	0.140	0.142	0.139	0.139	0.141
	1.0	0.164	0.171	0.159	0.157	0.166
	1.5	0.216	0.220	0.212	0.213	0.217
	2.0	0.255	0.261	0.251	0.252	0.258
	2.5	0.284	0.294	0.282	0.284	0.291

续表

D	c_{u1}/c_{u2}	N_c(FEM)	N_c(UB)	N_c(LB)	N_c(LEM)	N_c(RFEM)
1.5	3.0	0.313	0.322	0.308	0.309	0.316
	3.5	0.333	0.346	0.329	0.330	0.342
	4.0	0.357	0.366	0.348	0.352	0.362
	4.5	0.373	0.384	0.365	0.367	0.379
	5.0	0.391	0.402	0.380	0.376	0.397
2.0	0.2	0.130	0.134	0.127	0.114	0.131
	0.4	0.130	0.134	0.127	0.114	0.131
	0.6	0.130	0.134	0.124	0.116	0.131
	0.8	0.145	0.147	0.144	0.142	0.146
	1.0	0.174	0.168	0.159	0.152	0.176
	1.5	0.238	0.241	0.236	0.234	0.243
	2.0	0.291	0.298	0.289	0.287	0.298
	2.5	0.342	0.346	0.336	0.331	0.338
	3.0	0.379	0.389	0.377	0.371	0.381
	3.5	0.424	0.428	0.414	0.405	0.421
	4.0	0.455	0.463	0.447	0.435	0.462
	4.5	0.490	0.498	0.478	0.461	0.500
	5.0	0.521	0.527	0.507	0.485	0.525
3.0	0.2	0.129	0.134	0.127	0.111	0.120
	0.4	0.129	0.134	0.127	0.111	0.120
	0.6	0.129	0.134	0.127	0.118	0.120
	0.8	0.148	0.150	0.148	0.145	0.140
	1.0	0.181	0.179	0.165	0.162	0.173
	1.5	0.258	0.260	0.256	0.250	0.253
	2.0	0.325	0.330	0.324	0.315	0.329
	2.5	0.391	0.395	0.388	0.374	0.383
	3.0	0.446	0.456	0.447	0.429	0.455
	3.5	0.500	0.513	0.503	0.478	0.520
	4.0	0.556	0.559	0.556	0.523	0.591
	4.5	0.610	0.622	0.608	0.565	0.643
	5.0	0.658	0.674	0.658	0.603	0.705
4.0	0.2	0.128	0.134	0.126	0.114	0.130
	0.129	0.4	0.128	0.134	0.126	0.114
	0.128	0.6	0.128	0.134	0.126	0.114
	0.153	0.8	0.151	0.152	0.151	0.145
	0.189	1.0	0.184	0.192	0.186	0.183
	0.261	1.5	0.266	0.268	0.265	0.256
	0.342	2.0	0.347	0.345	0.341	0.329

续表

D	c_{u1}/c_{u2}	N_c(FEM)	N_c(UB)	N_c(LB)	N_c(LEM)	N_c(RFEM)
4.0	2.5	0.424	0.418	0.413	0.396	0.423
	3.0	0.481	0.487	0.482	0.459	0.495
	3.5	0.556	0.554	0.548	0.517	0.569
	4.0	0.610	0.620	0.612	0.572	0.630
	4.5	0.676	0.684	0.675	0.624	0.701
	5.0	0.735	0.747	0.736	0.672	0.774
5.0	0.2	0.127	0.134	0.126	0.116	0.130
	0.4	0.127	0.134	0.126	0.116	0.129
	0.6	0.127	0.134	0.126	0.121	0.128
	0.8	0.152	0.153	0.152	0.146	0.153
	1.0	0.188	0.198	0.195	0.192	0.189
	1.5	0.275	0.273	0.271	0.261	0.281
	2.0	0.362	0.354	0.351	0.338	0.368
	2.5	0.455	0.431	0.427	0.411	0.455
	3.0	0.532	0.505	0.501	0.479	0.543
	3.5	0.610	0.578	0.572	0.544	0.625
	4.0	0.694	0.648	0.642	0.605	0.694
	4.5	0.758	0.718	0.710	0.663	0.781
	5.0	0.806	0.787	0.778	0.718	0.862

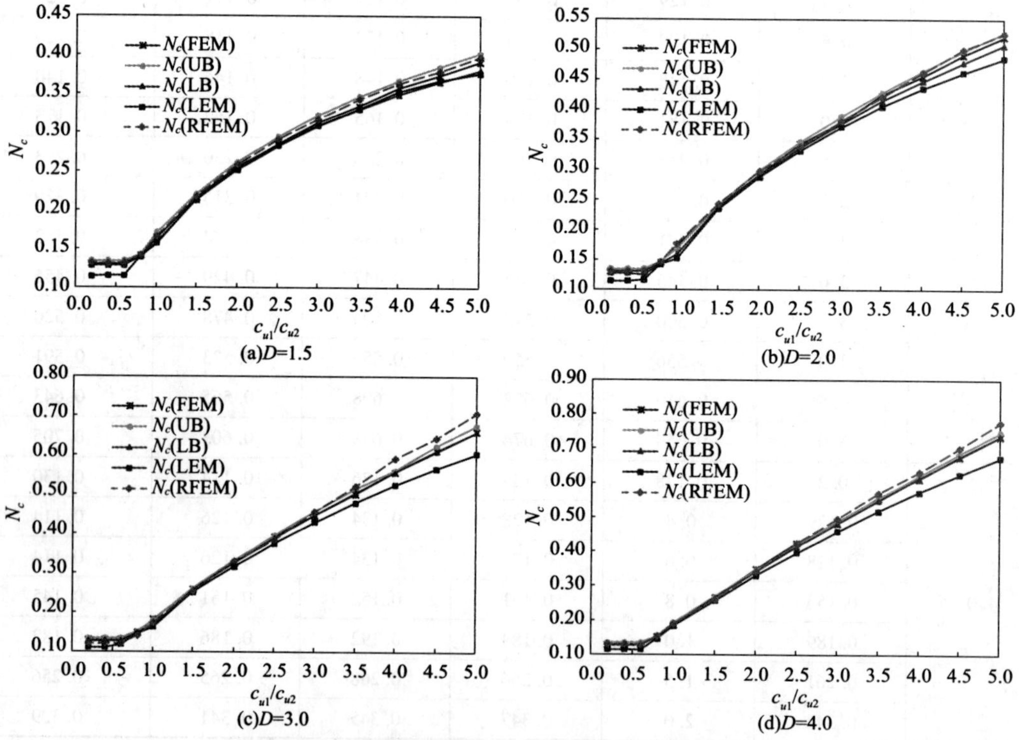

图 5-40　不同方法得到的稳定数 N_c 对比($\beta=30°$)

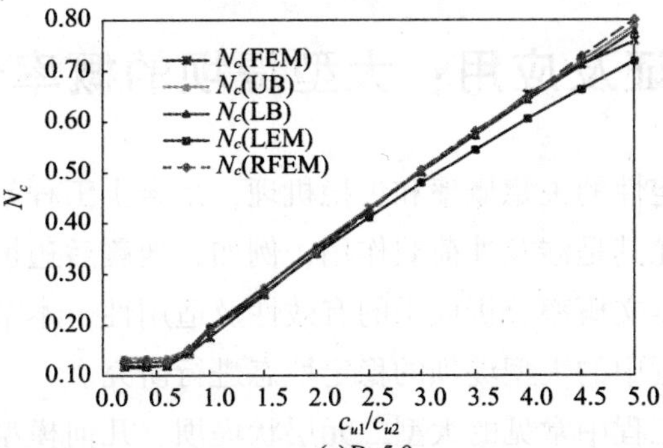

(e)D=5.0

图 5－40　不同方法得到的稳定数 N_c 对比($\beta=30°$)(续)

由表 5－3 和图 5－40 对比的结果表明，这四种方法获得的稳定数变化趋势和数值都比较接近。除了个别情况下，例如 $D=3.0$ 和 $D=4.0$ 条件下的少数点略高于上限解，整体而言，不同方法计算所得的边坡稳定数大小关系为：N_c(UB)$>N_c$(RFEM)$>N_c$(FEM)$>N_c$(LB)$>N_c$(LEM)。

有限元强度折减法的值基本上处于上下限之间，随机有限元的解大于有限元强度折减法，整体上也是介于上限解和下限解之间。极限平衡的解始终是最小的，说明极限平衡方法求得的边坡稳定性有时偏于保守。从不同分析方法的计算结果得知，有限元方法具有较高的收敛性和精度，用于求解岩土工程中广泛的失稳问题是比较可靠和精确的。从图 5－40 中还可以观察到，当边坡的地基深度比 D（$D=1.5$、2.0）较低时，不同方法之间的大小关系规律较强且特征鲜明。随着 D($D=3.0$、4.0)值的增大，当 c_{u1}/c_{u2} 的比值较高时，不同方法计算结果之间的关系比较杂乱，随机有限元的稳定数均高于其他几种方法。本节也针对不同的边坡坡角之间的相互关系进行了对比，由平缓边坡到陡峭边坡，计算结果如图 5－41 所示。稳定数 N_c 受强度比和坡角的影响较大，土体特性和几何形体都是边坡稳定性的敏感影响因素。坡角相同，方法不同，稳定数变化的规律相似，但增大的速率不同。

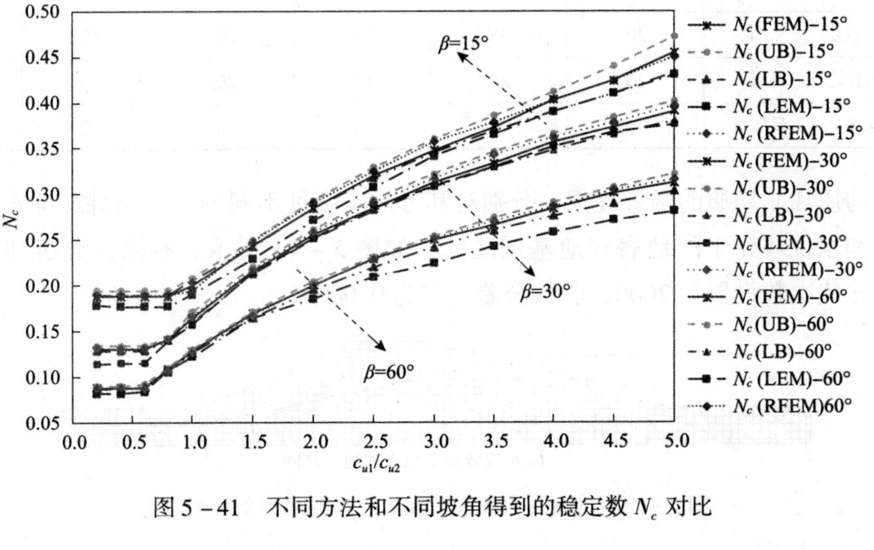

图 5－41　不同方法和不同坡角得到的稳定数 N_c 对比

5.6 工程验证及应用：大型堤坝的概率分析

合理的评价边坡稳定性的失稳概率和失稳机理，是岩土工程领域中进行可靠度计算和风险评估的重要内容，尤其是涉及外荷载作用，例如，地震后边坡土体液化导致的非线性稳定问题等。为了验证本文概率分析成果的有效性及适用性，本节采用稳定性的确定性方法和概率分析对实际工程中的大型堤坝的稳定性态进行研究。

该工程实例是岩土工程中常见的大型二元层状堤坝、几何模型和层状结构分层情况如图 5 - 42 所示。堤坝的几何模型分为两种：坝体和坝基的土体特性相同的均质堤坝，坝体和坝基处分层的双层非均质堤坝。上下游坝坡比约为 1：3。表 5 - 4 中同时给出了均质的和非均匀土层的土体力学特性，弹性模量 $E = 1 \times 10^5$MPa，泊松比 $\upsilon = 0.3$。对于该堤坝本节分别采用了不同的方法进行分析，本文的有限元方法、随机有限元的概率分析及极限平衡法的 SLOPE/W 程序的结果，将三种分析方法的结果进行对比。

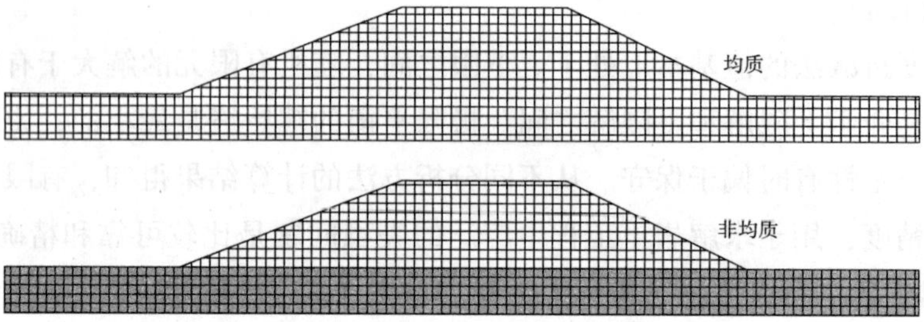

图 5 - 42　大型堤坝的几何模型和两类土体特性

表 5 - 4　不同类型边坡的土体力学参数

边坡类型	堤坝层			地基层		
	γ	c'	φ'	γ	c'	φ'
均质	20	22	20	20	22	20
双层	20	35	20	20	10	15
水位于地表之上(双层)	20	25	18	20	10	15
水位于地表之下(双层)	20	25	18	18	12	15

对于均质和非均质的两种堤坝，分别对其考虑了两种不同的水力条件，即水位线位于地表以上和水位线介于的地表和地基层之间，如图 5 - 43 所示。有限元分析和概率分析中，最大迭代次数设置为 2000，收敛公差假定为 0.00001。

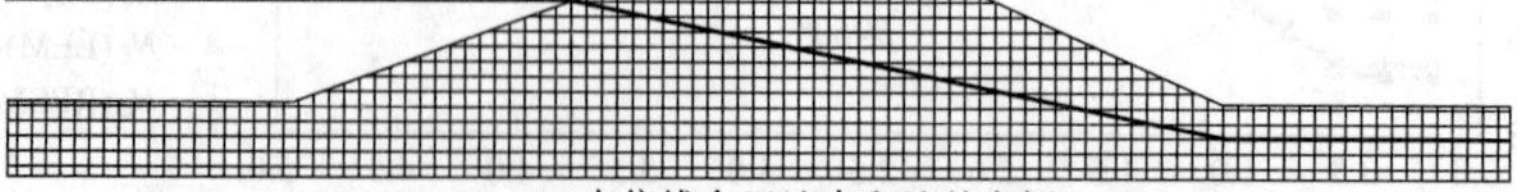

(a)水位线介于地表和地基之间

图 5 - 43　确定性和概率验证过程中的水力条件案例

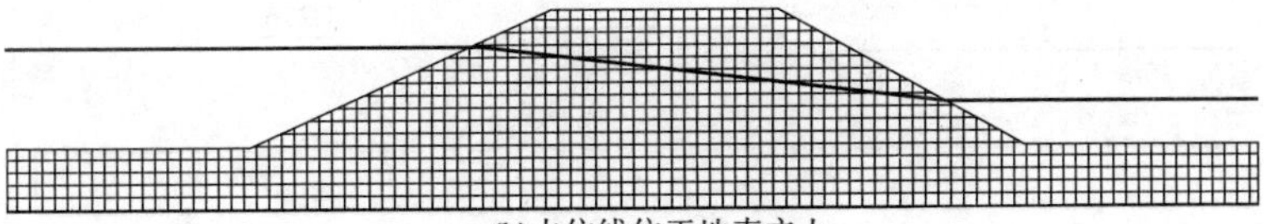

(b)水位线位于地表之上

图 5 - 43　确定性和概率验证过程中的水力条件案例(续)

经不同稳定性分析方法的计算，表 5 - 5 中分别总结了不同类型边坡的确定性和不确定性分析的计算结果，表中随机有限元考虑的土体特性的空间变异性参数($\Theta=2.0$；$\nu=0.5$)。

表 5 - 5　不同分析方法得到的边坡安全系数对比表

边坡类型	LEM	FEM	RFEM(概率)	
	FS	*FS*	Mean *FS*	P_f
均质	1.835	1.86	1.45	0.056
双层	1.524	1.56	1.27	0.104
水位于地表之上(双层)	1.215	1.22	1.09	0.35
水位于地表之下(双层)	1.276	1.273	1.15	0.242

从表 5 - 5 中可以看出，整体而言极限平衡方法计算的安全系数比有限元和随机有限元的结果都略大一些，随机有限元计算的安全系数最小，这与本章 5.5.2 节中五种分析方法计算结果的对应和其变化规律一致。当有地下水作用时，随机有限元方法计算的双层堤坝的安全系数分别降低了 16.5% 和 10.5%。浸润线的位置介于地表与地基层之间，得到的安全系数大于水位线位于地表之上的结果。图 5 - 44 给出了极限平衡和随机有限元方法的失稳机理和滑动面的位置，可以看出其失稳机理是较为吻合的，均为与地基层相切的深层失稳。本工程中随机有限元的空间相关长度 $\Theta=2.0$ 和变异系数 $\nu=0.5$，计算该大坝的最小安全系数 $FS=0.84$，平均安全系数 $FS=1.09$，失稳概率 $P_f=0.35$。随机有限元方法定性和定量地给出了该堤坝的失稳风险，与确定性分析方法相比不单从安全系数评价构筑物的稳定性态，从安全系数和失稳概率双方面把控结构的安全度，更加准确和有效地评价岩土工程的稳定性态。失稳概率是通过研究边坡或堤坝的每一个影响因素的变异特性获得，同时考虑了岩土材料的空间相关性和空间变异性，其分析结果比确定性模型更合理。在岩土工程中更推荐联合安全系数和失稳概率两种指标，再结合有限元程序展示的滑动面形状和失稳路径，综合评价大型岩土工程的稳定性态，揭示其失稳机理，为加固措施提供合理和有效的支护方案。在边坡渐进失稳过程中做到及时及早加固支护，使滑坡灾害可防可控，以减少突发的大型滑坡灾害带来的工程经济损失和人类生命财产的危害。

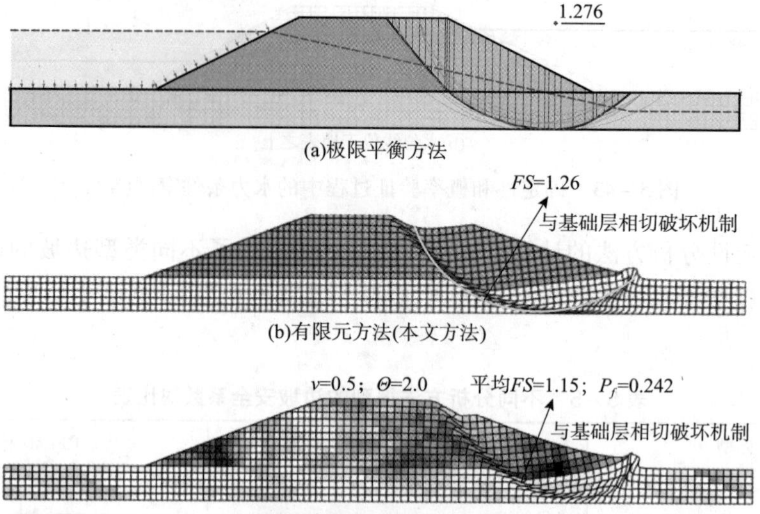

图 5－44　地下水位线在地表之下的双层堤坝的失稳机理和滑动面

5.7　小结

岩土工程中常见的黏土、粉质黏土以及砂土堆积的层状边坡强度参数的变异性是参数不确定性的重要根源。本章以非均质层状土坡为研究目标，采用随机场理论与非线性有限元形成的随机有限元方法(RFEM)分析边坡的失稳概率和失稳机理的变化规律。探讨了随机土体参数的空间相关性和变量的空间变异性对边坡稳定性态的影响，主要结论包括以下几方面。

(1)在层状土质边坡的随机场中，空间相关长度越小(如空间相关长度 $\Theta=0.1$)，形成的临界滑动面的形状越清晰可见；当土体参数均匀性较好时，空间相关长度较大(如 $\Theta=3.0$)，坡体中形成光滑的单一临界滑动面；对于均质边坡而言，空间相关长度是无穷大的，是随机有限元的一个特例，其形成的临界滑动面更加光滑。

(2)在不排水黏土边坡中，不排水强度参数的变异性越大，随机有限元分析会比使用局部平均分布的有限元方法得到更高的失稳概率 P_f。失稳概率随空间相关长度 Θ_{c_u} 和变异系数 ν_{c_u} 的增大，在 $\nu_{c_u}=0.75$ 处出现一交叉点，对应的失稳概率为43%。当 $\nu_{c_u}\leqslant 0.75$ 时，空间相关长度越大，边坡的失稳概率越大；当 $\nu_{c_u}\geqslant 0.75$ 时，空间相关长度较大时，边坡的失稳概率反而较小。说明在边坡的概率分析中，忽略参数的空间变异性而假定他们之间是完全相关性，导致对失稳概率的非保守估计。

(3)稳定数 N_c 与失稳概率 P_f 之间息息相关，当 $N_c\leqslant 0.25$，P_f 随着空间相关长度 Θ_{c_u} 增大而降低，说明 Θ_{c_u} 太小会高估边坡的失稳概率；$N_c>0.25$，P_f 随着 Θ_{c_u} 增大而增大，则 Θ_{c_u} 太小反而会低估边坡的失稳概率。稳定数 $N_c=0.3$ 和 0.4 时，在最差空间相关长度 $\Theta_{c_u}=0.5$ 和 $\Theta_{c_u}=3.0$ 处出现了最大的失稳概率，分别为 $P_f=0.554$ 和 $P_f=0.271$。FS 和 P_f

是此消彼长的相互关系，空间相关长度 $\Theta_w=0.55$ 时对应的 FS 为2.0，从安全系数为2.0的角度而言，边坡是安全的，但仍然存在大于55%的失稳风险。因此，单以安全系数评价边坡稳定性并不完全可靠，应同时结合边坡的失稳概率联合评估边坡的稳定性态。

(4)对于较陡峭边坡($\beta \geqslant 45°$)，失稳概率随着空间相关长度增大先增大，在某个临界空间相关长度出现最大失稳概率，随后减小；对于平缓边坡($\beta < 45°$)，空间相关长度大于0.2，失稳概率随空间相关长度增大而增大，空间相关长度大于1.0，则对失稳概率影响较小。在不同坡角条件下，空间相关长度对边坡失稳概率影响较大，因此，忽略空间相关长度在边坡概率分析中的影响，可能会导致高估边坡的失稳概率。

(5)对于双层不排水边坡的稳定性概率分析，$P=\mu_{c_{u1}}/\mu_{c_{u2}}=1.2$ 是失稳概率和失稳机理的转折点。$\mu_{c_{u1}}/\mu_{c_{u2}}<1.0$ 的上硬下软型双层边坡的失稳概率受变异系数的影响很小，但失稳风险较大；$\mu_{c_{u1}}/\mu_{c_{u2}}>1.0$ 的上软下硬型双层边坡的失稳概率随变异系数增大而增大，参数的空间变异性较大时，边坡发生失稳的风险更大。

(6)将排水边坡中的黏聚力和内摩擦角同时作为随机变量，当变异系数 $\nu=0.5$ 时，空间相关长度对失稳概率的影响规律相反。$\nu \leqslant 0.5$，失稳概率与空间相关长度呈正相关，边坡最大的失稳概率约为33%；$\nu>0.5$，失稳概率与空间相关长度呈负相关关系，当失稳概率高达90%，但其安全系数值为1.5，边坡仍然有较高的失稳风险。由此进一步说明在工程中边坡的稳定性通过安全系数和失稳概率联合评价较为合理。

(7) c' 和 $\tan\varphi'$ 之间的相关系数 ρ 体现了参数之间的相关性在边坡失稳概率和失稳机理中所起的作用。强度参数之间的正相关性越大，边坡的失稳概率越大；$\rho=1.0$ 导致最大的失效概率；$\rho=0$ 是参数不相关，会导致偏于保守的边坡稳定性评价；$\rho=-1.0$ 的参数负相关得到的失稳概率最小，工程实际中应尽可能地考虑参数的负相关性。

(8)对比了五种不同的稳定性分析方法，计算所得的稳定数之间的关系为：N_c(UB) > N_c(RFEM) > N_c(FEM) > N_c(LB) > N_c(LEM)。极限平衡方法的结果最小，有限元方法的稳定数基本上处于上限解和下限解之间，随机有限元的结果大于有限元方法，两种有限元方法均介于上下限解之间。

参考文献

[1] Duncan J M. Factors of safety and reliability in geotechnical engineering[J]. J Geotech Geoenv, 2000, 126(4): 307-316.

[2] Matsuo M, Kuroda K. Probabilistic approach to the design of embankments[J]. Soils Found., 1974, 14(1): 1-17.

[3] Alonso E E Risk analysis of slopes and its application to slopes in Canadian sensitive clays[J]. Geotechnique, 1976, 26: 453-472.

[4] Tang W H, Yuceman M S, Ang A H S. Probability-based short-term design of slopes[J]. Can Geotech J, 1976, 13(3): 201-215.

[5]Vanmarcke E H. Probabilistic Modeling of Soil Profiles[J]. ASCE J Geotech Eng, 1977, 103(GT11): 1227 – 1246.

[6]D'Andrea R A, Sangrey D A. Safety factors for probabilistic slope design[J]. ASCE, J Geotech Eng, 1982, 108(GT9): 1101 – 1118.

[7]Mostyn G R, Li K S. Probabilistic slope stability – State of play[J]. Probabilistic Methods in Geotechnical Engineering, 1993, (10 – 12): 89 – 110.

[8]Whitman R V. Organizing and evaluating uncertainty in geotechnical engineering[J]. ASCE, J Geotech Geoenv Eng, 2000, 126(7): 583 – 593.

[9]Hassan A M, Wolff T F. Effect of deterministic and probabilistic models on slope reliability index[C]. New York: in Slope Stability 2000, Geotechnical Special Publication No. 101, American Society of Civil Engineers, 2000: 194 – 208.

[10]El Ramly H, Morgenstern N R, Cruden D M. Probabilistic slope stability analysis for practice[J]. Can Geotech J, 2002, 39: 665 – 683.

[11]Griffiths D V, Smith I M. Numerical Methods for Engineers[M]. 2nd ed. Boca Raton: Chapman & Hall/CRC Press, 2006.

[12]Griffiths D V, Fenton G A. Probabilistic settlement analysis by stochastic and Random Finite Element Methods[C]. Venezuela: in Proc. XIII Pan – American Conf. on Soil Mechanics and Geotechnical Engineering, Isla de Margarita, 2007: 166 – 176.

[13]Bishop A W, Morgenstern N. Stability coefficients for earth slopes[J]. Géotechnique, 1960, 10(4): 129 – 150.

[14]Mostyn G R, Soo S. The effect of autocorrelation on the probability of failure of slopes[C]. in Proc. 6th Australia, New Zealand Conf. on Geomechanics: Geotechnical Risk, 1992: 542 – 546.

[15]Griffiths D V, Fenton G A. Influence of soil strength spatial variability on the stability of an undrained clay slope by finite elements[C]. New York: in Slope Stability 2000, Geotechnical Special Publication No. 101, American Society of Civil Engineering, 2000: 184 – 193.

[16]Griffiths D V, Fenton G A. Seepage beneath water retaining structures founded on spatially random soil[J]. Geotechnique, 1993, 43(4): 577 – 587.

[17]Griffiths D V, Fenton G A. Observations on two – and three – dimensional seepage through a spatially random soil[C]. France: in Proc. 7th Int. Conf. on Applications of Statistics and Probability in Civil Engineering, Paris, 1995: 65 – 70.

[18]Fenton G A, Griffiths D V. Flow through earth dams with spatially random permeability[C]. In Proc 10th ASCE Engineering Mechanics Conf, Boulder, CO, 1995: 341 – 344.

[19]Paice G M, Griffiths D V, Fenton G A. Finite element modeling of settlements on spatially random soil[J]. ASCE, J Geotech Eng, 1996, 122(9): 777 – 779.

[20]Fenton G A, Paice G M, Griffiths D V. Probabilistic analysis of foundation settlement[C]. Madison: in Proc. ASCE Uncertainty' 96 Conf, 1996: 651 – 665.

[21]Griffiths D V, Fenton G A, Paice G M. Reliability – based exit gradient design of water retaining structures [C]. Madison: in Proc. ASCE Uncertainty' 96 Conference, 1996: 518 – 534.

[22]Griffiths D V, Fenton G A. Probabilistic analysis of exit gradients due to steady seepage[J]. ASCE, J

Geotech Geoenv Eng, 1998, 124(9): 789 -797.

[23] Fenton G A, Griffiths D V. Bearing capacity of spatially random - soils [C]. Tucson: in Proc. 10th Int. Conf. on Computer Methods and Advances in Geomechanics(IACMAG 01), 2001: 1411 -1415.

[24] Fenton G A, Griffiths D V, Cavers W. Resistance factors for settlement design[J]. Can Geotech J, 2005, 42(5): 1422 -1436.

[25] Fenton G A, Zhang X Y, Griffiths D V. Reliability of shallow foundations designed against bearing failure using LRFD[J]. Georisk, 2007, 1(4): 202 -215.

[26] Fenton G A, Griffiths D V. Risk assessment in geotechnical engineering[M]. New York: Wiley, 2008.

[27] Griffiths D V, Fenton G A. Probabilistic set - element analysis by stochastic and Random Finite Element Methods[C]. in Proc. XIII Pan - American Conf. on Soil Mechanics and Geotechnical Engineering, Isla de Margarita, Venezuela, 2007: 166 -176.

[28] Griffiths D V, Fenton G A. Probabilistic slope stability analysis by finite elements[J]. ASCE, J Geotech Geoenv Eng, 2004, 130(5): 507 -518.

[29] Fenton G A, Griffiths D V, Urquhart A. A slope stability model for spatially random soils[C]. in Proc. 9th Int. Conf. Applications of Statistics and Probability in Civil Engineering (ICASP9), A. Kiureghian et al., Eds., Millpress, San Francisco, CA, 2003: 1263 -1269.

[30] Parkin T B, Meisinger J J, Chester S T, et al. Evaluation of statistical methods for lognormally distributed variables[J]. Soil Sci Soc Am J, 1988, 52: 323 -329.

[31] Parkin T B, Robinson J A. Analysis of lognormal data[J]. Adv. Soil Sci. 1992, 20, 193 -235.

[32] Nour A, Slimani A, Laouami N. Foundation settlement statistics via finite element analysis[J]. Comput Geotech, 2002, 29: 641 -672.

[33] Massih D S Y A, Soubra A H, Low B K. Reliability - based analysis and design of strip footings against bearing capacity failure[J]. J Geotech Geoenviron Eng, 2008, 134(7): 917 -928.

[34] Griffiths D V, Huang J, Fenton G A. Influence of spatial variability on slope reliability using 2 - D random fields[J]. Journal Geotechnical Geoenvironmental Engineering, 2009, 135(10): 1367 -1378.

[35] Lee I K, White W, Ingles O G. Geotechnical Engineering[M]. London: Pitman, 1983.

[36] Kulhawy F H, Roth M J S, Grigoriu M D. Some statistical evaluations of geotechnical properties[C]. Mexico City: in Proc. 6th Int. Conf. Appl. Statistical Problems in Civil Engineering(ICASP6), 1991, 705 -712.

[37] Allahverdizadeh Sheykhloo, Pooya. Risk assessment and spatial variability in geotechnical stability problems [D]. Dissertations & Theses - Gradworks, 2015.

[38] Yun Hang Chok. Modelling the effects of soil variability and vegetation on the stability of natural slopes[D]. Dissertations & Theses - Gradworks, 2008.

[39] Duncan J M, Brandon T L, Wright S G. Analysis of the stability of I - Walls with Gaps between the I - Wall and the Levee Fill[J]. J Geotech Geoenviron Eng. 2008, 134(5): 692 -700.

[40] Wolff T H. Analysis and design of embankment dam slopes: A probabilistic approach[D]. Lafayette: Purdue University, 1985.

[41] Yucemen M S, Tang, W H, Ang A H S. A probabilistic study of safety and design of earth slopes[D]. Urbana: University of Illinois, 1973.

[42] Lumb P. Safety factors and the probability distribution of soil strength[J]. Can Geotech J, 1970, 7(3):

225 - 242.

[43] Fenton G A, Griffiths D V. Bearing capacity prediction of spatially random $c-\varphi$ soils[J]. Can Geotech J, 2003, 40(1): 54 - 65.

[44] Cherubini C. Reliability evaluation of shallow foundation bearing capacity on - soils[J]. Can Geotech J, 2000, 37: 264 - 269.

[45] Sloan S W. Upper bound limit analysis using finite elements and linear programming[J]. Int J Numer Analyt Methods Geomech. 1989, 13(3): 263 - 282.

[46] Sloan S W, Kleeman P W. Upper bound limit analysis using discontinuous velocity fields[J]. Comput Methods Appl Mech Engng, 1995, 127(1/4): 293 - 314.

[47] Lyamin A V, Sloan S W. Upper bound limit analysis using linear finite elements and nonlinear programming [J]. Int J Numer Anal Methods Geomech. 2002, 26(2): 181 - 216.

[48] Krabbenhoft K, Lyamin A V, Hjiaj M, et al. A new discontinuous upper bound limit analysis formulation [J]. Int J Numer Methods Engng. 2005, 63(7): 1069 - 1088.

[49] Tschuchnigg F. Schweiger H F, Sloan S W, et al. Comparison of finite - element limit analysis and strength reduction techniques[J]. Geotechnique, 2015, 65(4): 249 - 257.

[50] Li A J, Merifield R S, Lyamin A V. Three - dimensional stability charts for slopes based on limit analysis methods[J]. Canadian Geotechnical Journal, 2010, 47(12): 1316 - 1334.

[51] Qian Z G, Li A J, Merifield R S, et al. Slope stability charts for two - layered purely cohesive soils based on finite element limit analysis methods [J]. International Journal of Geomechanics, 2015, 15 (3): 06014022.

[52] Brinkgreve R B J, Bakker H L. Non - linear finite element analysis of safety factors[C]. Balkema: Proceedings of the international conference on computer methods and advances in geomechanics, 1991, 1117 - 1122.

[53] Griffiths D V, Lane P A. Slope stability analysis by finite elements[J]. Géotechnique, 1999, 49(3): 387 - 403.

[54]李宁，郭双枫，姚显春．再论岩质高边坡稳定性分析方法[J]．岩土力学．2018，39(2)：397 - 406.

[55]陈朝晖，雷坚，黄景华，等．考虑参数空间变异性的边坡稳定可靠性有限元极限分析．岩土工程学报，2017，40(6).

[56] Giorgia Fulcheri deWolfe. Probabilistic and deterministic slope stability analysis by finite element[D]. Department of Civil and Environment Engineering, 2010.

[57] Griffiths D V, Huang J S, Dewolfe G F. Numerical and analytical observations on long and infinite slopes [J]. International Journal for Numerical and Analytical Methods in Geomechanics, 2011, 35: 569 - 585.

第 6 章　动荷载作用下层状边坡的稳定性图解法与破坏机制研究

6.1　引言

边坡在外荷载作用下的稳定性分析在岩土工程领域中是经久不衰的研究热点，至今仍然是工程研究和实践过程中最前沿的研究方向。在地震活跃区，地震是天然和人工边坡失稳的重要诱因之一，也是一种常见的地质灾害，地震效应是边坡稳定性评价的基本设计因素。对于层状边坡而言，地震荷载成为一种尤其重要的影响因素，李宁等通过数值模拟对地震荷载在层状边坡中单元尺寸的大小及界面单元的个数和精度问题进行了研究，预测了单元尺寸与输入波长之间的相互关系。当前拟静力(Pseudo - Static)方法作为地震荷载作用下评价边坡稳定性的方法仍被广泛接受。在该方法中，地震效应简化为水平或者垂直地震系数(K_h 和 K_v)，荷载系数通过重力加速度的百分比表示。由于拟静力(Pseudo - Static)方法的简单方便和可实施性，引起了许多研究者的关注(Newmark，1965；Seed，1976；Cotecchia，1987；Kramer，1996；Hong 等，2005；Baker 等，2006；Ling 等，1977；Loukidis 等，2003)。特别是，Baker 等和 Loukidiset 等分别采用拟静力法对岩质或土质边坡等边坡工程进行了极限平衡分析和极限分析，为土质边坡稳定评价提供了依据。目前，拟静力方法仍然被推荐是一种简单适用的方法用以确定更复杂的动态分析。尽管拟静力方法有一定的局限性(Ghaboussi 等，1973；Prevost 等，1985)，但这种方法是当前实践中被学者最常采用的方法。本章研究了排水与不排水条件下层状非均质边坡在动荷载作用下的稳定性态、失稳机理和临界滑动面的变化规律。

6.2　地震作用下层状不排水边坡的稳定性态与失稳机理研究

6.2.1　数值模型的构建

拟静力方法中的地震效应采用等效静力表示，等效静力是地震系数 K 和潜在滑体重量的乘积。众所周知，拟静力方法是由 Terzaghi 最早提出的，建议在较严重地震中使用的地震峰值加速度为 0. 125，在强烈破坏性地震中采用地震峰值加速度为 0. 25，在灾难性地震中地震峰值加速度为0.5。分析边坡对地震荷载响应最严格的方法是在连续介质力学框架下采用适当的弹塑性本构关系(Drucker，1988；沈珠江，2000；龚晓南，2001；李广信，2006；殷宗泽，2007；郑颖人等，2002，2010；Hashiguchi，2014；姚仰平，2015)，应用数值求解相应的动力边值问题。即使在大型项目中，也通常建议将简单的拟静力分析作为第一阶段的筛选过程，以确定是否需要进行更完整的动态分析。Seed(1979)对比了位移和拟静力分析的结果后发现，对于在地震中没有遭受重大强度损失的土体，当采用拟静力方法来设计承受约为0.1～0.15g的惯性力时，对于大多数地震进程计算得到的位移在可接受范围内。拟静力方法有助于评价土体建造的路堤的稳定性态，并建议采用：对于6.5级地震，地震峰值加速度为0.1；对于8级地震，地震峰值加速度为0.25，要求的安全系数为1.15。

合理的计算模型及边界条件可以使模拟的结果更准确，本章在第3章研究的地基上通过一个具体的均质边坡的数值模型，如图6－1所示，研究地震荷载和地下水作用下，均质排水和不排水边坡的稳定性态、失稳机理、临界滑动面以及判断双滑动面失稳的准则。第一个数值模型为均质边坡，边坡坡高H为10m，边坡的不排水强度$c_u=60$kPa；容重$\gamma=20$kN/m^3；弹性模量E为10^5MPa；泊松比为0.3；坡角β的变化范围为15°～90°，地基深度比D值的变化范围为1.0～4.0。边坡的边界约束条件如前文所述，考虑到边坡的边界范围，模型的坡顶到左侧的距离设定为n_1H，坡脚到右边界的水平距离设置为n_2H。基于前人的研究(Ling等，1997；Zhao等，2016；Michalowski，1998；Ausilio等，2000；Nouri等，2008)，选取水平地震系数分别为：$K_h=0.1$，$K_h=0.2$，$K_h=0.3$，$K_h=0.5$。

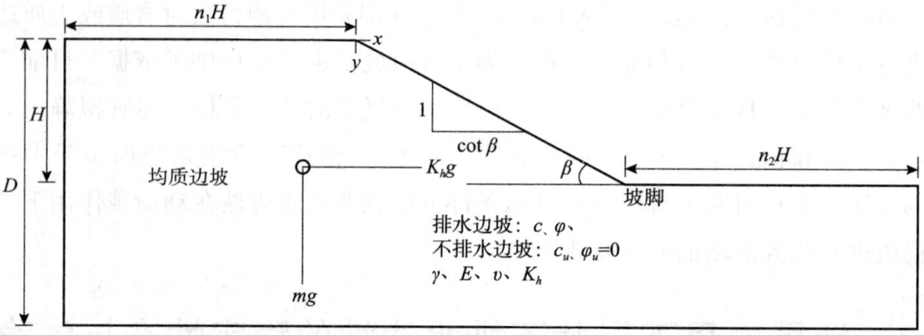

图6－1　地震荷载作用下均质边坡的模型和土体特性

6.2.2　地震作用下均质不排水边坡的稳定性图解法

本节研究地震荷载作用下均质不排水边坡稳定性态、临界失稳机理和滑动面位置的变化规律。地震作用下，土质边坡的稳定性与边坡的几何形态有着密不可分的关系。根据实际工程中调查的从平缓边坡到直立陡峭边坡的坡角范围(15°～90°)以及不同的地基深度比D计算的边坡高度，采用本文优化后的有限元程序研究不同地震荷载条件下不排水边坡的稳定性，计算结果绘制成如图 6 – 2 所示的图解。

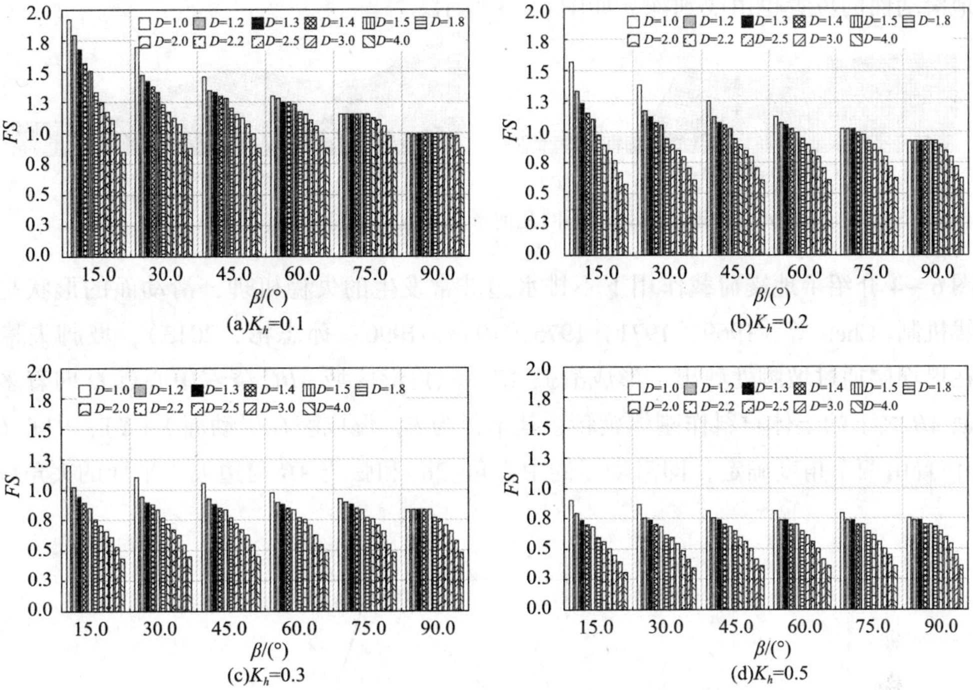

图 6 – 2　地震作用下均质不排水边坡的稳定性图解

从图 6 – 2 中可以看出，地震荷载大大削弱了边坡的稳定性，从 $K_h=0.1$、$\beta=15°$时对应的安全系数为 1.92 降至 $K_h=0.5$、$\beta=15°$对应的 0.9，同等的几何条件下，地震荷载系数增至 0.5 时，边坡的安全系数降低 1.02，平滑的边坡已经发生失稳。观察图 6 – 2(b) 中所有不排水边坡的安全系数均小于 1.0，坡体已经发生失稳破坏。边坡的安全系数随着地基深度的增大而减小，例如，$K_h=0.1$、$\beta=15°$，地基深度比 D 从 1.0 增至 4.0，安全系数从 1.92 降至 0.85，FS 降低 1.07，边坡也已处于失稳破坏的状态，这是因为地基深度越深边坡稳定性受地震荷载的影响越大。地震荷载系数越小，边坡越平缓安全系数随地基深度降低的程度越明显，如 $K_h=0.2$、$\beta=15°$时，不同的地基深度比对应的安全系数降低 0.99；而$\beta=90°$，安全系数仅降低 0.304，这时边坡稳定性的主控因素归因于边坡的总坡高。边坡的安全系数随着坡角的增大而减小，同时随着地基深度比 D 和地震荷载系数 K_h 的增大而减弱，当 $D>2.5$、$K_h\geqslant0.3$ 时，坡角对安全系数的影响较小。随着地震荷载系数的增大，坡角和地基深度比的变化对安全系数的影响均较小，边坡的稳定性的主导影响因素。

图 6 – 2 的图解法中直观地观察到边坡的稳定性随着边坡几何形态的变化规律，本节也探究了在地震荷载作用下不同的几何形态对应的失稳机理和临界滑动面的变化情况。通过本文第二章中 meshWT 子程序中对边坡的图像后处理程序，系统地查看地震荷载下所有不排水边坡的未变形的网格（*.mesh）、已变形网格图（*.dis）及节点位移向量（*.vec）等输出文件，可以发现地基深度比和坡角的变化对边坡失稳机理的影响相反，随着 D 值的

增大和坡角 β 的减小，失稳机理的变化规律表现为：坡脚失稳→与地基相切的深层失稳，相应地滑动面的位置也由浅到深，如图 6－3 所示。

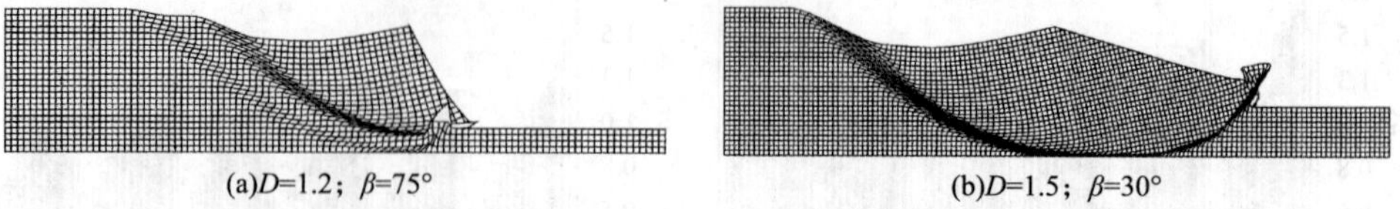

图 6－3　地震作用下不同几何形态对应的失稳机理($K_h=0.2$)

图 6－4 介绍了地震荷载作用下不排水边坡常发生的失稳机理，滑动面的形状是对数螺旋线机制(Chen 等，1969，1971，1975，1983，1990；孙志彬，2013)，坡脚失稳的滑动面在堤坝层通过坡脚处剪出，形成滑弧 AB，三角形区域 ABC 绕着中心点 O 向着多数螺旋滑面 AB 之下的土体材料作刚体旋转，其半径为 R，形成潜在滑动面 $Y_f(X)$，中心 $O(x_0, y_0)$ 的位置由两个角度确定，即滑动弧的中心角(2θ)和弦线 AB 与边坡水平面的夹角(α)。

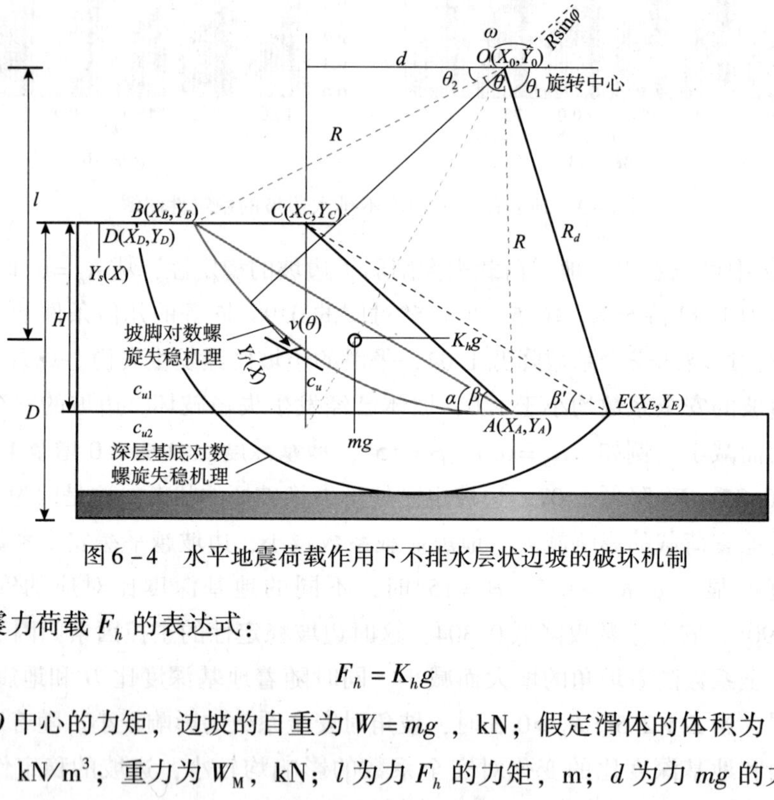

图 6－4　水平地震荷载作用下不排水层状边坡的破坏机制

水平地震力荷载 F_h 的表达式：

$$F_h = K_h g \tag{6－1}$$

式中，取圆 O 中心的力矩，边坡的自重为 $W=mg$，kN；假定滑体的体积为 V，m^3；等效总容重为 γ_M，kN/m^3；重力为 W_M，kN；l 为力 F_h 的力矩，m；d 为力 mg 的力矩，m。

$$(mg)_M d = (mg)d + F_h l \tag{6－2}$$

即：

$$\gamma_M V d = \gamma V d + K_h \gamma V l \tag{6－3}$$

或：

$$\gamma_M = \gamma\left(1 + K_h \frac{l}{d}\right) \tag{6－4}$$

坡顶滑体的长度 BC 为 L，从边坡几何关系中的 L 的表达式：

$$L=\frac{H\sin(\beta-\alpha)}{\sin\beta\sin\theta} \tag{6-5}$$

对于滑弧通过边坡的坡脚的情况，采用几何解析表达式表述图 6－4 中不排水黏聚力和重力：

$$c_u=\frac{2}{F}c_uR\sin\theta \tag{6-6}$$

$$W=wR^2\theta-wR^2\sin\theta\cos\theta+\frac{wH^2}{2}(\cot\alpha-\cot\beta) \tag{6-7}$$

$$\begin{aligned}
R&=\frac{H}{2}\csc\alpha-\csc\theta\\
Wd&=[wR^2\theta]\left[\frac{2R\sin\theta}{3\quad\theta}\sin\alpha\right]-[wR^2\sin\theta\cos\theta]\left[\frac{2R}{3}\cos\theta\sin\alpha\right]\\
&+\left[\frac{wH^2}{2}\cot\alpha\right]\left[\frac{H}{3}\cot\alpha+R\sin(\alpha-\theta)\right]\\
&-\left[\frac{wH^2}{2}\cot\beta\right]\left[\frac{H}{3}\cot\theta+R\sin(\alpha-\theta)\right]
\end{aligned} \tag{6-8}$$

将式(6－8)合并，得到式(6－9)：

$$Wd=\frac{wH^3}{12}(1-2\cot^2\beta+3\cot\beta\cot\alpha-3\cot\beta\cot\theta+3\cot\theta\cot\alpha) \tag{6-9}$$

从图 6－4，得到式(6－10)：

$$\frac{H}{2d}=\frac{\frac{1}{2}\csc^2\alpha(\theta\csc^2\theta-\cot\theta)+\cot\alpha-\cot\beta}{\frac{1}{3}(1-\cot^2\beta)+\cot\beta(\cot\alpha-\cot\theta)+\cot\alpha\cot\theta} \tag{6-10}$$

很多学者采用无量纲的稳定数 $N_c=\gamma HFS/c_u$ 评价不排水边坡的稳定性，其几何关系表达式为：

$$N_c=\frac{\gamma HFS}{c_u}=\frac{4(\cot\alpha+1)}{\csc^2\alpha(\theta\csc^2\theta-\cot\theta)+2\cot\alpha-2\cot\beta} \tag{6-11}$$

如果边坡的 c_u 已知，则对于一个坡角 β 已知的边坡，临界高度 H_{crit} 可表示为($FS=1.0$)：

$$H_{\text{crit}}=\frac{c_uN_c}{\gamma_M} \tag{6-12}$$

在不同的地震荷载系数作用下，地基深度比 $D=1.5$，边坡的安全系数随着坡角变化的趋势曲线如图 6－5 所示。安全系数随着 K_h 的增大明显减小，坡角越平缓，安全系数随地震荷载降低也越明显。最平缓的边坡 $\beta=15°$，K_h 从 0.0 增至 0.5 对应的安全系数降低了 1.1；对于直立陡峭边坡 $\beta=90°$，K_h 从 0.0 增至 0.5 对应的安全系数降低了 0.51。说明陡峭的边坡，其稳定性同时受坡角和外界荷载的影响。地震荷载系数越小，安全系数随着坡角的增大降低的越多，例如，在静荷载和 $K_h=0.1$ 的作用下，$\beta=15°$到 $\beta=90°$，安全系数分别降低了 0.61 和 0.512，而 $K_h=0.5$ 的作用下，$\beta=15°$ 到 $\beta=90°$，安全系数仅仅降低了 0.02，表明地震荷载系数较小时，坡角对边坡稳定性的影响更敏感。不同的地震荷载系数导致不同的失稳机理，较陡峭边坡，如 $\beta=75°$ 的情况下，地震荷载系数 $K_h=0.1$ 对应的失稳机理是从边坡脚趾滑出，形成坡脚失稳，如图 6－6(a)所示，$K_h\geqslant0.2$ 对应的模式均为与边坡基底相切的深层失稳，如图 6－6(a)所示。在自然工况下，$\beta>53°$ 均质不排水边坡的失稳机理均为坡脚失稳，与其他因素无关，但在地震荷载系数 $K_h\geqslant0.2$ 时，发生深层失稳，滑动面位置加深，与静力荷载相比，这是地震荷载作用对失稳机理和临界滑动面最明显的影响。

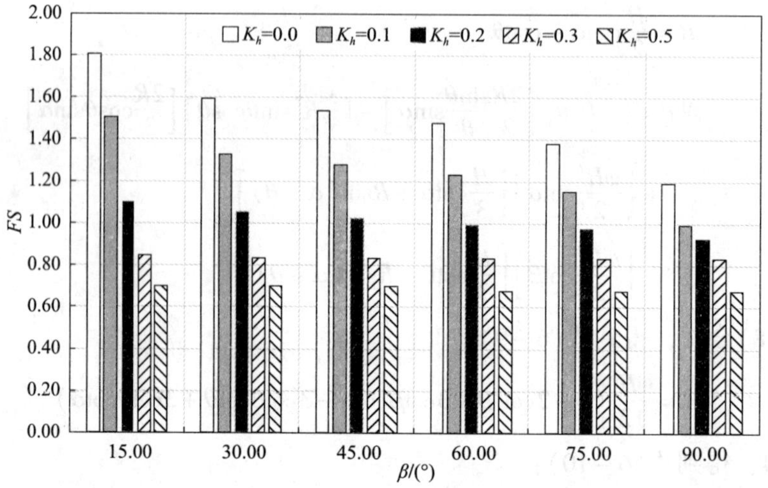

图 6－5　不同地震作用下均质不排水边坡的安全系数随着 β 的变化曲线

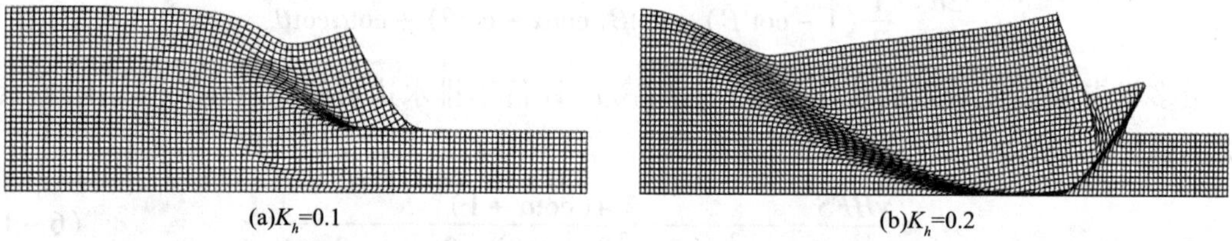

图 6－6　不同的地震作用下对应的陡峭边坡的失稳机理($D=1.5$，$\beta=75°$)

这些多因素共同作用的稳定性图解法有助于均质不排水边坡的初步设计，使工程设计人员无需使用迭代过程即可确定最小安全系数和临界失稳状态。对于实际工程，可以依据数值实验已经获得的大量图解直接查阅或采用插值方法得到边坡的安全系数。

6.2.3　地震作用下双层非均质不排水边坡的稳定性图解法

上一节已经验证了地基深度比 D 对不排水边坡稳定性的影响，本节选取 $D=1.5$，双层非均质的边坡模型如图 6－7 所示，进一步深入探讨地震作用下堤坝层和地基层的不排水黏聚力比(c_{u2}/c_{u1})的变化与其他影响因素作用下边坡的稳定性态和失稳机理的变化规律。本节稳定性态的评价指标选用修正的无量纲的稳定数 N_c：

$$N_c = \frac{\gamma HFS}{c_{u1}} \tag{6-13}$$

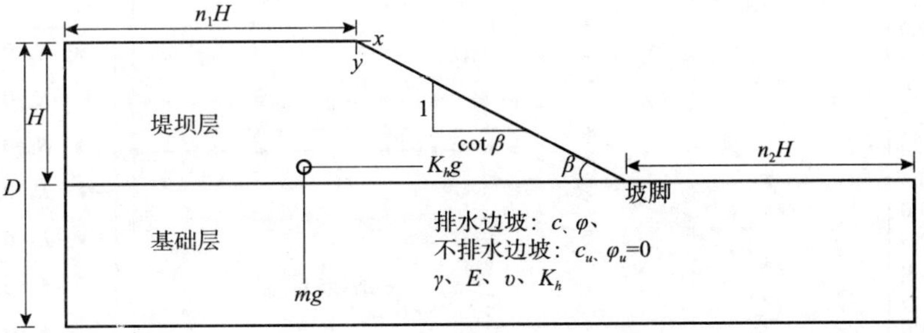

图 6-7　地震荷载作用下层状边坡的模型和土体特性

应用本文的有限元程序，对地震荷载下的边坡模型进行运算和数值分析，将计算结果通过直观的图解法进行表达。图 6-8 为 $K_h=0.2$ 和不同坡角 β 条件下计算的稳定数 N_c 与上下层土体强度比值的关系曲线。

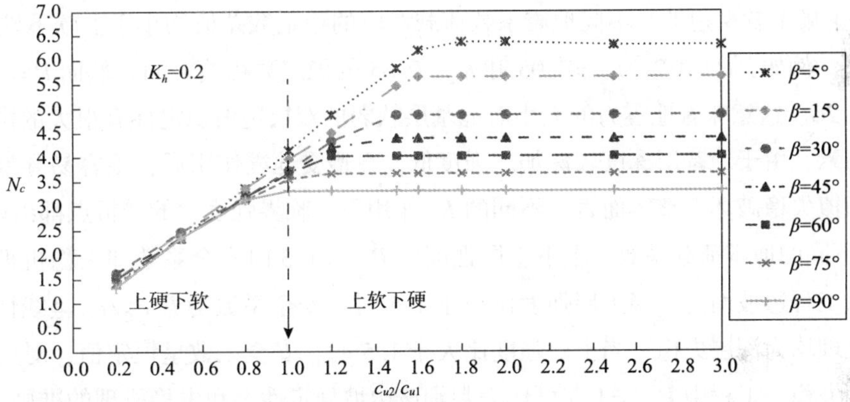

图 6-8　不同坡角 β 条件下稳定数和不同强度比 c_{u2}/c_{u1} 的图解($K_h=0.2$)

对比图 6-8 和第 3 章中无地震荷载情况下的安全系数发现，稳定性随着强度比变化的规律相同，但当 $K_h=0.2$ 时，在强度参数相同的情况下，边坡的安全系数大幅度减小。查看第 3 章中 $\beta=15°$；$c_{u1}/c_{u2}=1.2$ 计算的安全系数为 1.48；查阅图 6-8 中得对应条件的安全系数 $FS=0.75$，边坡已失稳破坏。在地震荷载系数为 0.2 的情况下，双层不排水边坡的稳定性降低了 0.73，将近 50%。由此看来，地震荷载是边坡失稳破坏中非常重要的诱导因素。从图 6-8 中观察到，不同的 β 值对应了不同的稳定性转折点，即第 3 章中定义的临界强度比 $P_{\mathrm{crit}}=(c_{u2}/c_{u1})_{\mathrm{crit}}$。同样地，针对 $\beta=30°$ 的平缓边坡，对比静力和地震两种工况发现，其临界强度比值都是 $P_{\mathrm{crit}}=1.6$，稳定数在该点处发生转折。由平缓坡角变为陡峭边坡再到直立边坡，临界转折点 P_{crit} 从 1.8 到 1.0 逐渐变小。以 $c_{u1}/c_{u2}=1.0$ 为分界线，上硬下软的双层不排水边坡受坡角的影响较小，但上软下硬的边坡随着坡角的增大而减小。随着强度比逐渐增大的过程中，临界滑动面的位置也由深变浅。进而本节研究了不同地震荷载系数对双层不排水边坡的影响，计算结果绘制在图 6－9 中，使得 $\beta=30°$，K_h 的值分别取 0.05、0.1、0.2、0.25、0.3、0.5，0.65。

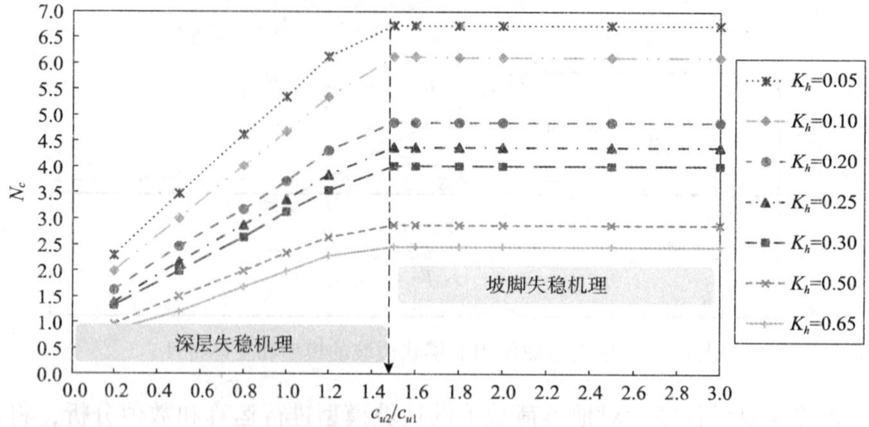

图 6－9　不同 K_h 条件下稳定数和不同强度比 c_{u2}/c_{u1} 的图解（$\beta=30°$）

由图 6－9 中可知，随着输入地震荷载系数的增加，边坡的稳定数呈明显降低趋势。$c_{u2}/c_{u1}<1.0$ 是上硬下软型边坡，不同地震系数荷载对应的稳定数差值均小于上软下硬型（$c_{u1}/c_{u2}>1.0$）情况。例如，$P=0.2$、$K_h=0.05$ 和 $K_h=0.65$ 的稳定数相差 1.44；然而 $P=1.5$ 时，稳定数相差 4.26。这意味着地震力的大小对地基层软弱的双层边坡稳定性有很大的影响，是其敏感影响因素，由于地基层深度较深加之强度低，在遭受地震作用后，很容易导致整个边坡发生深层倾覆失稳破坏。整体而言，不同的 K_h 作用下，临界强度比的转折点都出现在 $P_{crit}=1.5$，表明不同的地震荷载系数，上下土层强度比 $P_{crit}=1.5$ 时安全系数和失稳机理均发生改变。对于该工程边坡而言，当土层强度比小于 1.5 时，安全系数随着 c_{u2}/c_{u1} 呈线性增加，对应的失稳机理均为深层失稳；当土层强度比大于 1.5 时，安全系数呈恒定值，对应的失稳机理均为坡脚失稳。工程中 $P_{crit}=1.5$ 可作为判别该边坡稳定性态和失稳机理的准则。$c_{u1}/c_{u2}<1.5$ 边坡的失稳机理如图 6－10(a) 中的深层失稳，图 6－10(b) 中的双滑动面对应的是临界转折点的失稳机理，$c_{u1}/c_{u2}>1.5$ 的边坡均为浅层坡脚失稳，如图 6－10(c) 所示。

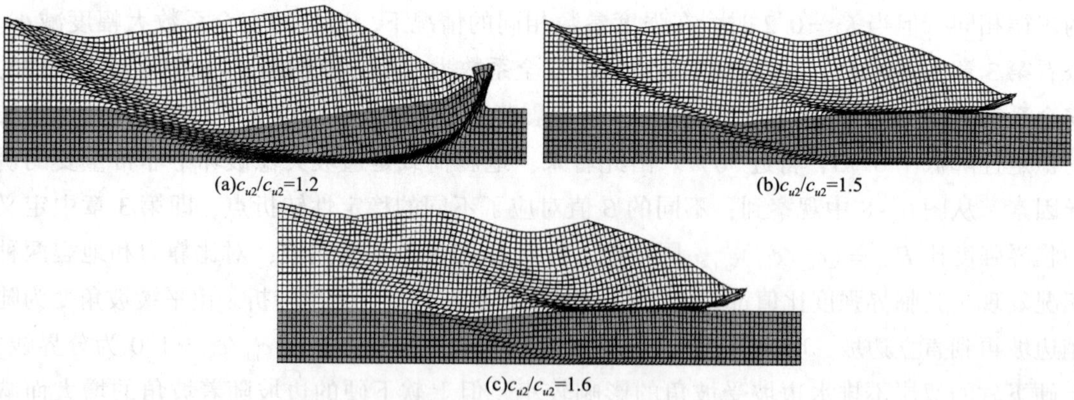

图 6－10　不同的 c_{u2}/c_{u1} 对应的排水边坡的失稳机理（$K_h=0.2$ 和 $\beta=30°$）

图 6－11(a～b)分别代表了上硬下软和上软下硬两种类型边坡在地震荷载作用下稳定性变化情况。

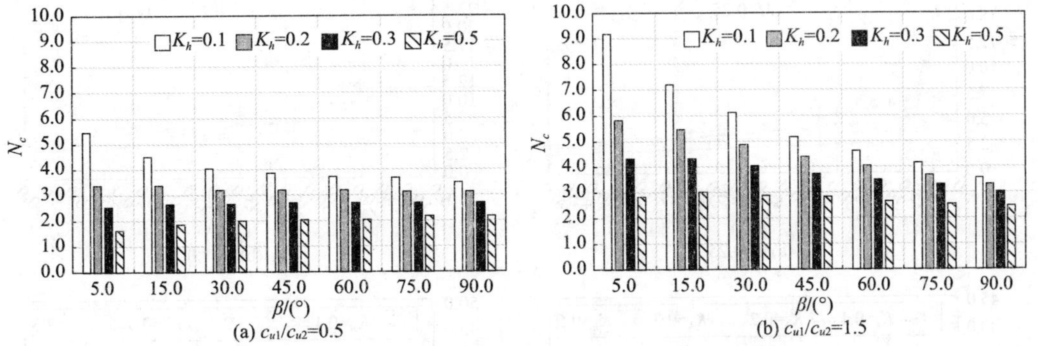

图 6－11 不同地震作用下两种类型不排水边坡的稳定性图解

图 6－11 中展示出两种类型边坡的稳定数随着不同的坡角和地震荷载系数的变化规律基本相同，但从稳定数值的大小观察上硬下软边坡稳定性为上软下硬边坡稳定性的 50%～15%。$c_{u1}/c_{u2}=0.5$、$K_h=0.1$ 时，最大的稳定数 $N_c=5.46$；$K_h=0.5$ 时，最大的稳定数 $N_c=1.62$。对于 $c_{u1}/c_{u2}=1.5$、$K_h=0.1$ 时，最大的稳定数高达 $N_c=9.18$；$K_h=0.5$ 时，最大的稳定数 $N_c=2.46$。可见，工程中软土地基的边坡或堤坝的稳定性需要予以特别关注，尤其是在外荷载作用的情况下，可提前对软土地基进行加固以预防外荷载的破坏。K_h 比较小时这两种情况的 N_c 均随着 β 的增大而逐渐减小，此时边坡稳定性因素除了地震荷载，还有边坡自身的几何形态也是稳定性的关键影响因素。但当 $K_h=0.5$，反而在 $\beta=5°$的稳定数相对较小，并且较大震地荷载系数受 β 的影响较小。这是因为地震荷载较大导致边坡临界或者已经处于失稳状态，因此，坡角 β 的影响已经显得微不足道。

6.2.4 不排水强度随深度线性增加的边坡稳定性图解法

Prater(1979)基于对数螺旋滑动面估计了地震对土质边坡稳定性的影响。如第 3 章所述，不排水强度的变化公式定义为 $c_u(z)=c_{u0}+\lambda z$；无量纲强度梯度参数 $M=\dfrac{c_{u0}}{\lambda H}$，安全系数 FS 与稳定数 N 的比例关系表述为 $N=FS\dfrac{\gamma}{\lambda}$。本节计算了地震荷载作用下在地表强度有限且随深度线性变化的纯黏性土边坡的稳定性图解，同样采用本文的有限元程序运行和计算，计算结果绘制在图 6－12 中。

结果表明，在地震作用下，对一个给定的强度梯度参数 M 值，通过最小安全系数计算得到的临界稳定数 N 随着坡角 β 的增大逐渐减小，边坡越陡峭，边坡稳定性降低的程度降低，边坡越平缓，地震荷载作用下，边坡稳定性降低的程度越明显。$\beta>60°$的减小速率逐渐变小，趋于近似恒定。不同的强度梯度参数得到的稳定数 N 差别也较大，从纵坐标数值可以看出，稳定数 N 与 M 呈正相关，强度梯度参数越大，边坡的稳定性增强。$M=0.25$

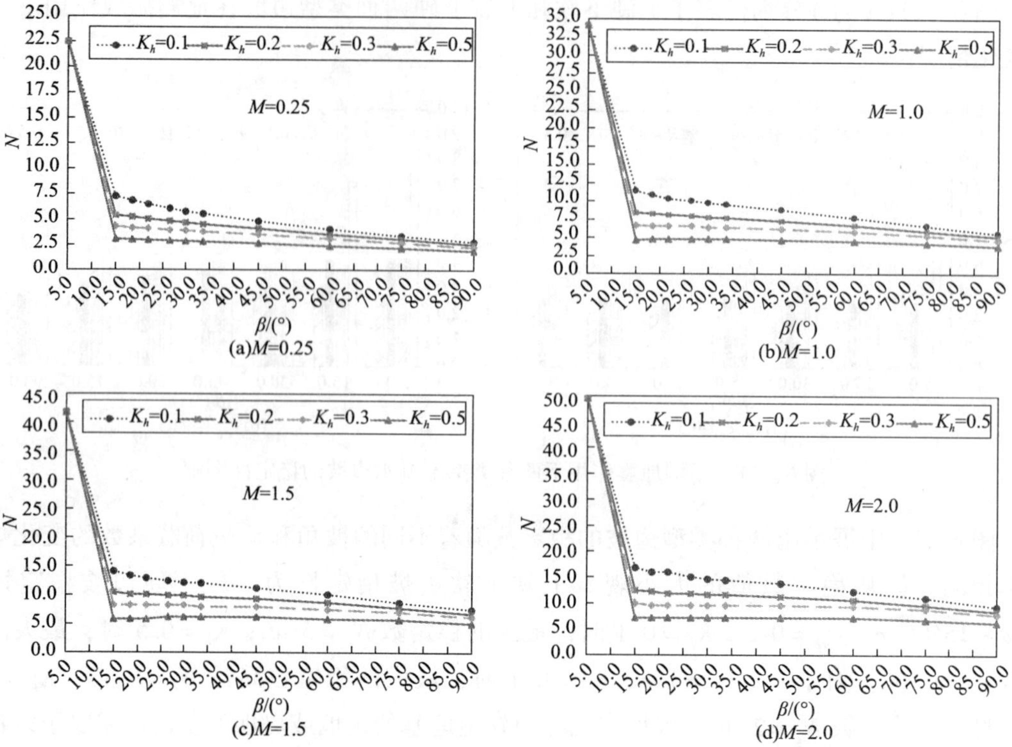

图 6－12　不同地震作用下稳定数 N 与 β 之间的关系曲线

时的最大稳定数 $N=22.5$；$M=2.0$ 时最大的稳定数增至 $N=50.0$，边坡的稳定数增加了 2 倍之多。图 6－13 展示了 $K_h=0.1$ 的条件下，不同的强度梯度参数对应的边坡失稳机理，随着 M 值由 0.25 增至 2.0，滑动面的深度逐渐增加，失稳机理也从双滑面失稳机理转变为与基底相切的深层失稳。强度随深度线性增加增长率越大时，边坡的临界滑动面的位置越深。

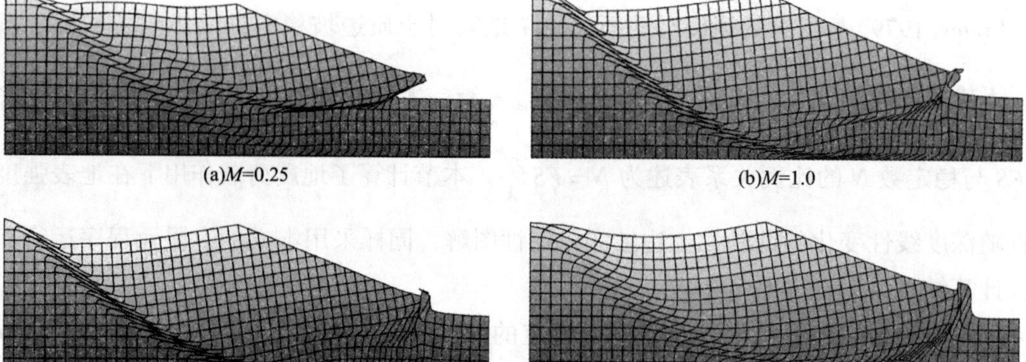

图 6－13　不同的 M 值作用下 c_u 随深度变化的不排水边坡失稳机理（$K_h=0.1$；$\beta=30°$）

6.3　地震作用下层状排水边坡的稳定性态与失稳机理研究

如前所述，边坡稳定性图解提供了一个快速可靠的求解边坡的安全系数 FS 的方法，可以用于初步分析和反分析边坡的稳定性态和临界滑动面的位置等问题。本节研究地震荷载作用下和排水条件下双层非均质边坡的稳定性态和失稳机理的变化规律，在第 4 章中已经详尽介绍了排水边坡稳定性图解的代表参数，如 $FS/\tan\varphi$ 和 $c/\gamma H\tan\varphi$ 等，在此不再赘述。

6.3.1　地震作用下层状非均质边坡的失稳机理

基于前文对不排水边坡失稳机理的研究，本节首先分析了排水条件下层状边坡的失稳机理。地震荷载条件下，层状非均质排水边坡的三种对数螺旋的失稳机制如图 6－14 所示。本节中详细地推导了排水条件下层状边坡的浅层坡脚失稳和与基底相切的深层失稳机理。同样地，在排水边坡的坡脚失稳中，ABC 区域为滑坡体，滑弧 AB 为边坡的浅层坡脚失稳，AD 为深层坡脚失稳；EF 为与地基层相切的深层失稳。三种失稳机理的潜在滑动面为 $Y_f(X)$，中心 $O(x_0,\ y_0)$ 的位置由两个角度确定，即滑动弧的中心角(θ)和弦线 AB 或 EF 与边坡水平面的夹角(α 或 α')。

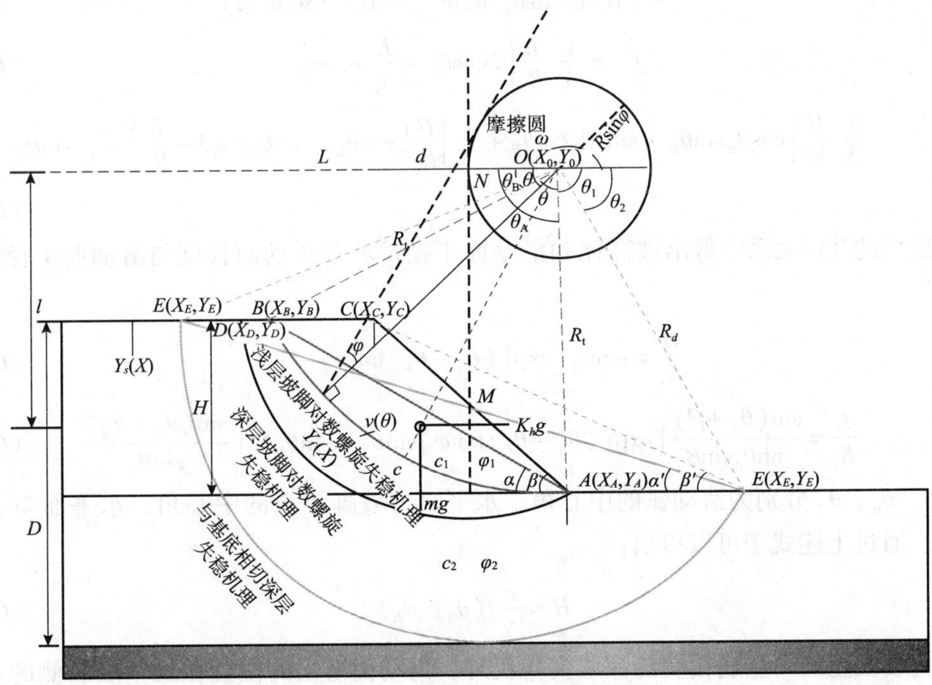

图 6－14　水平地震荷载作用下层状边坡的三种破坏机制

与不排水边坡相似的是在地震荷载作用下，等效总的容重 γ_M 为：

$$\gamma_M=\gamma\left(1+K_h\frac{1}{d}\right) \tag{6－14}$$

对数螺旋破坏面的半径 R 为：

$$R = R_t \exp[(\theta - \theta_B)\tan\varphi] \tag{6-15}$$

对于浅层坡脚滑动面滑弧范围内，边坡下滑总块体区域 $OABO$ 为 f_1，坡面之外的三块区域 $OBCO$、$OCAO$ 分别为 f_2、f_3，水平地震荷载表示为(f_1、f_2、f_3)，除去坡体之外的区域，土体自重的下滑力以及水平地震荷载的惯性力 K_h 围绕 O 点的旋转中心的总速率：

$$\Omega = \gamma\omega R_t^3(f_1 - f_2 - f_3) + \gamma_M\omega R_t^3 K_h(f'_1 - f'_2 - f'_3) \tag{6-16}$$

其中：

$$f_1 = \frac{1}{3(1+9\tan^2\varphi)}\{[3\tan\varphi\cos\theta_A + \sin\theta_A]\}\exp[3(\theta_A - \theta_B)\tan\varphi] \tag{6-17}$$
$$-(3\tan\varphi\cos\theta_B + \sin\theta_B)$$

$$f_2 = \frac{1}{6}\frac{L}{R_t}\left(2\cos\theta_B - \frac{L}{R_t}\right)\sin\theta_B \tag{6-18}$$

$$f_3 = \frac{1}{6}\exp[(\theta_A - \theta_B)\tan\varphi]\left[\sin(\theta_A - \theta_B) - \frac{L}{R_t}\sin\theta_A\right]\left\{\cos\theta_A - \frac{L}{R_t} + \cos\theta_A\exp[(\theta_A - \theta_B)\tan\varphi]\right\} \tag{6-19}$$

水平地震惯性力 K_hW 可以表示为：

$$f'_1 = [(3\tan\varphi\cos\theta_A - \cos\theta_A)]\exp[3(\theta_A - \theta_B)\tan\varphi] \tag{6-20}$$
$$-(3\tan\varphi\cos\theta_B + \sin\theta_B)/3(1+9\tan^2\varphi)$$

$$f'_2 = \frac{1}{3}\frac{L}{R_t}\left(2\cos\theta_B - \frac{L}{R_t}\right)\sin\theta_B \tag{6-21}$$

$$f'_3 = \frac{1}{3}\frac{H}{R_t}\left[\cos\theta_B\sin\theta_B + \sin^2\theta_B\cot\theta_B + \frac{1}{2}\right]\frac{H}{R_t}\left(\cos\theta_B + \sin\theta_B\cot\beta - \frac{L}{R_t}\right) - \frac{L}{R_t}\sin\theta_B \tag{6-22}$$

从边坡的几何关系中得出坡高比和滑动面半径及坡顶滑动面长度与滑动面半径的关系式为：

$$\frac{H}{R_t} = \sin\theta_A\{\exp[(\theta_A - \theta_B)\tan\varphi] - 1\} \tag{6-23}$$

$$\frac{L}{R_t} = \frac{\sin(\theta_A + \beta)}{\sin\theta_A\sin\beta}\{\exp[(\theta_A - \theta_B)\tan\varphi]\sin\theta_A - \sin\theta_B\} + \frac{\sin(\theta_A - \theta_B)}{\sin\theta_A} \tag{6-24}$$

式中：θ、θ_A、θ_B 分别为滑动弧的中心角、水平面与坡脚 A 点的中心角、水平面与 B 点的中心角。通过上述式子可以得出：

$$H = \frac{c}{\gamma}f(\theta_A, \theta_B) \tag{6-25}$$

若边坡发生的与基底相切的深层失稳机理，滑动面滑出的位置在地基层右侧的水平面 E 点处，滑动面半径为 R_d，边坡下滑总块体区域 $OFEO$ 为 f_1，坡面之外的 3 块区域 $OFCO$、$OCEO$、$CAEC$ 分别为 f_2、f_3、f_4，除去坡体之外的区域，滑体围绕 O 点的旋转中心的总速率表述为：

$$\Omega = \gamma_M\omega R_d^3(f_1 - f_2 - f_3 - f_4) \tag{6-26}$$

其中：

$$f_4=\left(\frac{H}{R_d}\right)^2\frac{\sin(\beta-\beta')}{2\sin\beta\sin\beta'}\left[\cos\theta_F-\frac{L}{R_d}-\frac{1}{3}\left(\frac{H}{R_d}\right)(\cot\beta'+\cot\beta)\right]\tag{6-27}$$

水平地震惯性力 K_hW 可以表示为：

$$f'_4=\frac{1}{3}\frac{H}{R_d}\left\{\begin{aligned}&\exp[2(\theta_E-\theta_F)\tan\varphi](\cos\theta_E\sin\theta_E+\sin^2\theta_E\cot\beta)\\&-\left(\frac{H}{2}\right)\cos\theta_E+\frac{H}{2}\cos\theta_E\cot\beta-\frac{H_1}{R_d}\sin\theta_E\end{aligned}\right\}\exp(\theta_E-\theta_F)\tan\varphi-\frac{1}{2}\left(\frac{H}{R_d}-\frac{H_1}{R_d}\right)\tag{6-28}$$

与地基相切的深层失稳可以得出：

$$H=\frac{c}{\gamma}f(\theta_E,\ \theta_F,\ \beta')\tag{6-29}$$

依据稳定数 N、强度参数（黏聚力 c 和内摩擦角 φ）与安全系数 FS 的关系式，可以得出：

$$FS=\frac{c\quad\exp\{[2(\theta_E-\theta_F)\tan\varphi]-1\}-2\tan\varphi}{\gamma_M H2\tan\varphi[f_1(\varphi)-f_2(\varphi)-f_3(\varphi)-f_4(\varphi)]+K_h[f'_1(\varphi)-f'_2(\varphi)-f'_3(\varphi)-f'_4(\varphi)]}\left(\frac{H}{R_d}\right)\tag{6-30}$$

6.3.2　地震作用下均质排水边坡的稳定性图解法

地震荷载作用和排水条件下，均质边坡的模型如图 6－1 所示。均质排水坡高 $H=10.0\text{m}$；$\gamma=17.0\text{kN/m}^3$；坡角 β 从 15°变化到 90°；地基深度比 D 从无地基层的 $D=1.0$ 增至 3.0。地震荷载系数 K_h 采用 0.1、0.2、0.3、0.5、0.7，其涵盖了实际工程设计中使用的大多数范围。首先研究了边坡几何关系对稳定数 N_c 的影响，经过有限元计算，结果如图 6－15 所示。

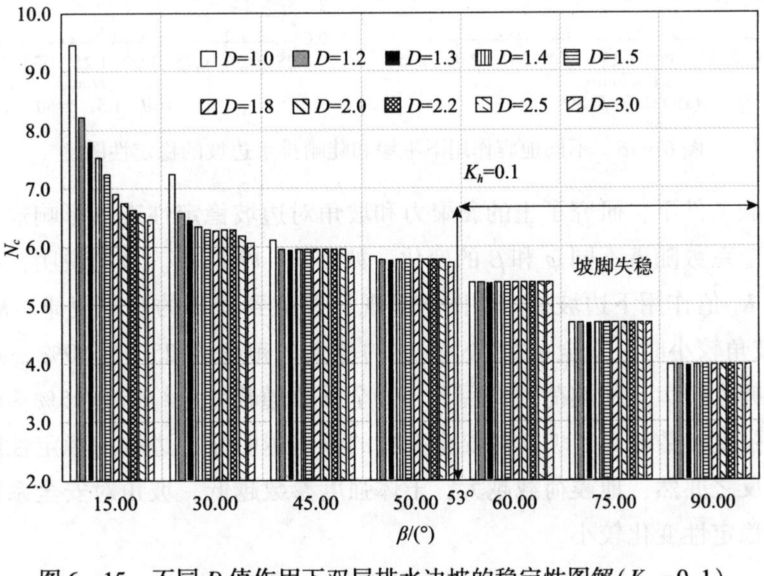

图 6－15　不同 D 值作用下双层排水边坡的稳定性图解（$K_h=0.1$）

图6-15为$K_h=0.1$和$c=30\text{kPa}$，$\varphi=5°$时排水边坡的稳定数随着几何形态的变化规律。β和D增大，边坡稳定性降低，陡峭高边坡稳定性非常差，在地震荷载比较小时，就可能发生失稳破坏。从图中可以看出，地震荷载系数为0.1时，平缓边坡的稳定性随着地基深度的增加变化较明显，稳定数约降低20%。在图6-15中也标识出在$\beta=53°$时地基深度的增加对边坡的稳定性没有影响，且大于53°的稍陡峭均质边坡在地震荷载作用下的失稳机理与静力条件下的变化规律相似，即所有大于拐点53°以后的陡峭边坡均发生坡脚失稳。

刚性层($D=1.5$)被用来限制均质排水边坡对数螺旋旋转破坏机制的深度。平缓和陡峭边坡在地震荷载作用下的稳定性图解如图6-16所示。从图中通过读取计算的无量纲的强度比值和外荷载条件，便可以求解到安全系数FS。水平地震荷载系数K_h对不同坡角和土体强度稳定性的影响规律相似，随着K_h的增加边坡的稳定性降低了15%～70%。随着强度参数比$c/\gamma H\tan\varphi$的增大，在地震荷载下平缓和陡峭边坡的稳定数$FS/\tan\varphi$逐渐增大；当地震作用力比较小时，边坡稳定性随着强度比增大的速率较大，这是因为此时边坡稳定性的影响因素是外荷载和土体的强度参数以及几何形态三者共同作用，当地震荷载力比较大时，地震作用成为边坡稳定性的主导影响因素。因此，边坡稳定性随着强度比增大的速率较平缓。从图6-16中也可看出，强度参数比值较小，如$c/\gamma H\tan\varphi=0.25$时，地震荷载对边坡稳定性的影响程度比较小，并且边坡越陡峭，不同的地震荷载对软土边坡的影响差别越小，此时边坡估计已经发生失稳破坏，加之地震作用发生液化现象。

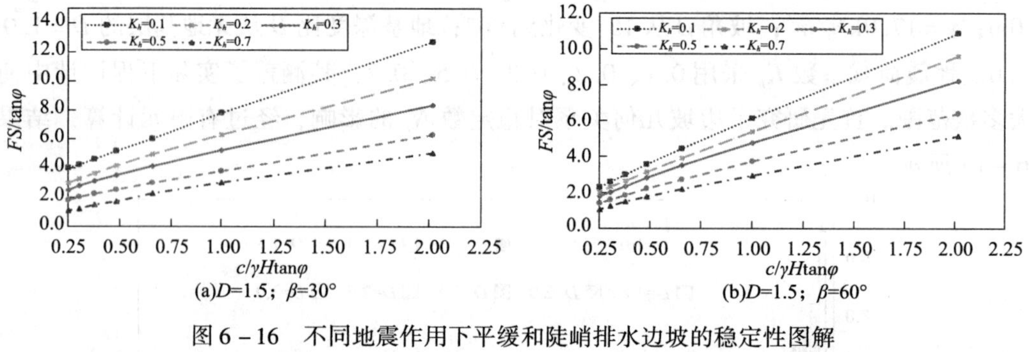

图6-16　不同地震作用下平缓和陡峭排水边坡的稳定性图解

在地震荷载条件下，研究了土的黏聚力和坡角对边坡稳定性态的影响规律，通过有限元计算得出安全系数随着不同φ和β的变化，如图6-17所示。该图说明，在地震荷载条件下，不同的K_h值作用下边坡稳定性图解呈现从发散到紧凑的变化规律。K_h值从0.1到0.5，当边坡坡角较小时，安全系数FS随φ的增大的范围为25%～60%，地震荷载系数较小时增加的幅度较大。地震荷载作用下，安全系数随着坡角约降低15%～65%，地震荷载越小，土体强度参数越高，坡角对安全系数的影响越明显，边坡的稳定性随着坡角变陡过程最明显；反之亦然，地震荷载越大，土体强度参数越低，坡角对安全系数的影响越不敏感，边坡的稳定性变化较小。

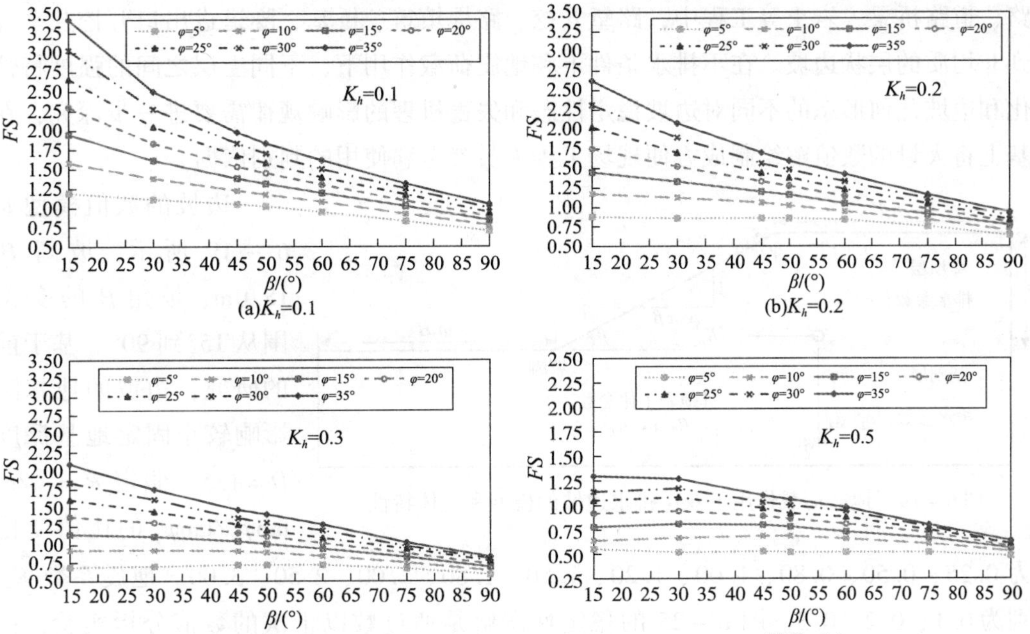

(a)K_h=0.1　(b)K_h=0.2　(c)K_h=0.3　(d)K_h=0.5

图 6－17　地震荷载作用下均质排水边坡安全系数 *FS* 的变化规律

这些不同的参数(φ，β，K_h)共同作用下，对排水边坡失稳机理和临界滑动面位置的影响也是边坡稳定性的一个重要表现。通过查看本文有限元计算生成的后处理文件可知，地震荷载对临界滑动面位置的影响表现为 K_h 越大，滑弧深度越深，如图 6－18 所示，同时造成边坡失稳时的滑体体积量越庞大，带来的滑坡灾害也更加严重。随着 K_h 的增大，失稳机理是由坡脚失稳→双失稳机理→深层失稳。另外，在地震荷载作用下，均质排水边坡随着黏聚力和坡角的增大，其失稳机理同样是由坡脚失稳到某种临界值对应的双滑面失稳，继续增大发生深层失稳，临界滑动面的位置由浅到深。

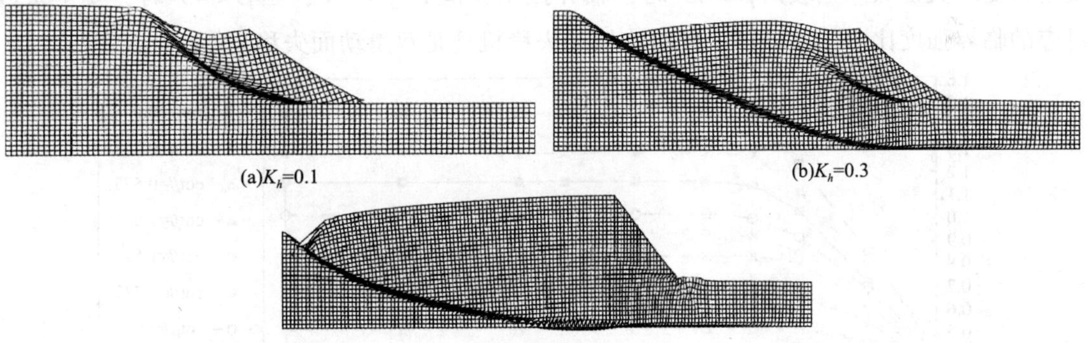
(a)K_h=0.1　(b)K_h=0.3　(c)K_h=0.5

图 6－18　不同的 K_h 对应的排水边坡的失稳机理($D = 1.5$ 和 $\beta = 50°$)

6.3.3　地震作用下双层非均质排水边坡的稳定性图解法

由于目前对排水条件下非均质边坡在实际工程中大量存在，如第 4 章所示，在水利、公路、道路桥梁、岩土等工程中，路堑开挖、路堤填筑、桥基、隧道进出口开挖几乎都会碰到非均质的层状边坡。在不排水条件下和地震荷载作用下，不同土层之间的强度特性的变化和边坡几何形态的不同对边坡稳定性态和失稳机理的影响规律需要进一步深究，在此地基上将大量的数值解绘制成方便现场工程人员参考和使用的判别依据。

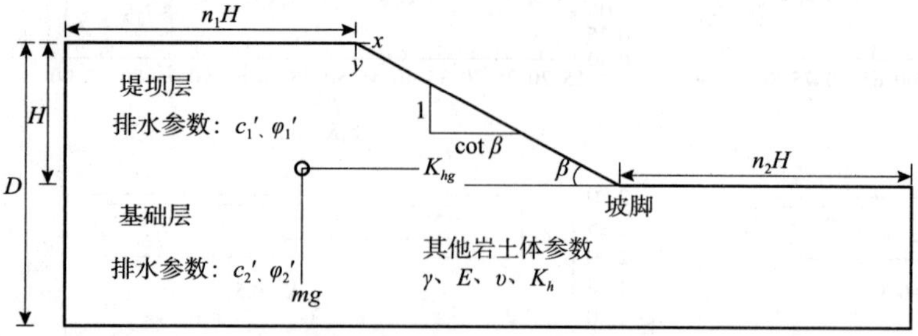

图 6－19　地震荷载作用下双层排水边坡的模型和土体特性

边坡的数值模型如图 6－19 所示，坡高 $H=18.0\text{m}$，坡角 β 的变化范围从 15° 到 90°。基于前文的研究，边坡的地基深度影响较小固定地基深度比 $D=1.5$。假定 $P=c_2/c_1=\tan\varphi_2/\tan\varphi_1$ 的比值变化范围为 0.25、0.50、0.80、1.00、1.20、1.50、1.80、2.00、2.50、3.00。地震系数 K_h 值分别为 0.1、0.2、0.3。图 6－25 的稳定性图解是通过数以千次的数值分析实验，针对 $K_h=0.1$、0.2 和 0.3 作用下边坡在不同土体特性和几何形态条件下安全系数的变化规律。

从图 6－20 以看出，地震对双层排水边坡稳定性的影响非常显著，随着地震荷载系数的增大，边坡的安全系数大幅度减小。尤其是较陡峭的边坡（$\beta\geq45°$），$K_h=0.1$ 时已经发生了失稳破坏。$K_h=0.1$、$P=1.2$，最平缓的边坡 $\beta=15°$ 对应的安全系数 FS 为 1.45；然而较陡峭的边坡 $\beta=45°$ 对应的安全系数 FS 为 0.69；坡度变化30°，安全系数 FS 约降低了 75%。当 K_h 从 0.1 增至 0.3 时，边坡的安全系数降低了 25%～75%。随着下层土体强度的增加，边坡的 FS 呈现先增大，随后在某一个临界强度比值发生转折，安全系数趋于恒定，该临界强度比值如前文所述是边坡安全系数的拐点和失稳机理由深层失稳向坡脚失稳发生转变的关键点。当坡角 $\beta\geq45°$时，临界强度比值 $P_{crit}=1.0$；当 $\beta\leq45°$时，安全系数对应的临界强度比 P_{crit} 为 1.15，此时边坡的失稳机理是双滑动面失稳。

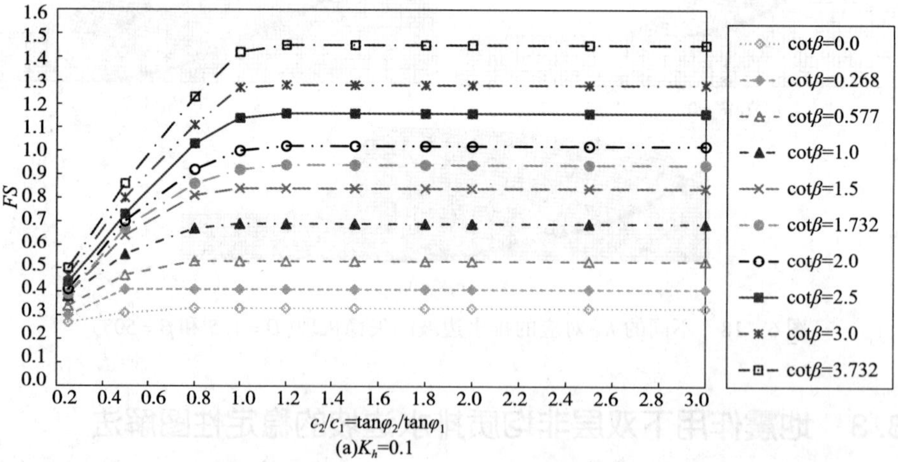

(a)K_h=0.1

图 6－20　同地震作用下 $c_2/c_1=\tan\varphi_2/\tan\varphi_1$ 对两层排水边坡安全系数 FS 的影响

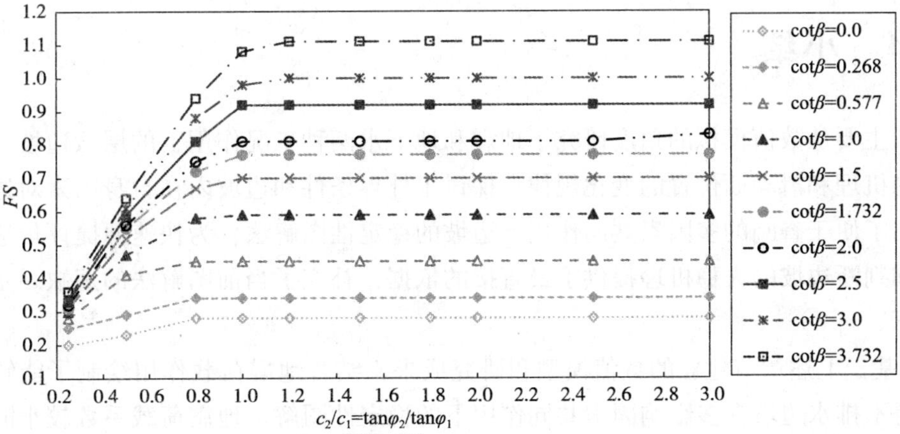

(b)K_h=0.2

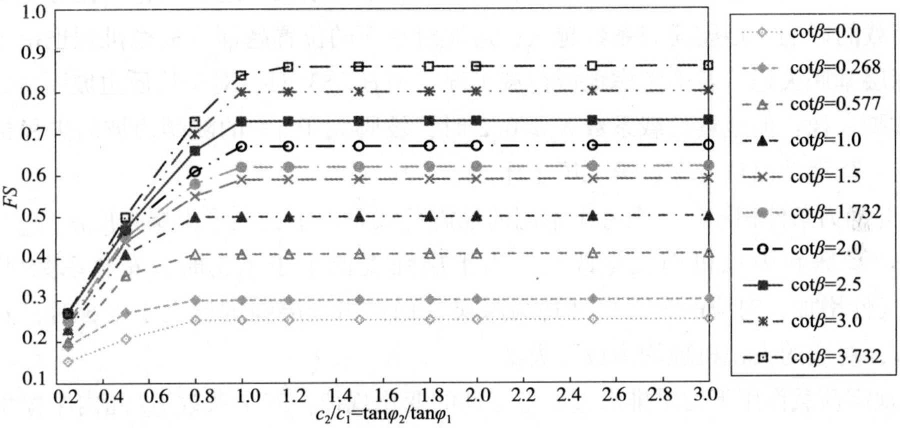

(c)K_h=0.3

图 6-20 同地震作用下 $c_2/c_1=\tan\varphi_2/tan\varphi_1$ 对两层排水边坡安全系数 FS 的影响(续)

图 6-21 为无量纲土层强度参数在不同的地震荷载系数 K_h 作用下的稳定性图解，图 6-21(a)和图 6-21(b)分别表示了平缓和陡峭边坡的稳定性。边坡稳定性随着 $c_1/\gamma H\tan\varphi_2$ 变化的规律基本一致，即随着强度参数比值先线性增大，随后增大幅度降低。$\beta=15°$的平缓边坡在 $c_2/\gamma H\tan\varphi_2>0.15$ 之后，边坡稳定性受强度比增加的影响不大；$\beta=45°$的陡峭边坡在不同地震荷载影响下，稳定性随强度比增强，稳定性较好。

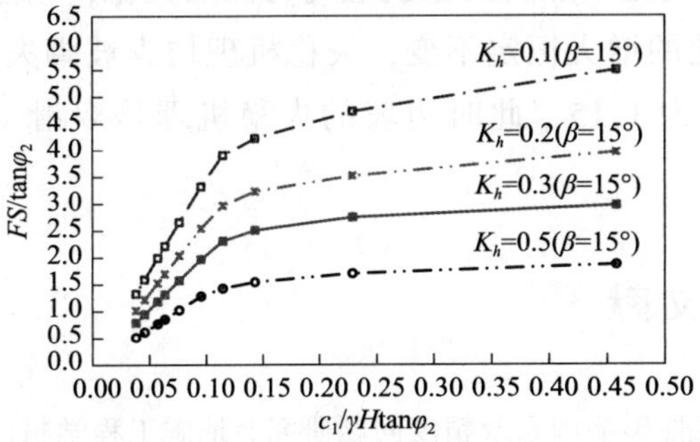

(a)β=15°

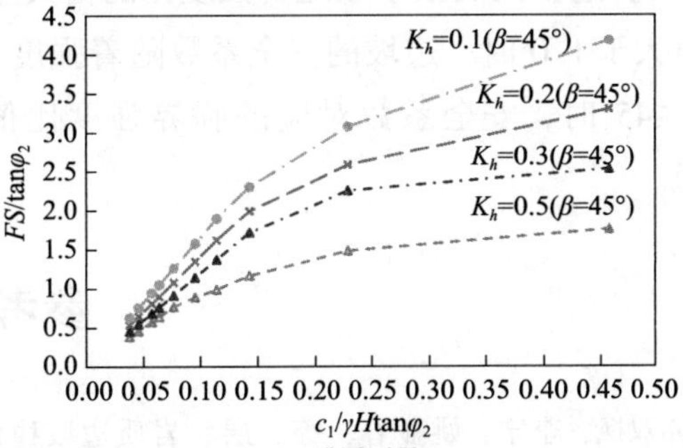

(b)β=45°

图 6-21 不同地震作用下平缓和陡峭双层排水边坡的稳定性图解

6.4 小结

本章主要从数值模拟的角度研究了地震和地下水两种工况作用下的层状边坡的稳定性态、失稳机理和滑动面位置的变化规律。探讨了外界条件和边坡内在自身因素对边坡的影响，提出了便于查阅的多因素共同作用下边坡的稳定性图解法，为快速便捷评价边坡的稳定性态和判断边坡的失稳机理提供了最直接的依据，补充了当前图解法的短缺。主要结论归纳如下。

(1)基于上述章节建立的数值模型和研究成果，结合地震荷载作用绘制了能够快速准确地获得不排水边坡在多影响因素共同作用下的稳定性图解。地震荷载系数较小时，坡高和坡角对边坡稳定性态的影响较为敏感，地震荷载系数增大，边坡的稳定性态主要受坡高和地震荷载的影响。地震荷载系数越大，边坡滑动面的位置越深，失稳机理也由坡脚失稳转变到深层基底失稳。若不考虑地震荷载工况，当$\beta>53°$时，对于均质边坡而言，失稳机理均为坡脚失稳，但地震荷载系数$K_h \geqslant 0.2$时，坡脚大于53°的陡峭边坡的失稳机理变为深层失稳，且滑动面位置穿过第二层土体。

(2)与静力条件相同的是在考虑不同的地震荷载条件下，上下土层强度比$(c_{u2}/c_{u1})_{\text{crit}}=1.5$时安全系数和失稳机理发生改变。当土层强度比小于1.5时，安全系数随着$(c_{u2}/c_{u1})_{\text{crit}}$呈线性增加，对应的失稳机理均为深层失稳；当土层强度比大于1.5时，安全系数呈恒定值，对应的失稳机理均为坡脚失稳。

(3)地震荷载作用下均质排水边坡稳定性的变化规律：安全系数FS随内摩擦角φ的增大而增大，地震荷载系数越小，坡角越平缓($\beta<45°$)增大的现象越明显。与不考虑地震荷载的工况相比，当地震荷载系数$K_h=0.1\sim0.5$的条件下，安全系数约降低了10%~75%。强度参数、坡角和地震荷载系数对失稳机理和临界滑动面变化的影响是一致的，随着其值的增大，滑动面的位置逐渐变深，失稳机理也由坡脚失稳→双滑面失稳模式→深层失稳。

(4)地震荷载作用下双层排水边坡稳定性的变化规律：与不考虑地震荷载的工况相比，当K_h分别为0.1、0.2和0.3时，边坡的安全系数约降低25%~75%。当坡角$\beta\geqslant45°$时，临界强度比值$c_2/c_1=\tan\varphi_2/\tan\varphi_1=1.0$为安全系数和失稳机理的转折点，当强度比值小于1.0时，边坡的安全系数随着强度比的增大呈线性增加，失稳机理均为深层失稳；当强度比值大于1.0时，边坡的安全系数随着强度比的增大恒定不变，失稳机理均为坡脚失稳。当$\beta\leqslant45°$时，安全系数对应的临界强度比值为1.15，此时边坡的失稳机理是双滑动面失稳。

参考文献

[1]郭双枫，李宁，姚显春，等．层状岩质边坡稳定性影响因素及精度问题研究．地震工程学报[J]. 2017，39(2)：362－368.

[2]郭双枫．黄河茨哈峡水电站右岸消力塘边坡失稳模式及稳定性研究[D]．西安：西安理工大学，2015.

[3]郭双枫．不同排水条件下层状土质边坡稳定性态与失稳模式研究[D]．西安：西安理工大学，2020.

[4]Newmark N M. Effects of earthquakes on dams and embankments[J]. Geotechnique 1965；15(2)：139 –60.

[5]Seed H B. Considerations in the earthquake – resistant design of earth and rockfill dams [J]. Geotechnique. 1979，29(3)：215 –263.

[6]Cotecchia V. Earthquake – prone environments. In：Slope stability，geotechnical engineering and geomorphology[M]. New York：John Wiley& Sons，1987.

[7]Kramer S L. Geotechnical earthquake engineering[M]. New Jersey：Prentice Hall，1996.

[8]Hong Y S，Chen R H，Wu C S，et al. Shaking table tests and stability analysis of steep nailed slopes[J]. Can Geotech J，2005，42：1264 –1279.

[9]Ling H I，Leshchinsky D，Mohri Y. Soil slopes under combined horizontal and vertical seismic acceleration [J]. Earthquake Eng Struct Dyn. 1997，26：1231 –1241.

[10]Loukidis D，Bandini P，Salgado R. Stability of seismically loaded slopes using limit analysis[J]. Geotechnique. 2003，53(5)：463 –479.

[11]Ghaboussi J，Wilson E L. Seismic analysis of earth dam – reservoir systems[J]. ASCE，J Soil Mech Found Eng. 1973，99(SM10)：849 –862.

[12]Prevost J H，Abdel Ghaffar A M，Lacy S J. Nonlinear dynamic analysis of an earth dam[J]. J Geotech Eng. 1985，111(7)：882 –897.

[13]Drucker D C. Conventional and unconventional plastic response and representation [J]. Appl. Meek. Rev (ASME)，1988，41，151 –167.

[14]沈珠江．理论土力学[M]．北京：中国水利水电出版社，2000.

[15]龚晓南．土塑性力学[M]．2 版．杭州：浙江大学出版社，2001.

[16]李广信．高等土力学[M]．北京：清华大学出版社，2004.

[17]殷宗泽．土工原理[M]．北京：中国水利水电出版社，2007.

[18]郑颖人，沈珠江，龚晓南．岩土塑性力学原理：广义塑性力学[M]．北京：中国建筑工业出版社，2002.

[19]郑颖人，孔亮．岩土塑性力学[M]．北京：中国建筑工业出版社，2010.

[20]Hashiguchi K. Constitutive Equations of Soils[C]. In：Elastoplasticity Theory. Lecture Notes in Applied and Computational Mechanics，vol 69. Springer，Berlin，Heidelberg，2014.

[21]姚仰平．UG 模型系列研究[J]．岩土工程学报，2015，37(2)：193 –217.

[22]Zhao L，Xiao C，Yingbin Z，et al Stability analysis of seismic slopes with cracks[J]. Computers and Geotechnics，2016，77：77 –90.

[23]Michalowski R L. Soil reinforcement for seismic design of geotechnical structures[J]. Comput Geotech. 1998，23(1 –2)：1 –17.

[24]Ausilio E，Conte E，Dente G. Seismic stability analysis of reinforced slopes [J]. Soil Dyn Earthquake Eng. 2000，19(3)：159 –172.

[25]Nouri H，Fakher A，Jones CJFP. Evaluating the effects of the magnitude and amplification of pseudo – static acceleration on reinforced soil slopes and walls using the limit equilibrium Horizontal Slices Method[J]. Geo-

text Geomembranes. 2008, 26(4): 263-278.

[26]Chen W F, Giger M W, Fang H Y. On the limit analysis of stability of slopes, Soils and Foundations, 1969, 9(4): 23-32.

[27]Chen W F, Giger M W. Limit analysis of stability of slopes[J]. Journal of Soil Mechanics and Foundation Division, ASCE, 1971, 97(1): 19-26.

[28]Chen W F. Limit analysis and soil plasticity[M]. Amsterdam: Elsevier Science, 1975.

[29]Chen W F, Sawada T. Earthquake-induced slope failure in nonhomogeneous, anisotropic soils. Soils Found 1983; 23(2): 125-139.

[30]Chen W F, Liu X L. Limit analysis in soil mechanics[M]. Amsterdam: Elsevier, 1990.

[31]孙志彬. 边坡稳定性上限分析方法及参数反演研究[D]. 长沙: 中南大学, 2013.

[32]Prater E G. Yield acceleration for seismic stability of slopes[J]. J Geotech Engng Div Am Soc Civ Engrs 1979, 105, 682-687.

第7章 水力效应影响下层状边坡的稳定性图解法与破坏机制研究

7.1 引言

地下水是影响边坡稳定性的另外一个重要因素，绝大多数的滑坡与地下水的作用密切相关。通常从两个方面体现地下水对边坡稳定性的影响：首先，水的作用是边坡土体强度的严重弱化，尤其是对滑动面的强度参数 c 和 φ 的弱化。对于土质边坡而言，由水形成的渗流作用在坡体内易产生潜蚀现象，甚至能直观地看到孔穴等破坏边坡完整性和稳定性的情况；其次，水在坡体中的力学作用聚集在边坡的一定深度范围内形成暂态饱和带，继而在坡体中形成渗流运动，产生的静水压力和渗透力直接导致边坡的下滑力增加而抗滑力减小，地下水的这种力学作用是降雨诱发滑坡的主要表现形式。总而言之，水对边坡的力学作用主要是静水压力和渗透力两种。这些外在因素对双层排水和不排水稳定性和失稳机理的影响究竟起怎样的作用，影响程度如何是本章深究的重点。本章系统性地调查了排水与不排水条件下层状非均质边坡在外荷载作用下的稳定性态、失稳机理和临界滑动面的变化规律。

7.2 地下水作用下层状不排水边坡的稳定性态与失稳机理研究

7.2.1 地下水作用下均质不排水边坡稳定性图解

地下水是影响边坡稳定性的另外一个非常重要的因素，特别是对于土质边坡或者水头差较大的低强度边坡而言，其危害性更大。例如，水的浮托力造成土骨架间应力和摩阻力的减小，水的渗流带来的动水压力增加了滑动力，极易引起土体结构的破坏和边坡的失稳。即便是对于渗透性较小的黏土边坡，在地下水位之下，静水压力会形成水力梯度的水头差，所以在渗透性很小的土层边坡中，评价土质边坡的稳定性同样应考虑地下水的影响。本节选取一个均质黏土边坡，边坡在地下水位线作用下的有限元网格剖分模型如图7-1所示。坡高 $H=10.0\text{m}$，不排水剪切强度 $c_u=50.0\text{kPa}$，容重 $\gamma=17.0\text{kN/m}^3$。坡角 β 的变化从最平缓的 $\beta=5°$ 一直变化到直立边坡 $\beta=90°$，本节讨论了地下水作用下几何形态对边坡稳定性态和失稳机理的影响规律，经有限元运算和分析，计算结果以图解的方式绘于图 7－2 中。

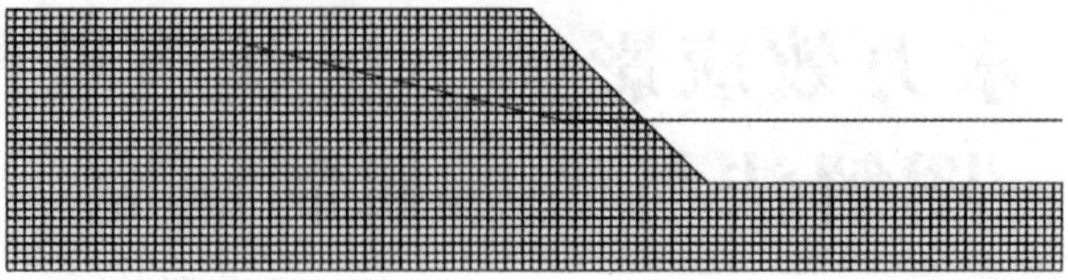

图 7－1　地下水作用下的有限元网格剖分

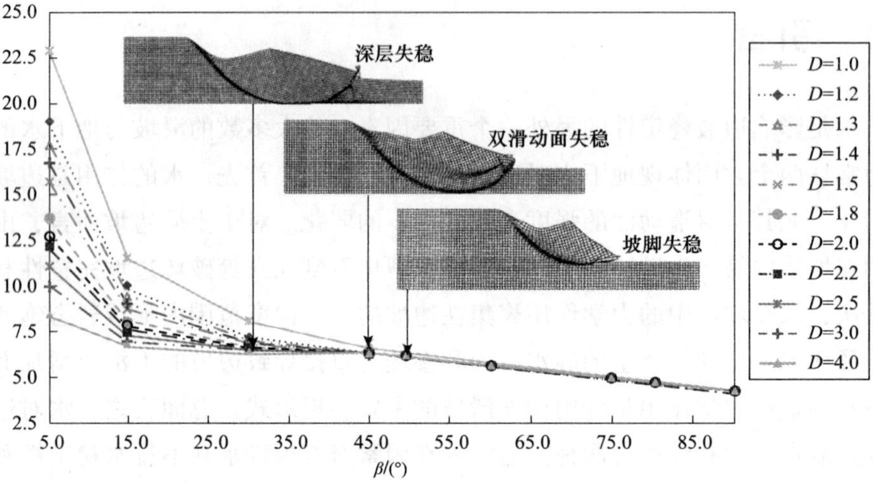

图 7－2　地下水作用下均质不排水边坡的稳定性图解

从图 7－2 的稳定性图解中计算得到的稳定数比无自由渗流面的 N_c 有所降低。坡角 $\beta>53°$ 以后稳定数 N_c 不再受到地基深度比 D 的影响，且随着 β 增大而减小的程度也逐渐变小。$\beta<53°$ 之前边坡随着地基深度的增加和坡角变陡，稳定性明显降低。几何形态对边坡稳定性的影响是相互的，地基深度相对较浅时，坡角的影响程度较大，是边坡稳定性的较敏感影响因素。例如，$\beta=5°$ 增至 50°，$D=1.0$，N_c 降低了 16.52；$D=4.0$，N_c 降低了 2.44。当地基深度比较深时，在地下水的作用下，边坡的几何形态影响程度较小。地下水降低了黏土边坡的稳定性和安全性，但边坡几何关系对边坡稳定性态和失稳机理的影响规律没有很大的变化，但影响程度和边坡的稳定性发生了比较大的改变。与无地下水情况下的失稳机理相似，$\beta>53°$ 对应的失稳机理均为坡脚失稳。

7.2.2　不排水强度随深度线性增加边坡的稳定性态图解

本节根据 3.3.2 的 c_u 随着深度线性增加的不排水黏土边坡模型，分析该类型边坡的水位线较高，甚至处于被水淹没工况下的边坡稳定性态和失稳机理的演化过程。该类型边坡的理论模型如图 7－3 所示。选择随着深度线性增加的不排水地面强度 c_{u0}，垂直向上延伸 H_0 的高度，该高度是直到高度与强度为零的直线相交的点。在该算例中坡高 $H=10\text{m}$。无量纲稳定数的定义为 $N=\gamma FS/\lambda$，依据这些参数对强度随深度线性增加的不排水边坡完全淹没在水位线以下的稳定性情况进行数值分析实验，经过大量的有限元计算，将边坡稳定性变化规律和失稳机理的分布情况一同绘制于图 7－4 的稳定性图解中。

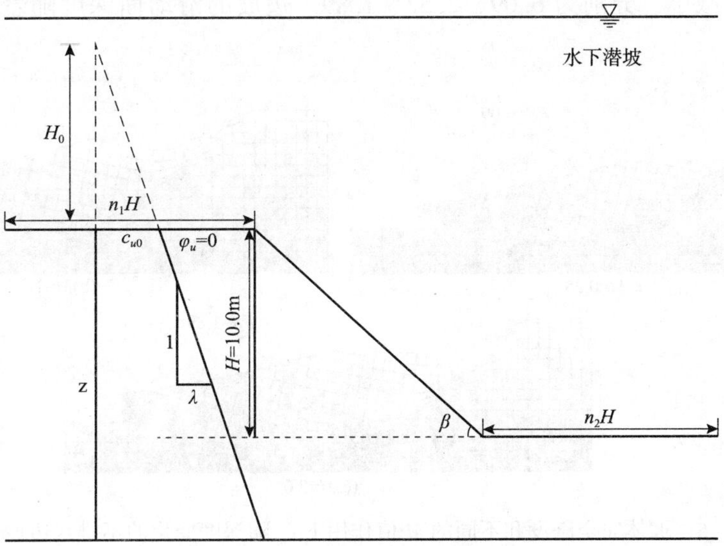

图 7－3　水位线淹没下强度随着线性增加的不排水边坡模型

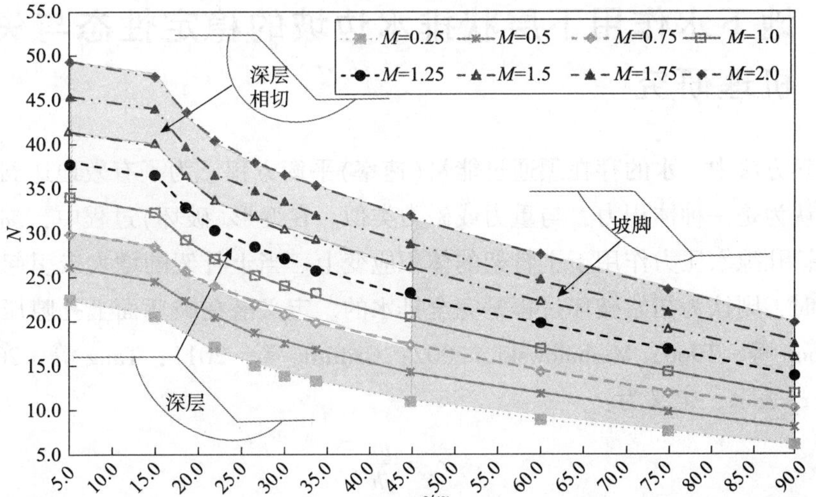

图 7－4　不同 M 值对应的 c_u 随深度增加的不排水边坡稳定性图解（$D=1.5$）

图 7－4 完整地展示了边坡被完全淹没的情况下 c_u 随着深度线性增加的边坡受坡角和 M 值变化的影响。强度梯度参数 M 值越大，表明 H_0 的高度越高，假定水位线的高度恒定不变，λ 值越小，则导致稳定数 N 较大。在 $M=2.0$ 时，最大的稳定数值接近 50，边坡的稳定性相对较好。不同的强度梯度条件下，边坡稳定性随着坡角的变化规律比较一致。从平缓边坡（$\beta=15°$）增至直立陡峭边坡（$\beta=90°$），边坡的稳定数 N 降低了 50% 左右。给定边坡坡角 β，不同的 M 值计算得到的稳定数 N 相互之间的差值比较均等。如 $\beta=15°$，$M=$

2.0 与 $M=1.75$ 之间的 N 值相差 3.7；$M=1.5$ 与 $M=1.25$ 之间的 N 值相差 3.68，边坡稳定性随着 M 值递增的规律较均匀。M 值对该类型边坡在淹没状态下的失稳机理和临界滑动面位置的影响如图 7－5 所示。随着 M 值的增大，其他条件完全相同的情况下，边坡的安全系数逐渐减小，分别为 6.09、2.52、1.89。边坡的滑动面深度随着 M 值的增大逐渐加深。

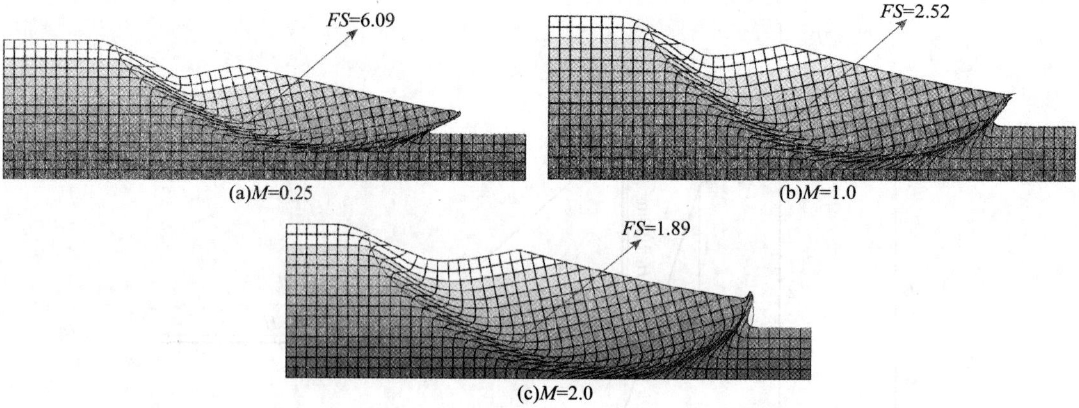

图 7－5　坡体完全淹没和不同的 M 值作用下 c_u 随深度变化的不排水边坡失稳机理

7.3　地下水作用下层状排水边坡的稳定性态与失稳机理研究

在运动学方法中，水的存在须通过能量（速率）平衡方程，为了有效地达到这一点，孔隙水压力被认为是一种体积力，与重力或磁力类似。在变形（破坏）过程中，黏聚力－摩擦土发生膨胀，孔隙水压力作用于土骨架的体积应变上。当土骨架的增大未引起孔隙水压力的任何改变时，则认为初始破坏过程是完全排水的。定义潜在破坏面上孔隙压力的其中一种方法（Bishop 等，1960；Michalowski，2002；Griffiths 等，2011；Tang 等，2017）通过孔隙压力系数 r_u 表示，定义为：

$$r_u=\frac{u}{\gamma h} \tag{7-1}$$

式中，u 为孔隙水压力，kPa；γ 为土的容重，kN/m^3；h 为坡面以下破坏面上点的深度，m。

7.3.1　孔隙水压力作用下均质排水边坡的稳定性图解

图 7－6 所示的边坡稳定性图解是针对 r_u 值分别为 0.0、0.25、0.3 和 0.5 的边坡绘制的。为了考虑孔隙水压力的影响，采用本文有限元程序分析得到安全系数 FS 和 $c/\gamma H\ \tan\varphi$ 在不同的坡角作用下的关系曲线。

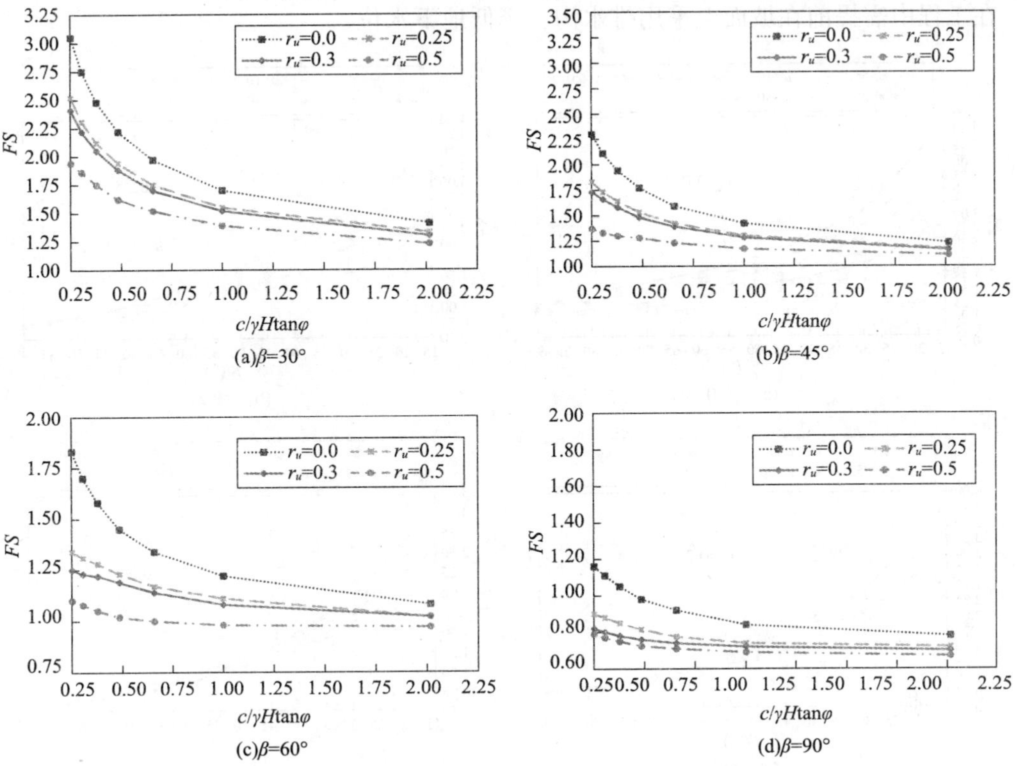

图 7-6 孔隙水压力作用下均质排水边坡的稳定性图解($D=1.5$)

由图 7-6 可以看出，不同坡角条件下，安全系数 FS 随着 r_u 的增大而减小的程度不同，图 7-6(a)中可以看出 $\beta=30°$，$r_u=0.0$ 的最大 FS 达到 3.05，r_u 分别增至 0.25、0.3 和 0.5 时，对应的安全系数分别为 2.52、2.41 和 1.94，FS 最大的降低了 1.11，孔隙水压力作用下导致边坡土体强度降低，下滑力增加，大大的削弱了安全系数。类似地，图 7-6(b-d)中安全系数分别降低了 0.93($\beta=45°$)、0.73($\beta=60°$)、0.37($\beta=90°$)。边坡的强度比值较小时，孔隙水压力引起的边坡稳定性变化较明显，$c/\gamma H\tan\varphi>1.0$ 之后，孔隙水压力的作用效应明显降低，强度参数比值对安全系数的变化也变得很小。随着坡度变陡和孔隙水的共同作用下，安全系数降至 1.0 以下，边坡发生失稳破坏。图 7-7 详细展示了在孔隙水作用下均质边坡的安全系数受土体特性和几何形态的影响规律。

图 7-7 显示了不同内摩擦角和坡角对安全系数的影响。从图 7-7(a)中可以看出，当 $r_u=0.0$，坡角 $\beta>75°$ 时，内摩擦角对应的安全系数均大于 1.0，边坡是安全的。当 $r_u=0.25$，陡峭边坡 $\beta=75°$ 和 90° 对应的安全系数 FS 均降至 1.0 以下，边坡已经失稳。r_u 继续增大，$r_u=0.5$ 时对应的较陡峭边坡($\beta>60°$)的安全系数均小于 1.0，边坡的稳定性较差，安全系很低，需要采取恰当的加固措施加固边坡比较薄弱的部位。$r_u\leqslant0.3$ 且 $\beta\leqslant75°$ 时，边坡的 FS 随着 φ 值的增大而逐渐增大。但是安全系数并不总是随着 φ 值的增大而逐渐增加的，如 $r_u=0.5$ 且 $\beta>50°$ 条件下，FS 随着 φ 值的增大而逐渐减小，此时地下水作用对边坡稳定性的影响是非常敏感的，即使土体强度提供，边坡失稳破坏的风险仍然较大，因

此，在工程中需提前在坡面上采用排水沟，降低地下水位。

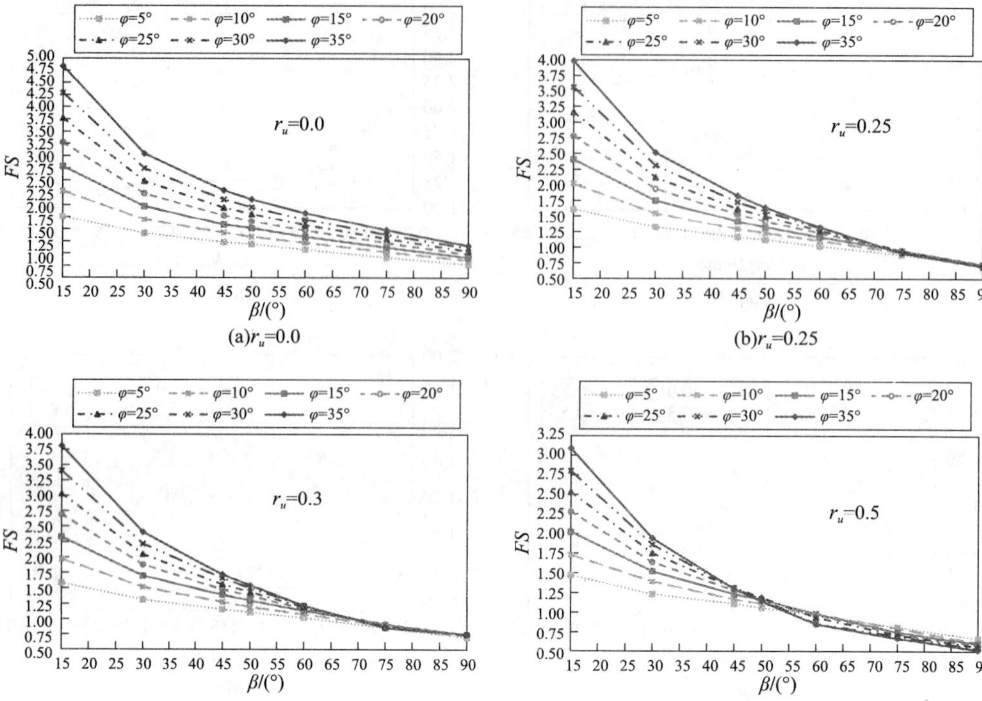

(a)r_u=0.0　(b)r_u=0.25

(c)r_u=0.3　(d)r_u=0.5

图 7－7　孔隙水压力作用下坡角 β 和内摩擦角 φ 对均质排水边坡稳定性的影响（$D=2.0$）

$r_u=0.0$ 对应的边坡模式分别为浅层脚趾失稳和深层失稳，随着内摩擦角的增大浅层脚趾失稳所占比例逐渐增大。然而，随着 r_u 的增加，深层失稳机理的比例降低。边坡的临界滑动面随着内摩擦角和坡角变化的规律和静水条件相同，受孔隙水压力的变化没有太大的变化。

7.3.2　不同水位线条件下均质排水边坡的稳定性图解

本节研究地下水位线位置的变化对边坡稳定性态的影响，两种不同的水位线变化特征如图 7－8 所示，水位线穿过坡体［图 7－8（a）］和坡体完全被淹没［图 7－8（b）］两种工况。边坡坡角 β 的取值分别为 15°、30°、45°、50°、60°、75°、90°。通过本文的有限元方法计算边坡的无量纲参数比 $c/\gamma H\tan\varphi$ 与稳定数 $FS/\tan\varphi$ 的关系曲线，计算结果绘制于图 7－9 中。

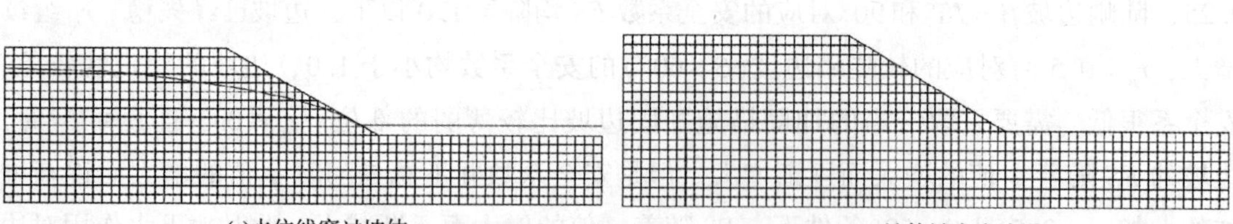

(a)水位线穿过坡体　(b)坡体被完全淹没

图 7－8　不同水位线条件下的有限元网格剖分

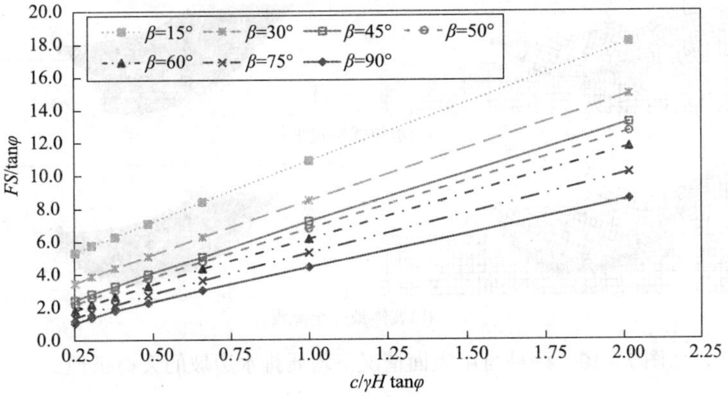

(a)水位线穿过坡体

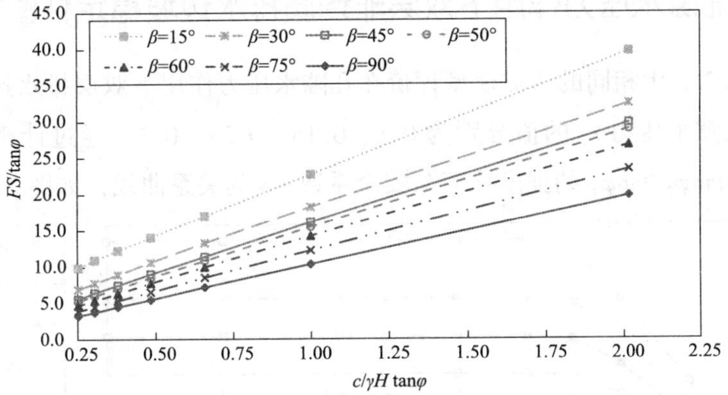

(b)坡体被完全淹没

图 7－9　两种自由表面情况下均质排水边坡稳定性图解

对比图 7－9 中两种自由表面计算得到的稳定数发现，坡体被完全淹没的稳定数均大于水位线穿过坡体的稳定数，这可能是因为在坡体被完全淹没的情况下，外部水压和内部孔隙水压力之间的相互平衡。外部水压力使边坡稳定，内部孔隙水压力使边坡失稳，此消彼长。在图 7－9(a) 中的条件下，内部孔隙水压力比外部孔隙水压力具有更大的失稳效应，导致安全系数较低。然而，在图 7－9(b) 中的条件下，外部孔隙水压力开始占主导地位，安全系数相对较高。

图 7－9 计算两种水位线工况下的稳定性图解，在不同的降深条件下，从稳定性图解中可以得到给定边坡的安全系数 FS。例如，坡角为 30°的均质边坡高度为 10m，土体特性为 $c = 30\text{kPa}$，$\varphi = 10°$ 和 $\gamma = 17\text{kN/m}^3$。首先，水位线通过边坡坡体，发现 $c/\gamma H\ \tan\varphi$ 近似为 1.001；$FS/\tan\varphi$ 从图 6－30 中对应的曲线读取 8.507，计算得安全系数 FS 为 1.5。其次，根据同样的查找方式，可以得到水位线完全在坡体以上的条件下对应的安全系数 FS 为 3.22。这两个算例与之对应的失稳分别展示在图 7－10 中，图 7－10(a) 是深层和浅层两个滑动面同时存在的失稳机理，浅层占主导；图 7－10(b) 的滑动面是从堤坝层再穿过地基层继而从地基层的右侧水平层中滑出。

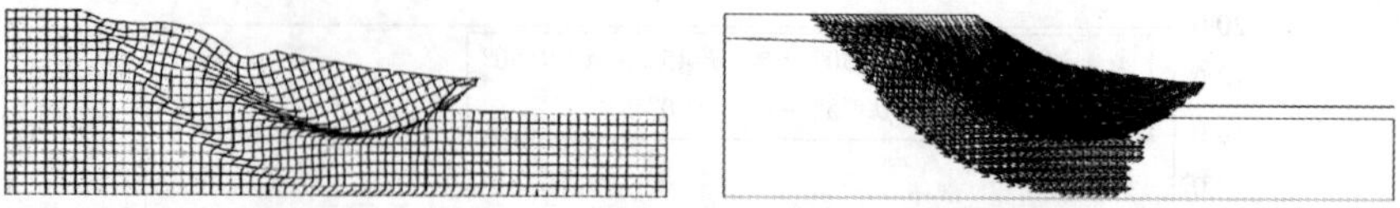

(a)水位线穿过坡体

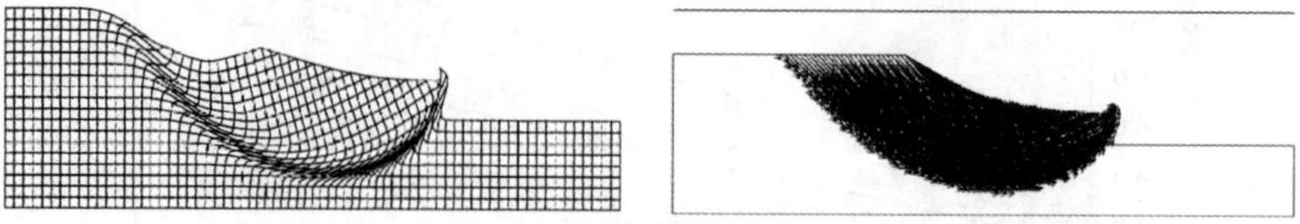

(b)坡体被完全淹没

图 7－10　两种自由表面情况下均质排水边坡的失稳机理

7.3.3　孔隙水压力作用下双层非均质排水边坡稳定性图解

本节采用 7.2.2 中相同的边坡模型评价在孔隙水压力作用下双层排水边坡的稳定性态和失稳机理。孔隙水压力 r_u 的值分别为 0.1、0.15、0.25、0.3，通过计算并且绘制了不同的 $P = c_2/c_1 = \tan\varphi_2/\tan\varphi_1$ 的强度比值与安全系数 FS 的关系曲线，如图 7－11 所示。

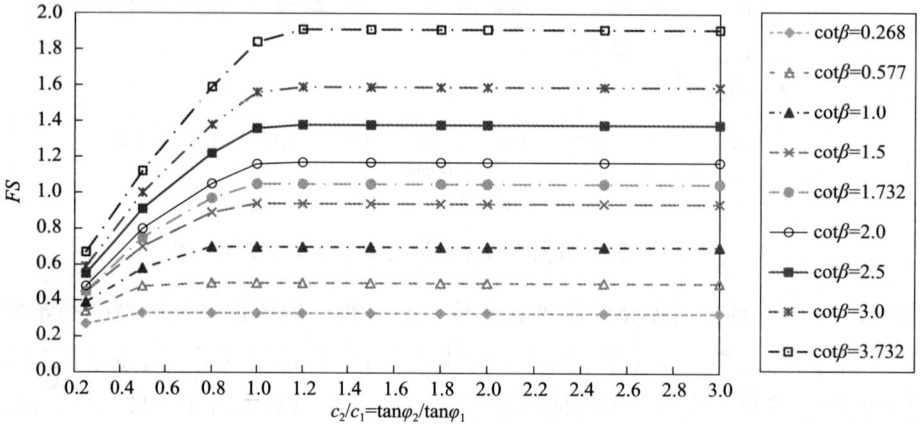

(a)r_u=0.1

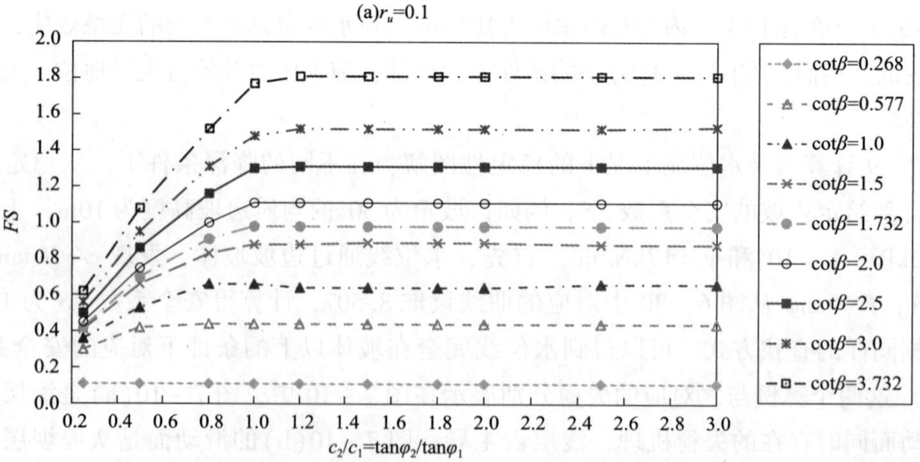

(b)r_u=0.15

图 7－11　不同孔隙水压力作用下 $c_2/c_1 = \tan\varphi_2/\tan\varphi_1$ 对两层排水边坡安全系数 FS 的影响

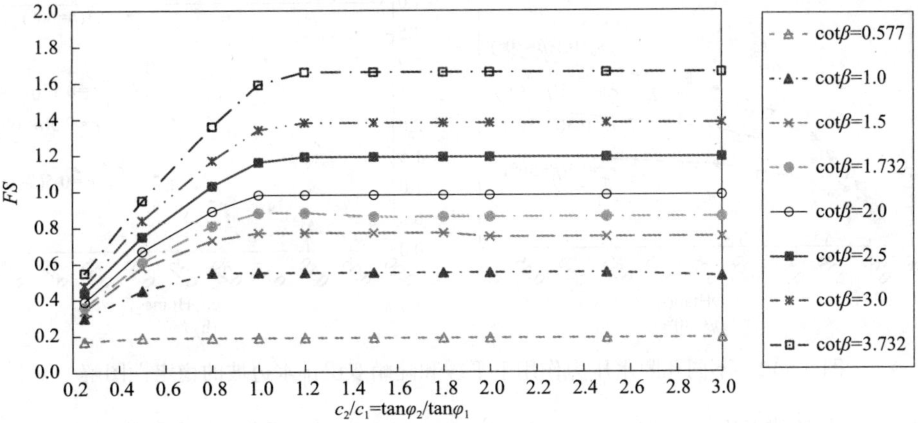

(c)r_u=0.25

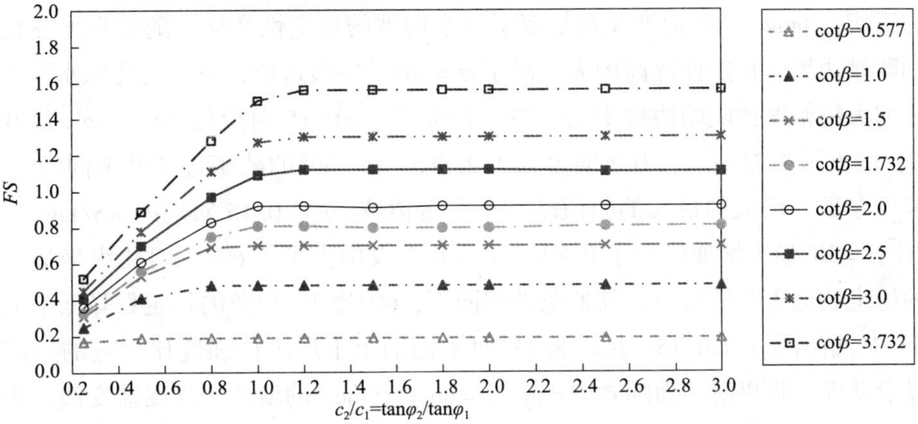

(d)r_u=0.3

图7－11　不同孔隙水压力作用下 $c_2/c_1=\tan\varphi_2/\tan\varphi_1$ 对两层排水边坡安全系数 FS 的影响(续)

从图7－11中发现，在孔隙水压力 r_u 作用下 FS 随着 $P=c_2/c_1=\tan\varphi_2/\tan\varphi_1$ 变化的规律与地震荷载较为相似，但是 r_u 计算得到的安全系数均大于 K_h 对应的 FS。孔隙水压力从0.1增至0.3，边坡的安全系数降低了15%～45%。当 $\beta=30°$、$P=1.5$ 时，孔隙水压力为0.1、0.15、0.25和0.3时，稳定性图解中读取的安全系数分别为1.05、0.98、0.86和0.8。当孔隙水压力大于等于0.15后，层状非均质边坡已经处于失稳状态。观察图7－11(a)～(d)中临界安全系数 $FS=1.0$ 可得知：$r_u=0.1$，$\beta>30°$；$P<1.0$ 对应的所有排水边坡的 $FS<1.0$；$r_u=0.15$，$\beta>26.57°$ 和 $P<0.5$ 对应的边坡安全系数小于1.0，该边坡是较为平缓的边坡，下层土体强度较为软弱，是上层土体强度的1/2，为软土地基，加上孔隙水压力作用，若不及时对地基进行排水或者加固地基等处理措施，很快边坡便会发生地基层倾覆性滑坡失稳。对于 $r_u=0.25$ 和0.3的工况，安全系数小于1.0的坡角越来越缓。若边坡的坡角略微陡峭，在孔隙水压力作用下，双层非均质边坡失稳的可能性很大，尤其是上下土层强度比小于1.0的情况，软土地基的边坡在多数工程现场中常采用碎石桩对软基进行振冲处理，碎石桩既具有排水砂井的功能，又可增强软土地基层的强度。图7－12同样给出了平缓和陡峭边坡的无量纲土层强度参数在不同孔隙水压力作用下的稳定性图解。

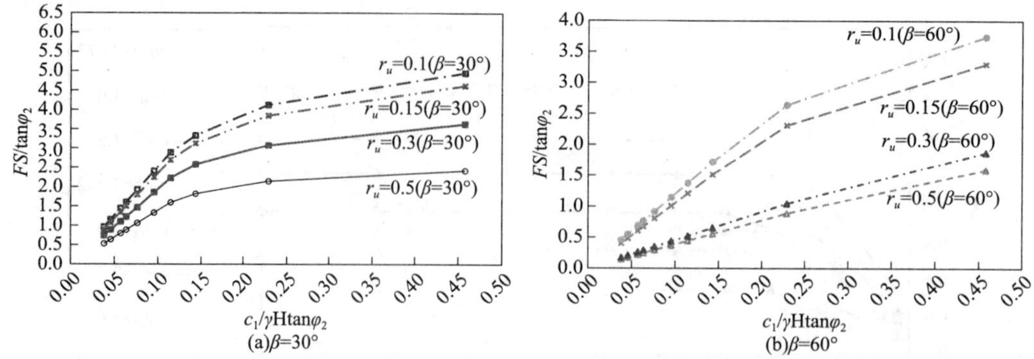

图 7－12　不同孔隙水压力作用下平缓和陡峭双层排水边坡的稳定性图解

图 7－12 中的横坐标 $c_1/\gamma H\tan\varphi_2$ 是 $FS/\tan\varphi_2$ 的函数，采用上层的黏聚力 c_1 与下层内摩擦角的正切值 $\tan\varphi_2$ 的比值变化衡量双层排水边坡的稳定性变化。随着强度参数比的增大平缓和陡峭边坡的稳定性逐渐增大。对于 $\beta=30°$ 的平缓边坡，不同的孔隙水压力随着强度参数比增大的幅度比陡峭边坡更大一些。例如，$r_u=0.15$ 对应的 $FS/\tan\varphi'_2$ 从 0.898 增至 4.616，增大了 3.718；$r_u=0.3$ 时增大了 2.885。$\beta=60°$ 的陡峭边坡受不同的 r_u 的影响且随着强度参数比增大的最大的幅值略小于平缓边坡。$r_u=0.15$ 对应的 $FS/\tan\varphi'_2$ 增大了 2.894，比 $\beta=30°$ 最大增加值小了 0.824；$r_u=0.3$ 仅增大了 1.694。对比纵坐标可知，陡峭边坡的稳定数低于平缓边坡，其他条件相同下，60°比 30°坡角的稳定数降低了 1.209。

图 7－13 给出了 $r_u=0.15$、$\beta=18.43°$ 时不同的上下层土体强度比对应的边坡失稳机理和临界滑动面。临界滑动面随着 $P=c_2/c_1=\tan\varphi_2/\tan\varphi_1$ 的增大深度逐渐变浅，失稳机理也由深层失稳过渡到双失稳机理最终发展为从堤坝层滑出的浅层坡脚失稳。综上所述，边坡的稳定性和失稳机理与外界环境和边坡的土体特性及边坡几何关系息息相关。本节综合给出了在孔隙水压力条件下双层非均质排水边坡稳定性图解和临界失稳机理的变化规律，为工程技术人员提供了快速便捷的边坡稳定性评价工具，具有一定的参考价值。

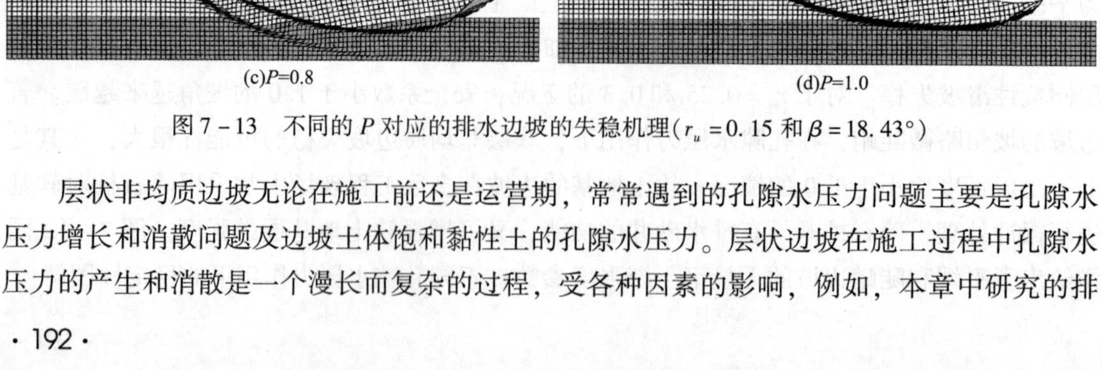

图 7－13　不同的 P 对应的排水边坡的失稳机理（$r_u=0.15$ 和 $\beta=18.43°$）

层状非均质边坡无论在施工前还是运营期，常常遇到的孔隙水压力问题主要是孔隙水压力增长和消散问题及边坡土体饱和黏性土的孔隙水压力。层状边坡在施工过程中孔隙水压力的产生和消散是一个漫长而复杂的过程，受各种因素的影响，例如，本章中研究的排水条件、土体本身的力学特性、渗透能力、几何形态以及层与层之间的不同的土体类型带来的层状结构特征等。上覆荷载、施工过程和速率、明显的分层特性、不同层之间渗流的各项异性等影响因素尚待研究。因此，深入了解孔隙水压力在边坡中与其他影响因素之间的相互关系及联合作用对边坡稳定性态和失稳机理的影响规律是制定支护方案和采取加固措施的必要前提。

7.4　层状土质边坡加固稳定性分析

7.4.1　层状边坡加固方案及加固图解法

当边坡的稳定性达不到安全要求时需采取处理和加固等措施以提高边坡的安全系数，以便满足在施工、运营等阶段的安全需求。常采用的加固方案有排水、卸荷和坡脚压载等，从整体的加固体系分为两大类，分别是外部加固和内部加固。外部加固多采用挡墙、抗滑桩等支挡结构的形式阻断滑动面。内部加固依靠施加在坡体内的加筋结构，如锚杆、锚索、土工布等(Schmertmann，1975，1978，1987)。这些加固构建常插入超过潜在滑动面的稳定土体中以增强支护后的边坡稳定性，例如，可通过加入锚杆和锚索加固边坡的土体，将其称为加筋土边坡。本节以内部加固边坡为例探讨支护后的层状边坡稳定性态和失稳机理。支护与未支护的边坡设计要求总体上相似，稳定性必须满足对施工和运行各个阶段的安全系数以及加固后可能出现的破坏失稳机理：①内部—滑动面穿过加固构件；②外部—滑动面穿过加固构件的后方和下方，加固体包含加固构件和被加固土体；③复合方式—滑动面部分穿过加固土体，部分在加固构件后方，如图 7－14 所示。

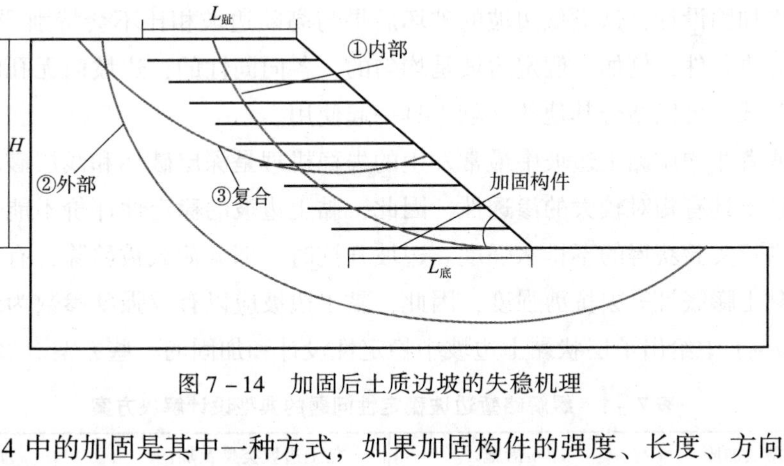

图 7－14　加固后土质边坡的失稳机理

如图 7－14 中的加固是其中一种方式，如果加固构件的强度、长度、方向和垂直间距得到最优化，那么计算得出的这其中两种甚至这三种失稳机理的最小安全系数会较为接近。本节通过优化的有限元程序对加固后的层状边坡的边坡稳定性进行大量的分析和计算，提出了一个便于查阅加固后边坡强度的图解法，如图 7－15 所示，用于层状边坡加固的初步可行性设计和参考。

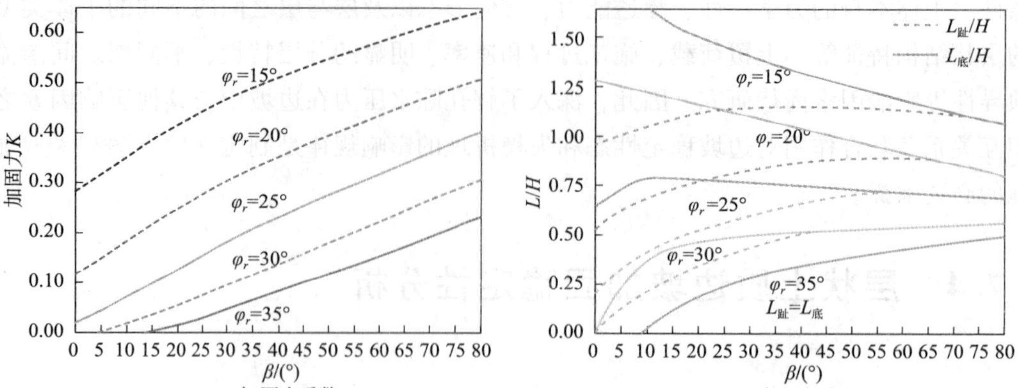

(a)加固力系数　　(b)加固长度比

图 7 – 15　确定加固强度需求的图解法

假定加固后的预期的安全系数为 FS_r，内摩擦角为 φ_r，则安全系数的计算公式为：

$$\varphi_r = \arctan\left(\frac{\tan\varphi}{FS_r}\right);\ c_r = \frac{c}{FS} \tag{7-2}$$

在图 7 – 15(a) 中对应增加后的内摩擦角查阅加固系数 K，计算所需拉力：

$$T = \frac{1}{2}K\gamma H^2 \tag{7-3}$$

在图 7 – 15(b) 中根据坡角和增加的内摩擦角查阅坡顶和坡底的加固长度及相应的加固长度比，对于较低边坡，假定加固构件均匀分布，并用 T 确定每一层加固构件的间距和每一次所需的张力。对于高边坡，将边坡加固区平均分为两个或三个高度相等的区域，根据间距或设计张力的要求在每个区域使用对应的力 T。利用加固设计图表可以较容易地进行可行性评估的初步设计，也可应用这些图表评价边坡高度相对较低(如高度小于 6.0m)的土坡的最终加固设计，这类低边坡的破坏后果与高陡边坡相比不会特别严重。图 7 – 15 基于一定的先决条件，例如，假定边坡是均匀的，各向同性的，边坡内无孔隙水压力和地震荷载等外荷载，可以结合其他的文献工具一起使用。

在均质或者非均质黏土边坡中最常发生的失稳机理是深层破坏和浅层破坏，黏土中含有的粉土或砂土具有相对较大的渗透性，因此，黏土边坡的稳定性评价不能仅依据开挖前对现场取样进行实验获得的不排水强度。边坡开挖时，部分荷载被移除，有效应力的降低可能会导致黏土膨胀且失去抗剪强度，因此，黏土边坡应以有效强度参数为地基进行评价和设计。表 7 – 1 中给出了层状黏土边坡中稳定性设计和加固的一些方案。

表 7 – 1　缓解路堑边坡稳定性问题的典型设计解决方案

黏土边坡类型及加固	加固措施	黏土边坡类型及加固	加固措施
平缓型边坡	降低下滑力	长阶型边坡	降低下滑力
坡脚处支撑	增加抵抗力	较低地下水位	降低渗透力
内部构件加固措施	增加抵抗力		

7.4.2 内部加固层状非均质边坡的稳定性分析

选取本文中的一个在地震荷载系数为0.15g的工程算例，进行内部加固边坡的稳定性分析，边坡网格剖分模型如图7-16所示。边坡是在排水条件下的双层的非均质土坡，坡角$\beta=45°$，为稍陡峭边坡，边坡坡高H为18m，地基深度比$D=1.5$，地基层高为9m，容重$\gamma=20kN/m^3$，弹性模量E为10^5MPa，泊松比为0.3。边坡的上层土体强度黏聚力$c_1=60kPa$，$\varphi_1=6.6°$，下层土体强度黏聚力$c_1=67.2kPa$，$\varphi_1=10°$。该层状边坡的上下土层强度比$P>1.0$，属于上软下硬型边坡，是工程中常见的层状填筑边坡。

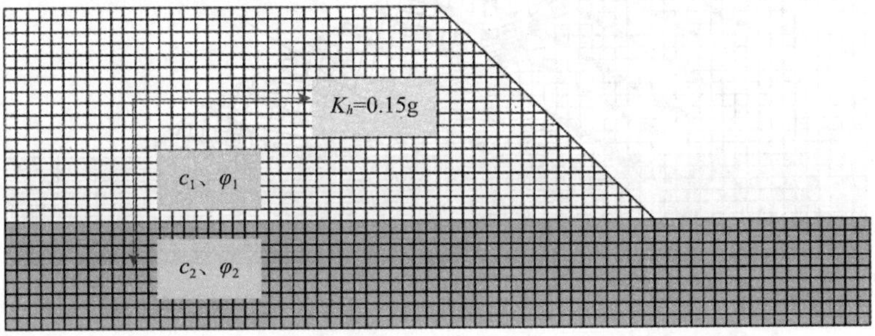

图7-16 地震荷载作用下层状边坡的网格剖分模型

采用本文的有限元程序对该边坡进行稳定性分析，通过2000步的迭代计算，得到边坡的安全系数与最大节点位移的关系曲线，如图7-17(a)所示。可以看出当第324个迭代步突然增至第2000步时，最大节点位移发生突变，此时对应的安全系数$FS=1.0$，地震荷载作用下，边坡处于临界失稳状态。计算得到的边坡的失稳机理和滑动面位置的关系如图7-17(b)所示，其失稳机理为双滑面破坏模式，在坡体的上层坡脚处和下层地基层右岸中同时形成了临界滑动面。边坡一旦发生深层失稳，其滑动体积方量将会比较大。该边坡处于临界失稳状态，即使接下来没有人类活动、降雨或地震等明显的诱发因素，该边坡也很可能由于强度参数的逐渐弱化发生渐进性破坏。

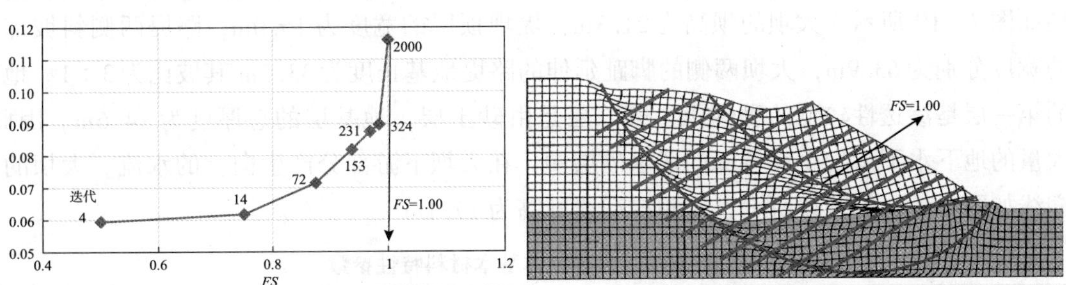

(a)地震荷载作用下最大节点位移与安全系数的关系曲线 (b)内部加固前边坡的稳定性态和失稳机理

图7-17 地震荷载作用下内部加固前边坡的稳定性态和失稳机理

因此，通过加固边坡内部土体以增强其稳定性，内部加固采用土钉或锚杆的形式加固滑体。将加固构件直接插入潜在滑坡体中，锚杆的长度最好超过第二个潜在滑动面位置的深度，如图7-17(b)所示，使得锚杆和土体作为共同体产生作用，以提高土体的抗剪强度，加固不稳定边坡，阻止其发生位移变形。

对内部加固后的边坡进行稳定性分析，通过有限元计算得到加固后的边坡的安全系数提高到1.38，比加固的安全系数提高了38%，边坡的安全系数达到了安全性的允许范围。图7-18展示了加固后边坡的失稳机理，仅一个潜在滑动面在第一层的坡脚处向临空面有滑动的趋势，有未加固前的双滑动面转变为单一滑动面，滑动面位置的深度也大大地变浅。内部加固方式改变了边坡的失稳机理和临界滑动面位置的深度，有效地提高了地震荷载作用下边坡的稳定性。

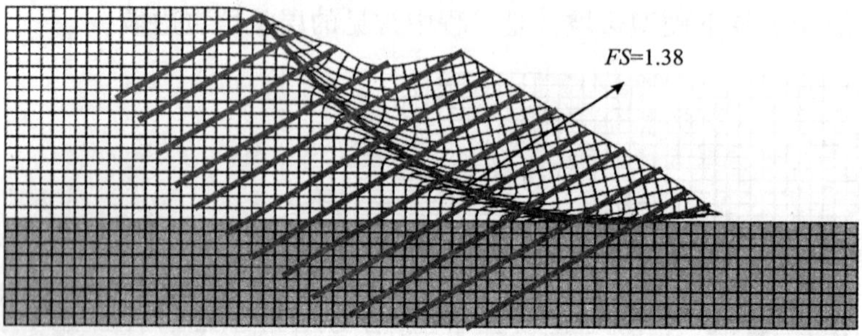

图7-18　地震荷载作用下内部加固后边坡的稳定性态和失稳机理

7.5　工程应用：层状心墙土石坝

层状心墙土石坝仿照了德克萨斯州安东尼奥的维克多·布劳尼格大坝发生的滑坡破坏，除了一些略微的几何调整，试图简化问题，说明本章重点问题外，大体情况与实际大坝较为相似。土石坝是一个位于层状软土地基上的带心墙的堤坝，坝基主要为强度不高的黏土和渗透性较大的砂土层。两层坝基的地下水位较高，在修筑或者运营时期可能存在坝坡连同坝基一起发生深层滑坡破坏的可能性，具体滑动面破坏的模式及深度需要依据实际土体强度特性及排水措施予以分析。每一层土体力学参数如表7-2所示，坝体的几何模型如图7-19所示。大坝的坝高为21.3m，堤坝顶层的宽度为15.0m，路堤两侧斜坡部分的宽度分别为63.9m，大坝两侧的脚趾延伸的路堤地基长度为33.5m其坡比为3∶1。地基的第一层是渗透性较低的黏性土，第二层是由砂土层，地基层的总厚度为14.6m。因此，大量的地下水下渗发生在较深的透水砂层中，在大坝下游部分产生向上的水流。大坝的浸润线如图7-19的蓝线所示，左侧浸润线标高为17.1m。

表7-2　大坝土体基本材料特性参数

材料	黏聚力/(kN/m^2)	内摩擦角/(°)	容量/(kN/m^3)
外壳	15	34	20.03
黏土心墙	7.78	26	19.55
基础黏土层	22	17	19.71
基础砂土层	0	32	20.35

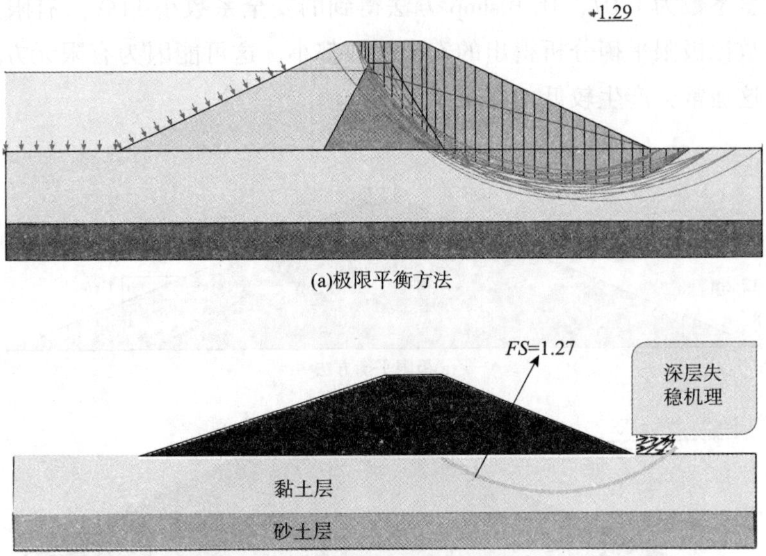

图 7－19　地下水位线条件下双层地基之上的堤坝的失稳机理和滑动面

心墙土石坝第一层为饱和黏土层，渗透系数较小，孔隙水压力消散过程较为缓慢，对坝基的稳定性非常不利，如果必要需提前进行工程排水措施。使用竖直砂井或水平垫层均可有效地降低孔隙水压力以预先提高坝基的稳定性。通过不同的方法进行稳定性分析，从图 7－19 中可以看出，极限平衡方法和有限元程序的安全系数分别为 1.29 和 1.27，计算结果较为接近，大坝的滑动面穿过坝基黏土层从右侧的地基层滑出，形成深层与基底不相切的失稳机理。与预测的相似，临界滑动面穿过水平地基层，使得坝坡连同坝基一起发生深层滑坡破坏，致使滑坡体的体积量更大。因此，做好坝基的坡内排水，以确保各个阶段边坡的长期稳性，加强排水是保证土石坝或边坡稳定性的重要措施，竖直砂井或排水洞均是有效可行的。

将层状心墙土石坝的地基层视作无限长且不透水的地基，坝体层看做一个左侧蓄水的无地基层的均质土堤坝，数值几何模型如图 7－20 所示，坝体的物理力学参数和浸润面的位置如图中标识。对该堤坝进行了稳定性计算，评估下游边坡的长期稳定性态。不同分析方法中采用了横截面上显示的排水有效应力抗剪强度参数。

对该堤坝分别采用了 SLOPE/W 中的 Bishop 方法和本文有限元程序中的渗流模块进行稳定性分析，计算得到的失稳机理、临界滑动面的位置及对应的最小安全系数如图 7－20 所示。两种方法计算得到的最小安全系数分别为 1.18 和 1.15，结果非常接近，有限元分析得出的安全系数比 Bishop 方法得出的安全系数小 3% 左右。Bishop 方法进行自动搜索在堤坝右侧的斜面上形成滑动圆弧，有限元方法得到的滑动面是从堤坝的顶层开始，在坡脚处滑出，滑动面的形状并非规则的圆弧滑面，形成的滑动面深度相对较深，导致的滑体体积较大。图 7－21 为由 $Phase^2$ 程序中的强度折减结合有限元的渗流分析确定出的剪切应变等值线(Duncan，2014)，从图中看，滑动面也是从大坝的顶层开始逐渐形成明显的剪出口，对应的安全系数为1.07，比Bishop方法得到的安全系数小11%。有限元强度折减法得出的安全系数比极限平衡分析得出的安全系数都小，这可能因为有限元方法针对的是非圆弧滑动面，这通常会产生较低的安全系数。

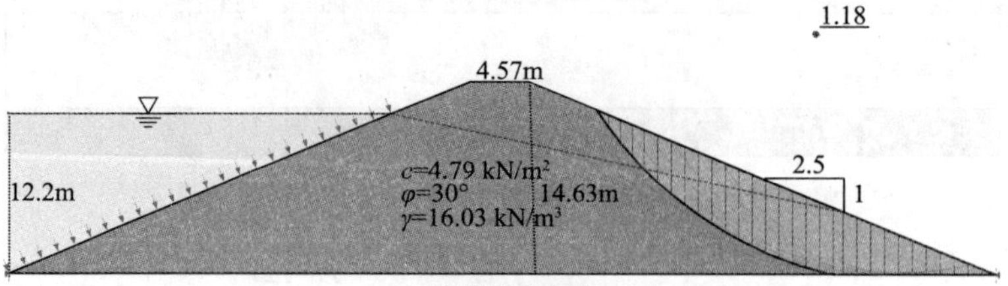

(a)极限平衡方法

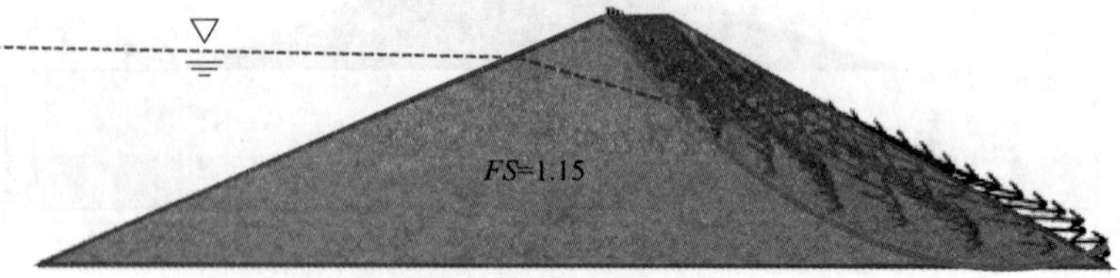

(b)本文有限元程序

图7－20　地下水位线条件下无地基层的堤坝的失稳机理和滑动面

图7－21　使用强度折减法和有限元渗流分析确定的剪切应变等值线

地下水位线的骤变及孔隙水压力的消散都是触发滑坡和溃坝的主要诱因，对边坡稳定性的影响非常大，坝体内孔隙水压力没有得到及时地与外部水压力随之消散，致使孔隙水压力的确定成为一个难题。水位骤变的升降过程和时间效应也是一个尤为重要的问题，及时了解和控制水位骤变速度也可提前防治滑坡。排水措施可以有效地降低地下水位，在工程中提高边坡稳定性具有较好的加固效果，可使得堤坝或边坡的稳定性约至少提高5%～10%。

7.6　小结

本章探讨了地下水作用下的层状边坡的稳定性态、破坏机制及滑动面位置的变化规律。研究了外界条件与边坡内在因素之间的相互影响，建立了水力效应作用下层状边坡的稳定性图解法，为快捷评估边坡的稳定性态和判定边坡的失稳机理提供了最直接的依据，填补了已存在图解法的。主要结论归纳如下。

(1)尽管地下水降低了黏土层状边坡的稳定性和安全储备，但边坡几何形态对边坡稳定性态、失稳机理、破坏机制的影响规律变化不大。

(2)在地下水作用下，强度梯度参数 M 值越大，边坡的安全系数 FS 越小，边坡临界滑动面的位置越深，失稳机理的演化规律为坡脚失稳→双滑面破坏模式→深层失稳。

(3)库水位升降导致的水位线的变化以及降雨入渗引起的孔隙水压力作用下，安全系数与土体强度参数比 $c/\gamma H \tan\varphi$ 呈负相关，$c/\gamma H \tan\varphi$ 比值越大，边坡的稳定性越差，稍陡峭边坡($\beta \geq 45°$)的稳定性受孔隙水压力的影响较大。当孔隙水压力 r_u 增至0.5时，安全系数约降低40% ~70%，安全系数随着内摩擦角的增大反而减小。

(4)边坡的临界滑动面随着 $P = c_2/c_1 = \tan\varphi_2/\tan\varphi_1$ 的增大深度逐渐变浅，失稳机理也由深层失稳过渡到双滑面失稳模式最终发展为从堤坝层滑出的浅层坡脚失稳机理。

参考文献

[1]郭双枫．黄河茨哈峡水电站右岸消力塘边坡失稳模式及稳定性研究[D]．西安：西安理工大学，2015.

[2]Shuangfeng Guo，Li Ning，Liu Wenpeng，et al. Influence of Both Soil Property and Slope Geometry on Failure Mechanisms and Stability of Two - Layer Undrained Clay Slopes Using Elasto - Plastic Finite Elements [J]. Advances in Materials Science and Engineering，2020(3)：1 - 13.

[3]Bishop A W，Morgenstern N. Stability coefficients for earth slopes[J]. Géotechnique，1960，10(4)：129 - 150.

[4]Michalowski R L. Stability charts for uniform slopes[J]. J Geotech Geoenviron Eng，2002，128(4)：351 - 355.

[5]Griffiths D V，Huang J S，Dewolfe G F. Numerical and analytical observations on long and infinite slopes[J]. International Journal for Numerical and Analytical Methods in Geomechanics，2011，35：569 - 585.

[6]Tang G P，Zhao L H，Liang L，et al. Stability design charts for homogeneous slopes under typical conditions based on the double shear strength reduction technique[J]. Arabian Journal of Geosciences，2017，10(13)：280.

[7]Schmertmann J H. Measurement of in - situ shear strength[C]. In Proceedings，In - Situ Measurement of Soil Properties，ASCE，New York，1975，2：57 - 138.

[8]Schmertmann J H. Study of feasibility of using wissa - type piezometerprobe to identify liquefaction potential of saturated fine sands[R]. Vicksburg：Experiment Station，1978.

[9]Schmertmann J H. Discussion of Time - dependent strength gain in freshly deposited or densified sand'by James K. Mitchell and ZoltanV. Solymar(November，1984)[J]. J Geotech Eng，1987，113(2)：176.

[10]Duncan J M，Wright S G. Soil Strength and Slope Stability[M]. Hoboken：John Wiley & Sons Inc，2014.

第8章　不同稳定性态分析方法差异分析与对比研究

从导致刚体极限平衡法存在较大误差的基本假定入手，采用有限元与刚体极限平衡法对比分析的方法，通过层层剥离极限平衡法的基本假定，分别探究各个不合理假定对刚体极限平衡法带来的误差，据此分析刚体极限平衡法存在误差根源、机理与误差范围。“如何将各个不合理假定的影响进行分离”是刚体极限平衡法与有限元法研究的重点与难点。

首先从刚体极限平衡法“各个滑裂面同时达到极限平衡状态”的假定入手，将渐进破坏中的滑动面塑性滑移从耦合作用剥离出来，采用有限元法模拟刚体极限平衡法放松了“同时破坏”假定的条件下的边坡稳定性，这时的有限元解与刚体极限平衡法解之间的差异，即为“渐进破坏中塑性滑移”对边坡稳定性的误差影响。在此基础上，再分别考虑“滑体的弹塑性变形”“滑床影响”“施工开挖的应力释放量”的影响，在这些影响因素的误差研究中，采用“层层递进”的方式，从中可以分析出，在边坡稳定性分析中逐步放松刚体极限平衡法中假定的边坡稳定性的变化，展现出各基本假定对边坡稳定性分析结果的影响与大小的变化过程。

8.1　平面圆弧型滑动破坏机制特征

在均质软弱岩体中一般发生圆弧形破坏，破坏面将是一个单一圆弧形不连续面，如图8－1所示。

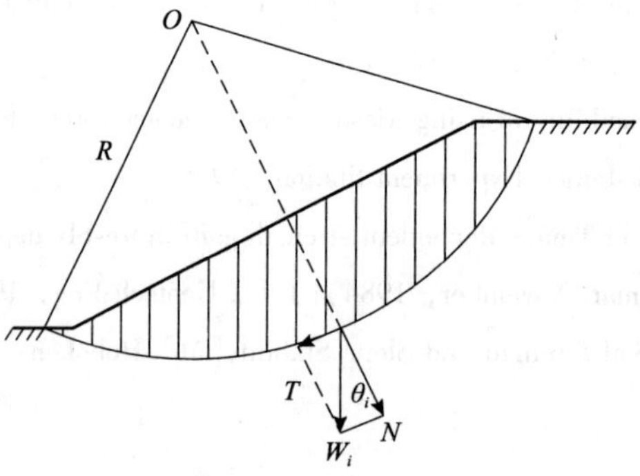

图8－1　圆弧形破坏条分法示意图

该岩坡的稳定安全系数 FS：

$$FS=\frac{\text{抗滑力矩}}{\text{滑动力矩}}=\frac{M_R}{M_s} \tag{8-1}$$

由于对于边坡的稳定性的研究最初主要是从土坡开始的，土坡的破坏一般均为圆弧形破坏，所以对于圆弧形破坏的极限平衡方法的研究发展得相当广泛，主要包括普遍条分法、Bishop、Janbu、Morgenstern－price 法。

8.2 圆弧型滑坡的极限平衡方法

对于整个边坡的滑动来说，极限平衡法要么采用力的平衡，要么采用力矩平衡。一般为了达到力的平衡，所需要未知量如下。

①每一条分地不得法向反力 $N'i$，计 n 个。

②安全系数 Fs，1 个。

③两相邻条分界面上的法向条间力 E_i，计 $n-1$ 个。

④两相邻土条分界面上的切向条间力 X_i(或 X_i 和 E_i 的交角 θ_i)，计 $n-1$ 个。

⑤每个条分底部 T_i 及 N_i 的合力作用点位置 a_i，计 n 个。

⑥两相邻条分间的条间力 X_i 和 E_i 的合力作用点的位置 z_i，计 $n-1$ 个。

以上总共 $5n-2$ 个未知量，力与力矩平衡方程的总数为 $3n$ 个，所以，圆弧形边坡稳定性分析最终简化为求解一个高次超静定问题，通过将条分细化，a_i 确定为条分块底部的中点，这样未知量减少至 $4n-2$ 个，与方程式相比还有 $n-2$ 个未知量，不同的极限平衡法的区别主要是从不同的角度，如何更加接近实际的对这 $n-2$ 个未知量给出正确的假定。

Bishop 法：假定 $n-1$ 个条间切向力为零。

Morgenstern－price 法：假定两相邻条块间法向条间力和切向条间力之间存在对水平坐标的函数关系。

Janbu 法、普遍条分法：假定条间合力的作用点：坡面没有超载时，非黏性土在靠近条块的下三分点处，黏性土在三分点上(被动土)，在三分点下(主动土)；坡面有超载时，作用在梯形荷载的形心的连线上。

极限平衡法基本上均采用先假定 FS 的初值，从坡顶的条块开始计算，迭代递推至坡脚块，一般计算较为简单，但步骤较多，繁琐易出错。

8.3 平面圆弧型失稳破坏的有限元方案

8.3.1 有限元模型

仿真分析中圆弧形滑动的最危险滑裂面的确定，通过刚体极限平衡法的最危险滑弧搜索法确定，这样可以保证有限元与刚体极限平衡法在同一基础上进行比较。最危险滑弧面的确定采用瑞典条分法，本文主要借鉴成都科技大学张天宝同志的研究成果，采用“相对黏结度”的概念，“相对黏结度”S 反映土的黏聚力和与摩擦力关系的参数，无量纲，用下式表示：

$$S=\frac{c}{\gamma\tan\varphi} \tag{8-2}$$

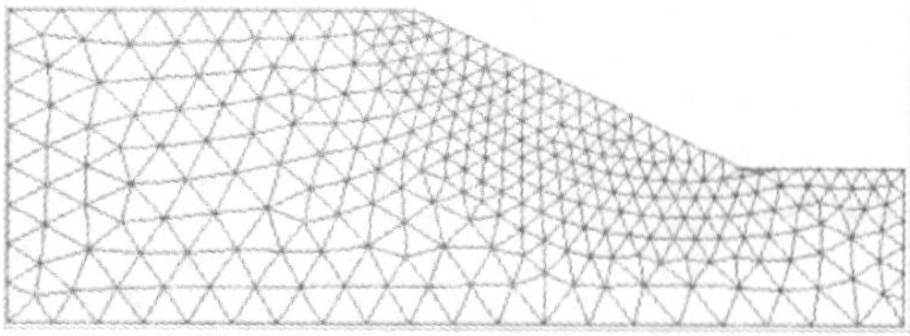

图 8－2 有限元网格示意图

仿真分析模型的几何分析域的选取如图 8－2 所示，按二维平面应变问题考虑，岩坡体轴向上选取单位宽度。坡体的高度与坡角的选取分别按照各方案布置的不同而选取。计算边界条件为：坡面为自由边界，坡底与坡内侧为零位移边界条件。坡体内围岩与滑块体按弹塑性各向同性介质考虑，在滑面与滑块体之间设置摩擦－界面单元，运用 Mohr－Coulomb准则进行摩擦滑动判断。

表 8－1 边坡体形几何要素表

边坡类型	坡高/m	坡度/(°)	倾角/(°)	后缘宽度/m	重力/kN	滑弧圆心		滑弧半径
						X	Y	
圆弧形	20	27	20	3.042	302.29	84.0	61.0	43.0

8.3.2 有限元稳定性分析评价

本文将提出一种符合边坡的渐进破坏特征的边坡稳定性有限元评价方法，该方法仍采用材料储备安全系数的概念，并且仍基于安全系数为：整个滑动面的总抗滑力(力矩)与滑动力(力矩)的比值。为了体现边坡渐进破坏的特点，在计算中引入峰值强度与残余强度，在破坏前采用峰值强度，破坏后采用残余强度，即根据有限元计算出的滑面上的正应力与剪应力，计算该滑动面的抗剪力(力矩)与剪应力(力矩)的比值，将该比值认为是该滑面上滑动力(力矩)与抗滑力(力矩)的比值即为安全系数。在圆弧形滑动破坏时，采用力矩平衡的方式，进行力矩的矢量叠加，整体安全系数的评价公式：

$$FS=\frac{\sum(\sigma_n^i\cdot\tan\varphi_i+C_i)\cdot l_i\cdot R_i}{\sum\tau_n^i\cdot l_i\cdot R_i}+\frac{\sum(\sigma_m^i\cdot\tan\varphi'_i+C'_i)\cdot l_i\cdot R_i}{\sum\tau_m^i\cdot l_i\cdot R_i} \tag{8-3}$$

式中，R_i 为第 i 个滑动面单元距滑弧圆心的距离，m；FS 为安全系数；σ_n^i 为第 i 个未破坏的界面单元正应力，kPa；σ_m^i 为第 i 个破坏界面单元正应力，kPa；τ_n^i 为第 i 个未破坏的界面单元剪应力，kPa；τ_m^i 为第 i 个破坏界面单元剪应力，kPa；C_i 为第 i 个滑动面单元峰值黏聚力，kPa；c_i 为第 i 个滑动面单元残余黏聚力，kPa；φ_i 为第 i 个滑动面单元峰值内摩擦角，(°)；φ'_i 为第 i 个滑动面单元残余内摩擦角，(°)；l_i 为第 i 个滑动界面单元的长度，m。

残余 c、φ 值一般需要通过实测获得，通常而言，残余黏聚力相对于峰值黏聚力在峰值之后衰减很快，而残余内摩擦角相对其峰值的变化并不太剧烈，对于残余 c、φ 值在本论文中将作如下约定：$c_i=0$；$\varphi'_i=\varphi_i$。虽然，c_i 的取值偏低，但通过不考虑 φ'_i 值的折减，弥补了 c_i 取值的误差，基本上可接受。

8.4 数值仿真实验

8.4.1 数值仿真实验方案与思路

针对平面圆弧型滑动破坏的自身特点，研究引起平面圆弧型滑动破坏的误差根源及误差范围。平面圆弧型滑坡一般发生在均质软弱岩土体(有黏聚力)中，对于平面圆弧型滑动破坏，刚体极限平衡法一般采用条分法，条分法是一种分析一定边界条件下均质岩土体中剪切破坏的方法，其方法首先根据岩土体的 c、φ、γ、坡高、坡比确定一定坡体的在该岩土体参数下的最危险滑弧面，然后在这个最危险滑弧面上求解其安全系数。也可以运用搜索试算法，选定一种条分法，在根据最危险滑弧面分布规律所确定的范围内进行搜索试算。

平面圆弧型滑坡的刚体极限平衡法 - 条分法的基本假定如下。

①假定滑体的每个条块为刚性体。

②假定滑体的每个条块与边坡整体均满足力的平衡或力矩平衡(瑞典条分法只满足整体的力矩平衡，但不满足每个条块的力矩平衡)。

③滑动面及条块间按照 More - Coulomb 刚塑性破坏准则。

④假定各条块间的条间力或条间剪力分布。

分析以上计算原理与假定，不难发现，平面圆弧型滑坡相对平面直线型滑坡有主要以下两点差别。

①滑动面的形式发生了变化，由直线型变为圆弧型。

②通过假定条间力和力矩的分布，将原本“超静定问题”转化为“静定问题”，用这种方法弥补了没有考虑滑体的本构关系，其实质是通过引入条间力与力矩，间接性地等效考虑了滑体的塑性强度。

③在确定滑动面时，已经反映了边坡滑动面上的塑性影响。

从上面的分析，可以说平面圆弧型滑坡的刚体极限平衡法 - 条分法是目前发展便较完善的极限平衡法，陈祖煜先生将其作为其极限平衡法的下线解法。本章将只针对平面圆弧型滑坡相对于平面直线型破坏的特点，研究在均质岩土体中发生剪切破坏的圆弧型滑动破坏，滑动面型式的变化以及考虑滑体内塑性发展对刚体极限平衡法 - 条分法的误差影响与误差范围。

8.4.2 “同时破坏 - 渐进破坏”的误差分析

如前所述，圆弧型破坏的刚体极限平衡法将整个滑体离散成若干条块体，并进一步考虑各条块间的条间推力与条间剪力的作用，从而间接反映滑体的塑性强度，同时又考虑了滑动面的塑性滑移。条分法间接考虑了边坡稳定过程中的塑性发展过程，但由于条分法依然是基于滑动面和条间均同时进入极限平衡状态，并且整个滑体不考虑本构关系，而是将滑体的塑性变形离散到若干个条间面上，这些都决定了条分法只是粗糙、等效的近似求解均质软弱岩体边坡稳定性的方法。

本节的主要任务是通过有限元方法校核在考虑渐进破坏的条件下，条分法近似考虑塑性强度与塑性滑移所带来的误差。所以在本节中，将滑体设为刚塑性体，滑床设为刚性体，仍然按照条分法的刚性边界条件，在求解的过程中同时进行滑体的塑性迭代和滑动面的塑性迭代。

8.4.2.1 平面破坏法的“基本假定”的有限元法实现

(1)假定滑体为刚性体。

将滑体、滑床的变模取得相当大，并且将泊松比值取得相当小，认为在这一条件下的滑体与滑床接近于刚体，应该注意到在刚体极限平衡法中并没有体现出滑床的存在，而是以力的形式反映出来，但可以等同于刚性支撑，所以将滑床设置为刚体能够基本反映上述假定。在求解中对于滑体与滑床的单元进行线弹性分析，可以屏蔽掉滑体与滑床的 c、φ 的塑性影响。

(2)假定滑动面上各点渐进地进入极限平衡状态。

针对在渐进破坏中滑动面上 c、φ 值的发挥机理进行了研究，在本节的数值仿真实验方案将分为两类：①固定 c 值，不断改变 φ 值；②固定 φ 值，不断改变 c。同时，由于圆弧型滑坡发生在均质岩土体中，且当滑动面贯通形成后，边坡往往失稳，所以本章中滑动面塑性参数的取值与滑体的塑性参数相同。

8.4.2.2 仿真方案设计

具体的数值仿真实验方案如表 8－2 所示。

表 8－2　滑体、滑床塑性变形与滑动面塑性滑移对边坡稳定影响的方案表

滑体与滑床	变形模量/GPa	泊松比	内摩擦角/(°)	黏聚力/kPa	容重/(kN/m^3)	界面	
						内摩擦角/(°)	黏聚力/kPa
1	15.0e6	0.01	27	5	23.0	27	5
2	15.0e6	0.01	20	5	23.0	20	5
3	15.0e6	0.01	15	5	23.0	15	5
4	15.0e6	0.01	10	5	23.0	10	5
5	15.0e6	0.01	5	5	23.0	5	5
6	15.0e6	0.01	5	15	23.0	5	15
7	15.0e6	0.01	5	30	23.0	5	30
8	15.0e6	0.01	5	50	23.0	5	50

8.4.2.3 结果分析

表 8－3、图 8－3 分别从安全系数和滑动面上的应力分布角度列出了上述表 8－2 中的

七个方案的分析结果。从表 8 - 3 中可示，刚体极限平衡法共采用了五种方法：Order、Bishop、Janbu、Morgenstern - price 的力法、Morgenstern - price 的力矩法。从计算结果来看，Bishop、Morgenstern - price(力法)、Morgenstern - price(力矩法)三种方法可以得到较为一致的结果，且安全系数值在各种解答中为较大值，而 Order 法次之，Janbu 法的解答最小。刚体极限平衡法解答之间差异一般约为 6% ~10%。

表 8 -3　塑性变形、滑移对边坡安全系数的影响及 FEM 与 LEM 的误差表

方案	界面		刚体极限平衡法					有限元	误差范围
	内摩擦角/(°)	黏聚力/kPa	Order	Bishop	Janbu	M - P 的力矩法	M - P 的办法		
1	27	5	1.29	1.42	1.28	1.42	1.42	1.38	-3% ~7%
2	20	5	0.95	1.05	0.94	1.04	1.05	1.16	9% ~19%
3	15	5	0.73	0.80	0.72	0.80	0.80	1.04	23% ~31%
4	10	5	0.51	0.56	0.50	0.56	0.56	0.91	38% ~45
5	5	5	0.30	0.33	0.30	0.33	0.32	0.76	58% ~61%
6	5	15	0.47	0.50	0.46	0.50	0.50	0.78	35% ~41%
7	5	30	0.70	0.74	0.68	0.74	0.74	1.02	27% ~33%
8	5	50	0.99	1.03	0.96	1.03	1.03	1.56	34% ~38%

注：误差的 + 或 - 表示有限元结果比刚体极限平衡法大为 +，反之为 -。

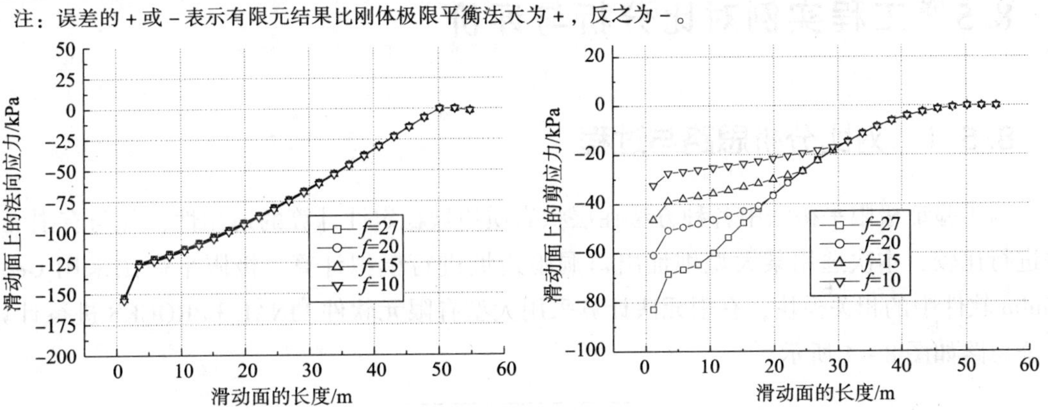

(a)c=5

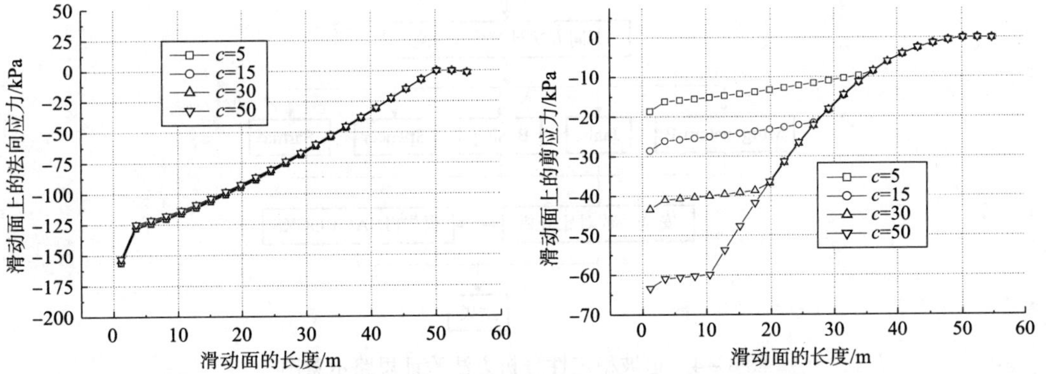

(b)φ=5

图 8 - 3　渐进破坏下塑性变形、塑性滑移对滑动面的应力分布的影响

从图8－3可知，滑动面上正应力分布图得到了与前两章统一的结论，即滑动面上塑性参数在与其他因素不耦合的情况下，对滑动面上的正应力分布几乎没有影响，滑动面上的正应力只与滑体的重量有关。从剪应力分布图可知，随着滑动面上的 c 或 φ 的降低，滑动面上的局部破坏区域逐渐增大。

从表8－3所示，刚体极限平衡法－条分法的结果比有限元的结果小，偏于安全，进一步验证了在平面直线型滑坡所得到的结果，即条分法与有限元两者之间的误差主要在于滑动面上的局部破坏区域大小与渐进破坏中峰值强度与残余强度差值的耦合作用，在本论文 $c'_i=0$；$\varphi'_i=\varphi_i$ 的情况下，条分法与有限元法的差异更主要的在于：滑动面上的局部破坏区域大小与滑动面 c 值耦合的影响。从工程设计角度，安全系数为0.8～1.5时，在均质软岩中均会发生一定的局部破坏，如果不发生局部破坏，其安全系数将远超过工程领域考虑的范畴，所以上表可以总结出：在局部破坏的条件下，局部破坏的区域越小，同时 c 值也较小的情况下，条分法的误差越小，如方案1为－3%～7%；当边坡的安全系数小于1即局部破坏区域较大时，条分法的误差基本均在35%以上，如果此时的 c 值较大时将可能更大。当安全系数在1.0附近时，误差为25%～35%，当边坡的安全稳定性较高时，将视其破坏区域与 c 值的具体情况而定。

8.5 工程实例对比分析与评价

8.5.1 对比分析思路与过程

为了验证极限平衡法中各种方法在层状岩质边坡稳定性计算的适用性，并与有限元方法进行比较，本次选用某大型坝址出口洞脸边坡进行模拟计算。极限平衡法采用 Geo－Studio 软件中的相关模块，有限元法计算采用大型有限元软件 FINAL 和 ROCKS 进行计算，验证思路如图8－4所示。

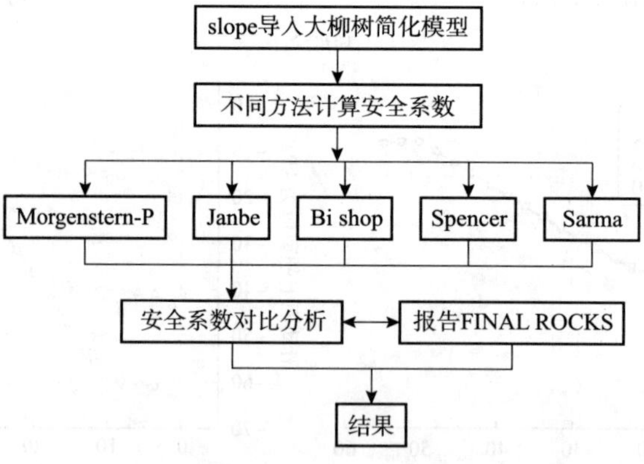

图8－4　边坡稳定性分析方法验证思路示意图

8.5.1.1　边坡概况

某坝址位于黑山峡河段出口以上2km处，河水位平水期高程为1240m，两岸山脊高程为1520～1580m，两岸自然边坡坡角为30°～40°。由于该坝址两岸大范围的松动岩体的存在和工程规模的巨大，而且该地区又属于强震区，使大柳树水利枢纽工程的边坡稳定性特殊而复杂。该边坡方向SE 110°，倾向NE，最大开挖边坡高度达180m左右。基岩裸露，岩性为浅变质长石石英砂岩与千枚岩互层，山梁下部岩体轻微松动，其上部岩体强烈松动且强风化，强烈松动岩体水平深度为80～90m，强风化水平深度为40～50m，表部岩体呈干砌块石状的散体结构，异常破碎。边坡开挖后表面岩体可能发生倾倒、松动滑移、局部掉块、滑塌、错落等。

8.5.1.2　计算参数

表8－4　洞脸边坡岩土体物理力学参数表

岩体类别	变形模量/GPa	泊松比	摩擦系数	黏聚力/MPa	容重/(kN/m^3)
强松动岩体	0.5	0.4	0.50	0.05	26.6
微松动岩体	1.5	0.31	0.55	0.2	26.6
未松动岩体	2.5	0.28	0.7	0.4	26.6
裂隙及滑动面	—	—	0.52	0.085	—

地下水位以下岩体的物理力学参数降低30%。

表8－5　支护材料物理力学参数表

材料	容重/(kN/m^3)	弹性模量/GPa	泊松比	抗压强度/MPa	抗拉强度/MPa
锚杆 Φ25		200	0.25	310	310
C20 喷砼	22.0	21.0	0.167	10.0	1.0

8.5.1.3　支护方式

①喷15cm厚C20混凝土。

②采用Φ25@2.0m×2.0m、$L=5$m常规喷锚处理，并挂Φ12@20cm×20cm的钢筋网。

③高程▽1249～▽1269、进行3排500t@5m×5m、$L=45$m预应力锚索锚固，$\Psi=25°$；高程▽1289～▽1309进行3排500t@5m×5m、$L=45$m预应力锚索锚固，$\Psi=25°$；在高程▽1329～▽1349进行4排500t@5m×5m、$L=40$m预应力锚索锚固，$\Psi=10°$。支护示意图如图8－5所示。

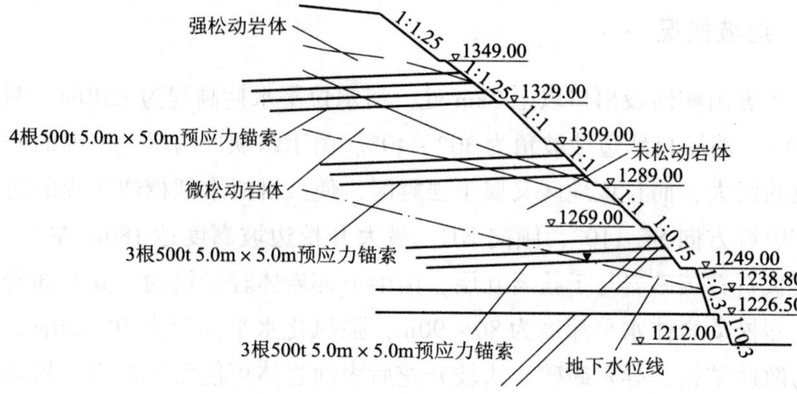

图 8－5　坝址出口洞脸边坡支护方式示意图

8.5.1.4　滑动面选择

本次模拟计算采用搜寻的指定滑动面，如图 8－6 所示。

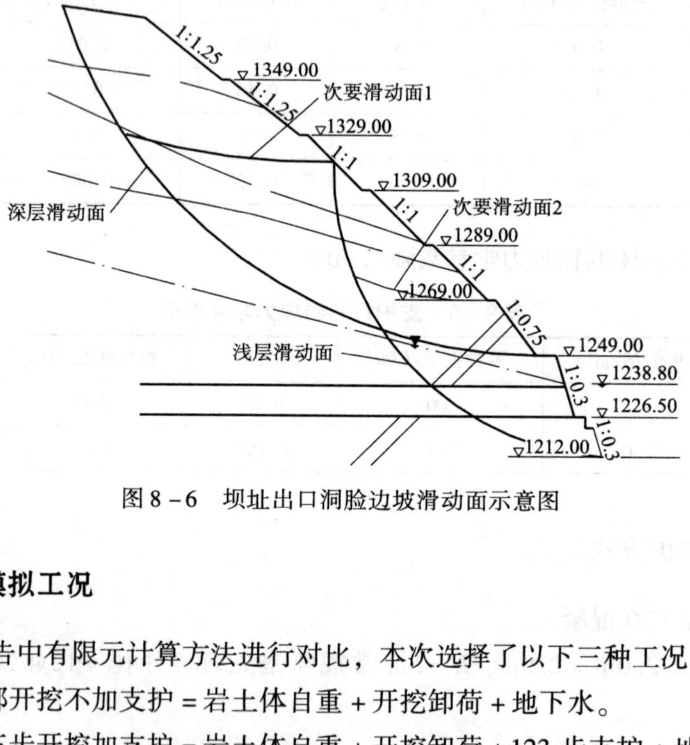

图 8－6　坝址出口洞脸边坡滑动面示意图

8.5.1.5　模拟工况

为了与原报告中有限元计算方法进行对比，本次选择了以下三种工况。

工况 1：全部开挖不加支护 = 岩土体自重 + 开挖卸荷 + 地下水。

工况 2：第三步开挖加支护 = 岩土体自重 + 开挖卸荷 +123 步支护 + 地下水。

工况 3：第四步开挖加支护 = 岩土体自重 + 开挖卸荷 +1234 步支护 + 地下水。

8.5.2　极限平衡法与有限元法对比与评价

极限平衡法采用 GeoStudio 软件中的相关模块计算，有限元法计算直接应用原报告中 FINAL 和 ROCKS 软件的计算结果。各工况下变形矢量及垂直应力云图和各滑动面示意图如图8－7~图8－9所示，不同工况不同方法边坡稳定性的安全系数如表8－6所示。

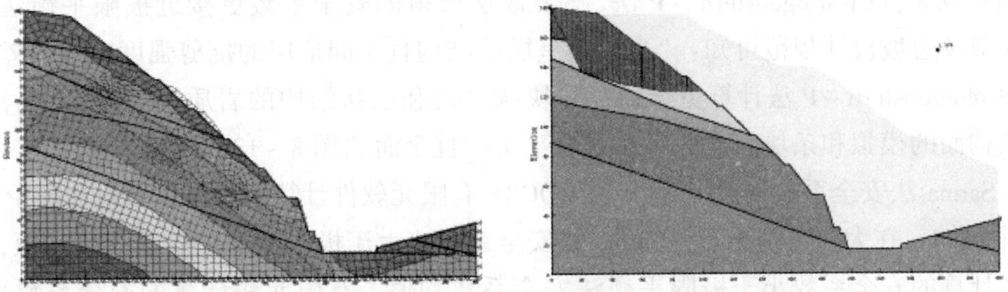

图8－7　工况1变形矢量及垂直应力云图＋上部滑动面示意图

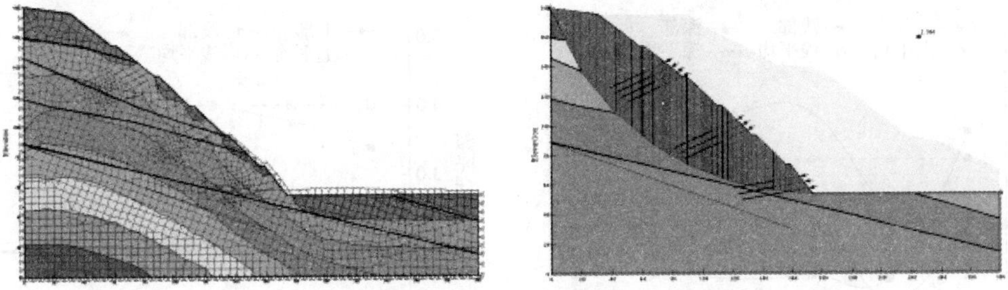

图8－8　工况2变形矢量及垂直应力云图＋深层滑动面示意图

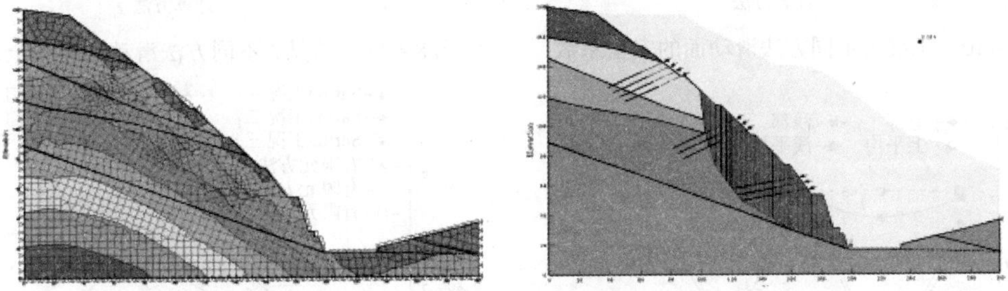

图8－9　工况3变形矢量及垂直应力云图＋浅层滑动面示意图

表8－6　不同工况不同方法计算边坡稳定性的安全系数

工况	位置	Morgenstern－P	Janbu	Bishop	Spencer	Sarma	平均值	FINAL/ROCKS
1	上部	1.624	1.427	1.636	1.655	1.613	1.591	1.3
	浅层	1.849	1.486	1.492	1.498	1.492	1.550	1.32
	深层	1.491	1.641	1.903	1.878	1.862	1.780	1.52
2	上部	2.021	1.699	2.052	2.076	2.017	1.929	1.8
	浅层	3.412	3.765	3.986	4.425	4.482	4.014	3.31
	深层	1.965	1.706	2.016	1.963	1.949	1.931	2.1
3	上部	2.021	1.699	2.052	2.076	2.017	1.938	1.65
	浅层	2.102	2.039	2.105	2.191	2.112	2.121	1.63
	深层	1.965	1.706	2.016	1.963	1.949	1.922	1.74

综合图 8 - 10 ~ 图 8 - 12 可知：Janbu 法、Bishop 法、Spencer 法等相对于极限平衡法均值偏差较大，而 Morgenstern - P 法、Sarma 法所得的安全系数更接近极限平衡法均值。由 2. 3 节及边坡设计规范可知：“当边坡呈层状结构且不同地层的抗剪强度有明显差别时，则选用 Morgenstern - P 法计算更合适；对块状结构和层状结构的岩质边坡，Sarma 法对其倾斜结构面的模拟和条块间力的考虑更合乎实际且全面。”图 8 - 13 为极限平衡法安全系数均值、Sarma 法安全系数以及 FINAL 和 ROCKS 有限元软件计算的安全系数对比图。从图 8 - 13 中可知：在大多数情况下，Sarma 法安全系数略大于极限平衡法安全系数均值，而有限元法计算的安全系数小于极限平衡法安全系数均值，有限元法计算的安全系数相对偏安全。

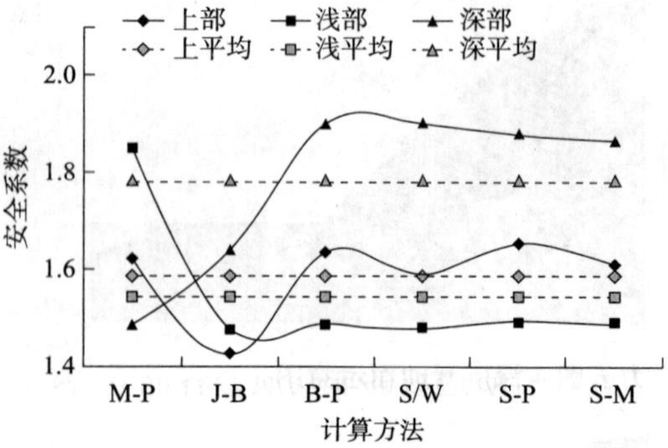

图 8 - 10　工况 1 不同方法滑动面的安全系数

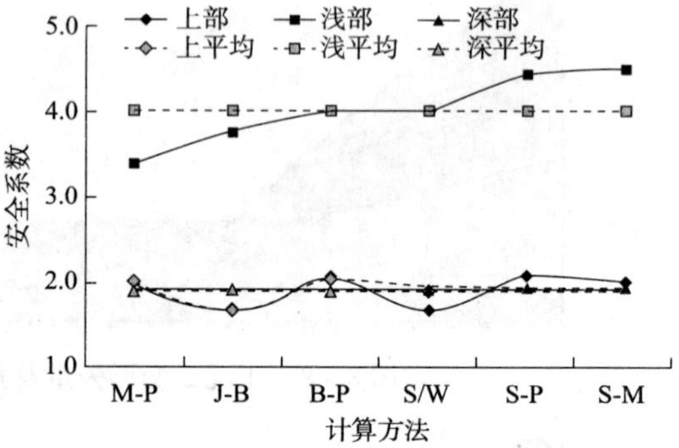

图 8 - 11　工况 2 不同方法滑动面的安全系数

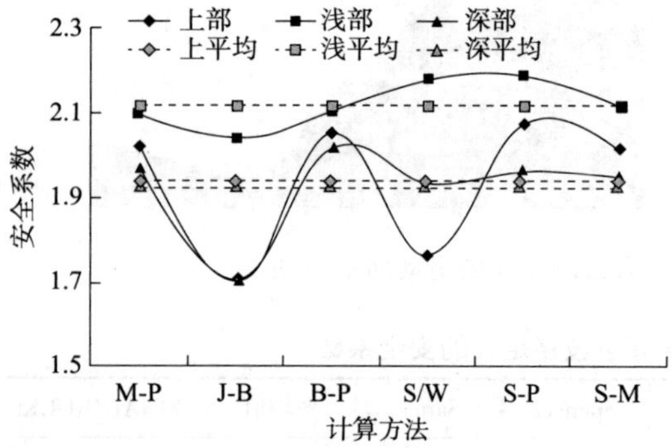

图 8 - 12　工况 3 不同方法滑动面的安全系数

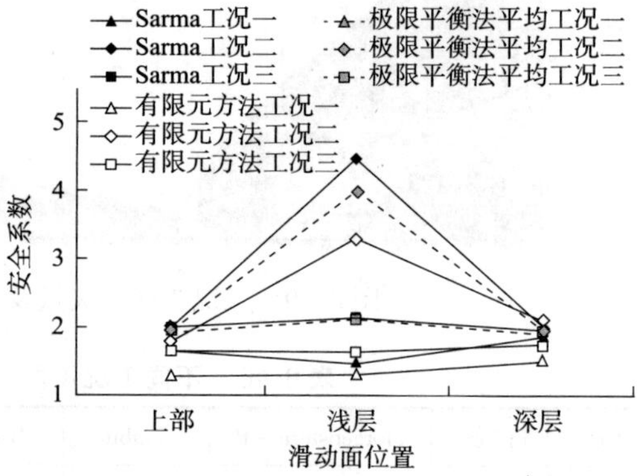

图 8 - 13　极限平衡均值 - Sarma 法 - FINAL 安全系数图

综上所述：Sarma 法分析边坡时，允许条块体各边的倾角自由变换，允许各条块底面和条块侧面采用不同的抗剪强度，使其可同时反映各种不同结构面的特性，与边坡实际情况较符合，因此，相对于其他方法，Morgenstern - P 法、Sarma 法更适合分析节理裂隙发育的层状岩质边坡的稳定性。

8. 6　小结

本章重点探讨了多种因素对平面圆弧型滑动的边坡稳定性及滑动面应力分布情况影响

的规律，揭示了圆弧型滑坡的演化机理。结合典型工程实例的边坡稳定性分析，对比研究了边坡稳定分析有限元方法与刚体极限平衡法的差异。获得以下结论性认识。

(1)平面圆弧型滑坡发生在均质软岩、土质边坡中，发生剪切破坏时由于黏聚力的作用，而呈现圆弧型滑动。在工程问题角度，需要考虑的圆弧型边坡，往往圆弧型滑动面上已发生局部破坏。在工程考察的范围内，圆弧型边坡已发生局部的渐进破坏，因此，对于圆弧型滑动的破坏机制，刚体极限平衡与有限元方法计算结果相比，误差相对较大。

(2)平面圆弧型滑坡的刚体极限平衡法结果偏于保守，但安全。从工程角度出发，边坡的安全系数为0.9~1.5时，平面圆弧型的滑坡的稳定安全分析中，刚体极限平衡法误差的差异较大，为7%~40%，边坡的局部破坏范围的越小，同时滑动面残余强度越高时，两者之间的误差越小，误差可达到5%~7%。在不满足上述条件时，最大误差可达到30%~40%。

(3)将极限平衡分析法和数值分析法应用于某大型坝址出口洞脸边坡，将两种方法进行对比分析，有限元法计算的安全系数与Morgenstern－P法、Sarma法较为接近。通过论证的刚体极限平衡方法中Morgenstern－P法、Sarma法更适合分析节理裂隙发育的层状岩质边坡的稳定性。

(4)刚体极限平衡法是一种近似解，无法模拟真实岩质边坡的非均质、各向异性的性态以及连续变形与非连续变形的破坏模式。有限元方法可以直接求解不同潜在滑动面在施工、支护和运行阶段的安全系数、变形场和应力场，根据现场及时监测、逐步模拟开挖过程的稳定性态。能够直接地采用潜在滑动面单元模拟边坡的实际工况，从而实现直接求解复杂情况下边坡稳定安全系数。

第9章 边坡预应力锚固作用机理研究

9.1 引言

边坡锚固技术是采用锚杆或锚索等构件对边坡岩土体进行加固的技术，具有主动加固边坡岩土体、改善被锚岩土体内部应力状态、有效控制岩土体变形与位移、防止边坡岩土体破坏或失稳、技术先进可靠且经济实用等突出优势。坡体锚固广泛应用于土木、水利、交通、矿山等工程领域，带来了巨大的经济效益、社会效益和环境效益(言志信等，2018)。预应力锚固技术是一项先进的岩土工程加固技术，预应力锚索更是岩质或土质边坡加固支护的主要措施之一。预应力锚索加固岩体边坡的优越性在于能为节理岩体边坡、岩体断层、软弱带等提供一种强有力的“主动”支护手段，这是所有传统非预应力“被动”支护所无法达到的，且由于其预应力吨位大、长度长，具有其他锚固手段不具备的优点(张西前，2006)。但是，由于高边坡开挖爆破与锚固施工穿插进行，形成边挖边锚和先锚后挖的施工流程，因而，高边坡开挖爆破振动荷载对已设置的或正施工中的锚索将产生怎样的影响，如何保证高边坡岩体上设置的锚固设施有效地发挥作用，确保工程的施工安全和永久建筑物的安全运行，是一个十分突出而又亟待回答和解决的问题。当前，工程上多采用现场监测的方法，量测预应力锚索的加速度、动应变、动应力等指标，追踪具体工程条件下爆破振动荷载对锚索的作用过程和影响，分析锚索瞬时荷载增量及爆破振动荷载对具体工程锚索的损害。然而，系统地研究爆破振动荷载对预应力锚索的影响尚未见报道。

9.2 界面单元模型及荷载模拟分析

9.2.1 滑动面摩擦－接触－张开内界面单元模型

对于任意接触状态的两块体，若处于接触态，对于图9－1中的一对相接触的结点，应用Lagrangian乘子法建立其虚功变分为(李宁等，2007；张鹏，2003)：

$$\delta E = \delta \{w\}^{\mathrm{T}}([\boldsymbol{k}_c]\{w\} + [\boldsymbol{g}]) \tag{9-1}$$

若两块体分离，则应用罚函数描述其分离过程的刚体位移(平动或转动)与块体位置，则得到的虚功变分为：

$$\delta E = \delta[w]^{\mathrm{T}}([\boldsymbol{k}_c]\{w\} + \alpha\{\boldsymbol{g}\}) \tag{9-2}$$

式中，$\{w\}=\{u_{1x}\quad u_{1y}\quad u_{2x}\quad u_{2y}\quad \boldsymbol{\lambda}_t\quad \boldsymbol{\lambda}_n\}$；$\{\boldsymbol{g}\}$为两块“接触”刚度矩阵；$\alpha$为罚函数因子。

将系统的所有块体单元的虚功加起来，如果块体的运动很缓慢，可以不计惯性项和黏性项，则有：

$$[\boldsymbol{k}_s]\{u\}+[\boldsymbol{k}_c]\{w\}=\{p\} \tag{9-3}$$

式中，$[\boldsymbol{k}_c]$为块体本身的刚度矩阵；$[p]$为作用在块体上的节点力。

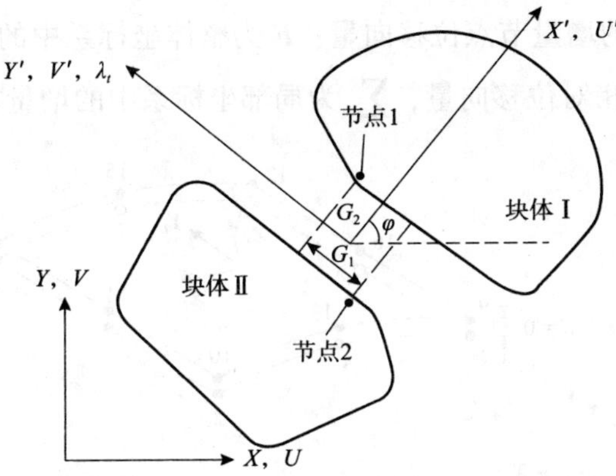

图9－1　岩块之间的摩擦接触力与相对位移

滑动面、断层等均采用摩擦接触型界面单元模拟，传统的裂隙分析模型——Goodman节理单元常用来模拟岩土体中的断层、剪切破碎带和不连续区域。但由于引入了不易准确确定的裂隙虚拟法向和切向刚度，使得裂隙单元的实际应用受到很大的限制。

本节采用了Katona在1985年提出一种不用刚度系数的摩擦接触型界面单元能模拟两接触面间的滑动摩擦、张开和闭合过程(图9－2)，这种单元直接选取接触面上法向和切向接触应力作为附加未知量，同时采用六结点的三角形等参元模拟接触面复杂的几何形状，克服了传统裂隙单元的不足，如图9－2(b)所示。其中接触—摩擦型界面单元的接触条件可分为三类。

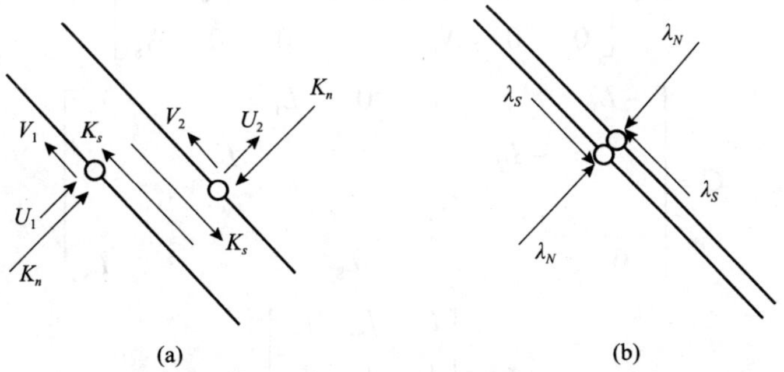

图9－2　二维传统节理单元模型和本文的约束节理单元模型

①固定、滑动和张开。固定是指岩块接触面闭合，无相对位移。

②滑动指该岩块接触面上总剪应力超过其抗剪强度，界面之间有相对剪位移。

③张开指界面上拉应力超过其抗拉强度。

考察接触摩擦问题，用普通的有限元离散方法将其离散化，对接触面上的单元布置双节点。整个问题的描述采用笛卡尔坐标系 X、Y、Z；局部坐标系 n、s、t 则用于描述接触摩擦单元。

定义接触摩擦单元如图 9－3 所示。运用虚位移原理，得到：

$$\delta \boldsymbol{a}^{\mathrm{T}} \boldsymbol{F} = \int_{\Gamma} (\delta \boldsymbol{A})^{\mathrm{T}} \sum \mathrm{d}\Gamma \tag{9-4}$$

式中，$\boldsymbol{a}$ 为整体坐标系中的增量节点位移向量；$\boldsymbol{F}$ 为整体坐标系中的等效增量节点力向量；$\boldsymbol{A}$ 为局部坐标系中的增量相对位移向量；$\sum$ 为局部坐标系中的增量接触应力向量。

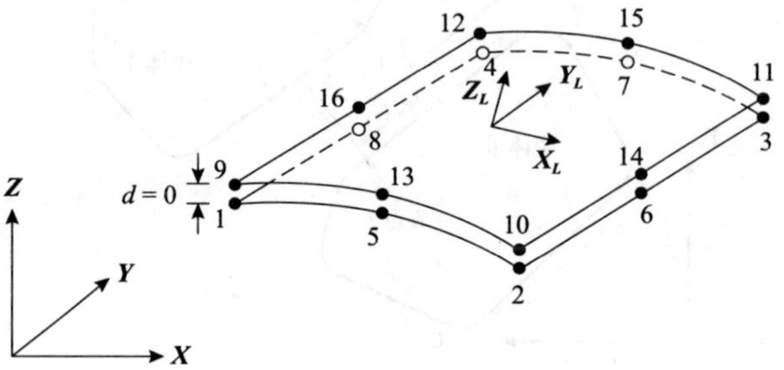

图 9－3　局部坐标系中的接触摩擦单元

引入插值函数矩阵 $\boldsymbol{N}$，则有：

$$\boldsymbol{A} = \boldsymbol{N} \Delta \boldsymbol{a}' \tag{9-5}$$

$$\sum = \boldsymbol{N} \boldsymbol{\sigma} \tag{9-6}$$

$$\Delta \boldsymbol{a}' = \boldsymbol{c} \boldsymbol{a} \tag{9-7}$$

式中，$\Delta \boldsymbol{a}'$ 为局部坐标系中的增量节点相对位移向量；$\boldsymbol{\sigma}$ 为局部坐标系中的增量节点接触应力向量；$\boldsymbol{C}$ 为坐标转换矩阵。

$$\boldsymbol{N} = \begin{bmatrix} N_1 & 0 & 0 & & N_8 & 0 & 0 \\ 0 & N_1 & 0 & \cdots\cdots & 0 & N_8 & 0 \\ 0 & 0 & N_1 & & 0 & 0 & N_8 \end{bmatrix}$$

$$\boldsymbol{C} = \begin{bmatrix} -L_1 & & & 0 & L_1 & & \\ & -L_2 & & & & L_2 & \\ & & \ddots & & & & \ddots \\ 0 & & & -L_8 & & & L_8 \end{bmatrix}$$

$$\boldsymbol{L}_i = \begin{bmatrix} l_{nx} & l_{ny} & l_{nz} \\ l_{sx} & l_{sy} & l_{sz} \\ l_{tx} & l_{ty} & l_{tz} \end{bmatrix}$$

l_{ax} 为局部坐标轴 n 与整体坐标轴 X 点之间夹角的方向。将式(9－5)～式(9－7)代入式(9－4)中，有：

$$\boldsymbol{C}^{\mathrm{T}} \boldsymbol{S} \boldsymbol{\sigma} = \boldsymbol{F} \tag{9-8}$$

其中：

$$S = \int_{\Gamma} N^{\mathrm{T}} N \mathrm{d}\Gamma \tag{9-9}$$

在三维接触摩擦单元中，接触条件可分为四类，即固定、滑动、张开和混合型(表9-1)。

固定型：指裂隙闭合，无滑动；

滑动型：指裂隙闭合，但沿 s，t 两切线方向滑动；

张开型：指裂隙未闭合；

混合型：指裂隙闭合，沿 s 方向有滑动，但沿 t 方向无滑动；或沿 t 方向有滑动，但沿 s 方向无滑动；对应与上述不同的接触状态，接触面上的位移和应力满足不同的平衡条件和连续条件。接触摩擦单元的几何和静力约束方程可统一表示为：

$$\{\boldsymbol{C}^1 \boldsymbol{R}\}\begin{Bmatrix}\boldsymbol{a}\\ \boldsymbol{\sigma}\end{Bmatrix} = \boldsymbol{a}^* \tag{9-10}$$

式中，$\boldsymbol{C}^1$ 为坐标转换矩阵；$\boldsymbol{R}$ 为对角矩阵；$\boldsymbol{a}^*$ 为给定的节点相对位移矢量或给定的节点接触应力矢量。

$$\boldsymbol{C}^1 = \begin{bmatrix} -L_1^1 & & & 0 & L_1^1 & & \\ & -L_2^1 & & & & L_2^1 & \\ & & \ddots & & & & \ddots \\ 0 & & & -L_8^1 & & & L_8^1 \end{bmatrix} \tag{9-11}$$

$$\boldsymbol{R} = \begin{bmatrix} R_1 & & & 0 \\ & R_1 & & \\ & & \ddots & \\ 0 & & & R_8 \end{bmatrix} \tag{9-12}$$

假设节点对(1，9)处于滑动状态，节点对(2，10)处于混合状态(沿 s 方向滑动)，节点对(3，11)处于张开状态，其余节点对处于固定状态。在这种情况下，式(9-11)和式(9-12)中的子矩阵 $\boldsymbol{L}_i^1$ 和 $\boldsymbol{R}_i$ 分别具有如下形式：

$$\boldsymbol{L}_1^1 = \begin{bmatrix} l_{nx} & l_{ny} & l_{nz} \\ 0 & 0 & 0 \\ 0 & 0 & 0 \end{bmatrix} \tag{9-13}$$

$$\boldsymbol{L}_2^1 = \begin{bmatrix} l_{nx} & l_{ny} & l_{nz} \\ 0 & 0 & 0 \\ l_{tx} & l_{ty} & l_{tz} \end{bmatrix} \tag{9-14}$$

$$\boldsymbol{L}_3^1 = \begin{bmatrix} 0 & 0 & 0 \\ 0 & 0 & 0 \\ 0 & 0 & 0 \end{bmatrix} \tag{9-15}$$

$$\boldsymbol{L}_i^1 = \begin{bmatrix} l_{nx} & l_{ny} & l_{nz} \\ l_{sx} & l_{sy} & l_{sz} \\ l_{tx} & l_{ty} & l_{tz} \end{bmatrix}_i \quad (i=4,\ 5,\ 6,\ 7,\ 8) \tag{9-16}$$

$$\boldsymbol{R}_1=\begin{bmatrix}0&0&0\\0&1&0\\0&0&1\end{bmatrix} \tag{9-17}$$

$$\boldsymbol{R}_2=\begin{bmatrix}0&0&0\\0&1&0\\0&0&0\end{bmatrix} \tag{9-18}$$

$$\boldsymbol{R}_3=\begin{bmatrix}1&0&0\\0&1&0\\0&0&1\end{bmatrix} \tag{9-19}$$

$$\boldsymbol{R}_i=\begin{bmatrix}0&0&0\\0&0&0\\0&0&0\end{bmatrix}_i \tag{9-20}$$

其中：$i=4，5，5，7，8$；$\boldsymbol{a}^*=\{a_1 \quad T_{s1} \quad T_{t1} \quad a_2 \quad T_{s2} \quad b_{t2} \quad N_3 \quad T_{s3} \quad T_{t3} \quad a_i \quad b_{s4} \quad b_{t4} \quad \cdots \quad a_8 \quad b_{s8} \quad b_{t8}\}^{\mathrm{T}}$。等效单元刚度—约束矩阵从形式上可将式(9－8)和式(9－10)合写成：

$$\begin{bmatrix}0 & \boldsymbol{C}^{\mathrm{T}}\boldsymbol{S}\\ \boldsymbol{C}^1 & \boldsymbol{R}\end{bmatrix}\begin{Bmatrix}\boldsymbol{a}\\ \boldsymbol{\sigma}\end{Bmatrix}=\begin{Bmatrix}\boldsymbol{F}\\ \boldsymbol{a}^*\end{Bmatrix} \tag{9-21}$$

通过形成如下所示的的刚度－约束矩阵和荷载矢量$\boldsymbol{f}_s$，该新单元可以在单元水平上进行刚度和荷载的组装。

$$\boldsymbol{K}_c=\begin{bmatrix}0 & \boldsymbol{C}^{\mathrm{T}}\boldsymbol{S}\\ \boldsymbol{C}^1 & \boldsymbol{R}\end{bmatrix} \tag{9-22}$$

$$\boldsymbol{f}_s=\begin{Bmatrix}0\\ \boldsymbol{a}^*\end{Bmatrix} \tag{9-23}$$

式(9－22)和式(9－23)分别称为等效单元刚度－约束矩阵和等效单元荷载向量，可用标准的有限元集成规则叠加到总刚度矩阵和总荷载向量中。由式(9－22)给出的刚度－约束矩阵是非对称的，通过将矩阵 $\boldsymbol{C}$ 分为 $\boldsymbol{C}^1+(\boldsymbol{C}-\boldsymbol{C}^1)$ 和修改约束方程式(9－10)，可以得到对称的刚度－约束矩阵。

表 9－1　接触状态判别表

迭代步 → i ↓ $i-1$	固定	滑动	张开
固定	$\sigma_i^k<[\sigma]$ $\tau_i^k<[\tau]$	$\sigma_i^k<[\sigma]$ $\tau_i^k\geqslant[\tau]$	$\sigma_i^k\geqslant[\sigma]$
滑动	$\sigma_i^k<[\sigma]$ $\lvert(\Delta v')_i\rvert<\varepsilon$	$\sigma_i^k<[\sigma]$ $\lvert(\Delta v')_i\rvert\geqslant\varepsilon$	$\sigma_i^k\geqslant[\sigma]$
张开	$(\Delta u')_i+g<0$		$(\Delta u')_i+g\geqslant 0$

表9-1中，$[\sigma]$、$[\tau]$分别这法线和切线方向的最大容许应力，其中$[\tau]=-\mu\sigma_i^k$；μ为材料的摩擦系数；σ_i^k规定正值表示拉应力；g为两物体接触面的初始裂缝。

9.2.2 锚固条件下边坡荷载模拟分析

在进行数值实验时，分析区域与边界条件的确定、几何模型的建立、初始地应力场的确定、计算参数的选取、研究对象的应力与应变关系的选取以及屈服准则的选择等都是至关重要的，边坡动力分析按平面应变问题分析，其中岩土体采用实体单元模拟，预应力锚索采用特有的BOLT单元模拟。荷载模拟如下。

(1)初始地应力场。

边坡的初始地应力场以自重应力场为主进行考虑。地应力的施加方式采用体积力赋值的方法。根据岩体的容重与上覆岩体的深度，程序自动进行每个单元的计算赋值。

(2)开挖荷载。

施工期边坡的开挖卸荷通过释放开挖区岩体的初始地应力，并用等效结点荷载的方法转移到开挖边界上。施工荷载等于初始地应力+开挖地应力释放的荷载。

边坡的开挖过程也是地应力释放过程。通常用减小开挖部分岩体单元的弹性模量，转移开挖单元应力并生成等效开挖节点力$\{f\}_{ex}$替代，即可模拟开挖释放荷载：

$$\{f\}_{ex}=\int[B]^T\{\sigma\}_{ex}dx \tag{9-24}$$

(3)预应力锚固荷载。

预应力锚索施作过程的模拟采用本文提出的方法：预应力锚索施作时，激活预应力锚索单元，将锚固段处锚索单元的节点与实体单元(岩土体)的节点耦合，在锚头处对锚索施加张拉力，同时对坡体施加反向压力，模拟预应力锚索锁定后，锚墩对坡体的压力，在边坡的后续分层开挖过程中，再将锚头处锚索单元的节点与实体单元(岩土体)的节点耦合锁定。采用这种特殊的方法模拟预应力锚索，充分考虑了预应力锚索的施工过程，真实模拟了预应力锚索的锚固段、自由段、锚墩，充分反映了锚索的预应力和刚度对边坡应力场、位移场的影响，预应力锚索精细模拟模型如图9-4所示。

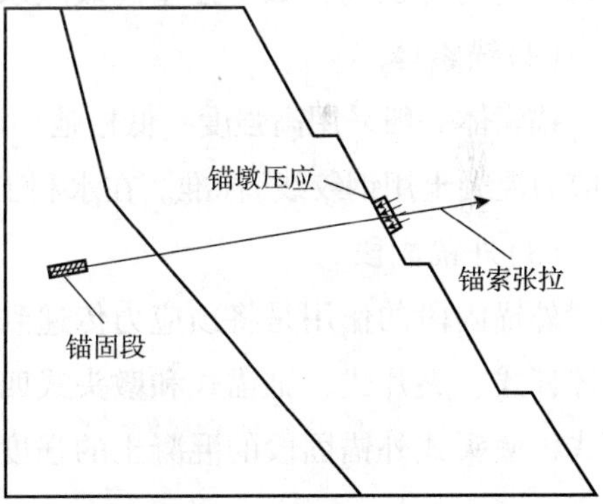

图9-4 预应力锚索精细模拟方法

9.3 预应力锚固的特点

预应力锚固作为一种不同于传统“被动”式支护、加固措施，采用“主动”式支护手段的优越性被广大设计人员所认可，并被广泛应用于节理岩体边坡、岩土体断层、软弱带的支护与加固工程中。国内程良奎、顾金才、朱维申等学者分别从预应力加固机理、加固效果、有关设计方法等不同方面做了许多工作，在水电系统“八五”“九五”期间还进行专项技术攻关。近些年，国内外的理论研究主要围绕预应力锚索的荷载传递机理，以及索体与注浆体、注浆体与岩土体的黏结应力及其分布状态。

9.3.1 预应力锚索结构与作用

预应力锚固技术通过特殊手段将高强度钢材、钢丝、钢绞线并成长期处于高应力状态的受拉结构，从而增强被加固岩体的强度，改善岩体的应力状态，提高岩体的稳定性。预应力锚索由内锚固段、张拉段和外锚固段三部分组成，如图 9 – 5 所示。内锚固段置于稳定岩土体中，通过水泥砂浆与岩土体联系而提供锚固力；张拉段由锚索体组成，一般采用低松弛高强钢绞线；外锚固段主要由锚具和夹具组成，通过外锚固段可以实现对岩土体施加预应力。

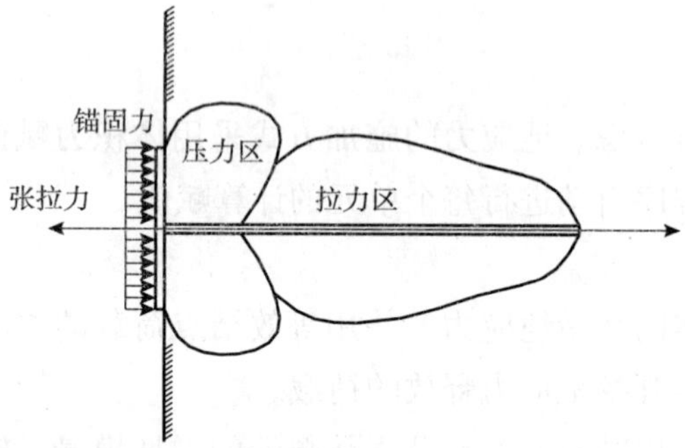

图 9 – 5　预应力锚固的拉、压应力区域示意图

(1) 内锚固段。

目前，内锚固段具有机械式和胶结式两种基本形式。胶结材料多采用纯水泥浆和树脂材料，水泥胶结材料的性质直接关系到内锚固段的强度。为了提高浆材的早期强度，也可掺入合适的外加剂，如早强型高效减水剂和膨胀剂。

(2) 锚索体。

锚索体一般采用高强度、低松弛、耐腐蚀的钢丝形成的钢绞线，须满足《GB/T 5224—95 预应力混凝土用钢绞线》标准。在水利工程边坡加固中多采用 7Φ5 钢绞线。

(3) 外锚固段。

外锚固段的作用是将预应力传递到被加固岩土体上的永久性锚固装置，根据形式可分为螺杆式、夹片式、锥锚式和墩头式四种。目前，在水工预应力锚固中多采用墩头式和夹片式，墩头式外锚固段的混凝土的强度须与水泥浆材料 3d、7d 龄期强度相同。

9.3.2 预应力锚索工作机理及破坏形式

(1) 根据不同的岩土体强度理论，锚固机理的不同进行解释与理解。

①从结构面剪切破坏理论分析，锚杆(索)具有承剪阻滑的作用。

②从岩土体黏塑性理论分析，锚杆(索)具有限制岩体流变松弛的作用。

③从脆性断裂强度理论分析，锚杆(索)具有降低裂隙间应力强度因子，阻碍裂隙扩展的作用。

④从节理岩体的岩桥强度理论出发，锚杆(索)具有增强节理岩体的裂隙前缘岩桥的断裂韧度的作用，使裂隙断裂扩展力不但要克服岩桥的阻力，还要提供锚杆(索)的桥联作用，因而阻止了裂隙的进一步扩展与贯通。

⑤从岩体材料介质的损伤理论分析，锚固机理具有降低岩体节理面损伤因子，增加承载面积，从而降低节理岩体的有效应力作用。

⑥从岩体分形分维理论出发，锚固机理具有改变岩体节理网络的分形分维数，减少岩体破坏的随机链，提高被加固岩体的稳定可靠度。

不论从哪个角度分析预应力锚固的机理，都会受一种理论假定的影响与限制，难免片面或不完全。实际施工经验与实测结果表明，预应力锚固机理相当复杂，所受影响因素较多，与岩体本身的物理力学性质，岩体结构面的力学性质、几何特性及锚固材料本身的强度、刚度、安置工艺与预应力的施加过程有关，故应针对具体情况分析。

(2)预应力锚索的破坏失效形式，如图9－6所示。

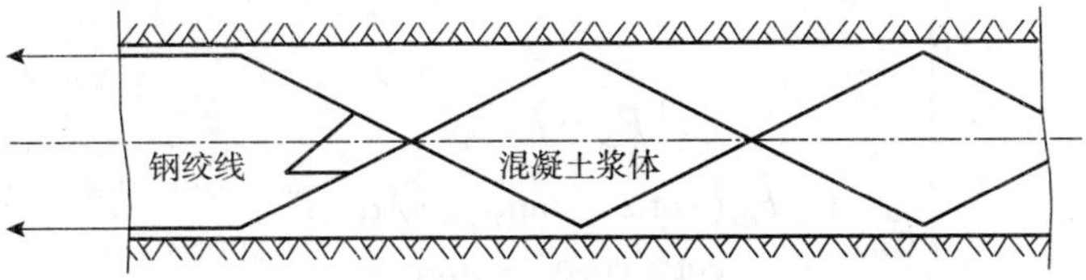

图9－6　锚固体示意图

①锚索内锚固栓沿孔壁拔出。通常因内锚固段长度不够，锚孔孔径偏小，预应力值过大，孔壁围岩破碎等因素引起内锚固段沿孔壁拔出。

②钢绞线拉断。当钢绞线存在缺陷，钢绞线之间在张拉过程中受力不均，钢绞线受到腐蚀，设计预拉应力过大等情况时，均可造成钢绞线拉断。

③群锚锚固段的次生破坏。当群锚间距、长度、分布设计不当造成群锚锚固段拉应力区重合、叠加搭接而产生被加固岩体的次生整体失稳破坏。

④钢绞线从注浆体中拔出。当注浆因施工质量、设计指标等达不到设计的强度要求，或锚固段设计长度不足，预应力吨位过大时，均可造成钢绞线从浆体中拔出。

这种破坏方式的破坏机理较为复杂，同时这种破坏方式还可以更进一步分为以下两种。

a. 钢绞线与浆体的结合面开裂。

b. 被钢绞线分割的浆体材料块体之间的分离破坏。

对于a类破坏，Hyett等(1992)在实验研究的基础上，提出了包括4阶段的破坏模式。

第1阶段：拉拔实验的位移和荷载关系基本是线性关系，体现了锚索钢绞线纵向刚度、浆体的弹性性质以及浆体和钢绞线黏结面性质。

第2阶段：钢绞线与浆体的黏结面开始出现破裂，与钢绞线黏结的浆体随之出现局部损坏以及钢绞线的带扭转的滑移。

第3阶段：钢绞线与浆体黏结面的破裂加剧，钢绞线的滑移导致浆体的破裂，浆体的破裂导致扩容，但由于浆体外围围压的作用，扩容受到限制，增加了作用在钢绞线的摩擦阻力，使拉拔荷载继续增加。

第 4 阶段：钢绞线的滑移使破裂浆体处于一种几何上最不匹配的状态，即浆体破裂块体之间及其与钢绞线之间处于夹持力最大的状态，这时可得到最大的拉拔荷载。

对于这类破坏，采用下面的方法进行判断在一定荷载下锚索的开裂长度。设浆体与钢绞线黏结面开裂的临界荷载为 F_0，实际设计荷载为 F，当 $F > F_0$ 时，黏结面开裂，荷载要在深部传递，要考虑加长黏结长度；黏结面上的开裂长度表达式为：

$$l = \frac{F - F_0}{S\tau_0} \tag{9-25}$$

式中，S 为钢绞线横截面积；$F \leqslant F_0$，黏界面不开裂，不需要考虑加长黏结长度。

对于 b 类破坏情况，“八五”攻关中朱维申提出按照下式进行计算：

$$\begin{cases} F_2 = F_1 \\ F_3 = \dfrac{F_2(\cot\alpha' - \tan\varphi_s)\cos\alpha'}{\cot\alpha'\cos\alpha' + \sin\alpha'} - C_0^s\cos\alpha' \\ \vdots \\ F_{2i} = F_{2i-1} \\ F_{2i+1} = \dfrac{F_{2i}(\cot\alpha' - \tan\varphi_s)\cos\alpha'}{\cot\alpha'\cos\alpha' + \sin\alpha'} - C_0^s\cos\alpha' \end{cases} \tag{9-26}$$

式中，$\alpha' = \alpha = arctan\dfrac{D}{2l}$；$C_0^s = \dfrac{\pi d}{2} \cdot \dfrac{l}{\cos\alpha} \cdot C_s$。

9.4 预应力锚固模型与数值仿真方法

9.4.1 预应力锚固模型

9.4.1.1 离散模型

对所有不连续面、锚杆逐一模拟，建立各自的力学模型，划分计算单元，并逐一分析。这类模型适用于岩体中不连续面和锚杆(索)设置较少的情况。在搞清楚每个连续面空间方位的基础上，根据锚杆(索)的实际布置进行离散模拟，如图 9-7 所示。

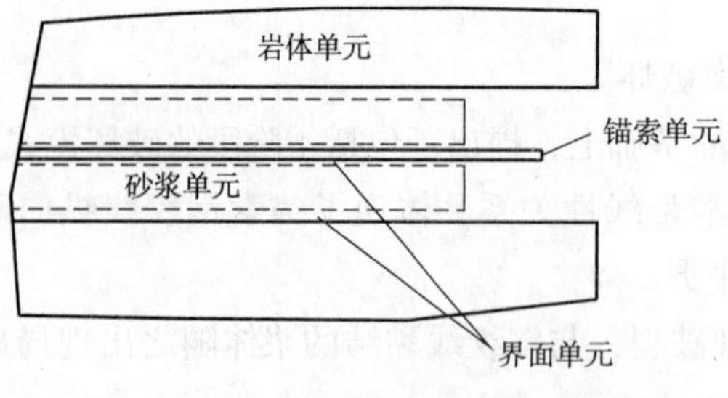

图 9-7　预应力锚固仿真模拟示意图

具体的方法如下。

(1) 用杆单元模拟自由段锚索体，考虑锚索体的柔度及侧向刚度。

(2)用梁单元模拟锚固段锚索体，考虑锚索体与砂浆结合体的抗剪刚度与强度。

(3)用具有拉、压不同弹模的锚索单元模拟锚索在复杂应力状态下的性态。

(4)最主要的是：用摩擦接触界面单元模拟自由锻锚索体与孔壁岩体之间的特殊应力边界条件。

9.4.1.2　混合模型

将一组锚索的全部或部分作用效果反映到不连续面的作用效果中，并对不连续面以其等效作用状态作为单一实体进行模拟。有时对于采用小吨位且密集布置的预应力锚索的模拟无法采用节理单元和锚索单元逐一模拟如此众多的节理与锚索，这时一般采用混合模型。

9.4.2　数值仿真方法

该方法主要应用在以下方面。

(1)对于锚固件(锚杆、锚索、锚筋桩、锚拉洞)本身的应力—应变关系仿真分析，包括对钢筋的软—硬化屈服规律、流变—应力松弛性能、破坏准则等仿真分析。

(2)对锚固件施工安装过程仿真模拟，跟踪模拟预应力的施加过程及岩体变形响应，分析模拟岩体变形与锚件预应力松弛、损失的相互作用机制。

(3)开挖爆破对锚固件预应力回复、松弛的影响。

(4)对岩体结构面的预应力锚固下的反应的仿真分析。

9.5　几种预应力锚索模型的比较及不足

预应力锚索锚固属于主动加固措施，其应力贡献主要表现为主动提高滑面本身的抗剪能力，刚度贡献体现在约束变形上，使边坡的破坏由突变破坏变为延性破坏。过去预应力锚索模拟常用的方法分别是等效连续模型、杆单元法、两点集中力法。等效连续模型方法只考虑了锚索对岩体的刚度贡献，没有考虑预应力这一主要因素；杆单元方法只简单地将锚索当作杆单元，将预应力直接作用于杆单元两端，造成一个不易察觉的失误；两点集中力法反映了锚索的应力贡献，没有反映刚度贡献，仅反映锚索预应力的施加过程，并无法模拟锚索对后续开挖的变形约束作用。除此三种方法之外，还有多种组合方法，例如：①采用等效应变、等效降温等方法模拟预应力施加过程的方法，但无法模拟锚索的锚头、锚固端受力的特点；②锚索杆单元+自由段界面单元+集中力的精细方法。

9.5.1　两点集中力法(混合模型)

预应力锚固模拟最早采用的方法，即预应力锚索对坡体的加固作用应用点荷载模拟，在锚索两端的结点上加一对等值反向的作用力。

这种方法属于混合模型的一种，适合应用于无法采用节理单元和锚索单元逐一模拟的小吨位且密集布置的预应力锚索模拟，该方法相对比较简单，对于加锚岩体的应力场、变形场的变化能够真实反映。其缺陷包括：①没有考虑到预应力的施加过程，及锚索体的传力机制；②在模拟分步开挖时，没有考虑到随着边坡的下行开挖过程锚索刚度对边坡的变形限制，从而造成较大误差。

9.5.2 杆单元法、梁单元或柱单元(混合模型)

锚索体运用杆单元、梁单元、柱单元模拟，预应力施加仍然通过杆、梁单元两端施加两点集中力实现，锚固力在岩体中的传递机制通过杆、梁单元来模拟。其缺陷是：锚索体是一种承拉不承压的纯受拉构件，而杆、梁单元则是一个拉、压受力构件。所以在预应力的施加过程中，杆、梁单元承担主要的预应力，预应力未施加到岩体上。采用梁、柱单元往往是考虑到群锚中锚索有一定的抗弯、抗剪效果，但事实上，只有当滑裂面块出现破坏时，锚索的抗弯、抗剪性才发挥作用，所以采用梁、柱单元的意义不大。

9.5.3 杆单元+节理单元+砂浆单元(离散模型)

在这种方法中，岩体单元和砂浆单元采用三角形或任意四边形等参元，黏结单元采用修正的四节点 Goodman 节理单元，锚索单元采用通称的承拉杆单元，并将这四种类型的单元进行单刚矩阵叠加，形成新的锚固单元。也有人采用这四种单元离散处理的方法，还有人将这种方法运用的到内锚固段的局部处理上。这种方法的预应力施加方式仍按照两点集中力的方式。其缺陷是：①预应力的施加手段仍采用两点集中力的方法，造成虽然设立了界面单元，但在这种施加力的方式下使其无法模拟锚索与岩体的摩擦传力方式；②采用两点集中力，施加在外锚头上的预应力是明确的，但施作在内锚头上的力不明确，让其两者等效对待，是值得商榷的。

9.6 边坡数值仿真模型的建立

9.6.1 问题的提出

总结上节各种预锚模型(混合模型、离散模型)的缺陷，在其基础上提出能够弥补上述缺陷的一种预锚精细分析法(离散模型)和简便计算的后续张拉法、锚索单元法(混合模型)。新方案与原有方案有以下几点的区别。

(1)预锚精细分析法(离散模型)。

①改变了传统的两点集中力施加力的方式，采用在外锚头处施加一组等值、反向、集中力与均布力模拟预拉应力的施加(集中力)和锚敦的锚固力(均布力)。

②不仅能够对预应力锚固的正常工作阶段进行模拟，还可以通过改变界面单元参数与

预应力施加方式的改变配合模拟预应力张拉施作阶段的岩体与锚索的内力。

(2)后续张拉法(混合模型)。

采用随着下行开挖过程，对已施加过两点集中力的锚索处施加后续张拉力(两点集中力)，消除没有考虑锚索刚度对边坡变形的限制的造成的误差。

(3)锚索单元法(混合模型)。

采用只承受拉力不承受压力的锚索单元，反映锚索刚度对边坡变形限制造成的误差。

9.6.2　数值分析模型与模拟方法

9.6.2.1　预锚精细分析方法(离散模型)

该方法中锚固体部分主要考虑内、外锚固段的锚头效应后对整个锚索的加固效果的影响，以及在考虑锚头效应后的加载方式的变化，对于锚索由两点集中力的加载方式变为采用集中力进行张拉，在锚头部位采用均布压力线荷载模拟锚头对岩体的锁固作用，如图9－8所示。

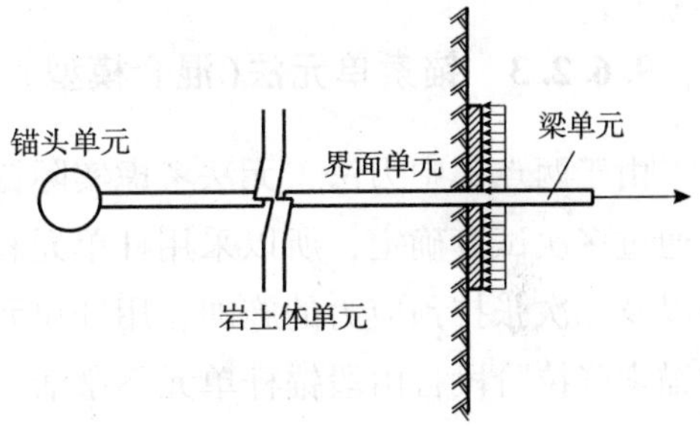

图9－8　预应力锚固方法示意图

具体的方法为：岩体、砂浆单元、内锚头单元采用三角形等参元，砂浆与岩体、锚索与砂浆均采用界面单元，锚索体采用承拉、不承压的梁单元。砂浆、锚头处的单元采用砂浆混凝土的参数，界面单元采用砂浆混凝土的抗拉拔摩擦参数。

9.6.2.2　后续张拉法(混合模型)

对预应力锚索的模拟仍采用集中力模型，根据开挖的台阶的下切不断施加。预应力锚索对坡体的加固作用应用点荷载模拟，即在锚索两端的结点上加一对等值反向的作用力。预应力锚索的后续锚固力通过数值仿真分析出围岩锚固后在外荷载下的变形，然后再利用这一变形反算出新的锚固力增量，在下一次施工中用附加集中力模拟，如图9－9所示。基本假定预应力锚索对围岩刚度影响忽略不计，则后续开挖后，锚索处的新增变形引起的锚索预应力增加为ΔF，其表达式为：

$$\Delta F=\frac{\Delta d}{l_0}\cdot E\cdot A_0 \tag{9-27}$$

式中，ΔF为新增的锚固力，kN；Δd为锚索两端的位移差，mm；l_0为锚索的原长度，m；E为锚索的弹性模量，kPa；A_0为锚索的有效横截面面积，m^2。

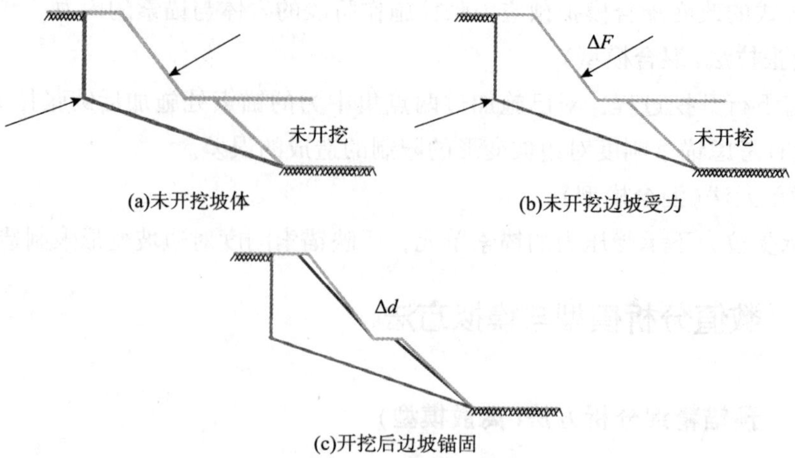

图 9－9　后续补偿张拉法使用示意图

9.6.2.3　锚索单元法(混合模型)

由于两点集中力法，无法考虑实际锚索杆对岩体的刚度贡献效应，且锚索新增锚固力需通过多次试算确定，所以采用杆单元和集中力的联合模拟方法，用集中力模拟预应力施加以及二次张拉预应力的施加，用杆单元模拟预应力的传递过程及对整体刚度的贡献。通过锚索张拉阶段自由段锚杆单元不激活，在自由段两端施加一对反向集中力或坡面锚头施作等值均布压力；待锚索锁定下台阶开挖变形阶段，再将锚索单元激活，使锚索刚度发挥作用以约束边坡的后续变形。该方法借鉴了两点集中力法与只承拉不承压杆单元法中的可取之处，即吸收了两点集中力模拟锚索应力的贡献优势，同时又通过激活杆单元时间达到只承拉不承压杆单元的锚索刚度贡献的相同功效(图 9－10)。

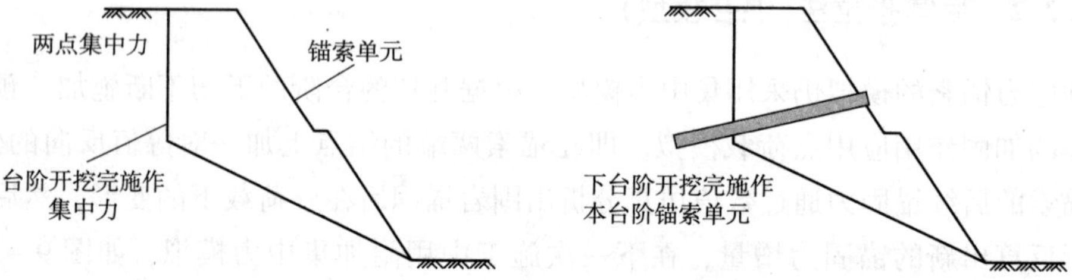

图 9－10　复合杆单元法使用示意图

9.6.3　几何模型

9.6.3.1　预锚精细分析方法(离散模型)

采用直壁开挖的岩墙模式，锚索水平布置，模型的几何分析域的选取如图 9－11 所示，按二维平面应变问题考虑，岩坡体轴向上选取单位宽度。计算边界条件为：坡面为自由边界；坡底与坡内侧为零位移边界条件。锚索体采用二维曲梁单元，按弹性关系进行考虑，砂浆体、砂浆与围岩接触面以及砂浆与锚索体的接触面均采用摩擦 - 界面单元，运用 Mohr - Coulomb 准则进行摩擦滑动判断，滑动面参数按砂浆的强度来选取。

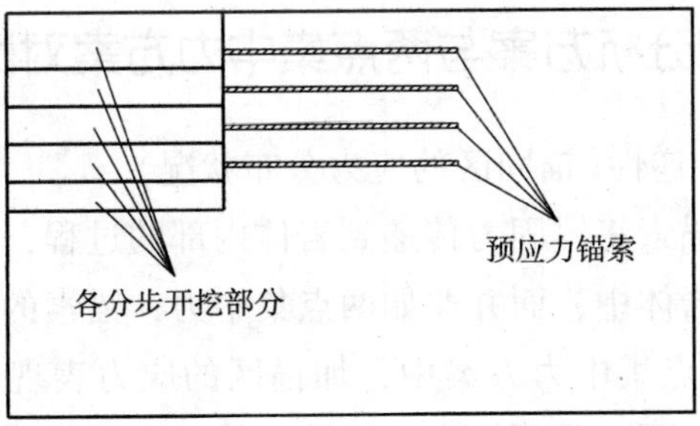

图 9 - 11　精细分析方案仿真模型示意图

9.6.3.2　实用简便方法模型——后续张拉法、锚索单元法

实用简便方法的模型采用实际台阶状开挖的平面直线型滑动破坏边坡模式，锚索上倾 10°布置(即锚固角 10°)，模型的几何分析域的选取如图 9 - 12 所示，按二维平面应变问题考虑，岩坡体轴向上选取单位宽度。计算边界条件为：坡面为自由边界；坡底与坡内侧为零位移边界条件。锚索体采用一维杆单元，按弹性关系进行考虑，不考虑砂浆体、砂浆与围岩接触面、以及砂浆与锚索体的接触面的破坏，滑动面采用摩擦 - 界面单元，运用 Mohr - Coulomb 准则判断其滑动特性。

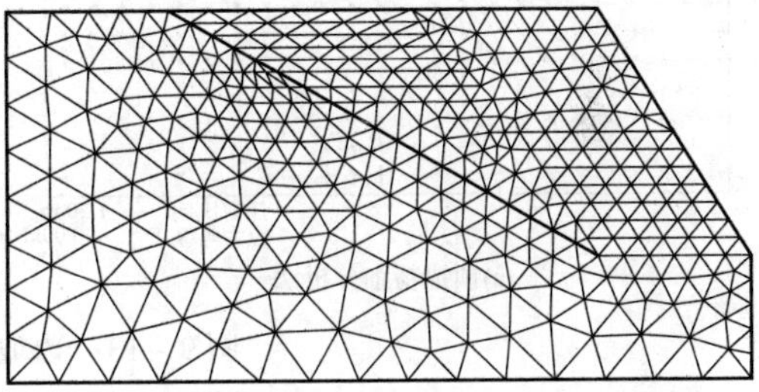

图 9 - 12　简便分析方案仿真模型示意图

9.6.4　物理力学参数

常见物理学参数如表 9 - 2、表 9 - 3 所示。

表 9 - 2　精细分析方案物理力学参数表

材料	变形模量/GPa	泊松比	内摩擦角/(°)	黏聚力/MPa	容重/(kN/m^3)
岩土体	0.1	0.35	25	0.10	20.0
锚索体	200	0.25	—	—	—
砂浆	—	—	30	0.5	—

表 9 - 3　简便分析方案物理力学参数表

材料	变形模量/GPa	泊松比	内摩擦角/(°)	黏聚力/MPa	容重/(kN/m^3)	界面	
						内摩擦角/(°)	黏聚力/MPa
岩体	15.0	0.2	35	0.20	27.0	30	0.3
锚索体	200	0.25	—	—	—	—	—

9.7 数值仿真分析结果

9.7.1 预锚精细分析方案与两点集中力方案对比

(1)锚索对锚固力的传递性(锚固区的应力分布状况)。

预锚的作用是将通过锚索将锚固力传递到岩体内部的过程，锚固力是从外锚头通过锚索将锚固力逐渐传递到围岩体中，而并非如两点集中力，锚索的作用只在两点发挥。从图9－13、图9－14可知，两点集中力方案中，加锚区的应力表现为两向受压状态，而采用预锚精细分析法模拟的结果可以看到锚索传力给岩体及岩体的应力变化。

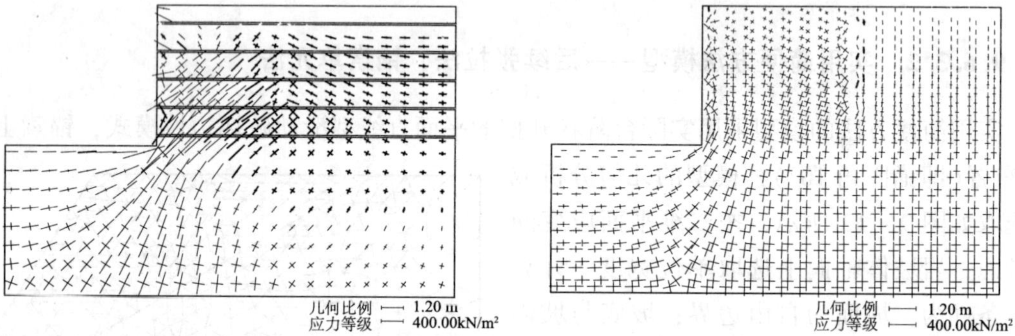

(a)预锚精细分析法　　(b)两点集中力法

图9－13　边坡锚固开挖后应力场

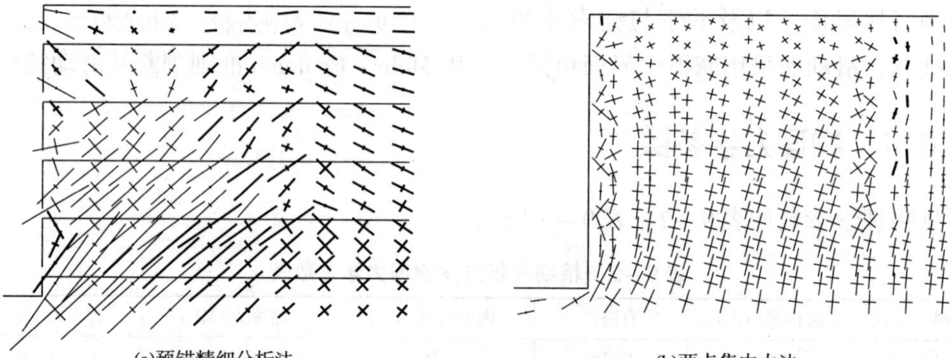

(a)预锚精细分析法　　(b)两点集中力法

图9－14　边坡锚固开挖后坡顶处应力场

(2)内、外锚固段的不对等性。

在实际预应力的张拉锚固过程中，对于内、外锚固段张拉锚固的作用不对等，所以采用两点集中力方法模拟真实情况存在较大的误差。从图9－15～图9－17可以清晰地看到：在两点集中力方案中，内、外锚固段处的应力水平是基本相同的，同是两点集中锚固力只对作用点附近的应力状态有比较明显的变化，而对锚固区的影响很小；而在预锚精细分析法的结果，明显可以看到两者的不等效性。

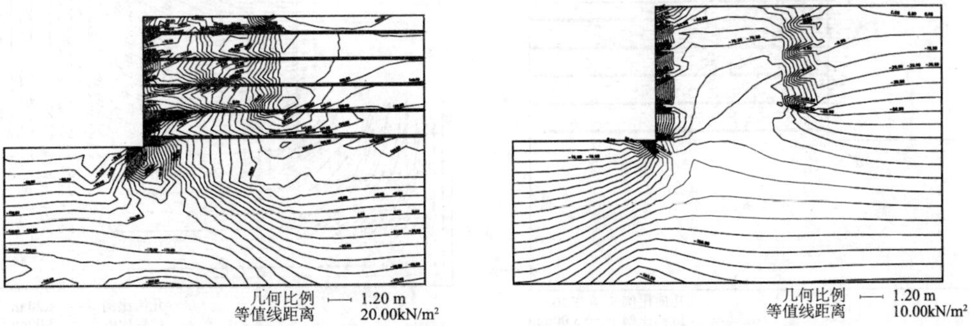

(a)预锚精细分析法　　(b)两点集中力法

图 9－15　边坡锚固开挖后大主应力等值线

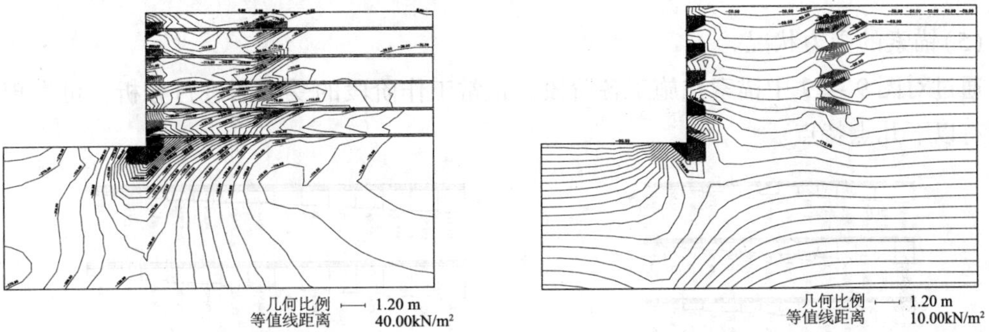

(a)预锚精细分析法　　(b)两点集中力法

图 9－16　边坡锚固开挖后小主应力等值线

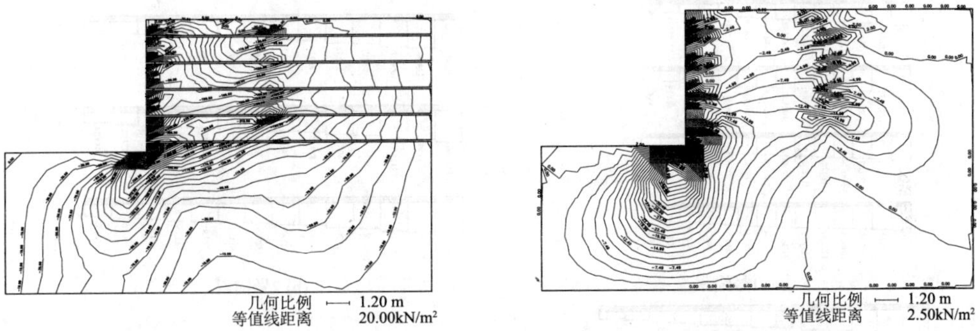

(a)预锚精细分析法　　(b)两点集中力法

图 9－17　边坡锚固开挖后剪应力等值线

(3)对内锚段后缘的影响。

预应力锚固的内锚段的应力衰减较快，一般情况下，对内锚段的后缘应力扰动很小。从图 9－15～图 9－17 可知：两点集中力法对内锚段后缘一定范围内仍有较大影响；而预锚精细分析法一般在内锚段后缘处应力衰减很快。

(4)对边坡整体变形的影响不同。

从图 9－18 可以看出：两点集中力对边坡体在下行开挖时的锚索刚度限制变形作用无法表现；而预锚精细分析方案充分体现了预锚的加固与限制变形的效果。

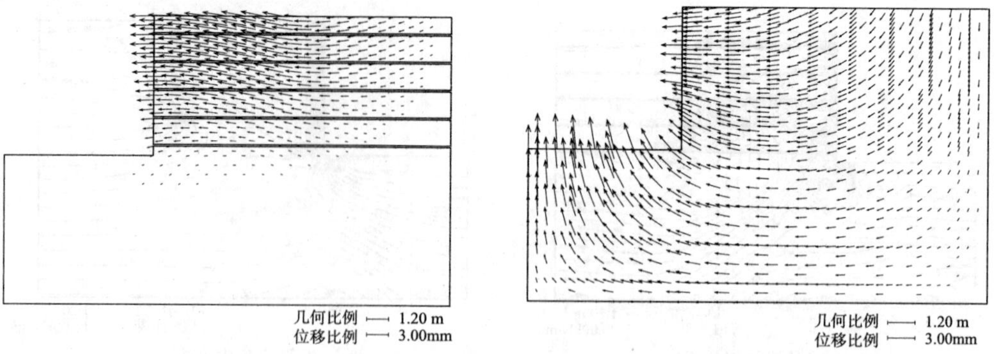

(a)预锚精细分析法　　(b)两点集中力法

图 9－18　边坡锚固开挖后位移场

(5)锚索的受力状况。

通过对图 9－19 中锚索在施工各阶段、正常工作阶段的受力图进行分析，可发现锚索受力有以下几点特点。

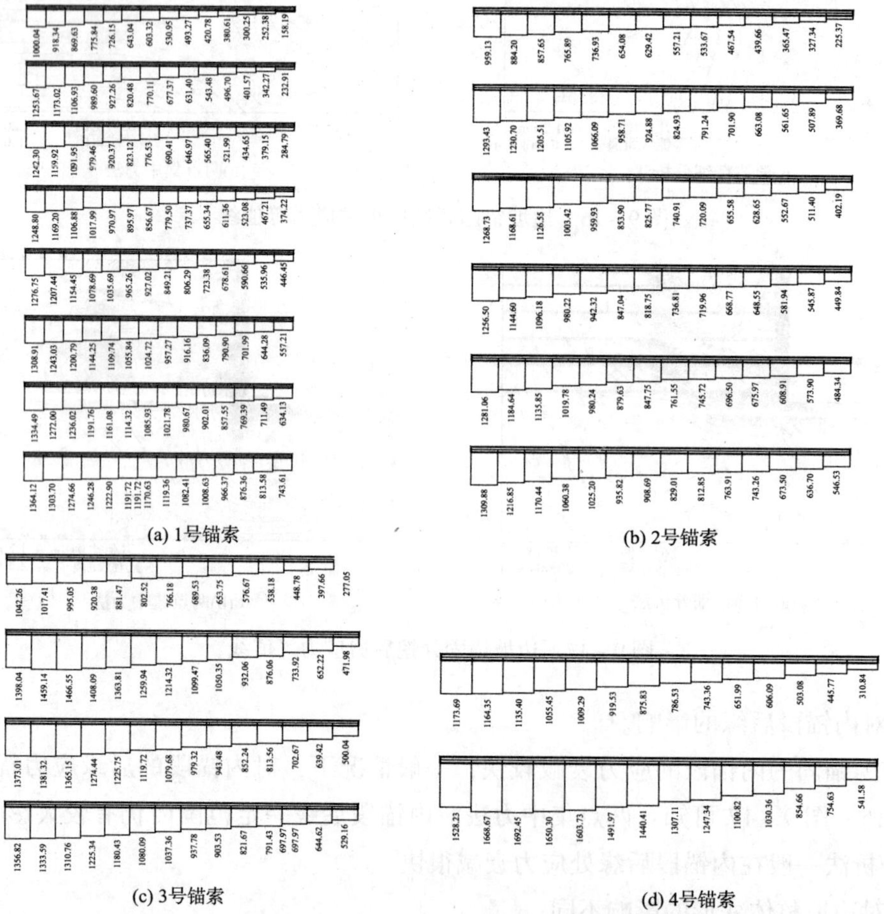

(a) 1号锚索　　(b) 2号锚索　　(c) 3号锚索　　(d) 4号锚索

图 9－19　锚索的在施工各阶段的轴力图

锚索从坡体的上部到下部排列为 1～4 号，每一号钢筋的第一个钢筋内力图为施工张拉是内力；其余为下行开挖的对锚索的影响

①该方法不仅能够模拟锚索的内力状况，还能够对于预应力施作过程与工作过程分阶段模拟。

②过去预应力锚索模拟中锚索内力往往“两头大、中间小”，甚至有的中间段不受力或受压力，这些都极不符合锚索实际的受力状况。预锚精细分析法的模拟结果比较接近真实结果：锚索体内力除在外锚头处有应力集中现象，在锚固体内部的传力是较均匀的。

③从图9－19的分析结果，锚索体施加预应力时，锚索体呈现出锚头处内力最大，逐渐向内锚固段衰减；而在运行期随着坡体的变形，锚索上的内力逐渐向内锚固段传递，边坡的变形力主要由锚索中部与内锚固段承担。

④在群锚中，坡顶处锚索与坡脚处锚索的受力截然不同，在坡顶处时锚索的受力基本呈线性分布(最大处在锚头)；而在坡脚处锚索呈曲线分布(最大处在靠近锚头侧的岩体内部)。

⑤在群锚作用下，从图9－20可知，坡顶、坡脚的锚索受力较大，对边坡变形的抑制作用越大，而在边坡中部的施作锚索的作用相对于坡顶、坡脚的锚索作用小。

(6)拉、压应力区的分界线倾角不同。

从图9－21中应力等值线上可以看出，从锚固段和未注浆段交界处的锚孔周边点向锚固段侧约倾斜45°为锚索作用的拉压应力分界线，而采用两点集中力的模拟方法，拉、压应力分界线约倾斜90°。

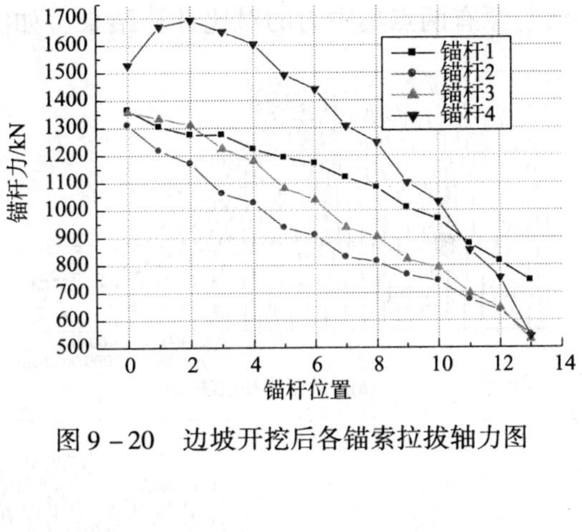

图9－20　边坡开挖后各锚索拉拔轴力图

(7)锚索与岩体之间砂浆的剪力分布。

从图9－22可示，除坡顶的锚索与岩体之间砂浆的剪应力始终同向，而且随着深度增加摩擦力越小。边坡中部、下部的锚索随着深度变化，剪应力逐渐变小，并进一步变为负值(反向)。而且可以进一步发现，发生反向的位置随锚索布置越向坡底越靠近外锚固段。

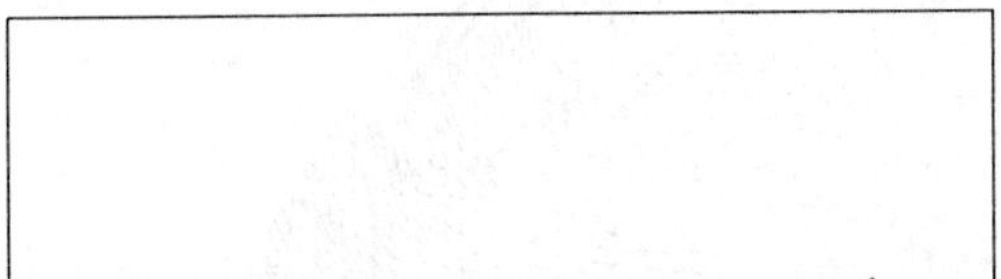

图9－21　锚固区拉、压应力分界线示意图

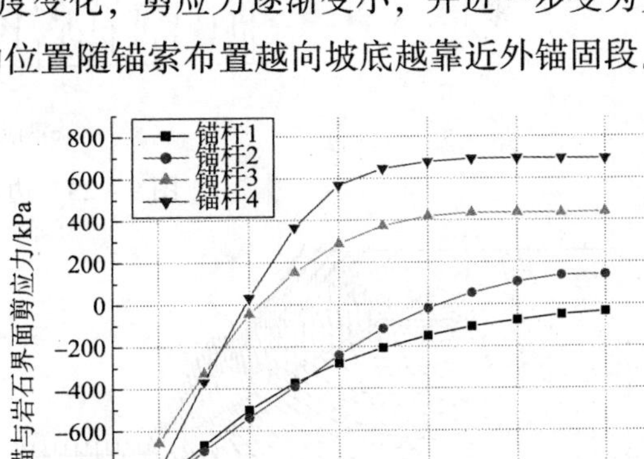

图9－22　锚索与岩体之间的摩擦力的分布图

9.7.2 不同边坡锚固方法结果对比

后续张拉补偿法、锚索单元法与两点集中力法主要区别在于：两点集中力法没有考虑边坡施工期下行开挖和运行期时的锚索的刚度贡献对抑制边坡变形的作用。后续张拉补偿法预锚索单元法分别从两个角度来考虑如何模拟并反映锚索的刚度贡献。后续张拉补偿法采用施加试算出抑制变形的后续张拉力的办法；锚索单元法直接采用锚索单元考虑限制变形的刚度贡献。

预锚的工作过程是靠预先张拉的锚索拉力使岩体产生压应力，使之在后续的下行开挖和运行期时岩体内不至于产生较大的拉、剪应力，使之发生滑动、倾倒破坏。采用两点集中力法模拟预应力群锚支护在预应力施作完毕时适用，这已经被广大学者和工程技术人员所认可。但无法反映岩体的其他扰动因素下锚索的锚固效果。下面为本文提出的两种改进办法与原有两点集中力的对比计算结果，如图9－23～图9－27所示。

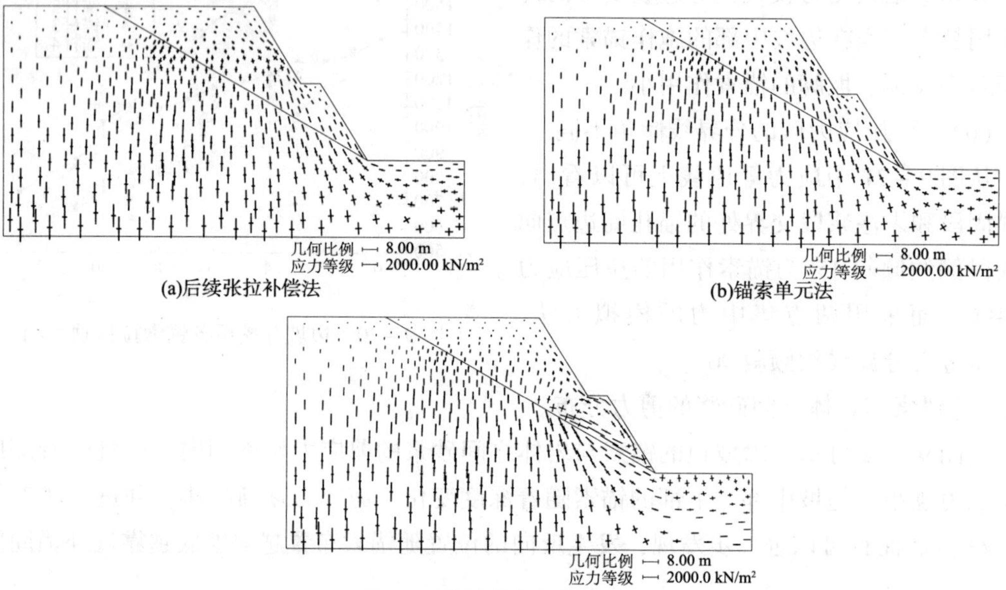

(a)后续张拉补偿法　(b)锚索单元法　(c)两点集中力法

图9－23　边坡开挖后应力场

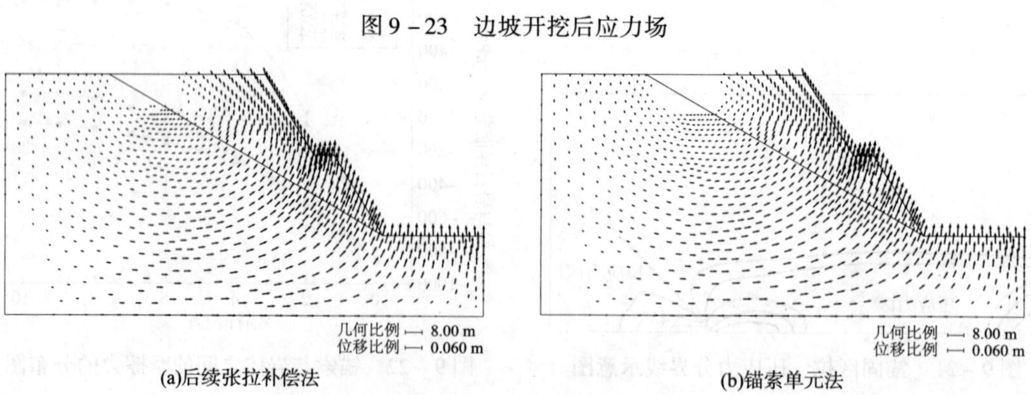

(a)后续张拉补偿法　(b)锚索单元法

图9－24　边坡开挖后位移场

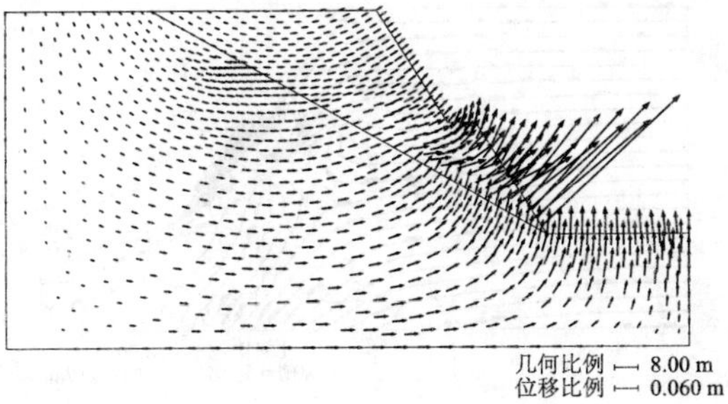

(c)两点集中力法

图 9-24　边坡开挖后位移场(续)

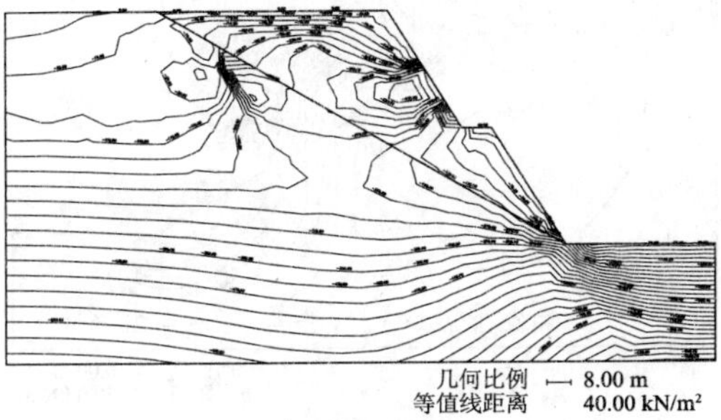

(a)后续张拉补偿法

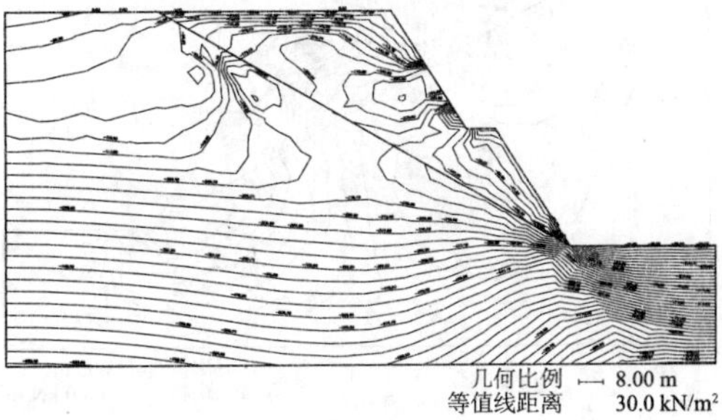

(b)锚索单元法

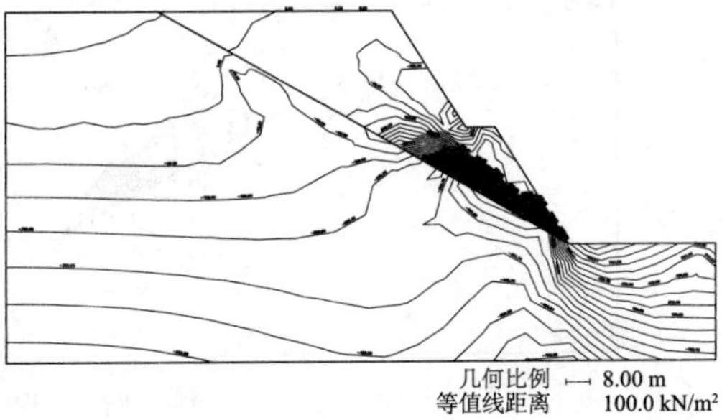

(c)两点集中力法

图 9-25　边坡开挖后最大主应力等值线

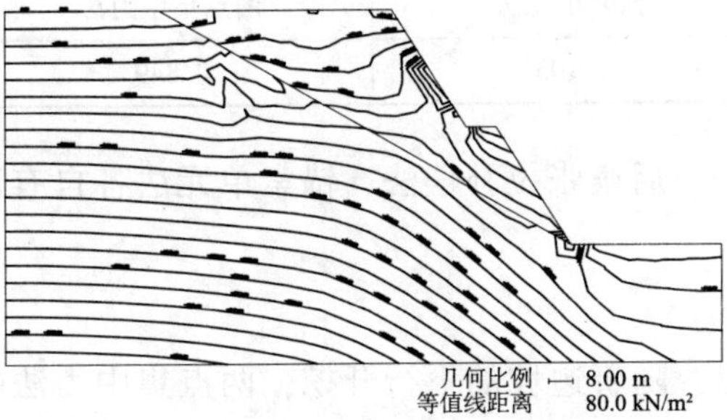

(a)后续张拉补偿法

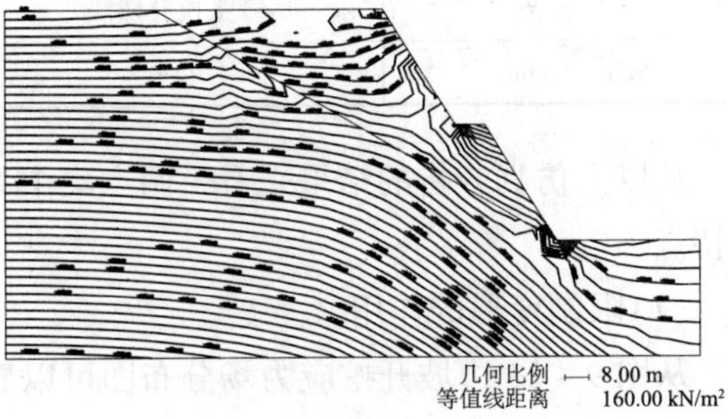

(b)锚索单元法

图 9-26　边坡开挖后最小主应力等值线

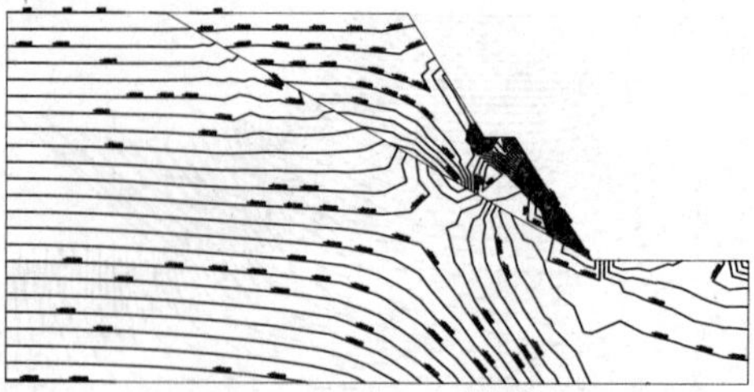

(c)两点集中力法

图 9－26　边坡开挖后最小主应力等值线(续)

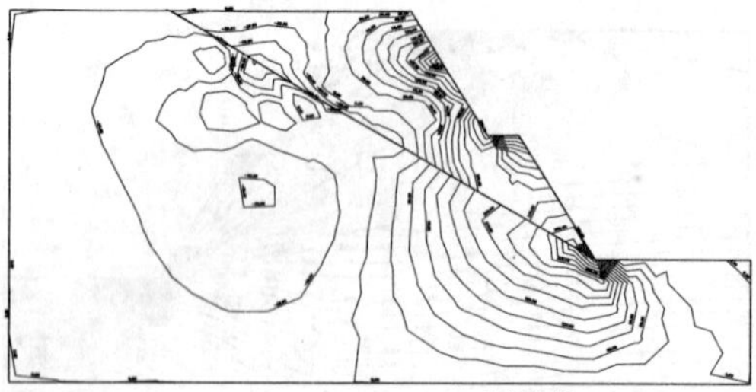

(a)后续张拉补偿法

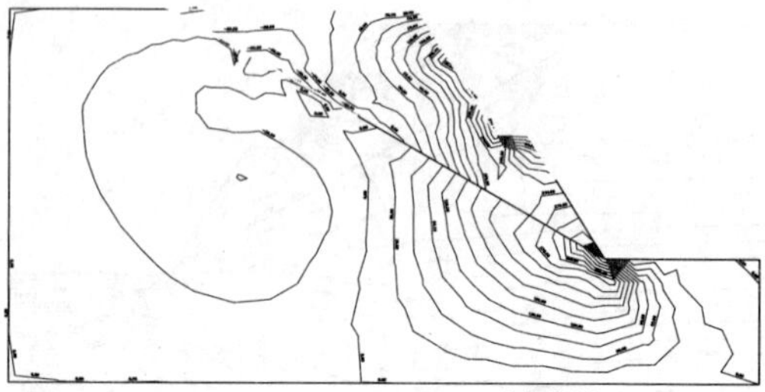

(b)锚索单元法

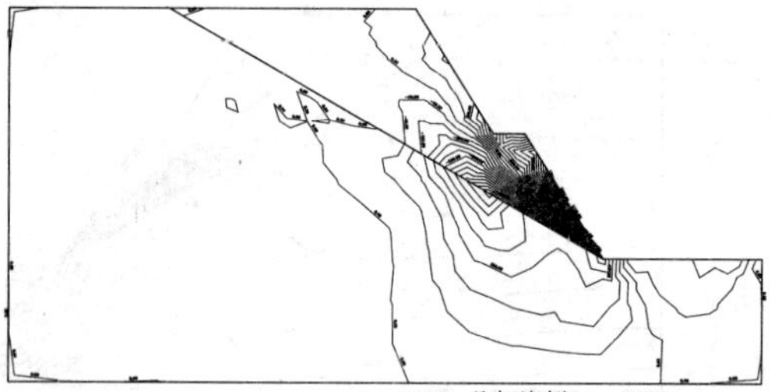

(c)两点集中力法

图 9－27　边坡开挖后剪应力等值线

各种方案	后续张拉补偿法	锚索单元法	两点集中力法
Safe－factor	1.114	1.105	0.849

从以上仿真分析的结果来看，两点集中力法、后续张拉补偿法、锚索单元法各自有以下特点。

(1)限制变形的作用。

从图 9－23 边坡开挖应力场分布图可以看出：随着边坡的下行开挖，两点集中力法的开挖后的滑动面下部的拉、剪应力明显比采用后续张拉补偿法、锚索单元法大。

从图 9－24 边坡的位移矢量图看，两点集中力法边坡开挖后的滑体剪出变形明显大于两种改进的方法。

从图 9-25~图 9-27 的边坡的应力等值线图上可以看出，两点集中力的坡体下部有明显的应力集中现象。从以上各图中均可以得出：在第二个台阶开挖时，两点集中力因无法模拟锚固的刚度贡献，所以边坡仍有较为明显的下滑趋势。

(2)后续张拉补偿法与锚索单元法的比较。

后续张拉补偿法与锚索单元法的作用效果基本相同，但在局部内锚段后部的两种模拟方法应力分布也有较为明显的差别。后续张拉补偿法在内锚段的根部的应力衰减较慢，这一点与实际不符。

9.8 小结

(1)通过总结前人的成果，较为全面地总结了预应力锚固的工作机理，以及在各种状态下的破坏模式，对锚固时的安全度也进行了分析。

(2)系统总结了预应力锚固的各种模型和数值仿真的方法，并系统分析了预应力锚固数值仿真方法的现状与不足，同时一一列举分析了各种模拟方法的优缺点以及使用时应注意的问题。

(3)在系统分析预应力锚固模型的基础上，进一步提出了一种新的预应力锚固的精细分析方法，抛弃了传统的两点集中力的预应力施作加载方式，改为在外锚头处施加两组反向力(向坡体外的集中力模拟预应力；向坡体内部的分布力模拟锚头墩的锚固效果)。同时采用界面单元模拟砂浆的“握裹”效应和传递预应力的效应。该方法较好地反映了内锚固段与外锚固段的不等效性，锚索的内力分布(除锚头处外，锚索的内力分布基本均一)与加锚岩体的应力状态(拉、压应力区的分界线交于水平角为45°)更能接近真实状况。

(4)同时也提出了两种易于在群锚中实用的预应力锚固的简便模拟的方法：①两点集中力补偿法；②拉、压不同弹模杆单元法。这两种方法在模拟群锚效应的实际工作中具有简单、经济实用的特点。同时，改进了在以前两点集中力与杆单元法模拟中不合理的地方，虽无法模拟锚索体受力状况，但对于加锚的岩体的模拟能够接近真实结果。

参考文献

[1]言志信，段建，王后裕．边坡稳定性及支护[D]．北京：科学出版社，2018.

[2]张西前．节理岩体边坡爆破动力稳定性分析研究[D]．西安：西安理工大学博士论文，2006.

[3]李宁，张鹏，于冲．边坡预应力锚索加固的数值模拟方法研究[J]．岩石力学与工程学报，2007，26(2)：8.

[4]张鹏．岩土边坡刚体极限平衡法的误差根源与范围研究[D]．西安：西安理工大学硕士论文，2003.

[5]殷跃平．长江三峡工程库区滑坡防治工程设计与施工技术规程[M]．北京：地质出版社，2001.

[6]张发明，陈祖煜，刘宁，等．确定预应力锚索设计参数的优化方法[J]．地下空间，2001，21(4)：305-310.

[7]张发明，刘宁，赵维炳．岩质边坡预应力锚固的力学行为及锚索效应[J]．岩石力学与工程学报，2000，19(增)：1077－1080.

[8]张发明，刘汉龙，赵维炳．预应力锚索加固岩质边坡的设计实例[J]．岩土力学，2000，21(2)：177－179.

[9]李宁，黄德福．预应力锚索群锚加固机理研究：预应力锚固机理数值仿真分析研究报告[R]．西安：西安理工大学岩土工程研究所，国电公司西北勘测设计研究院，1995.

[10]李宁，张平，李国玉．岩质边坡预应力锚固的设计原则与方法探讨[J]．岩石力学与工程学报，2004(17)：2972－2976.

[11]Hyett，A J，Hyett W F，et al. Reichert The effect of rock mass confinement on the band strength of fully grouted cable bolts Int. J. Rock Mech. Min. Sci. Geomech. Abstr.，29(1992)，503－524.

[12]陈安敏，顾金才，沈俊，等．预应力锚索的长度与预应力值对其加固效果的影响[J]．岩石力学与工程学报，2002，21(6)：848－852.

[13]朱维申，李术才，陈卫忠．节理岩体破坏机理和锚固效应及工程应用[M]．北京：科学出版社，2002

[14]李宁，陈波．奥地利岩土工程软件FINAL应用与开发[J]．西安公路交通大学学报，2000，22(2)：170－173.

[15]李宁，韩烜，陈飞熊，等．预应力群锚加固机理数值实验研究[J]．岩土工程学报，1997，19(5)：60－66.

[16]李宁，韩烜，陈飞熊．单锚加固机理与效果数值仿真实验研究[J]．西安理工大学学报，1997，13(1)：104－109.

第10章　结　论

层状边坡失稳是一个可预防和可防控的渐进破坏过程。及时了解影响层状边坡稳定性的主要诱因、失稳机理的变化规律及临界滑动面的演变过程，在提前预警、防治和加固的阶段能够有效地降低滑坡灾害的风险，提升边坡的稳定性能。为此，从边坡稳定性分析的极限平衡法理论与假定入手，分析探讨极限平衡法的不足与缺陷。在自然工况和外荷载工况作用下，围绕排水和不排水条件下，层状边坡的稳定性态和失稳机理的问题展开研究。在前人研究的基础上，针对单层均质和双层非均质边坡的土体力学特性、几何形态和外界因素等，利用开发和优化的有限元及随机有限元程序，系统地评价了层状土坡的失稳风险、失稳机理、破坏机制，提出了基于安全系数和失稳概率联合评估层状边坡可靠度和失稳风险的方法。取得的研究成果主要有以下几点。

(1)建立了不排水条件下层状边坡的稳定性态、失稳机理、临界滑动面位置与土坡强度特性、坡高、地基深度、坡角等之间的关系。

研究了单层均质、黏聚力 c_u 随深度线性增加的边坡的稳定性态和失稳机理。分析了软弱土层与失稳滑动面和失稳机理之间的关系，研究了边坡的坡高、坡角和抗剪强度对不排水边坡稳定性态和失稳机理的影响规律，揭示了均质和强度线性增加的不排水边坡的失稳机理。建立了边坡失稳机理与层状土坡中最软弱路径和临界滑动面位置之间的关系。常见的均质不排水边坡，如未经扰动的天然边坡，几何形态是其稳定性态的主要影响因素，高陡边坡的稳定性降低，其安全系数降低60%，坡角大于53°的均质土坡均发生坡脚失稳。工程中常见的黏聚力随深度线性增加的边坡，例如，机场高填方工程，地基深度和坡角增大对边坡失稳机理的影响由深层失稳→浅层坡脚失稳，构建了稳定数与强度梯度参数、坡角和地基深度比之间的函数关系 $N=f(\beta, D, M)$。

(2)提出了层状边坡中的不同失稳机理及判别准则，揭示了不同坡体几何特征下安全系数与上下土层临界强度比值之间的内在关系。

研究了边坡的地基深度、坡角和抗剪强度参数对双层非均质边坡稳定性态和失稳机理的影响规律，揭示了双层非均质边坡的稳定性态、失稳机理和临界滑动面位置的演化规律。提出了双层非均质不排水边坡的临界强度比$(c_{u1}/c_{u2})_{crit}$的概念，$(c_{u1}/c_{u2})_{crit}$是安全系数和失稳机理的转折点，用于判别深层失稳和浅层失稳的临界值，该临界强度对应的失稳机理是双滑动面破坏模式，在上下土层中同时形成临界滑动面，且这两个滑动面具有相同的安全系数。构建了边坡几何形态和临界强度比之间的关系，坡角$<45°$的平缓边坡，临界强度比与坡角呈负相关，与地基深度比呈正相关；坡角$\geq 45°$的陡峭边坡，临界强度比

与坡角呈负相关，与地基深度比无关。对于上硬下软的黏土边坡(即 $c_{u1}/c_{u2}<1.0$)，如软土地基，边坡稳定性态的变化受控于强度比值、坡角和地基深度比三个因素的共同作用；对于上软下硬的黏土边坡(即 $c_{u1}/c_{u2}\geqslant 1.0$)，如填土边坡，其稳定性态主要受坡角的影响，坡高的影响则微乎其微。随着 c_{u1}/c_{u2} 和 D 的增大及 β 的减小，双层非均质边坡的失稳机理表现为：浅层坡脚失稳→深浅滑动面同时存在的双滑弧失稳→深层失稳，与之对应的滑动面位置也随之加深。

(3)研究了均质排水层状边坡稳定性态、失稳机理、临界滑动面位置与强度参数、地基深度和坡角之间的关系，构建了快速查阅均质排水边坡安全系数的稳定性图解法。

分析了均质排水边坡对数螺旋形式的失稳机理，研究了强度参数和几何形态对边坡稳定性态、失稳机理、临界滑动面位置变化规律的影响，建立了黏聚力、内摩擦角、地基深度和坡角与安全系数和稳定数之间的函数关系式。对于 $\beta<45°$ 的平缓边坡，不同的强度参数(c, φ)组合值计算的 $\lambda(c/\tan\varphi)$ 值相等时，临界滑动面具有相同的滑动面位置和深度。对于 $\beta\geqslant 45°$ 的陡峭边坡，λ 值较小时，如 $\lambda\leqslant 0.5$ 时，随着强度参数(c, φ)组合值的逐步增大，滑动面的位置逐渐变浅，坡角越大，该现象越明显。基于边坡滑动面与强度参数之间的关系，根据失稳破坏边坡滑动面的形状和位置，反演了均质排水边坡的强度参数。依据均质边坡极限平衡状态的 g - line，建立了不同坡角条件下内摩擦角和无量纲黏聚力组合值对应的失稳机理的变化情况，构建了便于设计人员快速查阅均质排水边坡安全系数的稳定性图解法。

(4)提出了非均质层状边坡的双滑面失稳时对应的临界强度比值，建立了上下土层均排水、上层排水下层不排水及上层砂土下层排水三种非均质边坡的稳定性设计图表。

分析了地基层深度对非均质排水边坡失稳机理和稳定性态的影响，研究了非均质层状边坡的四个强度参数和几何形态对边坡安全系数的影响规律。提出了影响边坡安全系数和失稳机理的临界强度比值，研究了上软下硬型排水边坡(如堆填的路堑边坡)和上硬下软型排水边坡(如地下水丰富的大型堤坝)的临界强度比值，当 $\beta<45°$ 时，安全系数 FS 的转折点对应的临界强度比 $c_2/c_1=\tan\varphi_2/\tan\varphi_1$ 为 1.0 ~ 1.25；失稳机理和安全系数的转折点发生在上软下硬型的边坡中。当强度比小于 1.25，边坡的失稳机理均为深层失稳；当强度比大于 1.25，边坡的失稳机理均为坡脚失稳。当 $\beta\geqslant 45°$ 时，强度比为小于 1.0，属于上硬下软型边坡，地基层的强度相对较低，陡峭边坡失稳机理的转变主要受下层土体强度特性的影响。在非均质排水边坡的研究基础上，研究了上层排水下层不排水及上层砂土下层排水这两种非均质层状边坡的稳定性态、失稳机理和临界滑动面位置的变化规律，分别构建了上下土层均排水、上层排水下层不排水及上层砂土下层排水这三种非均质排水边坡的稳定性设计图解法，为现场判断层状边坡稳定性提供了新思路。

(5)研究了强度参数的空间变异性和空间相关性对层状边坡失稳概率与失稳机理的影响规律，构建了确定性和不确定性、安全系数和失稳概率之间的内在关系。

建立了排水和不排水边坡的概率分析模型，利用随机有限元方法(RFEM)分析边坡的失稳概率和失稳机制。探讨了随机土体参数的空间相关性和变量的空间变异性对边坡稳定性态的影响。分析了空间相关长度对边坡失稳概率和失稳机理的影响，得出了空间相关长度和变异系数之间的相互关系是合理评价边坡失稳概率的重要指标。构建了稳定数、安全系数和失稳概率以及失稳机理之间的内在联系，得出了不同几何形态下失稳概率最大值对应的最差空间相关长度。研究了层状边坡中上下土层的平均强度比值对失稳概率和失稳机理的影响，分析了 c' 和 $\tan\varphi'$ 之间的相关系数 ρ 对评价边坡失稳风险的影响，对比了五种不同边坡稳定性的分析方法，验证了本文分析方法和结果的有效性和可靠性，证明了安全系数和失稳概率联合评估层状土坡可靠度和失稳风险的优越性。

(6)提出了多重因素与外荷载联合作用下层状边坡的稳定性图解法，提出了地震和地下水条件下层状边坡失稳机理的判别准则。

研究了地震和地下水两种工况作用下的层状边坡的稳定性态、失稳机理和滑动面位置的变化规律，分析了外界条件和边坡内在自身因素对边坡的影响，揭示了外荷载作用下均质和非均质边坡的失稳机理，提出了便于查阅的多因素共同作用下边坡的稳定性图解法，为快速便捷评价边坡的稳定性态和判断边坡的失稳机理提供了最直接的依据。研究了静力条件和地震荷载、无孔隙水压力和不同孔隙水压力条件下层状边坡的稳定性态和失稳机理的变化，提出了层状边坡的加固措施和需要满足加固需求的解决方案，将研究结果应用于层状土石坝中，表明了多因素共同作用下堤坝的实际变形情况和稳定形态。

(7)阐释了刚体极限平衡法的误差根源，建立了层状结构特性与抗剪强度参数、稳定性态和失稳机理之间的关系。

边坡是一个渐进破坏的过程，局部破坏导致整体发生破坏，局部破坏中拉、剪应力转移、滑动面上峰值强度向残余强度的转化，对于边坡稳定性分析应该明确诠释该过程。刚体极限平衡法的误差与局部破坏的范围大小以及峰值强度与残余强度的差值有关，这表明了拉、剪应力的转移即反映出局部破坏的范围，峰值强度、残余强度的差值反映出峰值强度向残余强度的转化。

根据边坡的土体强度特性、几何形态和等影响因素建立了不同类型的边坡模型和数值实验方法。研究了多层土质边坡多元层状结构与边坡失稳机理之间的关系。采用不同的强度折减策略，分析了黏聚力和内摩擦角在边坡渐进失稳过程中发挥的作用和程度。

(8)总结了预应力锚固的工作机理，揭示在各种状态下的破坏机制，分析了锚固时安全度的阈值。

系统总结了预应力锚固的各种模型和数值仿真的方法，并系统分析了现阶段预应力锚固数值仿真方法的现状与不足，同时一一列举分析了各种模拟方法的优缺点以及使用时应注意的问题。提出了一种新的预应力锚固的精细分析方法，抛弃了传统的两点集中力的预应力施作加载方式，改为在外锚头处施加两组反向力(向坡体外的集中力模拟预应力，向坡体内部的分布力模拟锚头墩的锚固效果)。采用界面单元模拟砂浆的“握裹”效应和传递预应力的效应，反映了内锚固段与外锚固段的不等效性，锚索的内力分布与加锚岩体的应力状态。提出了两种易于在群锚中实用的预应力锚固的简便模拟的方法：①两点集中力补偿法；②拉、压不同弹模杆单元法。

参考文献

[1]Duncan J M，Wright S G. Soil Strength and Slope Stability[M]. Hoboken：John Wiley & Sons Inc，2014.

[2]陈祖煜．土质边坡稳定分析——原理、方法、程序[M]．北京：中国水利水电出版社，2007.

[3]谭捍华．类土质边坡稳定性及其控制技术研究[D]．重庆：重庆大学，2011.

[4]李宁，张鹏，于冲，等．锦屏左岸拱肩槽边坡稳定性及预应力锚索加固措施研究[J]．岩石力学与工程学报，2007，(1)：36－43.

[5]李宁，姚显春，张承客．岩质边坡动力稳定性分析的几个要点[J]．岩石力学与工程学报，2012，31(5)：873－881.

[6]刘才华．岩质顺层边坡水力特性及双场耦合研究[D]．武汉：中国科学院研究生院(武汉岩土力学研究所)，2006.

[7]黄润秋．20世纪以来中国的大型滑坡及其发生机制[J]．岩石力学与工程学报，2007，26(3)：433－454.

[8]谭尧升．边坡工程孕灾环境下灾变失稳机制与稳定性研究[D]．天津：天津大学，2015.

[9]Chang M A，3D slope stability analysis method assuming parallel lines of intersection and differential straining of block contacts[J]. Can Geotech J，2002，39(4)：799－811.

[10]Baker R，Shukha R，Operstein V，et al. Stability charts for pseudo－static slope stability analysis[J]. Soil. Dyn. Earthquake Eng，2006，26(9)：813－823.

[11]Michalowski R L，Martel T. Stability charts for 3D failures of steep slopes subjected to seismic excitation[J]. J Geotech Geoenviron Eng，2011，0000412，183－189.

[12]Li A J，Merifield R S，Lyamin A V. Limit analysis solutions for three dimensional undrained slopes[J]. Computers and Geotechnics，2009，36：1330－1351.

[13]Griffiths D V，Huang J，Fenton G A. Influence of spatial variability on slope reliability using 2－D random fields[J]. Journal Geotechnical Geoenvironmental Engineering，2009，135(10)：1367－1378.

[14]Li A J，Merifield R S，Lyamin A V. Three－dimensional stability charts for slopes based on limit analysis methods[J]. Canadian Geotechnical Journal，2010，47(12)：1316－1334.

[15]Qian Z G，Li A J，Merifield R S，et al. Slope stability charts for two－layered purely cohesive soils based on finite element limit analysis methods[J]. International Journal of Geomechanics，2015，15(3)：06014022.

[16]Lim K，Li A J，Lyamin A V. Three－dimensional slope stability assessment of two－layered undrained clay[J]. Computers and Geotechnics，2015，70：1－17.

[17]Lee J K，Jeong S，Shang J Q. Undrained bearing capacity of ring foundations on two－layered clays[J]. Ocean Engineering，2016，119：47－57.

[18]Li X Y，Zhang L M，Gao L，et al. Simplified slope reliability analysis considering spatial soil variability[J]. Engineering Geology，2017，216，90－97.

[19] Griffiths D V, Lane P A. Slope stability analysis by finite elements[J]. Géotechnique, 1999, 49(3): 387-403.

[20] 崔政权，李宁. 边坡工程：理论与实践最新进展[M]. 北京：中国水利水电出版社，1999.

[21] 刘艳章. 边坡与坝基抗滑稳定的矢量和分析法研究[D]. 武汉：中国科学院武汉岩土力学研究所，2007.

[22] 郑颖人，杨明成. 边坡稳定安全系数求解格式的分类统一[J]. 岩石力学与工程学报，2004，23(16)：2836-2841.

[23] 李宁，钱七虎. 岩质高边坡稳定性分析与评价中的四个准则[J]. 岩石力学与工程学报，2010，29(09)：1754-1759.

[24] 李宁，郭双枫，姚显春. 再论岩质高边坡稳定性分析方法[J]. 岩土力学. 2018，39(2)：397-406.

[25] Ang A H S, Tang W H. Probability concepts in Engineering planning and design, Vol. 2: Decision, Risk, and Reliability[M]. John Wiley & Sons, 1984.

[26] Fenton G A, Griffiths D V. Risk assessment in Geotechnical Engineering[M]. John Wiley & Sons, 2008.

[27] Li D Q, Jiang S H, Zhou W, et al. A multiple response-surface method for slope reliability analysis considering spatial variability of soil properties[J]. Engineering Geology, 2015, 187: 60-72.

[28] Fan H, Huang Q, Liang R. Reliability analysis of piles in spatially varying soils considering multiple failure modes[J]. Computers and Geotechnics, 2014, 57(Supplement C): 97-104.

[29] Li J H, Tian Y H, Cassidy Mark J. Failure mechanism and bearing capacity of footings buried at various depths in spatially random soil[J]. Journal of Geotechnical and Geoenvironmental Engineering, 2015, 141(2): 04014099.

[30] Florkiewicz A. Upper bound to bearing capacity of layered soils[J]. Canadian Geotechnical Journal, 1989, 26(4): 730-736.

[31] Merifield R S, Sloan S W, Yu H S. "Rigorous plasticity solutions for the bearing capacity of two-layered clays[J]. Géotechnique, 1999, 49(4): 471-490.

[32] Goss C M, Griffiths D V. Discussion on 'Rigorous plasticity solutions for the bearing capacity of two-layered clays' by Merifield RS et al[J]. Géotechnique, 2001, 51(2): 179-183.

[33] Wang C X, Carter J P. Deep penetration of strip and circular footings into layered clays[J]. International Journal of Geomechanics, 2002, 2(2): 205-232.

[34] Huang M S, Qin H L. Upper-bound multi-rigid-block solutions for bearing capacity of two-layered soils[J]. Computers and Geotechnics, 2009, 36: 525-529.

[35] Yu L, Liu J, Kong X J, et al. Three-dimensional large deformation FE analysis of square footings in two-layered clays[J]. Journal of Geotechnical and Geoenvironmental Engineering, 2011, 137(1): 52-58.

[36] Rao P P, Liu Y, Cui J F. Bearing capacity of strip footings on two-layered clay under combined loading[J]. Computers and Geotechnics, 2015, 69: 210-218.

[37] 李宁，陈波，陈飞熊，等. 奥地利岩土工程软件 FINAL 的应用与开发[J]. 西安公路交通大学学报，2000，(1)：27-33.

[38] 李宁，张鹏，于冲. 边坡预应力锚索加固的数值模拟方法研究[J]. 岩石力学与工程学报，2007，26

(2): 254 - 261.

[39]曲星，李宁，周钟，等．锦屏一级水电站 f5 断层置换硐及其交叉硐段稳定性及支护结构设计研究[J]．岩石力学与工程学报，2012，31(S2)：3571 - 3578.

[40]李宁，郭双枫，姚显春．边坡潜在滑动面模拟方法研究[J]．岩石力学与工程学报，2016，35(12)：2377 - 2387.

[41]Fellenius W. Erdstatische Berechnungen(Calculation of stability of slopes)[M]. Revised ed. Berlin, 1927.

[42]Bishop A W, Morgenstern N. Stability coefficients for earth slopes[J]. Géotechnique, 1960, 10(4): 129 - 150.

[43]Morgenstern N R, Price V E. The analysis of the stability of general slip surfaces[J]. Géotechnique, 1965, 15(1): 79 - 93.

[44]Spencer E. A method of analysis of the stability of embankments assuming parallel interslice forces[J]. Géotechnique, 1967, 17(1): 11 - 26.

[45]Janbu N. Slope stability computations. Soil Mechanics and Foundation Engineering Report[M]. TronDeim: Technical University of Norway, 1968.

[46]Duncan J M. State of the art: limit equilibrium and finite - element analysis of slopes[J]. Journal Geotechnical Geoenvironmental Engineering, 1996, 122(7): 577 - 596.

[47]赵尚毅，郑颖人，邓卫东．用有限元强度折减法进行节理岩质边坡稳定性分析[J]．岩石力学与工程学报，2003a，22(02)：254 - 260.

[48]赵尚毅，郑颖人，邓卫东．岩质边坡破坏机制有限元数值模拟分析[J]．岩石力学与工程学报，2003b，22(12)：1943 - 1952.

[49]Potts D M, Dounias G T, Vaughan P R. Finite element analysis of progressive failure of Carsington embankment[J]. Géotechnique, 1990, 40(1): 79 - 102.

[50]Chen J, Yin J H, Lee C F. Upper bound limit analysis of slope stability using rigid finite elements and nonlinear programming[J]. Canadian Geotechnical Journal, 2003, 40(4): 742 - 752.

[51]Zienkiewicz O C, Humpheson C, Lewis R W. Associated and non - associated visco - plasticity and plasticity in soil mechanics[J]. Géotechnique, 1975, 25(4): 671 - 689.

[52]潘家铮．建筑物的抗滑稳定和滑坡分析[M]．北京：水利出版社，1980：156 - 157.

[53]Ugai K. A method of calculation of total factor of safety of slope by elasto - plastic FEM[J]. Soils and Foundations, 1989, 29(2): 190 - 195.

[54]Matsui T, San K C. Finite element slope stability analysis by shear strength reduction technique[J]. Soils and Foundations, 2015, 32(1): 59 - 70.

[55]Ugai K, Leshchinsky D. Three - dimensional limit equilibrium and finite element analysis[J]. Soils and Foundations, 1995, 35(4): 1 - 7.

[56]Griffiths D V, Marquez R M. Three - dimensional slope stability analysis by elasto - plastic finite elements[J]. Géotechnique, 2007, 57(6): 537 - 546.

[57]Nian T K, Huang R Q, Wan S S, et al. Three - dimensional strength - reduction finite element analysis of slopes: Geometric effects[J]. Canadian Geotechnical Journal, 2012, 49(5): 574 - 588.

[58]宋二祥．土工结构安全系数的有限元计算[J]．岩土工程学报，1997，19(2)：4-10.
[59]张培文，陈祖煜．剪胀角对求解边坡稳定的安全系数的影响[J]．岩土力学，2004，25(11)：1757-1760.
[60]连镇营，韩国城，孔宪京．强度折减有限元法研究开挖边坡的稳定性[J]．岩土工程学报，2001，23(4)4：407-411.
[61]赵尚毅，郑颖人，时卫民，等．用有限元强度折减法求边坡稳定安全系数[J]．岩土工程学报，2002，24(3)：343-346.
[62]郑颖人，赵尚毅，张鲁渝．用有限元强度折减法进行边坡稳定分析[J]．中国工程科学，2002，10(4)：57-61.
[63]赵尚毅，郑颖人，邓卫东．用有限元强度折减法进行节理岩质边坡稳定性分析[J]．岩石力学与工程学报，2003，22(2)：254-260.
[64]郑颖人，赵尚毅．有限元强度折减法在土坡与岩坡中的应用[J]．岩石力学与工程学报，2004，23(19)：3381-3388.
[65]郑颖人，赵尚毅，孔位学，等．岩土工程极限分析有限元法[J]．岩土力学，2005，26(1)：163-168.
[66]赵尚毅，郑颖人，张玉芳．有限元强度折减法中边坡失稳的判据探讨[J]．岩土力学，2005，26(2)：332-336.
[67]郑颖人，赵尚毅．岩土工程极限分析有限元法及其应用[J]．土木工程学报，2005，38(1)：91-99.
[68]张鲁渝，时卫民，郑颖人．平面应变条件下土坡稳定有限元分析[J]．岩土工程学报，2002，24(4)：487-490.
[69]张鲁渝，郑颖人，赵尚毅．有限元强度折减系数法计算土坡稳定安全系数的精度研究[J]．水利学报，2003，12(1)：21-27.
[70]栾茂田，武亚军，年廷凯．强度折减有限元法中边坡失稳的塑性区判据及其应用[J]．防灾减灾工程学报，2003，23(3)：1-8.
[71]迟世春，关立军．基于强度折减的拉格朗日差分方法分析土坡稳定性[J]．岩土工程学报，2004，26(1)：42-46.
[72]吴春秋．非线性有限单元法在土体稳定分析中的理论及应用研究[D]．武汉：武汉大学，2004.
[73]吕擎峰．土坡稳定性分析方法研究[D]．南京：河海大学，2005.
[74]宗全兵，徐卫亚．基于广义 Hoek-Brown 强度准则的岩质边坡开挖稳定性分析[J]．岩土力学，2008，29(11)：3071-3076.
[75]林杭，曹平，李江腾，等．层状岩质边坡破坏模式及稳定性的数值分析[J]．岩土力学，2010，(10)：3300-3304.
[76]宋琨，晏鄂川，毛伟，等．广义 Hoek-Brown 准则中强度折减系数的确定[J]．岩石力学与工程学报，2012，31(1)：106-112.
[77]Timothy D，Stark Hangseok Choi，Sean McCone. Drained Shear Strength Parameters for Analysis of Landslides[J]. J Geotech Geoenviron Eng，2005，131(5)：575-588.
[78]Skempton A W. Longterm stablity of clay slopes[J]. Géotechnique，1964，14(2)：75-101.

[79] Skempton A W. Residual strength of clays in landslides, flooded strata and the laboratory [J], Géotechnique, 1985, 35(1): 3 - 18.

[80] Terzaghi K. Mechanics of landslides, Engineering geology(Berkley) volume[M]. Geological Society of America, 1950.

[81] Fenton G A, Hicks M A, Wang X, et al. Effect of slope height and gradient on failure probability[C]. In Proceedings of Geo - Congress 2013, San Diego, California, United States, Reston, ASCE, 2013, 972 - 981.

[82] Zhu H, Griffiths D V, Huang J S, et al. Effect of spatial variability on failure mechanism location in random undrained slopes[C]. Computer Methods and Recent Advances in Geomechanics - Proceedings of the 14th Int. Conference of International Association for Computer Methods and Recent Advances in Geomechanics, IACMAC, 2014.

[83] Jiang S H, Huang J. Modeling of non - stationary random field of undrained shear strength of soil for slope reliability analysis[J]. Soils & Foundations, 2018, 58(1): 185 - 198.

[84] Wilson D W, Abbo A J, Sloan S W, et al. Undrained stability of a circular tunnel where the shear strength increases linearly with depth[J]. Can Geotech J, 2011, 48(9): 1328 - 1342.

[85] Wilson D W, Abbo A J, Sloan S W, et al. Undrained stability of a square tunnel where the shear strength increases linearly with depth[J]. Comput Geotech, 2013, 49: 314 - 325.

[86] Griffiths D V, X Yu. Another look at the stability of slopes with linearly increasing undrained strength[J]. Géotechnique, 2015, 65(10): 824 - 830.

[87] Keawsawasvong S, Ukritchon B. Undrained stability of an active planar trapdoor in non - homogeneous clays with a linear increase of strength with depth[J]. Comput Geotech, 2017, 81: 284 - 293.

[88] Kanungo D P, Pain A, Sharma S. Finite element modeling approach to assess the stability of debris and rock slope: a case study from the Indian Himalayas[J]. Hazards 2013, 69: 1 - 24.

[89] Dawson E M, Roth W H, Drescher A. Slope stability analysis by strength reduction[J]. Géotechnique, 1999, 49(6): 835 - 840.

[90]龙绪健，黄晓燕，张春宇，等．有限元强度折减法中的刚度退化及边坡失稳判据[J]．岩土工程学报，2008，30(12)：1910 - 1914.

[91]刘金龙，栾茂田，赵少飞，等．关于强度折减有限元方法中边坡失稳判据的讨论[J]．岩土力学，2005，26(8)：1345 - 1348.

[92]林杭，曹平，赵延林，等．强度折减法在 Hoek - Brown 准则中的应用[J]．中南大学学报：自然科学版，2007，38(6)：1219 - 1224.

[93]林杭，曹平，李江腾，等．基于广义 Hoek - Brown 准则的边坡安全系数间接解法[J]．煤炭学报，2008，33(10)：1147 - 1151.

[94]施建勇，曹秋荣，周璐翡．修正有限元强度折减法与失稳判据在边坡稳定分析中的应用[J]．岩土力学，2013，34(Supp 2)：238 - 241

[95]孙超伟．基于有限元强度折减法的土质边坡稳定图表法研究[D]．西安：西安理工大学，2017.

[96] Griffiths D V, Fenton G A. Probabilistic slope stability analysis by finite elements[J]. J Geotech Geoenv

Eng, 2004, 130(5): 507 -518.

[97]Griffiths D V, Huang J S, Dewolfe G F. Numerical and analytical observations on long and infinite slopes [J]. International Journal for Numerical and Analytical Methods in Geomechanics, 2011, 35: 569 -585.

[98]Guo S F, Griffiths D V. Failure mechanisms in two - layer undrained slopes[J]. Canadian Geotechnical Journal, 2020, 57(10).

[99]Griffiths D V, Martin C M. Critical failure mechanisms in relatively flat undrained slopes[J]. Geotechnique Letters, 2019, 10(1): 1 -5.

[100]Guo S F, Li N, Liu W P, et al. Influence of Both Soil Properties and Geometric parameters on Failure Mechanisms and Stability of Two - Layer Undrained Slopes[J]. Advances in Materials Science and Engineering, 2020(3): 1 -13.

[101]Smith I M, Griffiths D V, Margetts L. Programming the Finite Element Method[M]. Chichester: John Wiley and Sons, 2015.

[102]Lechman J B, Griffiths D V. Analysis of the progression of failure of the earth slopes by finite elements[C]. Slope Stability 2000: Geo - Denver, Geotechnical special publication, Denver, 2000: 5 -8, 250 -265.

[103]Baker R. Sufficient conditions for existence of physically significant solutions in limiting equilibrium slope stability analysis[J]. J. Solids Struct., 2003, 40: 3717 -3735.

[104]Baker R. A second look at Taylor's stability charts[J]. J Geotech Geoenviron Eng, 2003, 129(12): 1102 -1108.

[105]Klar E, Aharonov B, Kalderon Asael. Analytical and observational relations between landslide volume and surface area[J]. J Geophys Res, 2011, 116, F02001: 1 -10.

[106]Gao Y F, Zhang F, Lei G H. An extended limit analysis of three - dimensional slope stability[J]. Géotechnique, 2013, 63(6): 518 -524.

[107]Eid H T. Stability charts for uniform slopes in soils with nonlinear failure envelopes[J]. Eng Geol, 2014, 168: 38 -45.

[108]Taylor D W. Stability of earth slopes[J]. J. Boston Society of Civil Engineers, 1937, 24(3): 337 -386.

[109]Taylor D W. Fundamentals of soil mechanics[M]. New York: John Wiley and Sons Inc, 1948.

[110]Griffiths D V. Finite element analyses of walls, footings and slopes[D]. Manchester: University of Manchester, 1980.

[111]Griffiths D V. Computation of bearing capacity factors using finite elements[J]. Géotechnique, 1982, 32 (3): 195 -202.

[112]唐芬，郑颖人．边坡稳定安全储备的双折减系数推导[J]．重庆交通大学学报：自然科学版，2007，26(4)：95 -100.

[113]唐芬，郑颖人，赵尚毅，等．土坡渐进破坏的双安全系数讨论[J]．岩石力学与工程学报，2007，26(7)：1402 -1407.

[114]唐芬，郑颖人．边坡渐进破坏双折减系数法的模式分析[J]．地下空间与工程学报，2008，4(3)：436 -441.

[115]唐芬，郑颖人．强度储备安全系数不同定义对稳定系数的影响[J]．土木建筑与环境工程，2009，

31(3)：61 -65.

[116]Barton N，Pandey S K. Numerical modeling of two stoping methods in two Indian mines using degradation of c and mobilization of φ based on Q - parameters[J]. International Journal of Rock Mechanics and Mining Sciences. 2011，48(7)：1095 - 1112.

[117]袁维．强度折减法的若干研究[D]．武汉：中国科学院武汉岩土力学研究所，2014.

[118]白冰，袁维，石露，等．一种双折减法与经典强度折减法的关系[J]．岩土力学，2015，36(5)：1275 - 1284.

[119]Yuan Wei，Bai Bing，Li Xiao - Chun，et al. Strength reduction method based on double reduction parameters and its application[J]. Journal of Central South University，2013，20(9)：2555 - 2562.

[120]Bai Bing，Yuan Wei，Li Xiao Chun. A new double reduction method for slope stability analysis[J]. Journal of Central South University，2014b，21(3)：1158 - 1164.

[121]Xue H B，Dang F N，Yin X T，et al. 2016. Nonproportional correlative reduction finite element method for slope strength parameters[J]. Mathematical Problems in Engineering，2016(12)：1 - 10.

[122]Odenstäd S. Correspondence[J]. Géotechnique，1963，13(2)：166 - 170.

[123]Reddy A S，Srinivasan R J. Bearing capacity of footings on layered clays[J]. J Soil Mech Found Div，1967，93(SM2)：83 - 99.

[124]Gibson R E，Morgenstern N. A note on the stability of cuttings in normally consolidated clay[J]. Géotechnique，1962，12(3)：212 - 216.

[125]Hunter J H，Schuster R L. Stability of simple cuttings in normally consolidated clay[J]. Géotechnique，1968，18(3)：372 - 378.

[126]Koppula S D. On stability of slopes in clay with linearly increasing strength[J]. Can Geotech J，1984，21(3)：577 - 581.

[127]Shen J M，Brand E W. Discussion of 'On stability of slopes in clay with linearly increasing strength' by Koppula，S D[J]. Can Geotech J，1985，22(3)：419 - 421.

[128]Yu H S，Salgado R，Sloan S W，et al. Limit analysis versus limit equilibrium for slope stability[J]. J Geotech Geoenviron Engng，1998，124(1)：1 - 11.

[129]Skempton A W，LaRochelle P. The Bradwell Slip：A short - term failure in London clay[J]. Géotechnique，1965，15(3)：221 - 242.

[130]Christian J T，Ladd C C，Baecher G B. Reliability applied to slope stability analysis[J]. Journal of Geotechnical Engineering，1994，120(12)：2180 - 2207.

[131]Duncan M J，Navin M，Wolff T F. Discussion of Probabilistic Slope Stability for Practice[J]. Canadian Geotechnical Journal，2003，39：665 - 683.

[132]Griffiths D V，Zhu D，Huang J，et al. Observations on Probabilistic Slope Stability Analysis[C]. 6th Asian - Pacific Symposium on Structural Reliability and its Applications，2016.

[133]Bell J M. Dimensionless parameters for homogenous earth slopes. J Soil Mech Found[J]. Eng Div，1966，92(5)：51 - 65.

[134]Michalowski R L. Stability charts for uniform slopes[J]. J Geotech Geoenviron Eng，2002，128(4)：351

-355.

[135]Michalowski R L. Limit analysis and stability charts for 3D slope failures[J]. J Geotech Geoenviron Eng, 2010, 136(4): 583-593.

[136]Jiang J C, Yamagami T. Charts for estimating strength parameters from slips in homogeneous slopes[J]. Computers and Geotechnics, 2006, 33(6-7): 294-304.

[137]Jiang J C, Yamagami T A. New back analysis of strength parameters from single slips[J]. Comput Geotech, 2008, 35(2): 286-291.

[138]薛海斌，党发宁，尹小涛，等. 边坡强度参数非等比例相关联折减法研究[J]. 岩石力学与工程学报，2015，34(S2)：4005-4012.

[139]Tang G P, Zhao L H, Liang L, et al. Stability design charts for homogeneous slopes under typical conditions based on the double shear strength reduction technique[J]. Arabian Journal of Geosciences, 2017, 10(13): 280.

[140]Wu S C, Xiong L F, Zhang S H. Strength reduction method for slope stability analysis based on a dual factoring strategy[J]. International Journal of Geomechanics, 2018, 18(10): 1158-1164.

[141]Cai F, Ugai K. Comparisons between limit equilibrium method and finite element method of slope stability analysis[C]. In: Proceedings third international conference on landslides, slope stab and the safety of infrastructures, Singapore, 2002: 141-8.

[142] Hoek E, Bray J. Rock slope engineering [M]. 1st. London: Ed. Institution of Mining and Metallurgy, 1977.

[143]Steward T, Sivakugan N, Shukla S K, et al. Taylor's slope stability charts revisited[J]. International Journal of Geomechanics, 2011, 11(4): 348-352.

[144]Javankhoshdel S, Bathurst R J. Simplified probabilistic slope stability design charts for cohesive and cohesive-frictional($c-\varphi$) soils[J]. Canadian Geotechnical Journal, 2014, 51(9): 1033-1045.

[145]Shuangfeng Guo, Ning Li, Chun Liu, et al. Unraveling the progressive failure behaviors and mechanisms of the slope with a local dynamic method based on the double strength reduction[J]. International Journal of Geomechanics. 2020, 20(6): 04020069-1-11.

[146]Duncan J M. Factors of safety and reliability in geotechnical engineering[J]. J Geotech Geoenv, 2000, 126(4): 307-316.

[147]Matsuo M, Kuroda K. Probabilistic approach to the design of embankments[J]. Soils Found, 1974, 14(1): 1-17.

[148]Alonso E E. Risk analysis of slopes and its application to slopes in Canadian sensitive clays[J]. Geotechnique, 1976, 26: 453-472.

[149]Tang W H, Yuceman, M S, Ang A H S. Probability-based short-term design of slopes[J]. Can Geotech J, 1976, 13: 201-215.

[150]Vanmarcke E H. Probabilistic Modeling of Soil Profiles[J]. J Geotech Eng, 1977, 103(GT11): 1227-1246.

[151]D'Andrea R A, Sangrey D A. Safety factors for probabilistic slope design[J]. ASCE, J Geotech Eng,

1982, 108(GT9): 1101 - 1118.

[152] Mostyn G R, Li K S. Probabilistic slope stability - State of play[J]. In Proc Conf on Probabilistic Methods in Geotechnical Engineering, K S Li and S - C R Lo, Eds, Balkema, Rotterdam, The Netherlands, 1993: 89 - 110.

[153] Whitman R V. Organizing and evaluating uncertainty in geotechnical engineering[J]. J Geotech Geoenv Eng, 2000, 126(7): 583 - 593.

[154] Hassan A M, Wolff T F. Effect of deterministic and probabilistic models on slope reliability index[C]. in Slope Stability 2000, Geotechnical Special Publication No. 101, American Society of Civil Engineers, New York, 2000: 194 - 208.

[155] El - Ramly H, Morgenstern N R, Cruden D M. Probabilistic slope stability analysis for practice[J]. Can Geotech J, 2002, 39: 665 - 683.

[156] Griffiths D V, Smith I M. Numerical Methods for Engineers[M]. 2nd ed. Boca Raton: Chapman & Hall/CRC Press, 2006.

[157] Griffiths D V, Fenton G A. Probabilistic settlement analysis by stochastic and Random Finite Element Methods[C]. in Proc. XIII Pan - American Conf. on Soil Mechanics and Geotechnical Engineering, Isla de Margarita, Venezuela, 2007, 166 - 176.

[158] Mostyn G R, Soo S. The effect of autocorrelation on the probability of failure of slopes[C]. in Proc 6th Australia, New Zealand Conf. on Geomechanics: Geotechnical Risk, 1992, 542 - 546.

[159] Griffiths D V, Fenton G A. Influence of soil strength spatial variability on the stability of an undrained clay slope by finite elements[C]. in Slope Stability 2000, Geotechnical Special Publication No. 101, American Society of Civil Engineering, New York, 184 - 193.

[160] Griffiths D V, Fenton G A. Seepage beneath water retaining structures founded on spatially random soil[J]. Geotechnique, 1993, 43(4): 577 - 587.

[161] Griffiths D V, Fenton G A. Observations on two - and three - dimensional seepage through a spatially random soil[C]. in Proc. 7th Int. Conf. on Applications of Statistics and Probability in Civil Engineering, Paris, France, 1995, 65 - 70.

[162] Fenton G A, Griffiths D V. Flow through earth dams with spatially random permeability[J]. Engineering Mechanics Conf., Boulder, CO, 1995, 341 - 344.

[163] Paice G M, Griffiths D V, Fenton G A. Finite element modeling of settlements on spatially random soil[J]. ASCE, J Geotech Eng, 1996, 122(9): 777 - 779.

[164] Fenton G A, Paice G M, Griffiths D V. Probabilistic analysis of foundation settlement[C]. in Proc. ASCE Uncertainty' 96 Conf., Madison, 1996, WI, 651 - 665.

[165] Griffiths D V, Fenton G A, Paice G M. Reliability - based exit gradient design of water retaining structures [C]. in Proc. ASCE Uncertainty' 96 Conference, Madison, 1996, WI, 518 - 534.

[166] Griffiths D V, Fenton G A. Probabilistic analysis of exit gradients due to steady seepage[J]. J Geotech Geoenv Eng, 1998, 124(9): 789 - 797.

[167] Fenton G A, Griffiths D V. Bearing capacity of spatially random $c' - \varphi'$ soils[C]. in Proc. 10th Int. Conf. on

Computer Methods and Advances in Geomechanics, Tucson, 2001, 1411 – 1415.

[168] Fenton G A, Griffiths D V, Cavers W. Resistance factors for settlement design[J]. Can Geotech J, 2005, 42(5): 1422 – 1436.

[169] Fenton G A, Zhang X Y, Griffiths D V. Reliability of shallow foundations designed against bearing failure using LRFD[J]. Georisk, 2007, 1(4): 202 – 215.

[170] Fenton G A, Griffiths D V. Risk assessment in geotechnical engineering, Wiley, New York, 2008.

[171] Griffiths D V. Fenton G A. Probabilistic set – element analysis by stochastic and Random Finite Element Methods[C]. in Proc XIII Pan – American Conf. on Soil Mechanics and Geotechnical Engineering, Isla de Margarita, Venezuela, 2007, 166 – 176.

[172] Griffiths D V, Fenton G A. Probabilistic slope stability analysis by finite elements[J]. J Geotech Geoenv Eng, 2004, 130(5): 507 – 518.

[173] Fenton G A, Griffiths D V, Urquhart A. A slope stability model for spatially random soils[C]. in Proc. 9th Int. Conf. Applications of Statistics and Probability in Civil Engineering (ICASP9), A. Kiureghian et al., Eds., Millpress, San Francisco, CA, 2003, 1263 – 1269.

[174] Parkin T B, Meisinger J J, Chester S T. et al. Evaluation of statistical methods for lognormally distributed variables[J]. Soil Sci Soc Am J, 1988, 52: 323 – 329.

[175] Parkin T B, and Robinson J A. Analysis of lognormal data[J]. Adv Soil Sci. 1992, 20: 193 – 235.

[176] Nour A, Slimani A, Laouami N. Foundation settlement statistics via finite element analysis[J]. Comput Geotech, 2002, 29: 641 – 672.

[177] Massih D S Y A, Soubra A H, Low B K. Reliability – based analysis and design of strip footings against bearing capacity failure[J]. J Geotech. Geoenviron. Eng, 2008, 134(7): 917 – 928.

[178] Griffiths D V, Huang J, Fenton G A. Influence of spatial variability on slope reliability using 2 – D random fields[J]. Journal Geotechnical Geoenvironmental Engineering, 2009, 135(10): 1367 – 1378.

[179] Lee I K, White W, Ingles O G. Geotechnical Engineering [M]. Pitman Publishing Inc, Massachusetts, 1983.

[180] Kulhawy F H, Roth M J S, Grigoriu M D. Some statistical evaluations of geotechnical properties[C]. in Proc 6th Int Conf Appl. Statistical Problems in Civil Engineering (ICASP6), Mexico City, 1991, 705 – 712.

[181] Allahverdizadeh Sheykhloo, Pooya. Risk assessment and spatial variability in geotechnical stability problems [D]. Adelaide: Dissertations & Theses – Gradworks, 2015.

[182] Yun Hang Chok. Modelling the effects of soil variability and vegetation on the stability of natural slopes [D]. Adelaide: Dissertations & Theses – Gradworks, 2008.

[183] Duncan J M, Brandon T L, Wright S. G. Analysis of the stability of I – Walls with Gaps between the I – Wall and the Levee Fill[J]. J Geotech Geoenviron Eng, 2008, 134(5): 692 – 700.

[184] Wolff T H. Analysis and design of embankment dam slopes: A probabilistic approach[D]. Lafayette: Purdue University, 1985.

[185] Yucemen M S, Tang W H, Ang A H S. A probabilistic study of safety and design of earth slopes[D]. Ur-

bana: University of Illinois, 1973.

[186] Lumb P. Safety factors and the probability distribution of soil strength[J]. Can Geotech J, 1970, 7(3): 225 - 242.

[187] Fenton G A, Griffiths D V. Bearing capacity prediction of spatially random $c-\varphi$ soils[J]. Can Geotech J, 2003, 40(1): 54 - 65.

[188] Cherubini C. Reliability evaluation of shallow foundation bearing capacity on $c'-\varphi'$ soils[J]. Can Geotech J, 2000, 37: 264 - 269.

[189] Sloan S W. Upper bound limit analysis using finite elements and linear programming[J]. J Numer Analyt Methods Geomech, 1989, 13(3): 263 - 282.

[190] Sloan S W, Kleeman P W. Upper bound limit analysis using discontinuous velocity fields[J]. Comput Methods Appl Mech Engng, 1995, 127(1 - 4): 293 - 314.

[191] Lyamin A V, Sloan S W. Upper bound limit analysis using linear finite elements and nonlinear programming [J]. J Numer Anal Methods Geomech, 2002, 26(2): 181 - 216.

[192] Krabbenhoft K, Lyamin A V, Hjiaj M, et al. A new discontinuous upper bound limit analysis formulation [J]. J Numer Methods Engng, 63(7): 1069 - 1088.

[193] Tschuchnigg F, Schweiger H F, Sloan S W, et al. Comparison of finite - element limit analysis and strength reduction techniques[J]. Geotechnique, 2015, 65(4): 249 - 257.

[194] Brinkgreve R B J, Bakker, H L. Non - linear finite element analysis of safety factors[C]. Proceedings of the international conference on computer methods and advances in geomechanics, 1991, 1117 - 1122.

[195] 陈朝晖，雷坚，黄景华，等. 考虑参数空间变异性的边坡稳定可靠性有限元极限分析[J]. 岩土工程学报，2017，40(6)：985 - 993.

[196] Giorgia Fulcheri deWolfe. Probabilistic and deterministic slope stability analysis by finite element[D]. Department of Civil and Environment Engineering, Colorado School of Mines, 2010.

[197] 郭双枫，李宁，姚显春，等. 层状岩质边坡稳定性影响因素及精度问题研究[J]. 地震工程学报. 2017，39(2)：362 - 368.

[198] Newmark N M. Effects of earthquakes on dams and embankments[J]. Geotechnique 1965; 15(2): 139 - 160.

[199] Seed H B. Considerations in the earthquake - resistant design of earth and rockfill dams[J]. Geotechnique. 1979, 29(3): 215 - 63.

[200] Cotecchia V. Earthquake - prone environments. In: Slope stability, geotechnical engineering and geomorphology[M]. New York: John Wiley& Sons, 1987.

[201] Kramer S L. Geotechnical earthquake engineering[M]. New Jersey: Prentice Hall, 1996.

[202] Hong Y S, Chen R. H, Wu C S, et al. Shaking table tests and stability analysis of steep nailed slopes [J]. Can Geotech J. 2005, 42: 1264 - 1279.

[203] Ling H I, Leshchinsky D, Mohri Y. Soil slopes under combined horizontal and vertical seismic acceleration [J]. Earthquake Eng Struct Dyn. 1997, 26: 1231 - 1241.

[204] Loukidis D, Bandini P, Salgado R. Stability of seismically loaded slopes using limit analysis[J]. Geotech-

nique. 2003, 53(5): 463 – 479.
[205] Ghaboussi J, Wilson E L. Seismic analysis of earth dam – reservoir systems[J]. J Soil Mech Found Eng, 1973, 99(SM10): 849 – 862.
[206] Prevost J H, Abdel Ghaffar A M, Lacy S J. Nonlinear dynamic analysis of an earth dam[J]. J Geotech Eng 1985, 111(7): 882 – 897.
[207] 郭双枫. 黄河茨哈峡水电站右岸消力塘边坡失稳模式及稳定性研究[D]. 西安: 西安理工大学, 2015.
[208] Drucker D C. Conventional and unconventional plastic response and representation[J]. Appl Meek Rev (ASME), 1988, 41: 151 – 167.
[209] 沈珠江. 理论土力学[M]. 北京: 中国水利水电出版社, 2000.
[210] 龚晓南. 土塑性力学[M]. 2 版. 杭州: 浙江大学出版社, 2001.
[211] 李广信. 高等土力学[M]. 北京: 清华大学出版社, 2004.
[212] 殷宗泽. 土工原理[M]. 北京: 中国水利水电出版社, 2007.
[213] 郑颖人, 沈珠江, 龚晓南. 岩土塑性力学原理: 广义塑性力学[M]. 北京: 中国建筑工业出版社, 2002.
[214] 郑颖人, 孔亮. 岩土塑性力学[M]. 北京: 中国建筑工业出版社, 2010.
[215] Hashiguchi K. Constitutive Equations of Soils[C]. In: Elastoplasticity Theory. Lecture Notes in Applied and Computational Mechanics, vol 69. Springer, Berlin, Heidelberg, 2014.
[216] 姚仰平. UG 模型系列研究[J]. 岩土工程学报, 2015, 37(2): 193 – 217.
[217] Zhao L, Xiao C, Yingbin Z, et al Stability analysis of seismic slopes with cracks[J]. Computers and Geotechnics, 2016, 77: 77 – 90.
[218] Michalowski R L. Soil reinforcement for seismic design of geotechnical structures[J]. Comput Geotech. 1998, 23(1 – 2): 1 – 17.
[219] Ausilio E, Conte E, Dente G. Seismic stability analysis of reinforced slopes[J]. Soil Dyn Earthquake Eng. 2000, 19(3): 159 – 172.
[220] Nouri H, Fakher A, Jones CJFP. Evaluating the effects of the magnitude and amplification of pseudo – static acceleration on reinforced soil slopes and walls using the limit equilibrium Horizontal Slices Method[J]. Geotext Geomembranes. 2008, 26(4): 263 – 278.
[221] Chen W F, Giger M W, Fang H Y. On the limit analysis of stability of slopes[J]. Soils and Foundations, 1969, 9(4): 23 – 32.
[222] Chen, W. F. & Giger, M. W. Limit analysis of stability of slopes[J]. Journal of Soil Mechanics and Foundation Division, 1971, 97(1): 19 – 26.
[223] Chen W F. Limit analysis and soil plasticity. Amsterdam: Elsevier Science; 1975.
[224] Chen W F, Sawada T. Earthquake – induced slope failure in nonhomogeneous, anisotropic soils[J]. Soils Found 1983; 23(2): 125 – 139.
[225] Chen W F, Liu X L. Limit analysis in soil mechanics[M]. Amsterdam: Elsevier, 1990.
[226] 孙志彬. 边坡稳定性上限分析方法及参数反演研究[D]. 中南大学, 2013.

[227] Prater E G. Yield acceleration for seismic stability of slopes[J]. J Geotech Engng Div Am Soc Civ Engrs, 1979, 105: 682 - 687.

[228] Schmertmann J H. Measurement of in - situ shear strength[C]. In Proceedings, In - Situ Measurement of Soil Properties, ASCE, New York, 1975, Vol 2: 57 - 138.

[229] Schmertmann J H. Study of feasibility of using wissa - type piezometerprobe to identify liquefaction potential of saturated fine sands[R]. Vicksburg: Experiment Station, 1978.

[230] Schmertmann J H. Discussion of Time - dependent strength gain in freshly deposited or densified sand'by James K. Mitchell and ZoltanV. Solymar(November, 1984). J Geotech Eng 1987, 113(2): 176.